對第一版的好

「本書不僅僅是目前 *C++11* 執行緒應用最好的解決方案…，而且在未來一段時間內可能仍將是最好的。」

—Scott Meyers，《 *Effective C++*》以及《 *More Effective C++*》作者

「本書讓 *C++* 多執行緒中暗晦的技術變得簡單明白。」

—Rick Wagner, Red Hat

「讀這本書讓我大腦蠻痛的，但卻痛的很值得。」

—Joshua Heyer, Ingersoll Rand

「*Anthony* 展示了如何將併發付諸實踐。」

—Roger Orr, OR/2 Limited

「直接來自一位專家對 *C++* 新併發標準深思熟慮的深入指引。」

—瑞士信貸董事，Neil Horlock

「每一個認真的 *C++* 開發人員都應該了解這本重要書的內容。」

—開發總監，Jamie Allsop 博士

C++

併發處理實戰
第二版

Title : C++ Concurrency in Action, Second Edition

Author : Anthony Williams

ISBN : 978-1-617294-69-3

Original English language edition published by Manning Publications. USA. Copyright © 2020 by
Manning Publications Co.. Complex Chinese-language edition copyright © 2021 by GOTOP Information
Inc. All rights reserved.

獻給 *Kim*、*Hugh*，和 *Erin*

目錄

5　C++ 記憶模型和原子型態上的操作　*134*

6 基於上鎖機制的併發資料結構設計　*188*

7 無鎖機制的併發資料結構設計　*222*

8 併發處理程式設計　*273*

作者序

我在大學畢業後的第一份工作中接觸到多執行緒程式的概念，當時我們在撰寫一個將傳入的紀錄加入資料庫的資料處理應用程式，該應用程式必須使用傳入的資料記錄填入資料庫。資料量很大，但是每一筆記錄都互相獨立，而且在將記錄插入資料庫前還需要經過一些合理的前處理。為了能充分利用含 10 個 CPU 的 UltraSPARC 電腦的功能，程式規劃將在多個執行緒中執行，且每個執行緒會處理自己獨立的一組傳入記錄。程式開發使用 C++ 語言及 POSIX 執行緒，由於當時多執行緒對我們所有人來說都還很陌生，因此在開發過程中犯了很多錯誤，但最後我們還是完成了。在進行這個專案的同時，我也第一次認識了 C++ 標準委員會和最新發佈的 C++ 標準。

從那時起，我就對多執行緒和併發處理產生了強烈的興趣。雖然很多人將此領域視為困難、複雜和最容易發生問題的地方，我卻將其視為一個可以讓你充分利用硬體資源，進而使程式執行得更快的功能強大工具。後來，我學習到透過用多個執行緒來隱藏像是 I/O 等較為耗時操作的延遲，即使在單核心的硬體上也能用它來提升應用程式的執行速度和性能。我也了解它在作業系統層級下的工作方式，以及英特爾 CPU 是如何處理工作切換需求。

同時，由於對 C++ 的興趣也讓我接觸到 ACCU、英國標準學會（BSI）的 C++ 標準專家工作小組及 Boost。我因興趣持續關注 Boost 執行緒庫的初始開發進度，而當它被原始開發人員放棄的時候，我抓住這個機會加入並實際參於開發行列。多年來我一直擔任 Boost 執行緒庫的主要開發和維護人員，此後我也會一直承擔這個責任。

隨著 C++ 標準委員會的工作從修正現有標準中的缺點轉移到編寫 C++11 標準的提案（原希望能在 2009 年完成因此命名為 C++0x，最後因為它在 2011 年才發布，所以正式稱為 C++11），我也更積極地參與了英國標準學會的工作，並開始草擬自己的提案。當我確定多執行緒已經被列入議程，我盡全力的撰寫或參於共同撰寫此標準中與多執行緒和併發處理相關部分的提案。在我們致力於 C++17 上的修改時，我還繼續參與 Concurrency TS 併發處理工作小組以及對未來修改的相關提案工作。我也很榮幸能有機會以這種方式將我在電腦相關的 C++ 和多執行緒兩個主要興趣結合在一起。

本書含括我在 C++ 和多執行緒方面的全部經驗，目的是希望能協助其他 C++ 開發人員安全與有效地使用 C++17 執行緒庫和 Concurrency TS，更希望在這過程中表達出我對這個主題的熱情。

致謝

我首先要對我的妻子 Kim 在編寫本書時給予我所有的愛與支持說聲「謝謝妳」。在第一版出版前的四年籌備中，本書佔據了我大部分空閒的時間，而第二版又再次投入了大量時間，如果沒有她的耐心、支持和諒解，我將無法完成這工作。

其次，我要感謝使本書得以出版的 Manning 團隊，包括：出版者 Marjan Bace、副發行人 Michael Stephens、開發編輯 Cynthia Kane、審稿編輯 Aleksandar Dragosavljević、複印編輯 Safis Editing 和 Heidi Ward、以及校對 Melody Dolab，沒有他們的努力，你現在就無法閱讀本書。

還要感謝撰寫多執行緒功能相關文件的 C++ 標準委員會其他成員，包括：Andrei Alexandrescu、Pete Becker、Bob Blainer、Hans Boehm、Beman Dawes、Lawrence Crowl、Peter Dimov、Jeff Garland、Kevlin Henney、Howard Hinnant、Ben Hutchings、Jan Kristofferson、Doug Lea、Paul McKenney、Nick McLaren、Clark Nelson、Bill Pugh、Raul Silvera、Herb Sutter、Detlef Vollmann 和 Michael Wong，以及所有曾對這些文件發表過評論、在委員會議中參與討論及以其他方式協助塑造 C++11、C++14、C++17、Concurrency TS 中多執行緒和併發支援的人。

最後，我要感謝以下人士，他們的建議對本書有很大的幫助；Dr. Jamie Allsop、Peter Dimov、Howard Hinnant、Rick Molloy, Jonathan Wakely 及 Dr. Russel Winder，尤其是 Russel 的仔細校稿，和技術校對 Frédéric Flayol 在印製過程中不厭其煩的檢查最終手稿所有內容，確保完全沒有錯誤（當然，任何仍然存在的錯誤都應該歸咎於我）。此外，我還要感謝我的第二版審稿人團隊：Al Norman、Andrei de Araújo Formiga、Chad Brewbaker、Dwight Wilkins、Hugo Filipe Lopes、Vieira Durana、Jura Shikin、Kent R. Spillner、Maria Gemini、 Mateusz Malenta、Maurizio Tomasi、Nat Luengnaruemitchai、Robert C. Green II、Robert Trausmuth、Sanchir Kartiev 及 Steven Parr。同時，還要感謝 MEAP 版本的讀者，他們花了許多時間指出錯誤或標示出需要澄清的地方。

關於本書

本書是新 C++ 標準中併發和多執行緒功能的深入指引，內容從基本的 `std::thread`、`std::mutex` 和 `std::async` 等用法到複雜的原子操作和記憶體模型。

本書架構

前四章介紹函式庫提供的各種功能及使用方法。

第 5 章涵蓋了記憶體模型和原子操作的底層細節，包括如何用原子操作對其他程式碼施加排序約束，這章是本書介紹性部分的最後一章。

第 6 章和第 7 章從高層主題開始，並舉例說明如何使用基本功能來構建更複雜的資料結構——如第 6 章的基於上鎖的資料結構，第 7 章的無鎖資料結構。

第 8 章繼續討論更高層次的主題，提供設計多執行緒程式的指引，涵蓋了會影響性能的議題以及各種平行運算法實作的範例。

第 9 章介紹了執行緒管理——執行緒池、工作佇列和中斷操作等。

第 10 章介紹 C++17 對新平行性的支援，它以許多標準函式庫運算法額外多載的形式出現。

第 11 章包括了測試和除錯——錯誤的型態、找出錯誤位置的技術以及如何對錯誤進行測試等。

附錄包括了在新標準中所引入的一些與多執行緒相關的新功能簡要說明，第 4 章所提到的訊息傳遞函式庫實作細節，以及對 C++17 執行緒庫的完整參考。

誰應該讀這本書

如果你正在用 C++ 撰寫多執行緒程式，那你應該閱讀本書；如果你使用的是 C++ 標準函式庫中新的多執行緒功能，那這本書將是你不可或缺的指引；

如果你使用的是其他執行緒庫，那麼後面幾章的指引和技術對你應該仍然有用。

儘管不熟悉新語言的功能，但假設你已經具有良好的 C++ 工作知識——附錄 A 中涵蓋了這些知識；雖然所提供的這些知識或經驗可能很有用，但也不一定需要事先具備撰寫多執行緒程式的知識或經驗。

如何使用這本書

如果你以前從未撰寫過多執行緒程式，建議你從頭到尾依序閱讀本書，但也許可以先跳過第 5 章更詳細的內容。不過第 7 章在很大程度上依賴於第 5 章的內容，因此如果你先跳過第 5 章，那應該將第 7 章留到讀完它之後再讀。

如果你以前沒有使用過新的 C++11 語言功能，那值得在開始閱讀之前先略讀一下附錄 A，以確保你可以快速掌握本書的範例。不過，新語言功能的用法會在書中突顯表示，如果你遇到以前從未見過的內容，可以隨時翻到附錄中查閱。

如果你有在其他環境中撰寫多執行緒程式的豐富經驗，那麼開始的前幾章可能仍然值得一讀，這樣你可以了解到已知的功能是如何映射到 C++ 新的標準上。如果你要使用原子變數進行任何低階工作，那麼第 5 章是必讀的。為了確保你熟悉多執行緒 C++ 中異常安全之類的知識，溫習一下第 8 章是值得的。如果你有特定的工作，索引和目錄應該可以幫助你快速找到相關的章節。

一旦你掌握了 C++ 執行緒庫的用法，附錄 D 應該還是會很有用處，例如用於查找每個類別和函式呼叫的確切細節等。你也可能會希望經常回到主要章節，以刷新你對特定結構的記憶或是查看範例程式。

程式碼編排慣例及下載

程式列表或文本中所有原始程式碼都採用固定寬度的字體，將它們與普通本文分開。許多程式列表中含有註釋，以突顯重要的概念。在某些情況下，程式列表後面的註釋也會鏈結有項目編號。

本書中所有範例的原始程式碼都可以從出版商的網站下載，網址為 www.manning.com/books/c-plus-plus-concurrency-in-action-second-edition；你也可以從 github 下載，網址為 https://github.com/anthonywilliams/ccia_code_samples。

軟體需求

要在不更改下使用本書的程式碼，你需要使用支援範例中所用 C++17 語言功能的最新版 C++ 編譯器（請參閱附錄 A），並且還需要 C++ 標準執行緒庫的複製。

在編寫本書時，最新版本的 g++、clang++ 和 Microsoft Visual Studio 等都隨附了 C++17 標準執行緒庫的實作。它們也支援附錄中大部分的語言功能，而不支援的那些功能也會很快的納入支援行列。

我的公司 Just Software Solutions Ltd，對一些較舊版本編譯器的 C++11 標準執行緒庫的完整實作，以及 clang、gcc 和 Microsoft Visual Studio 較新版本 Concurrency TS 的實作都有販售[1]。本書中的範例都已經用這些實作測試過。

Boost Thread Library[2] 提供了一個基於 C++11 標準執行緒庫建議的 API，並且可以移植到許多平台上。只要明智地將 `std::` 替換成 `boost::` 並使用適當的 `#include` 指令，就可以修改本書中大多數範例使能與 Boost 執行緒庫搭配使用。但有一些功能 Boost 執行緒庫不支援（如 `std::async`），或具有不同的名稱（如 `boost::unique_future`）。

---

1 The `just::thread` implementation of the C++ Standard Thread Library, http://www.stdthread.co.uk.

2 Boost C++ 函式庫收藏，http://www.boost.org。

關於作者

Anthony Williams 是來自英國的程式開發人員、顧問和培訓師，在 C++ 方面有超過 20 年的經驗。自 2001 年以來，他一直是 BSI C++ 標準小組的積極成員，並且是導致 C++11 標準中包含執行緒庫的許多 C++ 標準委員會論文的作者或共同作者。他繼續致力於新功能的改進，以增強 C++ 併發工具包的功能，包括標準提案以及這些工具的實現，這些工具將用於 just::thread Pro 對 Just Software Solutions Ltd. 的 C++ 執行緒庫的擴展。Anthony 居住於英格蘭最西部的 Corn-wall。

關於封面插圖

本書封面上的插圖標題名為「Habit of a Lady of Japan」（日本女士的習慣），此圖像取材於 Thomas Jefferys 於 1757 年至 1772 年之間在倫敦出版的四冊《Collection of the Dress of Different Nations》（異國服飾）系列。該系列包括來自世界各地服裝的精美手繪銅版畫，自出版後一直影響戲劇的服裝設計。彙編中圖畫的多樣性生動地說明了 200 多年前在倫敦舞台上展現服裝的豐富性。這些服裝既有歷史上的又有當代的，使我們可以一窺不同時代和不同國家人們著裝的習俗，使他們在倫敦劇院觀眾的眼前變得生動起來。

著裝規範在上個世紀已經改變了，過去如此豐富的地區多樣性已經逐漸消失。現在往往很難將一個大陸的居民與另一個大陸的居民區分出來。也許，為了樂觀地看待這個問題，我們已經將文化和視覺多樣性換成了更加多樣性的個人生活，或者是更加多樣性和有趣的知識和技術生活。

Manning 圖書的封面以兩個世紀前地區和戲劇生活的豐富多樣性為基礎，透過這四冊書中的圖片讚揚計算機業務的創造性、主動性和樂趣。

您好，C++ 的
併發處理世界！

本章涵蓋以下內容

- 併發和多執行緒是什麼
- 為什麼你想要在應用程式中使用併發和多執行緒
- C++ 支援併發的歷程
- 一個簡單多執行緒 C++ 程式的樣子

對於 C++ 使用者來說，這是令人振奮的時刻。在 1998 年「C++ 標準」發佈 13 年後，C++ 標準委員會對此語言及其支援的函式庫進行了重大改革。新的 C++ 標準（稱為 C++11 或 C++0x）於 2011 年發佈，並伴隨一系列的改變，讓 C++ 用起來更容易和有效率。委員會還承諾後續將採「串列式發佈模式」，即每三年發佈一次新的 C++ 標準。到目前為止，已經經歷了二次發佈：2014 年的 C++14 標準與 2017 年的 C++17 標準，以及描述這些標準擴充的一些技術規範。

C++11 標準中最重要的新特色之一是支援多執行緒程式，這是 C++ 標準首次承認該語言中能使用多執行緒應用程式，並在函式庫中提供了撰寫多執行緒應用程式的元件，使得不必再依賴操作特定平台的擴充就可撰寫 C++ 多執行緒程式，更讓你能夠撰寫有正確動作的可攜式多執行緒程式。同時，程式設計者也越來越期待能用一般的併發功能，特別是設計多執行緒程式，來提高程式性能。C++14 和 C++17 標準就是建立在這基礎上，進一步支援用 C++ 撰寫多執行緒程式，技術規範也提供了進一步支援。有關併發擴充的技術規範與平行處理也已經納入 C++17 中。

本書主要討論在 C++ 撰寫多執行緒的併發程式，及促成此事可行的 C++ 語言特色和函式庫功能。我將先解釋併發和多執行緒是什麼意思，以及為什麼你會想在程式中使用併發。在快速探討為什麼你**未**在程式中使用併發後，將先概述 C++ 對併發的支援，然後用一個簡單的 C++ 併發實作範例來結束這一章。有多執行緒應用程式開發經驗的讀者可能希望先略過前面這些內容。在後續章節中，將提供更廣泛的範例，並更深入的探討函式庫功能，本書也將深入參考所有 C++ 標準函式庫中能用於多執行緒和併發的功能。

那麼，我所說的併發和多執行緒是什麼意思呢？

1.1　什麼是併發？

併發最簡單和基本的意思是，兩個或以上獨立的動作大約在同一時間發生。在人生過程中遇到併發是很自然的事，像是我們可以同時走路和說話，或用兩隻手做不同的動作，我們每個人都各自獨立生活——你看球賽的時候我去游泳等等。

1.1.1　在電腦系統中的併發

當我們在電腦領域討論併發時，指的是一個系統同時執行多個獨立工作，而不是循序或一個接一個執行。併發不是新的現象，多工作業系統讓單一台桌上型電腦透過工作切換方式，在同一時間執行多個應用程式早已司空見慣，而擁有多個處理器的高階伺服器，則更能處理真正的併發。與過去不同的是，能夠真正同時執行多個工作的電腦逐漸普及，而不是只給人一種可以這樣做的假象。

以往大多數桌上型電腦都只有一個處理器，只有一個處理單元或核心，現在還是有很多這樣的電腦。這種電腦一次只能執行一項工作，但它每秒可以在工作間切換多次。透過執行一個工作一小段時間，然後換執行另一個工作一小段時間，透過這樣互相切換的方式，這些工作看起來就像是同時在執行，這稱為**工作切換**，這種系統也稱為併發。因為工作切換速度很快，你無法判斷當處理器切換到另一個工作時，目前的工作可能會在哪一點暫停。工作切換為使用者和程式本身提供了併發的假象。因為實際上只有併發的假象，因此在單處理器工作切換環境中執行時，程式產生的行為可能會與在真正併發環境中執行時有明顯差異，特別是關於記憶體模式的錯誤假設（在第 5 章會討論到）可能不會在這樣的環境中出現，這部分會在第 10 章進行更深入的討論。

多年來，多處理器的電腦一直被用於伺服器和執行高性能的計算工作，而使用單晶片上有多個核心的處理器（多核心處理器）的電腦，也漸漸普及到一般電腦上。無論是多處理器或單處理器多個核心（或兩者兼有）的電腦，都能夠真正平行的執行多個工作，這稱為**硬體併發**。

圖 1.1 顯示一台電腦要執行兩個工作的理想化場景，其中每個工作被分成 10 個相等的小區塊。在雙核心機器（有兩個處理核心）上，每個工作都有自己的執行核心；而在運行工作切換的單核心機器上，每個工作區塊會彼此相互交織在一起，但區塊間會有少許空隙（如圖 1.1 中以比雙核心機器區塊間分隔線粗一點的灰色線段分隔區塊），每次要從一個工作換到另一個工作時，系統必須執行**語意切換**，但這需要一點切換時間。為了執行語意切換，作業系統必須儲存 CPU 狀態和目前執行工作的指令指標位置，算出要切換到哪個工作，並重新載入被切換到工作的 CPU 狀態，最後 CPU 還需要將新工作的指令和資料從記憶體載入到快取中，這會對 CPU 執行指令產生阻礙，造成更多延遲。

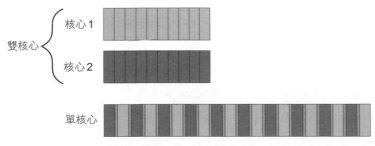

圖 1.1　併發的兩種方式：雙核心機器的平行執行與單核心機器上的工作切換

雖然在多處理器或多核心系統的硬體，很明顯的可以使用併發，但某些處理器也可以在單核心上執行多個執行緒，其中需要考慮的主要因素是**硬體執行緒**的數量，這是硬體可以真正同時執行多少個獨立工作的衡量指標。即使系統可以真正實現硬體併發功能，也很可能會遇到比硬體可以平行執行還要多的工作要進行，而在這情況下仍然需要用到工作切換。例如，在一般桌上型電腦上，即使電腦外表上看起來是處於閒置狀態，仍可能有數百個工作在後台執行，同時還可以執行文字處理器、編譯器、編輯器和網頁瀏覽器（或任何其他應用程式）。圖 1.2 顯示將工作分割成接近相同大小區塊的理想化場景下，雙核心機器上四個工作間的切換。實際上，許多問題會使工作分割不均勻及執行時序不規則，有些在探討影響併發程式性能的因素問題，會在第 8 章中說明。

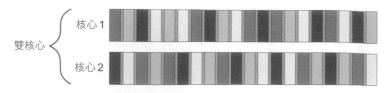

圖 1.2　在雙核心上四個工作間的切換

無論程式是在單核心處理器或是在多核心處理器的機器上執行，本書所涵蓋的所有技術、功能和類別都可以使用，而且不會受到是透過工作切換或真正硬體的併發達成併發目的的影響。但要如何在程式中使用併發會受到硬體可以使用併發的數量決定。這議題也會在第 8 章中談到利用 C++ 語言設計併發程式所涉及的問題時再討論。

1.1.2　併發的方法

試想一下，有二位程式開發人員在一個軟體專案上合作。如果他們處於不同的辦公室，且各有自己的參考手冊，那他們可以不受互相干擾的專注於自己的工作；但要彼此討論的話就比較麻煩，必須使用電話、電子郵件，或者起身走到對方辦公室才能進行討論，而不是只要轉個身就能互相交談。除此之外，還要多負擔兩個辦公室的管理和購買多份參考手冊等額外費用。

如果將程式開發人員安排在同一間辦公室，他們就可以很方便地自由交談，討論程式設計的細節，也可以很容易地在紙上或白板上繪製流程圖幫助討論或說明設計理念；而且只有一間辦公室需要管理和提供一組資源就足夠了。不好的一面是，他們可能會發現很難集中注意力，且在共享資源上也可能出現問題（「參考手冊現在在哪裡？」）。

這兩種組織開發人員的方式說明了實現併發的兩種基本方法，其中每個開發人員代表一個執行緒，而每間辦公室則表示一個處理程序。第一種方法是有多個單執行緒的處理流程，如同兩位開發人員各有自己的辦公室；第二種方法是在單個處理流程中有多個執行緒，就像讓兩位開發人員處在同一間辦公室。你可以任意的組合這些情況並具有多個處理程序，其中有一些是多執行緒，而有些是單執行緒，但原則是一樣的。這就是在程式中實現兩種併發方法的概要說明。

多個處理程序的併發

在應用程式中使用併發的第一種方法，是將程式分割成多個、獨立的單執行緒程序，且同時執行這些程序，就像你可以同時執行網頁瀏覽器和文字處理器一樣。然後，這些獨立的程序可以經由一般程序之間的通訊頻道（訊號、Socket 介面、檔案、管線等）相互傳遞訊息，如圖 1.3 所示。但其中有一個缺點，因為作業系統通常會在處理程序之間提供很多保護，來避免一個程序意外修改到屬於另一個程序的資料，所以程序間的這種通訊一般在設定上比較複雜或通訊也較為緩慢。另一個缺點是，執行多個處理程序存有一個固有的代價，即啟動處理程序需要花些時間，作業系統也需要貢獻一些內部資源來管理處理程序。

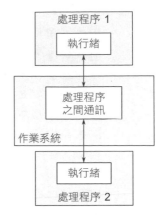

圖 1.3　在同時執行的二個程序之間的通訊

這也並非全是缺點：增加額外保護的作業系統一般會在處理程序和更高階的通訊機制間提供，這表示可以更容易地用處理程序撰寫安全的併發程式，而不必完全仰賴執行緒。事實上，像是 Erlang（www.erlang.org/）程式語言提供的環境，就是使用處理程序作為併發基本的組成區塊並有很大的成效。

使用獨立處理過程實現併發還有額外的好處——可以藉由網路連接的不同機器執行獨立的處理程序。雖然這會增加通訊代價，但在仔細的設計下，這對增加平行可行性和改善性能而言，是非常值得嘗試的做法。

多個執行緒的併發

併發的另一種方法是在單一處理程序中執行多個執行緒。執行緒很像是輕量級的處理程序，因為每個執行緒獨立的執行，而且在不同的指令順序下執行。但是，處理程序中的所有執行緒都使用相同的位址空間，所有執行緒可以直接存取大部分資料，其中全域變數仍然保持是全域的，指向物件或資料的指標或參照也可以在執行緒之間傳遞。雖然這可能要在處理程序之間共用記憶體，而這點因為相同資料的記憶體位址在不同處理程序中不一定一樣，所以設定會比較複雜而且很難管理。圖 1.4 顯示在一個處理程序中，二個執行緒經由共用記憶體進行通訊。

因為作業系統的簿記操作會比較少，共用位
址空間和執行緒之間對資料缺少保護，這二
項因素會使得用多個執行緒的代價比用多個
處理程序要小。但共用記憶體的彈性也是有
代價的：如果資料會被多個執行緒存取，程
式開發者就必須確保每個執行緒存取時看到
的資料是一致的。這議題一直存在於執行緒
間共享資料上，而用來避免這問題的工具和
指引，涵蓋了本書所有內容，特別是在第 3、
4、5 和第 8 章中。只要在寫程式時小心一
些，這些問題也並不是不可避免的，但確實
意味著對執行緒間的通訊，必須要投入相當
大的周詳考慮。

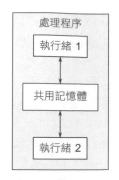

圖 1.4　單處理程序中二個同
時執行的執行緒之間的通訊

與多個單執行緒處理程序相比，單一處理程序多個執行緒之間的啟動和通訊
所需付出的代價較低，這意味著儘管存有共用記憶體的潛在問題，但這是包
括 C++ 在內的主流程式語言對併發較為偏愛的方法。此外，C++ 標準也不會
對處理程序之間的通訊提供任何內在支援，所以使用多個處理程序的程式必
須依賴特定平台的應用程式介面完成。因此，本書將只探討用多執行緒實現
併發功能，並在後續對併發的參考都假設是透過用多執行緒完成的。

在多執行緒程式中另一個常出現的名詞是「平行」，下一節將討論這二者間
的差異。

1.1.3　併發與平行

在多執行緒程式中，併發和平行在含義上有很大的重疊程度。實際上，對許
多人而言二者指的是同樣的事情，主要差異出現在細節、重點和意圖上，這
兩個名詞都是以可用的硬體同時執行多項工作，但平行更注重性能方面。當
提到平行主要關切的是以可用的硬體提高對大量資料處理時的性能，而提到
併發則主要關切的是關注點的分離或反應。但這種二分法並不能將二者切割
得那麼清楚，二者在意義上仍有相當程度的重疊，但至少可以協助說明二者
間的區別。本書將會提供這二種多工的範例。

在澄清了併發和平行之後，現在繼續探討為什麼要在程式中使用併發。

1.2　為什麼要使用併發？

在程式中使用併發有兩個主要的原因：關注點分離和效率。實際上，我甚至會說這幾乎是使用併發的唯一原因：只要你夠努力地追根究底，就可以發現任何其他原因都可以歸結到這二者之一，甚至兩者兼有（好吧，除了「因為我想」之類的原因以外）。

1.2.1　為了分離關注點而使用併發

在寫軟體時將問題的關注點分開總是一個好的想法：透過將相關的程式組合在一起，不相關的程式分開，可以使程式更容易理解和測試，而且比較不容易出現錯誤。縱使這些不同區域的操作要同時進行，也可以用併發將不同的功能區域分開；在沒有明確的使用併發下，就只能撰寫工作切換框架的程式，或是在操作過程中主動呼叫不相關程式的區域。

考慮一個有使用者介面的密集處理應用程式，例如桌上型電腦的 DVD 播放器應用程式，此應用程式基本上有兩組主要功能，它不只需要從光碟片中讀取資料、將影像和聲音資料解碼，並即時將解碼後資料傳送到圖形和聲音處理硬體，以便 DVD 能無間斷地播放；另外它還必須能接收使用者的輸入，例如使用者按下「暫停」或「返回功能表」鈕，甚至「退片」鈕等。在單執行緒情況下，將 DVD 播放程式碼與使用者介面程式碼匯合再一起，因此程式在播放過程中必須定期檢查使用者是否有輸入。如果藉由使用多執行緒來分開這些關注的點，使用者介面程式碼和 DVD 播放程式碼就不再需要如此緊密地交織在一起，可以用一個執行緒處理使用者介面，而另一個處理 DVD 播放。它們之間當然也會產生如使用者按下「暫停」鈕時的交互作用，但現在這些交互作用會與手頭上的工作直接相關。

當使用者發出要求時，這要求會傳遞給負責處理使用者介面的執行緒，此執行緒通常可以立即對使用者要求做出回應，即使回應是顯示繁忙的游標圖示或「請等待」的訊息，都會產生一種立即反應的感覺。類似地，不同的獨立執行緒通常用來執行必須在後台連續運作的工作，例如桌面搜尋應用程式對檔案系統變化的監控，以這種方式使用執行緒，因為執行緒之間的交互作用可以限制在可清楚識別的點上，而不必在不同工作的處理邏輯間穿插，因此一般會使得每個執行緒中的處理邏輯更為簡單。

在這情形下，因為執行緒的劃分是基於設計概念，而不是企圖增加可以使用的數量，所以執行緒的數量和可以使用的 CPU 數目無關。

1.2.2　為性能使用併發：工作與資料的平行處理

多處理器系統已經存在數十年了，但它們之前大多只用於超級電腦、大型主機和大型伺服器系統中。目前晶片製造商逐漸走向在單晶片上設計 2、4、16 個等多個核心或多個處理器，而不只是提升單核心的性能。因此，多核心桌上型電腦或多核心嵌入式設備，現在也越來越普遍。這些電腦計算能力的提升並非來自執行單個工作的速度變快，而是來自於能平行地執行多個工作。過去程式開發者可以輕鬆坐著，不必費心改善他們的程式，程式自然會在新一代的處理器上跑得更快，但現在，正如 Herb Sutter 所說「免費午餐已經結束了」[1]，如果軟體要獲得更強的計算能力，就必須將程式設計為能同時執行多個工作。因此，那些到現在還忽視併發的程式設計者，勢必需要盡快設法將併發添加到他們的工具箱中。

要提高性能，有兩種使用併發的方法，第一種也是最明顯的是將單一工作分成幾個部分，然後平行地執行各個部分，以減少整體執行時間，這稱為**工作平行**。雖然聽起來很簡單，但因為各部分間可能存有許多互相依存關係，所以它可能會是一個相當複雜的程序，這種是針對處理程序分割，即一個執行緒執行演算法的一部分，另一個執行緒執行不同的部分。分割也可以對資料進行，這情況下每個執行緒執行相同的作用，但使用資料的不同部分，這種方法稱為**資料平行**。

容易受到這種平行性影響的演算法通常被稱為**令人尷尬的**平行演算法，儘管這意味著你可能會因為程式能如此容易平行而感到尷尬，但這仍是一件好事情；另外，這樣的演算法也被稱為**自然的**平行和**合宜地**併發。令人尷尬的平行演算法擁有良好的可擴充性，當可用的硬體執行緒數量增加，演算法中的平行性也可以隨之相對增加。這演算法完美的體現了「人多好辦事」這句諺語。對於演算法中不是令人尷尬的平行的部分，也許可以將演算法分割成固定的平行工作數（因此不能擴充）。在執行緒之間分割工作的技術將在第 8 章和第 10 章討論。

為提高性能使用併發的第二種方法是利用可用的平行性來解決更大的問題；可以的話一次處理 2、10、或 20 個檔案，而不是一次只處理一個。雖然這是**資料平行性**的應用，但藉由同時在多組資料上執行相同的操作，則會有不同的注意焦點。雖然仍需要花同樣的時間處理一大塊資料，但現在可以用相同的時間量處理更多資料。很明顯的，這種方式也有它的限制，也不是在所有

1　"The Free Lunch Is Over: A Fundamental Turn Toward Concurrency in Software," Herb Sutter, Dr. Dobb's Journal, 30(3), March 2005. http://www.gotw.ca/publications/concurrency-ddj.htm.

情況下都有益，但這種方式所增加的處理量的確可以帶來新的可能性——例如，如果影像的不同區域可以平行處理的話，透過這方式就能增加視訊處理的解析度。

1.2.3　不用併發的時機

知道不使用併發的時機與知道何時要用它一樣重要。基本上，不使用併發的唯一理由是當獲得的好處不如付出的代價的時候。在許多情況下併發的程式比較難理解，因此撰寫和維護多執行緒程式需要投入些直接的智力成本，而且程式所增加額外的複雜度也可能導致存在較多的錯誤。除非潛在對性能提升的好處夠大，或關注點可以分開得相當清楚，證明確保程式正確無誤所需的額外開發時間以及維護多執行緒程式相關的額外成本是值得的，否則不要使用併發功能。

也許性能提升得不如預期那麼好，因為作業系統必須分配相關核心的資源和堆疊空間，然後將新執行緒加到排程器中，而這些都需要花時間，所以啟動執行緒會需要一些代價。就算在執行緒上的工作能很快地完成，縮短工作所佔用的時間也可能會因啟動執行緒的代價而相形見絀，甚至可能使程式整體的性能比原單執行緒直接執行還要差。

此外，執行緒是有限資源，如果同時執行太多執行緒，會消耗作業系統過多資源，並使整個系統的運作變慢。不僅如此，因為每個執行緒都需要獨立的堆疊空間，所以使用過多的執行緒也可能耗盡處理程序可用的記憶體或位址空間。這對於具有平面結構的 32 位元處理程序來說，因為有 4GB 可用位址空間的限制，這問題更為嚴重；假設每個執行緒都需要使用 1MB 堆疊（在許多系統是這樣的），則位址空間將被 4,096 個執行緒用完，沒有任何空間留給程式碼、靜態資料或堆積資料。雖然 64 位元或更大的系統不容易受到這種直接位址空間的限制，但它們的資源仍然有限，如果執行過多的執行緒，最終仍會造成問題。雖然可以用執行緒池（請參閱第 9 章）限制執行緒數量，但執行緒池也不是靈丹妙藥，它們也有自己的問題要面對。

如果主 / 從系統的伺服端程式為每個連接啟動一個單獨的執行緒，對少量連接這將運作得很好，但如果相同技術是用在必須處理很多連接的高需求伺服器上，則因為會啟動過多的執行緒而很快的耗盡系統資源。在這情形下，小心謹慎地使用執行緒池也許可以提供最佳性能（請參閱第 9 章）。

最後，運作的執行緒越多，作業系統就必須進行越多的語意切換，而每個語意切換都會佔用可以處理有用工作的時間，所以有時候增加額外的執行緒反而會降低程式整體性能，而不是增加。因此，如果嘗試要讓系統達到最佳性能，就必須在考慮硬體可用的併發性（或沒有）下，調整運作的執行緒數量。

為提升性能而使用併發就像其他的最佳化策略一樣，它也許能大幅提高程式性能，但也可能使程式過於複雜難於理解，也更容易存有錯誤。因此，只有在具可衡量獲益可能性的程式中，才值得在這些關鍵性能部分執行併發。當然，如果性能提升的潛力與設計清晰度或關注點分離相比只是次要的話，那使用多執行緒設計仍然是值得的。

無論是為了性能、關注點分離，或只是因為是「多執行緒星期一」，假設你已經決定要在程式中使用併發，這對 C++ 程式開發者又意味著什麼呢？

1.3　C++ 中的併發和多執行緒

對 C++ 來說，透過多執行緒對併發的標準化支援是一個比較新的內容。只有從 C++11 標準開始，你才能夠在不需要求助於特定平台的擴展下，撰寫多執行緒程式。為了理解 C++ 標準執行緒庫中背後許多決定的基本原理，了解它的歷程很重要。

1.3.1　多執行緒在 C++ 中的歷程

1998 年發佈的 C++ 標準並不承認有執行緒，而各式語言元素的操作效果是依抽象機器順序撰寫，而且也沒正式定義記憶體模式，所以如果沒有將編譯器特定的執行緒功能擴充到 1998 年的 C++ 標準，現在就無法撰寫多執行緒程式。

因為編譯器供應商可以自由地在程式語言中添加一些擴充，而且不同的 C 應用程式介面對多執行緒的使用情況（像是 POSIX C 標準和 Microsoft Windows API 中的擴充），已經使得許多 C++ 編譯器供應商開始透過各式特定平台的擴充來支援多執行緒。這種編譯器的支援通常限制於只能使用與平台相對應的 C 應用程式介面，並確保 C++ 執行階段程式庫（如異常處理機制的程式）能在多個執行緒存在的情況下工作。雖然很少有編譯器供應商提供正式的多執行緒感知記憶體模式，但編譯器和處理器的行為就已經相當好，造成多執行緒 C++ 程式大量的出現。

C++ 程式開發者對只能使用特定平台的 C 應用程式介面處理多執行緒並不滿足，他們期待能有通用的類別庫提供物件導向的多執行緒功能。應用框架（如 MFC）和通用 C++ 函式庫（如 Boost 和 ACE）已經將一組含有基本特定平台應用程式介面的 C++ 類別包裹在一起，並提供多執行緒高階功能以簡化工作。雖然這些類別庫的細節差異很大，特別是在啟動新執行緒方面，但類別的整體型式卻有很多共同處。對許多 C++ 類別庫一個常見很重要的設計，是在上鎖情況下使用慣用的「資源獲取即初始化（RAII）」，以確保在離開相關範圍時互斥鎖會解鎖，這為程式開發者提供了相當大的好處。

在許多情況下，現有的 C++ 編譯器結合了特定平台的應用程式介面及與平台無關的類別庫（如 Boost 和 ACE），以支援多執行緒，提供撰寫 C++ 多執行緒程式堅實的基礎，因此可以寫出數百萬行 C++ 指令的多執行緒應用程式。但是，缺乏標準的支援意味著在某些情況下會因為缺少執行緒感知記憶體模式而造成問題，尤其是對於那些想要用處理器硬體的知識來獲得更高性能的人，或是那些撰寫編譯器行為會因平台而異的跨平台程式的人。

1.3.2　C++11 對併發的支援

所有這些都隨著 C++11 標準的發佈而改變，C++ 標準函式庫不僅有一個執行緒感知記憶模型，而且已經擴大到包含了用來管理執行緒的類別（請參閱第 2 章）、保護共享資料（請參閱第 3 章）、執行緒之間的同步操作（請參閱第 4 章）和低階原子操作（請參閱第 5 章）等。

C++11 執行緒庫主要以前面提到的 C++ 類別庫之前所累積的經驗為基礎，特別是將 Boost 執行緒庫當成新函式庫基礎的主要模型，新函式庫與 Boost 執行緒庫中許多類別有相同的名稱和結構。隨著標準的演進，這也一直是一種雙向的交流；為了能與 C++ 標準匹配，Boost 執行緒庫本身也在許多方面做了改變，因此對從 Boost 轉移過來的使用者應該會感到很熟悉。

如本章一開始提到的，併發支援是 C++11 標準的改變之一，對 C++ 功能做了很多增強，使程式開發者的工作更方便。雖然這些大多超出本書範圍，但其中一些改變對執行緒庫及使用方式會有直接影響。附錄 A 提供了這些特色的扼要介紹。

1.3.3　在 C++14 和 C++17 中對併發和平行更多的支援

C++14 對併發和平行增加的唯一具體支援，是為了保護共享資料的新型互斥鎖（請參閱第 3 章），而 C++17 則增加了比較多，包括為初學者提供一整套平行演算法（請參閱第 10 章）。這兩個標準都強化了標準庫的核心語言和其他部分，這些強化更簡化了多執行緒程式的開發。

如前所述，併發有一個技術規範，它描述了 C++ 標準提供的函式和類別擴充，特別是針對執行緒間的同步操作（請參閱第 4 章）。

直接在 C++ 中支援原子操作，使程式開發者不必再靠特定平台的組合語言，就能用已經定義過的語義撰寫高效能程式。這對於那些想要寫有效率、可攜式程式的人來說，真是一個恩賜；編譯器不只會照料平台的細節，還可以在考慮操作的語義下產生優化器，更好地優化整個程式。

1.3.4　C++ 執行緒庫的效率

高效率計算功能的開發人員對 C++ 語言新內含低階功能的類別（像那些在標準 C++ 執行緒庫中的），經常會浮現出對效率的關切。如果是致力於效能上，與直接使用基本低階功能相比，用高階功能實作的代價就很重要，這代價可視為是 *抽象懲罰*。

C++ 標準委員會在設計 C++ 標準函式庫通體上及標準 C++ 執行緒庫細節上時，就已經意識到這一點，因此設計目標之一是，它所提供的相同功能，如果直接使用低階應用程式介面，所獲得的好處將會很少或根本沒有。因此，該函式庫被設計成可以在大多數主要平台上有效率的實作（抽象懲罰較低）。

C++ 標準委員會的另一個目標是，對那些為最終性能而希望在緊挨底層工作的人，確保 C++ 也提供了足夠的低階功能。為達成這目標，伴隨新的記憶體模式還帶來一個可以直接控制個別位元 / 位元組、執行緒間同步化、和任何改變可見化的全方位的原子操作函式庫，許多以前開發人員只能使用特定平台的組合語言的部分，現在透過這些原子類型和對應的操作都可以使用，使用新標準類型和操作的程式也更可攜和容易維護。

C++ 標準函式庫也提供高階抽象性和功能，使開發多執行緒程式更容易且不容易出錯。因為需要執行額外的程式，有時使用這些功能對性能會有影響，但這種對性能影響的代價並不一定表示有較高的抽象懲罰。一般來說這代價

不會超過自行開發相同功能所產生的代價，而且無論如何編譯器都會在內部連結許多額外的程式。

在某些情形下，高階功能提供超出特定使用所需的額外功能性，大多數時候這並不是問題：不使用就不需付費；但有極少數的情形，這種未使用的功能會影響其他程式的性能。如果重視的是性能而且影響太大時，那最好從低階自己動手製作所需的功能。在絕大多數情形下，這導致的額外複雜性和出錯機率會遠超過性能改善帶來的好處。即使由剖析已經證明瓶頸出在 C++ 標準函式庫的功能，但這也可能是來自差的程式設計，而不是函式庫實作不好。例如，如果太多執行緒在爭奪互斥鎖，這對性能影響將很顯著，與其嘗試從互斥鎖操作中找出稍許空閒時間，不如重組程式架構以減少在互斥鎖上的爭奪會更有益，至於如何設計減少爭奪的程式請參閱第 8 章內容。

在極少數情況下，C++ 標準函式庫沒有提供所需的性能或行為，這時就必須使用特定平台的功能。

1.3.5 特定平台的功能

雖然 C++ 執行緒庫對多執行緒和併發提供了幾乎全方位的功能，但任何平台都會有超出它所提供的特定平台功能。為了在不放棄使用標準 C++ 執行緒庫的優點下，能很方便地存取這些功能，C++ 執行緒庫中的類型可能會提供 native_handle() 成員函式，以直接使用特定平台的 API 進行基礎實作。從性質看，用 native_handle() 進行的任何操作都需完全依靠平台，已超出了本書範圍（以及標準 C++ 函式庫）。

在考慮使用特定平台的功能之前，應該先了解標準函式庫所提供的內容，因此讓我們以一個範例作為開始。

1.4 開始吧！

你已經擁有一個又好又閃耀的 C++11/C++14/C++17 編譯器，接下來呢？C++ 多執行緒程式長什麼樣子？它看起來就像其他 C++ 程式，通常由變數、類別和函式混合組成；唯一真正的區別是，某些函式可能是併發執行，因此如第 3 章所述，必須確保對併發存取共享資料是安全的。為了能同時執行一些函式，必須用某些特定的函式和物件來管理不同的執行緒。

1.4.1 你好，併發世界

現在從一個經典的範例開始：一個顯示「Hello World」的程式，下面顯示了在單執行緒執行的「Hello World」簡單程式，作為移到多執行緒時的基準：

```
#include <iostream>
int main()
{
    std::cout<<"Hello World\n";
}
```

這程式做的只是將「Hello World」寫到標準輸出串流，將它和下面程式列表中，以啟動另一個執行緒來顯示訊息的簡單「你好，併發世界」程式比較。

程式列表 1.1 簡單的「你好，併發世界」程式

```
#include <iostream>
#include <thread>
void hello()
{
    std::cout<<"Hello Concurrent World\n";
}
int main()
{
    std::thread t(hello);
    t.join();
}
```

第一個差別是額外的 #include <thread>，這在標準 C++ 函式庫對多執行緒支援聲明中是新的標頭，目的是宣告載入在 <thread> 中用來管理執行緒的函式和類別，而用於保護共享資料的函式和類別則在其他標頭中宣告。

其次，用於輸出訊息的程式已經移到另一個獨立函式，因為每個執行緒都必須有個*初始函式*，作為新執行緒開始執行的位置。對於程式原來的執行緒，初始函式為 main()，但其他執行緒會在 std::thread 物件的建構函式中指定，目前範例中 std::thread 物件 t 以 hello() 函式做為初始函式。

再下一個區別為，不是將訊息直接傳送到標準輸出或從 main() 呼叫 hello()，程式會啟動一個新的執行緒來做這件事，因此會有二個執行緒——由 main() 啟動的原執行緒和 hello() 啟動的新執行緒。

新執行緒啟動後，原來的執行緒會繼續執行，如果它不需要等待新執行緒完成，它會快樂地繼續執行到 main() 結束，並結束程式，這可能會在新執

行緒有機會執行之前發生，這就是為什麼要呼叫 join() 函式的原因，如第 2 章中描述的，這樣會叫原執行緒（在 main() 中）等待與 std::thread 物件相關聯的執行緒，也就是 t。

如果只是將訊息傳送到標準輸出而已，卻做了那麼多努力，如第 1.2.3 節所述，對這麼簡單的工作，通常並不值得使用這些多執行緒的努力，特別是如果原來的執行緒在此期間沒什麼事要做。本書稍後，將透過一些範例呈現使用多執行緒的明顯好處。

本章小結

本章討論了併發和多執行緒是什麼意思，以及為什麼會（或不會）選擇在程式中使用它，另外也討論了多執行緒在 C++ 的歷程，從 1998 年標準完全不支援開始，到各種特定平台的擴充，再到 C++11 標準對多執行緒的適當支援，繼續到 C++14 和 C++17 標準及併發技術規範。因為晶片製造商不再提高單個核心的執行速度，而大多選擇改以多核心的形式增強處理能力，允許能同時執行更多的工作，這些即時的支援讓程式開發者更能夠善用較新的 CPU 所提供更大的硬體併發性。。

在第 1.4 節範例中，也展示了簡單的使用 C++ 標準函式庫的類別和函式；在 C++ 中，使用多執行緒本身並不複雜，複雜性出自於設計程式讓它有預期的行為。

在第 1.4 節的範例之後，是該做一些更實質性事情的時候了；在第 2 章，將探討一些用於管理執行緒的類別和函式。

執行緒管理

2

本章涵蓋以下內容

- 啟動執行緒及執行新執行緒的不同方法
- 等待執行緒結束或讓它留著執行
- 執行緒的唯一識別

現在已經決定在程式中使用併發，而且也決定使用多執行緒，接下來怎麼辦呢？如何啟動這些執行緒，檢查它們是否已經結束並監視它們？ C++ 標準函式庫對幾乎所有的執行緒管理都透過 std::thread 物件與搭配的執行緒進行，因此大多數執行緒管理工作相對容易。對於困難些的工作，函式庫也提供了可以從基本建構區塊靈活地建構所需。

本章首先將討論一些基本觀念，包括啟動一個執行緒、等待它結束、或在後台執行它。然後，將關注於執行緒啟動後傳遞額外參數給執行緒函式，以及如何將執行緒的所有權從一個 std::thread 物件轉移到另一個物件。最後，將探討如何選擇要使用的執行緒數量和識別特定的執行緒。

2.1　基本執行緒管理

每個 C++ 程式至少會有一個由 C++ 執行期啟動的執行緒，此執行緒執行 main() 函式。程式可以啟動以另一個函式作為進入點的其他執行緒。這些執行緒彼此之間以及與原啟動的初始執行緒併行。當離開 main() 函式時程式結束，同樣地，當指定進入點的函式結束時，對應的執行緒也會結束。如果執行緒有 std::thread 物件，可以等它結束，但首先必須先啟動它，所以接下來將討論執行緒的啟動。

2.1.1　啟動執行緒

如第 1 章所述，執行緒是從建構一個指定要在此執行緒上執行工作的 std::thread 物件開始，在最簡單的情況下，這工作是一個簡單、尋常的無回傳值也不需要傳入參數的函式，此函式在自己的執行緒上執行，直到它結束，然後此執行緒也終止。在相對較為困難的情況下，工作可能是一個需要額外的參數，並執行一系列經由某些訊息系統執行的獨立操作函式物件，而且執行緒只會在由某種訊息系統發出停止訊號時才會結束。不論執行緒將做什麼或從哪裡啟動，C++ 標準函式庫總是歸結為用建構 std::thread 物件來啟動執行緒。

```
void do_some_work();
std::thread my_thread(do_some_work);
```

差不多就是這麼簡單，當然必須先確定有將 <thread> 標頭含在程式內，以便編譯器可以找到 std::thread 類別的定義。與許多 C++ 標準函式庫一樣，std::thread 適用於任何可呼叫型態，所以可以用函式呼叫運算子將類別的實體傳遞給 std::thread 建構函式：

```
class background_task
{
public:
    void operator()() const
    {
        do_something();
        do_something_else();
    }
};
background_task f;
std::thread my_thread(f);
```

在此情況下，所提供的函式物件會被複製到屬於新建立執行中執行緒的儲存區，並從那裡呼叫。基本上複製物件的行為必須與原物件相同，否則最後結果可能不是預期的。

將函式物件傳遞給執行緒建構函式時需要考慮的一件事是，應避免所謂的「C++ 最煩人的解析」。如果傳入的是暫時變數而不是已具名變數，語法可能與函式宣告的語法相同，在這情形下，編譯器也會如此解釋它，而不會當成是物件定義。例如，

```
std::thread my_thread(background_task());
```

宣告有單一參數的 my_thread 函式，該函式需要單個參數（pointer-to-a-function-taking-no-parameters-and-returning-a-background_task-object 型態），並回傳一個 std::thread 物件，而不是啟動新執行緒。可以像前述般透過具名函式物件、多用一組括號或使用新的統一初始化語法來避免這種情況。例如：

```
std::thread my_thread((background_task()));
std::thread my_thread{background_task()};
```

在第一個例子中，額外的括弧避免被當成函式宣告解釋，讓 my_thread 被宣告為 std::thread 型態的變數；第二個例子用有大括弧的新統一初始化語法而不是括弧，因此也將當成變數宣告。

避免這問題的一種可呼叫物件型態是 *lambda 表示式*，這是 C++11 新特色，允許撰寫區域函式、可能獲取一些區域變數、及避免需要傳遞額外的引數（請參閱第 2.2 節）。有關 lambda 表示式的詳細資訊，請參閱附錄 A 的 A.5 節。用 lambda 表示式，上一個例子可以改寫如下：

```
std::thread my_thread([]{
    do_something();
    do_something_else();
});
```

一旦啟動了執行緒，就需要明確的決定是否要等它結束（藉由連接它——請參閱第 2.1.2 節）或留著它繼續執行（透過和它分離——請參閱第 2.1.3 節）。如果未在 std::thread 物件被銷毀前做出決定，則程式會被終止（std::thread 解構函式呼叫 std::terminate()）。因此，就算出現例外，確保執行緒正確連接或分離也是很重要的事。有關處理此情況的技術，請參閱第 2.1.3 節。請注意，只需要在 std::thread 物件被銷毀之前做出這

決定：執行緒本身很可能在連接或分離它之前早就已經結束，而且如果與它分離且執行緒仍在運作中，那它將繼續運作，並且可能在 `std::thread` 物件被銷毀後繼續運作很久，只有在它最後從執行緒函式回傳時，才會停止運作。

如果不需要等待執行緒結束，則需要確保執行緒存取的資料在執行緒前有效，即使在單執行緒程式中也未定義存取已被銷毀物件時的行為，所以這不是一個新的問題，但使用執行緒確實會增加遇到此類壽命問題的機會。

遇到此類問題的一種情況是，當執行緒函式持有對區域變數的指標或參照，而且當函式退出時執行緒還沒有結束。以下程式列表為這情形的範例。

程式列表 2.1　當執行緒仍可以存取區域變數時函式已經結束

```cpp
struct func
{
    int& i;
    func(int& i_):i(i_){}
    void operator()()
    {
        for(unsigned j=0;j<1000000;++j)
        {
            do_something(i);          ◄──── 可能存取懸置
        }                                    的參照
    }
};
void oops()
{
    int some_local_state=0;          ◄──── 不要等待執行緒
    func my_func(some_local_state);        結束
    std::thread my_thread(my_func);
    my_thread.detach();              ◄──── 新執行緒可能
}                                          仍在執行
```

在此情形下，因為已經明確地決定不等待 `my_thread` 呼叫 `detach()` 函式，所以與 `my_thread` 搭配的新執行緒在 `oops` 結束時可能仍在執行。如果執行緒仍在執行，則會得到表 2.1 中的情形：下一次呼叫 `do_something(i)` 將存取已銷毀的變數。這就像正常的單執行緒程式，允許對區域變數的指標或參照在函式結束後持續存在，絕對不是個好主意，因為這情形不一定會立即顯示出已經發生，所以在使用多執行緒程式時更容易出錯。

表 2.1　用分離執行緒存取一個已經銷毀的區域變數

主執行緒	新執行緒
建構對 some_local_state 參照的 my_func	
啟動新執行緒 my_thread	
	已啟動
	呼叫 func::operator()
分離 my_thread	執行 func::operator()；可能會呼叫對 some_local_state 參照的 do_something
銷毀 some_local_state	仍在執行
結束 oops	仍在執行 func::operator()；可能會呼叫對 some_local_state 參照的 do_something => 未定義的行為

處理此情況的一個常用方法是使執行緒函式自成一體，並將資料複製到執行緒中，而不是共用資料。如果對執行緒函式使用可呼叫物件，則這物件會被複製到執行緒中，因此原來的物件可以立即被銷毀。但是，仍然需要小心物件包含的指標或參照，如程式列表 2.1 所示。特別是，除非執行緒保證在函式結束前完成，否則在函式內建立一個會存取這函式區域變數的執行緒肯定是一個壞主意。

或者，可以透過與執行緒**連接**，確保函式結束前執行緒已經完成執行。

2.1.2　等待執行緒完成

如果需要等待執行緒完成，可以透過在相關 std::thread 實體上呼叫 join() 達到這目的。因此，在程式列表 2.1 中，在函式本體結束括弧前用呼叫 my_thread.join() 取代 my_thread.detach()，將能確保執行緒在函式結束前完成，亦即在區域變數被摧毀前完成。這表示在執行期的少數時間點上，函式是在獨立的執行緒上，在這些時間點上原來的執行緒不會做什麼有意義的事；但在實際程式中，原始執行緒要麼有工作要做，要麼在等待其他執行緒完成之前啟動更多的執行緒來執行有用的工作。

無論要不要等待執行緒完成，join() 都是一個簡單、蠻力的技術。如果對等待執行緒需要像是檢查執行緒是否完成，或是只等待一定的時間等更細緻的控制，那麼就必須使用如條件變數和期約等其他機制，這將在第4章討論。呼叫 join() 的動作也會清除與執行緒相關聯的儲存區，因此 std::thread 物件不再與現在已結束的執行緒有關聯；實際上它與任何執行緒都無關。這表示只能對一個指定的執行緒呼叫一次 join()，一旦呼叫了，std::thread 物件將不再是可連接的，且 joinable() 將回傳錯誤。

2.1.3　在例外情況下等待

如前面所提到的，需要確保在 std::thread 物件被銷毀之前呼叫 join() 或 detach()。如果要分離執行緒，一般在執行緒啟動後可以立即呼叫 detach()，所以這不會構成問題。但是，如果打算要等待執行緒，那就需要仔細選擇在程式中呼叫 join() 的位置，當執行緒已經啟動但還未呼叫 join()，有例外狀況被拋出時，對 join() 的呼叫會被忽略。

為了避免當拋出例外時使程式終止，需要決定在這情況下該怎麼做。一般而言，如果打算在沒有例外情況下呼叫 join()，那在例外出現時也應呼叫 join() 以避免使程式意外結束。下一個程式列表顯示這樣做的簡單程式。

程式列表 2.2　等待執行緒結束

```
struct func;
void f()                        參考程式列表 2.1 中
{                               的定義
    int some_local_state=0;
    func my_func(some_local_state);
    std::thread t(my_func);
    try
    {
        do_something_in_current_thread();
    }
    catch(...)
    {
        t.join();
        throw;
    }
    t.join();
}
```

在程式列表 2.2 中的程式使用 try/catch 區塊，以確保無論函式是否正常
結束，存取區域變數的執行緒會在函式結束前結束。try/catch 區塊的使用
很冗長，也很容易錯用範圍，所以並不是一個理想的方式。無論是因為有參
照到其他區域變數或其他理由，如果要確保執行緒在函式結束前結束很重要
的話，就必須確保不管是正常或意外結束函式都能如此，而且能提供一個簡
單、簡潔的方式完成。

其中一種方法是使用慣用的標準資源獲取即初始化（RAII），並提供在解構
函式中執行 join() 的類別，程式列表 2.3 顯示它使 f() 函式變得多簡單。

程式列表 2.3　用 RAII 等待一執行緒完成

```
class thread_guard
{
    std::thread& t;
public:
    explicit thread_guard(std::thread& t_):
        t(t_)
    {}
    ~thread_guard()
    {
        if(t.joinable())
        {
            t.join();
        }
    }
    thread_guard(thread_guard const&)=delete;
    thread_guard& operator=(thread_guard const&)=delete;
};
struct func;                      ◀——— 參考程式列表 2.1
void f()                                  的定義
{
    int some_local_state=0;
    func my_func(some_local_state);
    std::thread t(my_func);
    thread_guard g(t);
    do_something_in_current_thread();
}
```

當目前執行緒執行到 f 末端時，區域物件將依建構的相反順序銷毀。因此，
thread_guard 物件 g 會先被銷毀，且執行緒在解構函式中與它連接。這甚
至會發生在因為 do_something_in_current_thread 拋出一個例外，而使
函式結束的時候。

在程式列表 2.3 中 thread_guard 的解構函式在呼叫 join() 前會先測試，看 std::thread 物件是否為 joinable()，這一點很重要，因為對所執行的執行緒只能呼叫 join() 一次，因此如果執行緒已經連接，再次呼叫就會產生錯誤。

複製建構函式及複製 - 指定運算子被標記為 =delete，以確保它們不會由編譯器自動提供。因為它可能會超過所連接執行緒的範圍，所以複製或指定這類物件將很危險。透過將它們宣告為已刪除，任何企圖對 thread_guard 物件的複製都會產生編譯錯誤。有關刪除函式的更詳細內容，請參閱附錄 A 的 A.2 節。

如果您不需要等待執行緒結束，透過將它**分離**就可以避免此例外的安全問題，因為這會打斷執行緒與 std::thread 物件的關聯，並確保即使執行緒仍在後台執行也不會在 std::thread 物件被銷毀時呼叫 std::terminate()。

2.1.4　在後台執行執行緒

當 std::thread 物件結束在後台執行的執行緒時呼叫 detach()，並沒有直接與它通訊的方法，所以不再可能等待這個執行緒完成；如果一個執行緒已經分離，就無法獲得參照它的 std::thread 物件，因此就已經不再是連接的。分離執行緒實際是在後台執行，擁有權和控制權將傳遞給 C++ 執行期函式庫，以確保與執行緒相關聯的資源在執行緒結束時會被正確回收。

在 UNIX 提出沒有任何明顯使用者介面並在後台執行的**守護程式**概念後，分離的執行緒常被稱為**守護執行緒**。此類執行緒通常執行時間很長，幾乎在程式的整個生命週期中執行，用以執行像是監控檔案系統、清除物件快取中未使用的項目、或優化資料結構等這類後台工作。使用分離的執行緒另一種情況是，用另一種機制來識別執行緒何時完成，或者用於「啟動後不理」等工作的執行緒。

正如在第 2.1.2 節中提到的，藉由呼叫 std::thread 物件的 detach() 成員函式來分離執行緒。完成呼叫後，std::thread 物件將不再與實際執行中的執行緒有關聯，因此也不再是可連接了：

```
std::thread t(do_background_work);
t.detach();
assert(!t.joinable());
```

為了從 std::thread 物件與執行緒分離，必須要有一個執行緒來分離；不能在 std::thread 物件上呼叫 detach()，但卻沒有相關聯的執行緒。這對 join() 也有相同的要求，並且也以完全相同的方式檢查它，即只有在 t.joinable() 真的完成運作後，才能對 std::thread 物件呼叫 t.detach()。

考慮一個像是可以同時編輯多個文檔的文字處理應用程式，無論是在 UI 層級或是在內部，都有許多方法可以處理這個功能。目前越來越常用的方法是擁有多個獨立、高階的視窗，每個視窗編輯各自的文檔。雖然這些視窗看起來是完全獨立的，每個都有自己的功能表，但它們在應用程式的同一個實體中運作。一種內部處理的方法是每個文件編輯視窗都有自己的執行緒，每個執行緒執行相同的程式，但編輯不同的文檔資料及有自己的視窗屬性。因此，開啟新文檔需要啟動新的執行緒，因為它在不相關的文檔上工作，所以處理這個視窗的執行緒並不會在意是否要等待其他執行緒結束，這也使它成為執行分離執行緒的主要候選者。

下面的程式列表顯示了上述方法的簡單程式輪廓。

程式列表 2.4　分離一執行緒以處理其他文檔

```cpp
void edit_document(std::string const& filename)
{
    open_document_and_display_gui(filename);
    while(!done_editing())
    {
        user_command cmd=get_user_input();
        if(cmd.type==open_new_document)
        {
            std::string const new_name=get_filename_from_user();
            std::thread t(edit_document,new_name);
            t.detach();
        }
        else
        {
            process_user_input(cmd);
        }
    }
}
```

如果使用者選擇開啟新文檔，會有開啟文檔的提示，接著啟動新執行緒來開啟這文檔，最後再將它分離。因為新執行緒與目前執行緒執行相同的操作，

但是針對的文檔不同，所以可以用新選擇的檔名作為引數傳給相同的函式 edit_document 使用。

這範例也顯示了將參數傳遞給用於啟動執行緒函式的好方法，即可以將檔名當引數一起傳遞，而不是只將函式的名稱傳遞給 std::thread 建構函式。雖然像是用帶有成員資料的函式物件，取代需要參數的一般函式等其他機制也可以完成這工作，但 C++ 標準函式庫提供了一種更簡單的方法完成。

2.2　將引數傳遞給執行緒函式

如程式列表 2.4 所示，將引數傳遞給可呼叫物件或函式，基本上就像將額外的引數傳遞給 std::thread 建構函式一樣簡單，但重要的是要記住在預設情況下，這些引數是被複製到可以被新建立執行緒存取的內部儲存區域，然後如同它們是暫時的一般當成右值傳給可呼叫物件或函式。即使預期函式中對應的參數是參照時，也是這樣做。下面是一個例子：

```
void f(int i,std::string const& s);
std::thread t(f,3," hello" );
```

這建立了一個與 t 相關聯的新執行緒，且 t 呼叫 f(3,"hello")。注意即使 f 以 std::string 作為第二個參數，字串內容是以 char const* 傳遞，並在新執行緒語意中轉換為 std::string。當提供的引數是對自動變數的指標時，這一點特別重要，如下所示：

```
void f(int i,std::string const& s);
void oops(int some_param)
{
    char buffer[1024];
    sprintf(buffer, "%i",some_param);
    std::thread t(f,3,buffer);
    t.detach();
}
```

在這情形下，它是傳給新執行緒對區域變數 buffer 的指標，且此變數在新執行緒上轉成 std::string 之前，oops 函式很可能已經結束，而導致未定義的行為。解決的方法是在傳給 std::thread 建構函式之前，先將這變數轉成 std::string：

```
void f(int i,std::string const& s);
void not_oops(int some_param)
{
```

```
        char buffer[1024];
        sprintf(buffer,"%i",some_param);
        std::thread t(f,3,std::string(buffer));
        t.detach();
}
```

用 std::string 避免
懸置的指標

現在的問題是，你依賴於將指向緩衝區的指標隱含轉換為預期作為函式參數的 std::string 物件，但因為 std::thread 建構函式依原型態所提供的值複製而沒有轉換成所預期的引數型態，所以這轉換發生的太晚。

相反情況是不可能出現的，即物件被複製成一個非 const 參照，因為這將無法完成編譯。如果執行緒更新透過參照傳入的資料結構時，或許可以嘗試這樣做，例如：

```
void update_data_for_widget(widget_id w,widget_data& data);
void oops_again(widget_id w)
{
        widget_data data;
        std::thread t(update_data_for_widget,w,data);
        display_status();
        t.join();
        process_widget_data(data);
}
```

雖然 update_data_for_widget 預期透過參照傳入第二個參數，但 std::thread 建構函式並不知道這件事：它忘了函式預期的引數型態，並盲目複製所提供的值，但內部程式為了在只能移動的型態上工作，所以會嘗試用右值呼叫 update_data_for_widget。因為無法將右值傳遞給預期是非 const 參照的函式，所以將無法編譯右值。對於熟悉 std::bind 的人，解決方法相當清楚，只需要將要參照的引數包裝成 std::ref 就可以了。在這情形下，如果將執行緒呼叫改成

```
std::thread t(update_data_for_widget,w,std::ref(data));
```

然後 update_data_for_widget 將正確地傳遞對資料的參照，而不是資料的暫時副本，而且現在程式將可成功編譯。

如果你熟悉 std::bind，參數傳遞的語法就不足為奇了，因為 std::thread 建構函式和 std::bind 的操作都是依據相同機制定義的。這表示只要傳送的第一個引數是適當的物件指標，就可以把成員函式的指標當成函式傳遞：

```
class X
{
public:
    void do_lengthy_work();
};
X my_x;
std::thread t(&X::do_lengthy_work,&my_x);
```

此程式因為 my_x 是以物件指標型態提供，所以將在新執行緒上呼叫
my_x.do_lengthy_work()。也可以為此類成員函式呼叫提供引數：
std::thread 建構函式的第三個引數，將是成員函式的第一個引數等等。

提供引數的另一個有趣的情況是，引數不能複製而只能**移動**，即在物
件中持有的資料被傳遞給另一個物件，使原來的物件變成空的。例如
std::unique_ptr 為動態分配的物件提供自動記憶體管理，因為一次只有
一個 std::unique_ptr 實體可以指向所給的物件，且這實體被銷毀時，這
指向的物件也會被刪除。**移動建構函式**和**移動指定運算子**讓物件的所有權
在 std::unique_ptr 實體之間轉移（對移動語法更多資訊，請參閱附錄 A
的 A.1.1 節）。這種轉移留給原始物件一個 NULL 指標。這種值的移動讓此型
態物件可作為函式參數或從函式回傳。如果原始物件是暫時的，則移動將是
自動的；但如果來源是具名的值，則移動必須藉由呼叫 std::move() 直接
要求。以下範例顯示了用 std::move 將動態物件的所有權傳送給執行緒：

```
void process_big_object(std::unique_ptr<big_object>);
std::unique_ptr<big_object> p(new big_object);
p->prepare_data(42);
std::thread t(process_big_object,std::move(p));
```

透過在 std::thread 建構函式中指定 std::move(p)，big_object 物件的
所有權先傳給新建立的執行緒的內部儲存區，然後再傳送給 process_big_
object。

C++ 標準函式庫中的一些類別有與 std::unique_ptr 相同的所有權語法，
std::thread 就是其中之一。雖然 std::thread 實體不像 std::unique_
ptr 那樣擁有動態物件，但每個實體都負責管理一個執行緒的執行。因為
std::thread 實體是可移動的，即使它們不可複製，此所有權也可以在實
體之間轉移。這可確保在任何時候只有一個物件與特定執行中的執行緒相關
聯，並讓程式開發者可以選擇在物件之間傳遞所有權。

2.3　傳送執行緒的所有權

假設要寫一個函式，它會建立一個在後台執行的執行緒，但不是等待新執行緒結束，而是將新執行緒的所有權回傳給呼叫的函式；或相反地，即建立一個執行緒，並將它的所有權傳給應該等待它結束的某函式。在二種情形下，都需要將所有權從一個地方傳送到另一個地方。

這就是 std::thread 支援移動的地方。如前一節所提到的，在 C++ 標準函式庫中如 std::ifstream 和 std::unique_ptr 等許多擁有資源的型態，是可以移動但不能複製的，std::thread 就是其中之一。這表示特定執行中執行緒的所有權可以在 std::thread 實體之間移動，如在以下例子中，將建立二個執行緒並啟動它們，這二個執行緒的所有權會在三個 std::thread 實體 t1、t2、t3 之間傳遞：

```
void some_function();
void some_other_function();
std::thread t1(some_function);
std::thread t2=std::move(t1);
t1=std::thread(some_other_function);
std::thread t3;
t3=std::move(t2);
t1=std::move(t3);          ◀── 這指定將終止
                                程式！
```

首先，新執行緒已經啟動並與 t1 關聯，然後當 t2 完成建構後，透過呼叫 std::move() 明確地將所有權傳給 t2。這時候 t1 不再與執行中的執行緒相關聯：執行 some_function 的執行緒現在與 t2 關聯。

然後，一個新的執行緒啟動，並與一個暫時的 std::thread 物件關聯，隨後將所有權傳送到 t1，因為擁有者是一個暫時物件，而在暫時物件上的移動是自動及隱含轉換，因此不需要呼叫 std::move() 來明確地移動所有權。

t3 是預設建構的，這表示它是在沒有與任何執行中執行緒相關聯的情況下建立。目前與 t2 關聯的執行緒的所有權被傳送給 t3，因為 t2 是具名物件，所以再次明顯地對 std::move() 呼叫。在完成所有這些移動之後，t1 與執行 some_other_function 的執行緒相關聯，t2 沒有相關聯的執行緒，而 t3 則與執行 some_function 的執行緒關聯。

最後的移動會將執行 some_function 的執行緒的所有權傳回它起初的位置，這時 t1 已經有一個相關聯的執行緒（它執行 some_other_function），因此會呼叫 std::terminate() 終止程式，這樣做是為了與

std::thread 解構函式一致。如第 2.1.1 節中所說的，必須明確地等待執行緒銷毀前完成或分離，這同樣也適用於指定上，即不能只是藉著向管理執行緒的 std::thread 物件指定一個新值來作罷這執行緒。

在 std::thread 上對移動的支援表示所有權可以很容易的從函式中傳出，如以下程式列表所示。

程式列表 2.5　從函式回傳一個 std::thread

```cpp
std::thread f()
{
    void some_function();
    return std::thread(some_function);
}
std::thread g()
{
    void some_other_function(int);
    std::thread t(some_other_function,42);
    return t;
}
```

同樣地，如果所有權應該傳給一個函式，它可以接受一個 std::thread 實體當成一個傳值參數，如下所示：

```cpp
void f(std::thread t);
void g()
{
    void some_function();
    f(std::thread(some_function));
    std::thread t(some_function);
    f(std::move(t));
}
```

std::thread 支援移動的一個好處是，可以從程式列表 2.3 建構 thread_guard 類別，並讓它擁有這個執行緒。這避免了任何因為 thread_guard 物件壽命超過它所參照執行緒的不想要後果，這也意味著一旦所有權已經傳給物件，就沒辦法連接或分離這執行緒。由於這主要是為了確保執行緒在離開這範圍之前結束，因此我稱這類別為 scoped_thread。實作如以下程式列表的簡單範例。

程式列表 2.6　scoped_thread 及範例

```
class scoped_thread
{
    std::thread t;
public:
    explicit scoped_thread(std::thread t_):
        t(std::move(t_))
    {
        if(!t.joinable())
            throw std::logic_error("No thread");
    }
    ~scoped_thread()
    {
        t.join();
    }
    scoped_thread(scoped_thread const&)=delete;
    scoped_thread& operator=(scoped_thread const&)=delete;
};
struct func;          ◄────  參考程式列表 2.1
void f()
{
    int some_local_state;
    scoped_thread t{std::thread(func(some_local_state))};
    do_something_in_current_thread();
}
```

此範例與程式列表 2.3 類似，但新執行緒是直接傳遞給 scoped_thread，而不是為它建立一個獨立的具名變數。當初始的執行緒到達 f 末端時，scoped_thread 物件會被破壞，然後與執行緒的連接將提供給建構函式。而在程式列表 2.3 的 thread_guard 類別的解構函式必須檢查執行緒是否仍為可連接的，這也可以在建構函式中執行；如果已經不是可連接的，則會拋出一個例外。

在 C++17 中有一個除了會自動像 scoped_thread 所做的在解構函式連接以外，其餘部分很類似 std::thread 的 joining_thread 類別的提案，因在委員會中還沒有取得共識，所以並沒有成為標準的一部分（雖然它仍然計劃包含在已經在軌道上 C++20 中的 std::jthread），但它的實作相當容易。下一個程式列表展示了一個可能的實作。

程式列表 2.7　joining_thread 類別

```cpp
class joining_thread
{
    std::thread t;
public:
    joining_thread() noexcept=default;
    template<typename Callable,typename ... Args>
    explicit joining_thread(Callable&& func,Args&& ... args):
        t(std::forward<Callable>(func),std::forward<Args>(args)...)
    {}
    explicit joining_thread(std::thread t_) noexcept:
        t(std::move(t_))
    {}
    joining_thread(joining_thread&& other) noexcept:
        t(std::move(other.t))
    {}
    joining_thread& operator=(joining_thread&& other) noexcept
    {
        if(joinable())
            join();
        t=std::move(other.t);
        return *this;
    }
    joining_thread& operator=(std::thread other) noexcept
    {
        if(joinable())
            join();
        t=std::move(other);
        return *this;
    }
    ~joining_thread() noexcept
    {
        if(joinable())
            join();
    }
    void swap(joining_thread& other) noexcept
    {
        t.swap(other.t);
    }
    std::thread::id get_id() const noexcept{
        return t.get_id();
    }
    bool joinable() const noexcept
    {
        return t.joinable();
    }
    void join()
```

```
    {
        t.join();
    }
    void detach()
    {
        t.detach();
    }
    std::thread& as_thread() noexcept
    {
        return t;
    }
    const std::thread& as_thread() const noexcept
    {
        return t;
    }
};
```

如果 `std::thread` 物件的容器對移動很敏感的話，`std::thread` 對移動的支援也可以用在這些容器上（像是更新 `std::vector<>`），這表示可以類似以下程式列表的內容，撰寫可以產生多個執行緒，然後等待它們結束的程式。

程式列表 2.8　產生某些執行緒並等待它們結束

```
void do_work(unsigned id);
void f()
{
    std::vector<std::thread> threads;
    for(unsigned i=0;i<20;++i)
    {
        threads.emplace_back(do_work,i);       ◀──── 產生執行緒
    }
    for(auto& entry: threads)              ◀──┐ 輪流在每一個執行緒上
        entry.join();                          │ 呼叫 join()
}
```

如果執行緒用於演算法細分出來的工作上，這也是一般的需求：在回傳呼叫者之前，所有執行緒必須已經結束。程式列表 2.8 的簡單結構暗示執行緒完成的工作是自成一體的，且其執行的結果純粹是共享資料的副作用。如果 `f()` 要回傳一個與這些執行緒執行結果有關的值給呼叫者，則如程式中所顯示的，此回傳值必須在執行緒結束後檢查共享資料來加以確定。在執行緒之間傳遞執行結果的替代方法，將於第 4 章討論。

將 std::thread 物件放入 std::vector 是邁向自動管理這些執行緒的一個步驟,與其為這些執行緒建立獨立的變數並直接與它們連接,不如將它們視為一個群組處理。可以利用在執行期動態決定執行緒數量,而不是建立固定數量的方式讓這步驟更往前,如程式列表 2.8 所示。

2.4 在執行期選擇執行緒數量

C++ 標準函式庫一個處理這方面的特色是 std::thread::hardware_concurrency(),這函式回傳可真正在執行中程式併發的執行緒數量的指示,例如在多核心系統中這可能是 CPU 核心數量。這只是一個提示,如果這資訊無法使用,函式將回傳 0,但它是在執行緒間將工作拆解的有用指引。

程式列表 2.9 顯示了 std::accumulate 平行版本的簡單實作。在實際程式中可能不會自己實作,而會想要用第 10 章中所描述的 std::reduce 平行版本,但這是基本理念的說明。程式將工作在執行緒之間分割,為了避免太多執行緒的開銷,每個執行緒將含有最少的元件數量。注意,即使例外是可能的,這實作也假設沒有操作會拋出例外;例如,如果 std::thread 無法啟動新的執行緒執行,則它的建構函式將會拋出例外。處理例外的演算法已經超出這簡單範例的範圍,將涵蓋在第 8 章中。

程式列表 2.9　一個很簡單的 std::accumulate 平行版本

```cpp
template<typename Iterator,typename T>
struct accumulate_block
{
    void operator()(Iterator first,Itcrator last,T& result)
    {
        result=std::accumulate(first,last,result);
    }
};
template<typename Iterator,typename T>
T parallel_accumulate(Iterator first,Iterator last,T init)
{
    unsigned long const length=std::distance(first,last);
    if(!length)
        return init;
    unsigned long const min_per_thread=25;
    unsigned long const max_threads=
        (length+min_per_thread-1)/min_per_thread;
    unsigned long const hardware_threads=
```

```
    std::thread::hardware_concurrency();
unsigned long const num_threads=
    std::min(hardware_threads!=0?hardware_threads:2,max_threads);
unsigned long const block_size=length/num_threads;
std::vector<T> results(num_threads);
std::vector<std::thread>  threads(num_threads-1);
Iterator block_start=first;
for(unsigned long i=0;i<(num_threads-1);++i)
{
    Iterator block_end=block_start;
    std::advance(block_end,block_size);
    threads[i]=std::thread(
        accumulate_block<Iterator,T>(),
        block_start,block_end,std::ref(results[i]));
    block_start=block_end;
}
accumulate_block<Iterator,T>()(
    block_start,last,results[num_threads-1]);

for(auto& entry: threads)
        entry.join();
return std::accumulate(results.begin(),results.end(),init);
}
```

雖然這是一個很長的函式，但很簡單。如果輸入範圍是空的，則回傳值將作為 init 參數的初始值；否則，若範圍內至少有一個元素，則可以將要處理的元素數目除以最小區塊的大小，以便得到最大執行緒的數量。這是為了避免當範圍中只有 5 個值時，在 32 核心電腦上建立 32 個執行緒。

要執行的執行緒數是計算得到的最大執行緒數和硬體執行緒數目中的最小值。不想執行比硬體所能支援的還要多的執行緒（這稱為**超額認購**），因為語意切換表示太多的執行緒將降低性能。如果對 std::thread::hardware_concurrency() 的呼叫回傳 0，則可以選擇一個數字取代它：目前我選擇的是 2。不想執行太多的執行緒而降低單核心電腦的速度，同樣地也不想執行太少執行緒，因為這會放棄可用的併發性。

每個執行緒要處理的項目數是範圍的長度除以執行緒數量，不需要擔心不能整除的情況，這將稍後處理。

現在已經知道有多少個執行緒，可以為中間的結果建立一個 std::vector<T>，和為執行緒建立一個 std::vector<std::thread>。需注意的是，因為已經有一個執行緒了，所以需要啟動的執行緒會比 num_threads 少一個。

啟動執行緒是一個簡單的迴圈：將 block_end 迭代器逐漸推向目前區塊的末端，並啟動 一個新執行緒來累積此區塊的結果；下一個區塊的開始是目前區塊的末端。

啟動所有執行緒後，處理最後區塊的執行緒，這也是考慮任何不均勻分割的位置；因為最後區塊一定是 last，並且不在乎這區塊有多少元素。當累積了最後一個區塊的結果，可以如程式列表 2.8 般，用 std::for_each 建立所有執行緒，最後呼叫 std::accumulate 將結果加總。

在離開此範例之前，應該指出的是加法運算子對 T 是什麼型態並不在乎（例如浮點數或倍精度），因為範圍被分組為區塊，所以 parallel_accumulate 的結果可能會與 std::accumulate 的結果不同。此外，對迭代器的要求稍微嚴格一些，它們至少必須是**向前迭代**，std::accumulate 可以工作在單通輸入迭代器上使用，而 T 必須是**預設可建構的**，以便可以建立 results 向量。這些要求種類的改變在平行演算法上很常見；為了使它們能平行，所以性質是不同的，這對結果和要求會有影響。第 8 章將更深入地探討平行演算法的實作，而第 10 章則涵蓋了 C++17 標準的支援（相當於這裡描述的來自於 std::reduce 平行的 parallel_accumulate）。另外值得注意的是，因為無法直接從執行緒回傳值，因此必須傳一個參照給 results 向量中的相關項目；從執行緒中回傳結果的替代方法，是透過第 4 章中用期約方式來解決。

在這情況下，每個執行緒所需要的所有資訊在執行緒啟動時都會傳入，包括儲存它計算結果的位置。但情況並非總是如此的，有時候處理的某些方式中，必須能夠識別執行緒。可以傳入如程式列表 2.8 中的 i 作為識別碼，但如果需要識別碼的函式是深入呼叫堆疊好幾層，並且可以從任何執行緒呼叫的話，那用這樣的方式就不太方便。當設計 C++ 標準函式庫時，已經預期到這種需求，因此每個執行緒都會有一個唯一的識別碼。

2.5　執行緒的識別

執行緒識別碼的型態為 std::thread::id，可以透過二種方式取得。第一種方式可以從執行緒的 std::thread 物件上呼叫 get_id() 成員函式取得它的識別碼。如果 std::thread 物件沒有相關聯的執行中執行緒，則呼叫 get_id() 會回傳一個表示「沒有任何執行緒」預設建構的 std::thread::id 物件。或者，目前執行緒的識別碼可以透過呼叫 std::this_thread::get_id() 取得，這函式定義在 <thread> 標頭中。

std::thread::id 型態的物件可以隨意複製和比較，否則就不會被用作識別碼。如果二個 std::thread::id 型態的物件相等，則它們表示相同的執行緒，或都持有「不是任何執行緒」的值；如果兩個物件不相等，則它們表示不同的執行緒，或一個表示執行緒，而另一個表示「不是任何執行緒」的值。

C++ 標準函式庫對檢查執行緒識別碼是否相同並沒有限制，型態為 std::thread::id 的物件提供一組完整的比較運算子，可以為所有不同的值比較排序，這使得它們可以用作相關聯容器中的鍵值，或進行排序、或以一位程式開發者認為合適的任何方式進行比較。比較運算子為 std::thread::id 所有不相等的值提供完整排序，因此它們的行為就像你直覺預期的那樣：如果 a<b 且 b<c，則 a<c 等。標準函式庫也提供了 std::hash<std::thread::id>，以便 std::thread::id 型態的值也可以在新的尚未排序的相關聯容器中當成鍵值。

std::thread::id 實體常用以檢查執行緒是否需要執行某些操作；例如，如果執行緒用在像程式列表 2.9 中分割的工作上，則啟動其他執行緒的初始執行緒可能需要在演算法中間以稍微不同的方式執行它的工作。在這情況下，它可以在啟動其他執行緒之前儲存 std::this_thread::get_id() 的結果，然後演算法的核心部分（對所有執行緒都很常見）可以根據儲存的值檢查自己執行緒的 ID：

```
std::thread::id master_thread;
void some_core_part_of_algorithm()
{
    if(std::this_thread::get_id()==master_thread)
    {
        do_master_thread_work();
    }
    do_common_work();
}
```

或者，目前執行緒的 std::thread::id 可以儲存在資料結構中，作為操作的一部分。後續在相同資料結構上的操作就可以依據執行操作的執行緒的 ID 來檢查儲存的 ID，以決定什麼操作是被允許或需要。

類似地，如果像是執行緒區域儲存等其他替代機制並不合適，則執行緒 ID 可以被用為特定資料需要與執行緒關聯的相關聯容器的鍵值。例如，這種容器可以被控制的執行緒用來儲存在它控制下的每個執行緒的資訊，或在執行緒之間傳遞資訊。

這想法是在大多數情況下，std::thread::id 已經足夠作為一個執行緒的通用識別碼；只有當識別碼具有與它相關的語義含義（例如是陣列的索引）時，才有必要改用其他識別碼。甚至可以將 std::thread::id 的一個實體寫到像是 std::cout 的輸出資料流：

```
std::cout<<std::this_thread::get_id();
```

取得的實際輸出與實作緊密的相關，C++ 標準所能給的唯一保證是，經比較確認相等的執行緒 ID 應產生相同的輸出，而不相等的 ID 應提供不同的輸出。因此這主要將用於除錯和登錄上，但值卻沒有語義上的意義，因此也沒有什麼好討論的。

本章小結

本章涵蓋了 C++ 標準函式庫管理執行緒的基礎，包括：執行緒的啟動、等待它們結束、及因為希望它們在後台執行所以不等待它們結束等。本章還提到當執行緒啟動後如何將引數傳遞給執行緒函式、如何將管理執行緒的責任從程式的一部分轉移到另一部分、以及執行緒群組如何用來分割工作；最後，討論為了將資料或行為和特定執行緒相關聯，因為其他關聯的方式都不容易，因此需要能夠識別執行緒。雖然可以用各自在不同資料上操作的單純、獨立的執行緒進行很多工作，但有時候在執行過程中會想在執行緒間共享資料，因此第 3 章將討論直接在執行緒間共享資料的議題，而第 4 章涵蓋了有或無共享資料需求下同步操作的更一般性議題。

執行緒間的資料共享

3

本章涵蓋以下內容

- 執行緒間共享資料面臨的問題
- 用互斥鎖保護資料
- 保護共享資料的替代機制

在執行緒之間可以很容易、很直接地共享資料，是使用執行緒進行併發處理的主要優點之一。之前我們已經探討過執行緒的啟動與管理，這一章的焦點將移到資料共享的議題上。

想像一下，您與朋友合租了一間公寓，公寓內只有一間廚房和一間浴室，除非你們交情特別好，否則二個人將無法同時使用浴室；如果室友佔用浴室的時間太長，那麼當您需要使用的時候，可能會感到有點難捱。同樣地，雖然可能可以同時做飯，但對於使用含烤架的烤箱而言，如果其中一人試圖烤香腸，但另一人正在烘培蛋糕時，也會造成相互衝突的結果。此外，我們都知道與人共享空間時，工作到一半卻發現需要用的用具正被另一人使用，或察覺原設定好的使用方式已被另一人改變的挫折感。

在使用執行緒上也是如此。如果要在執行緒之間共享資料，就必須規定好哪個執行緒在什麼時間可以存取資料的哪一位元，以及當資料有更新時該如何通知使用這些資料的其他執行緒。在單一處理程序中讓多個執行緒可以方便的共享資料雖然是一種優點，但它也可能是個大缺點。不正確的使用共享資料，往往是導致併發處理出問題的最大肇因之一，而且產生的後果一定會比做出香腸口味的蛋糕更糟糕。

本章主要探討 C++ 語言在執行緒間如何安全地共享資料，以避免可能出現的潛藏問題，並將共享資料的優點最大化。

3.1 在執行緒間共享資料面臨的問題

歸根究底，在執行緒之間共享資料的問題都是出自於資料修改的後果。如果所有共享資料都是唯讀的，就不會發生任何問題，因為一個執行緒所讀取的資料不會受到是否有另一個執行緒正在讀取相同資料的影響。但是，如果資料在執行緒之間共享，而且其中有一個或多個執行緒正在修改此資料，那麼就可能會產生很多潛在問題；在這種情況下，您必須要仔細地確保一切作業正常。

一個被普遍用來協助程式設計師對其所寫程式碼推理的概念是**不變性**，即對於特定的資料結構它始終是正確的敘述，像是「這個變數存有列表中項目的數量」。但在資料結構比較複雜或更新過程需要修改多個值的情況下，這些不變性經常會受到破壞。

考慮一個雙向鏈結序列，其中每個節點都存有指向序列中的下一個節點和前一個節點的指標。一個不變性是，如果跟隨「下一個」指標從節點（A）到另一個節點（B），則節點（B）的「前一個」指標一定可以引導回到最初的節點（A）。要從序列中刪除一個節點，則必須更新此節點兩側的指標改為指向彼此。當一個指標被更新了，不變性也就被破壞，直到另一側的節點也被更新為止；二個節點都完成更新後，不變性才會再次成立。

從雙向鏈結序列中刪除節點步驟如圖 3.1：

a. 辨識要刪除的節點：N。

b. 更新從 N 之前節點指向 N 的鏈結，改為指向 N 之後的節點。

c. 更新從 N 之後節點指向 N 的鏈結，改為指向 N 之前的節點。

d. 刪除節點 N。

如圖 3.1，在步驟 b 和 c 之間，沿一個方向進行的鏈結和沿反方向進行的鏈結並不一致，而且不變性已經被破壞。

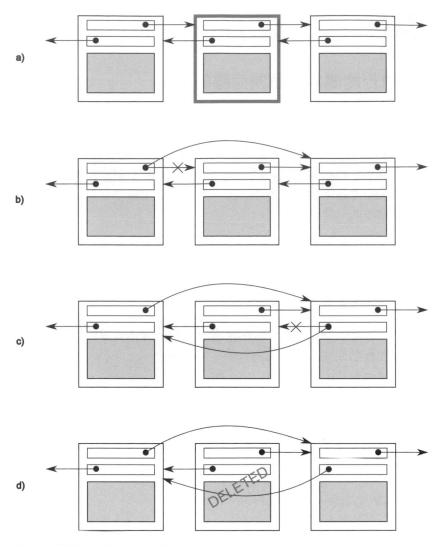

圖 3.1　從雙向鏈結中刪除節點

修改執行緒間共享資料可能會遭遇的最簡單潛在問題是不變性受到破壞。如果事先沒有採取任何特別的措施來確保一些例外情況，如發生一個執行緒在讀取雙向鏈結序列時，另一個執行緒卻正好在刪除一個節點，這情況下進行資料讀取的執行緒很可能會看到序列中只刪除了部分節點的序列（如圖 3.1 中的步驟 b，雙向鏈結中有一個已經被改變），因此不變性已經被破壞，而破壞不變性產生的結果會因情況有所不同。當一個執行緒正在從圖中由左到右

讀取序列的項目，它將忽略正被刪除的節點；另一方面，如果第二個執行緒嘗試刪除圖中最右邊的節點，則可能永久破壞原資料的結構並導致程式無法正常執行。無論結果如何，這是併發處理程式碼中錯誤最常見原因的例子之一：**競爭條件**。

3.1.1 競爭條件

假設您要到電影院買票看電影，如果這電影院很大，那麼將需要好幾位售票人員，以便同一時間可以多人買票。如果某人在其他售票窗口前正購買和你同一場電影，則你可以選擇的座位將取決於其他人是否比你先預訂座位。如果只剩下少數幾個座位，那麼這種預訂座位的時間差異就相當關鍵：從字面上可以將這看成是誰取得最後一張票的競爭。這是一個**競爭條件**的例子：您所劃到哪一個座位（甚至是否買到電影票）取決於兩次購買間的相對順序。

在併發處理中，競爭條件是指任何結果可以取決於兩個或以上執行緒操作執行的相對順序的情況，即執行緒競爭要執行各自的操作。在大多數情況下，這是相當良性的，因為所有可能的結果都是可以接受的，即便它們可能會隨著不同的相對順序而變化。例如，如果兩個執行緒的目的是將項目加到佇列中進行處理，那麼只要能維持系統的不變性，哪個項目先加入都沒什麼關係。但當競爭條件會導致不變性受到破壞時，問題就會出現了，就如同前面提到的雙向鏈結的例子。當談到併發處理時，**競爭條件**這名詞一般用來表示**有問題的**競爭條件；良性競爭條件比較無趣，也不是會造成錯誤的原因。C++ 標準也將**資料競爭**這名詞定義為「因為同時修改同一個物件而產生的特殊競爭條件類型」（細節請參閱第 5.1.2 節）。資料競爭往往會導致可怕的**未定義行為**。

有問題的競爭條件一般會出現在當完成一項操作時需要修改兩個或更多個同資料片段的情況，就像雙向鏈結指標的例子。因為這種操作必須存取透過不同指令修改的資料，在只有其中一個指令完成執行的情況下，如果有其他執行緒企圖存取資料，就會產生有問題的競爭條件。因為發生的時機通常很少，所以競爭條件一般很難發現也很難複製。如果資料是在連續的 CPU 指令下進行修改，就算資料同時被另一個執行緒存取，執行出現問題的可能性也很小。當系統的負荷增加，同時操作執行的次數也增加的時候，發生有問題的執行順序的機會也會相對增加，而且這些問題通常會在最不合適的時間點出現，這幾乎是無法避免的。競爭條件通常對時間非常敏感，所以雖然除錯器會影響程式的執行時序，但是影響程度很小，所以應用程式在除錯器下執行時一般不太會出現競爭條件。

如果你正在撰寫多執行緒程式，則競爭條件很容易成為你程式發生問題的主要禍源；為了避免使用併發處理時產生有問題的競爭條件，程式設計的複雜性將大為增加。

3.1.2　避免有問題的競爭條件

有幾種方法可以處理有問題的競爭條件，其中最簡單的選擇是用保護機制將資料結構包裹起來，以確保只有執行修改的執行緒才能看到不變性被破壞的中間狀態。從存取這資料結構的其他執行緒的觀點看，這修改不是還未開始就是已經完成。C++ 標準函式庫提供了這些機制中的某些部分，本章將對此深入探討。

另一種選擇是修改資料結構的設計及不變性，用一系列不可分割的改變進行修改，每個改變都保持不變性。這一般稱為**無鎖程式設計**，而且不容易正確處理。如果在這層面上工作，則記憶體模式的細微差別以及辨識出哪些執行緒可能看到哪組的值會變得很複雜。記憶體模式將在第 5 章中談到，第 7 章會討論無鎖程式設計。

另一種處理競爭條件的方式是將資料結構的更新當成**交易**處理，就像是資料庫更新在交易中完成一樣。這需要一系列資料修改，讀取的資料儲存在交易日誌中，然後在單一步驟中交付。如果因為資料結構已被其他執行緒修改而無法交付，則交易將重新開始，這被稱為**軟體交易記憶體**（*STM*）。在寫本書時這是一個很熱門的研究領域，因為 C++ 中不直接支援 STM（雖然 C++ 中有交易記憶體擴充技術規範 [1]），所以不會在本書中討論。但是，私下做某些事，然後在單一步驟中交付的基本觀念，稍後會再談到。

C++ 標準提供的保護共享資料最基本的機制為**互斥鎖**，因此首先將探討這部分。

3.2　用互斥鎖保護共享資料

現在有一個如前一節的鏈結序列的共享資料結構，並且想從競爭條件及隨之而來可能的不變性破壞中保護它。如果可以將存取資料結構的所有程式片段標示為**相互排斥**，使得如果任何執行緒執行其中一個，則嘗試存取這資料結構的任何其他執行緒必須等到第一個執行緒完成，這樣不是很好嗎？這將使得除非是進行修改的執行緒，否則不可能看到被破壞的不變性。

1　ISO/IEC TS 19841:2015—Technical Specification for C++ Extensions for Transactional Memory http://www.iso.org/iso/home/store/catalogue_tc/catalogue_detail.htm?csnumber=66343.

嗯，這不是一個如童話般的願望，如果使用稱為**互斥鎖**（相互排斥）的同步化，這正是你能得到的。在存取共享資料結構之前，**上鎖**與該資料相關聯的互斥鎖，而當完成資料結構存取後，將這互斥鎖**解鎖**。執行緒庫會確保一旦一個執行緒上鎖了特定的互斥鎖，所有其他嘗試上鎖同一個互斥鎖的執行緒必須等到上鎖此互斥鎖的執行緒將它解鎖。這可以確保所有執行緒都能看到共享資料的自我一致性視圖，而沒有任何不變性的破壞。

互斥鎖是 C++ 中可以使用的最一般資料保護機制，但它們不是萬靈丹，更重要的是要仔細建構程式來保護正確的資料（請參閱第 3.2.2 節），並避免在介面中有固有的競爭條件（請參閱第 3.2.3 節）。互斥鎖也有僵局（請參閱第 3.2.4 節）以及對資料保護過度或不足（請參閱第 3.2.8 節）等自己的問題，先從基礎開始討論吧！

3.2.1 在 C++ 中使用互斥鎖

在 C++ 中藉由建構一個 std::mutex 的實體來建立一個互斥鎖，呼叫 lock() 成員函式將其上鎖，呼叫 unlock() 成員函式將其解鎖。但不建議這種直接呼叫成員函式的做法，因為這表示在每個離開函式的程式碼分支上，包括那些因例外而造成的情況，必須記得呼叫 unlock()。另一種較好的方式，是透過標準 C++ 函式庫提供的 std::lock_guard 類別的樣板，可用於對互斥鎖實作慣用的 RAII，它在建構時將提供的互斥鎖上鎖，並在解構時解鎖，以確保上鎖的互斥鎖一定會正確解鎖。以下程式列表顯示如何用定義在 <mutex> 標頭的 std::mutex 和 std::lock_guard 保護可被多個執行緒存取的序列。

程式列表 3.1　用互斥鎖保護序列

```
#include <list>
#include <mutex>
#include <algorithm>
std::list<int> some_list;          ◀━━❶
std::mutex some_mutex;             ◀━━❷
void add_to_list(int new_value)
{
    std::lock_guard<std::mutex> guard(some_mutex);   ◀━━❸
    some_list.push_back(new_value);
}
bool list_contains(int value_to_find)
{
    std::lock_guard<std::mutex> guard(some_mutex);   ◀━━❹
```

```
    return std::find(some_list.begin(),some_list.end(),value_to_find)
        != some_list.end();
}
```

在程式列表 3.1 中，有一個全域變數❶，它受對應的 std::mutex ❷全域
實 體 保 護。std::lock_guard<std::mutex> 用 於 add_to_list() ❸
及 list_contains() ❹中，表示這些函式的存取是互相排斥的，list_
contains() 永遠看不到序列中途被 add_to_list() 修改。

C++17 有一項稱為類別樣板引數扣除的新特色，意味著對於如 std::lock_
guard 簡單的類別樣板，樣板引數序列通常可以省略。❸和❹在 C++17 編譯
器上，可以如將要在第 3.2.4 節中顯示的那樣被簡化成

```
std::lock_guard guard(some_mutex);
```

C++17 還引入了稱為 std::scoped_lock 的增強版上鎖護衛，因此在
C++17 環境中，這可以改寫成

```
std::scoped_lock guard(some_mutex);
```

為 了 澄 清 程 式 並 與 舊 編 譯 器 相 容，在 其 他 程 式 片 段 中 將 繼 續 使 用
std::lock_guard 並指定樣板引數。

雖然有時候適合用全域變數，但在大多數情況下，常會將互斥鎖和受保護的
資料組合在一個類別中而不是使用全域變數。這是物件導向設計規則的標準
應用，即通過將它們組合在一個類別中，可以很清楚地標示它們相關，而且
還可以將功能封裝並強制實施保護。在這情況下，add_to_list 和 list_
contains 函式將成為類別的成員函式，而互斥鎖和受保護的資料都將成為
類別的私有成員，因此能更容易識別哪些程式在存取資料，並確定哪些程式
需要上鎖互斥鎖。如果類別的所有成員函式在存取任何其他資料成員之前上
鎖互斥鎖，且在完成後解鎖，則資料對所有其他使用者都會有很好的保護。

嗯，正如你們當中精明的人會注意到的，這也**不完全正確**，如果一個成員函
式回傳受保護資料的一個指標或參照，因為已經在保護上打了個大洞，所以
成員函式是否使用良好、有序的方式上鎖互斥鎖就已經不重要了。**任何要
存取指標或參照的程式，現在可以在不上鎖互斥鎖的情況下存取（或修
改）受保護的資料。**因此，使用互斥鎖保護資料需要仔細的介面設計，以確
保互斥鎖在任何對受保護資料存取之前被上鎖，並且沒有後門。

3.2.2 保護共享資料的建構程式

正如你所看到的，使用互斥鎖保護資料並不像在每個成員函式中拍打
std::lock_guard 物件那麼簡單，對一個迷途的指標或參照，所有的保護
都無用。在某些層面上，檢查迷途的指標或參照很容易，只要沒有成員函式
利用回傳值或輸出參數的方式，將對受保護資料的指標或參照回傳給呼叫
者，資料都是安全的。再深入一點的話，事情就沒那麼單純了——將一無所
有。除了確認成員函式未傳出指標或參照給呼叫者，還必須確認它們沒有將
這些指標或參照傳入到它們呼叫的不在控制下的函式。這很危險，因為這些
函式可能會將指標或參照儲存在以後可以在沒有互斥鎖保護情況下使用它的
地方。這在執行期經由函式引數或其他方式提供的函式上更危險，如下一個
程式列表所示。

程式列表 3.2　意外傳出對保護資料的參照

```cpp
class some_data
{
    int a;
    std::string b;
public:
    void do_something();
};
class data_wrapper
{
private:
    some_data data;
    std::mutex m;
public:
    template<typename Function>
    void process_data(Function func)
    {
        std::lock_guard<std::mutex> l(m);
        func(data);              ◄──── ❶ 傳「保護的資料」給
    }                                      使用者提供的函式
};
some_data* unprotected;
void malicious_function(some_data& protected_data)
{
    unprotected=&protected_data;
}
data_wrapper x;
void foo()
{                                          ❷ 在惡意的函式
    x.process_data(malicious_function);  ◄──    中傳遞
```

45

```
    unprotected->do_something();          ←──── 對受保護資料的
}                                         ❸      無保護存取
```

範例中，在 process_data 中的程式看起來無害，且很好的用 std::lock_
guard 保護，但對使用者提供的 func 函式 ❶ 表示 foo 可以繞過保護而
傳給 malicious_function ❷，然後在互斥鎖未上鎖情況下呼叫 do_
something() ❸。

基本上，此程式的問題是未執行所設定的工作，亦即將存取資料結構的程
式片段標示為互相排斥。在這情況下，它錯過了呼叫 unprotected->do_
something() 的程式碼。不幸的是，這問題並不是 C++ 執行緒庫可以協助
的，只能由程式開發者上鎖正確的互斥鎖來保護資料。好的一面是有對這情
況的指引可以遵循：**不論是將對保護資料的指標或參照透過從函式回傳、
存在外部可視記憶體、或當成使用者提供函式的引數傳遞等，都不要將
它們傳出上鎖範圍之外。**

雖然這是嘗試用互斥鎖保護共享資料時常見的錯誤，但遠遠不只是可能的陷
阱。在下一節將顯示，縱使資料用互斥鎖保護，仍然可能會遇到競爭條件。

3.2.3　發現介面中固有的競爭條件

只是因為使用互斥鎖或其他機制來保護共享資料，並不表示已經保護了競爭
條件，仍然需要確保適當的資料獲得保護。回到雙向鏈結序列的範例，為了
讓執行緒安全刪除一個節點，必須確保避免同時對三個節點的存取，即被刪
除的和它兩側的節點。如果個別保護了對每個節點指標的存取，因為競爭條
件仍可能會發生，也就是說對刪除操作需要保護的不是單個節點而是整個資
料結構，所以就不會比不使用互斥鎖的程式更好。在這情況下，最簡單的解
決方法是有一個互斥鎖來保護整個序列，如程式列表 3.1 所顯示的。

僅僅因為序列上個別的操作是安全的，並不表示走出困境了；即使有一
個簡單的介面，仍然可能會遇到競爭條件。考慮一個如程式列表 3.3 中
的 std::stack 容器調節器堆疊資料結構，除了建構函式和 swap()，要
做的只有五件事：將一個新元素 push() 到堆疊上、從堆疊 pop() 一個元
素、讀取 top() 元素、檢查堆疊是否是 empty() 及讀出元素數量（堆疊的
size()）。如果更改 top()，它回傳的將是複製而不是參照（遵循第 3.2.2
節的指引），並使用互斥鎖保護內部資料，這介面本質上仍會受到競爭條件
的約束。這問題並非只存在於以互斥鎖為基礎的實作上，它也是一個介面問
題，因此對無鎖實作仍然可能會遇到競爭條件。

程式列表 3.3　std::stack 容器調節器的介面

```
template<typename T,typename Container=std::deque<T> >
class stack
{
public:
    explicit stack(const Container&);
    explicit stack(Container&& = Container());
    template <class Alloc> explicit stack(const Alloc&);
    template <class Alloc> stack(const Container&, const Alloc&);
    template <class Alloc> stack(Container&&, const Alloc&);
    template <class Alloc> stack(stack&&, const Alloc&);
    bool empty() const;
    size_t size() const;
    T& top();
    T const& top() const;
    void push(T const&);
    void push(T&&);
    void pop();
    void swap(stack&&);                                          C++14
    template <class... Args> void emplace(Args&&... args);  ◄─── 新增
};
```

這裡的問題是，empty() 和 size() 的結果並不可靠。雖然在呼叫時它們可能是正確的，但當回傳時，因其他執行緒可以自由存取堆疊，並可能在執行緒呼叫 empty() 或 size() 取得堆疊資訊前，對堆疊 push() 新元素或 pop() 出現有的元素。

特別是，如果堆疊實體不是共享的話，為了安全應先用 empty() 確認堆疊不是空的，然後再呼叫 top() 存取堆疊頂端元素，如下所示：

```
stack<int> s;
if(!s.empty())        ◄──❶
{
    int const value=s.top();   ◄──❷
    s.pop();          ◄──❸
    do_something(value);
}
```

它不僅在單執行緒程式中是安全的，它也預期：在空堆疊上呼叫 top() 是未定義的行為。對於共享的堆疊物件，因為可能有來自其他執行緒的 pop() 呼叫，將呼叫 empty() ❶和呼叫 top() ❷之間的最後一個元素移出，所以這呼叫順序將不再安全。因此這是一個典型的競爭條件，內部使用互斥鎖來保護堆疊的內容並不能阻止它發生，這是由介面產生的結果。

解決方法是什麼？嗯，這個問題是介面設計產生的結果，所以解決方式是改變介面。但這仍然引出「需要做出哪些改變？」的疑問。在最簡單的情況下，可以聲明，當呼叫 top() 時，如果堆疊中沒有任何元素的話，將拋出一個例外。雖然這直接解決了問題，但因為即使呼叫 empty() 回傳 false，程式也要有捕捉例外的設計，這使程式更加繁瑣。從避免在堆疊早已是空的時候為拋出例外付出額外程式碼代價的角度來看，並不是要在程式設計中增加一些額外的處理，而是以呼叫 empty() 為最佳策略（但如果狀態在呼叫 empty() 和呼叫 top() 之間發生變化，那仍然會拋出例外）。

如果更仔細看前一個程式片段，在呼叫 top() ❷ 和呼叫 pop() ❸ 之間也可能發生另一個競爭條件。當有兩個執行緒執行前一段程式碼，而且都參照到相同 stack 物件 s。這是很常見的情形；當為性能而使用執行緒時，經常會發生一些執行緒在不同資料上執行相同的程式碼，而用共享 stack 物件在這些執行緒間分割工作的方式也很理想（雖然更常用的是佇列，請參閱第 6 章和第 7 章的範例）。假設，最初堆疊有二個元素，所以不必擔心在執行緒間發生 empty() 和 top() 的競爭，只考慮可能的執行模式。

如果堆疊在內部受到互斥鎖保護，一次只能有一個執行緒可以執行堆疊的成員函式，因此可以很好的互相交錯呼叫，但對 do_something() 的呼叫是可以同時進行的，表 3.1 顯示了一個可能的執行情況。

表 3.1　兩個執行緒在堆疊上可能的操作順序

執行緒 A	執行緒 B
`if(!s.empty())`	
	`if(!s.empty())`
`    int const value=s.top();`	
	`    int const value=s.top();`
`s.pop();`	
`do_something(value);`	`s.pop();`
	`do_something(value);`

如果這些執行緒是唯一執行的執行緒，則在兩個 top() 呼叫之間不會有對堆疊的修改，因此兩個執行緒將會看到相同的值。不只如此，在二次呼叫 pop() 之間也沒有對 top() 的呼叫。因此，堆疊中兩個元素之一在未被讀取的情況下被移出堆疊，而另一個值則被處理兩次。這是另一種競爭條件，且遠比 empty()/top() 競爭的未定義行為更為隱匿，因為執行時沒有出現什

麼明顯的錯誤，而錯誤的結果和原因也似乎沒什麼關聯，當然這也要取決於 do_something() 到底做了什麼。

這呼籲對介面進行更徹底的更改，其中之一是在互斥鎖的保護下將 top() 和 pop() 的呼叫結合。Tom Cargill[2] 指出，如果對堆疊內物件的建構函式複製會拋出例外，則結合呼叫可能會造成問題。Herb Sutter[3] 則從例外與安全的角度看，認為這個問題得到了相當全面的處理，但競爭條件的可能性也為結合帶來了一些新的東西。

對於那些未意識到這個問題的人，思考一下 stack<vector<int>>，因為 vector 是一個可變大小的容器，所以當複製 vector 時，函式庫必須從堆積中配置更多記憶空間以容納複製內容。如果系統負荷過重或有明顯的資源限制，則此記憶空間配置可能會失敗，因此對 vector 建構函式的複製可能會拋出 std::bad_alloc 例外。vector 如果包含大量元素，就可能會出現這種情況。如果將 pop() 函式設定為要回傳取出的值，並將這值從堆疊中移除，則存在一個可能的問題，即只有在堆疊修改後，取出值才會回傳給呼叫者，但複製資料回傳給呼叫者的過程可能會拋出一個例外。如果這種情況發生，則取出的資料將會遺失，因為它從堆疊中移除，但複製並未成功！std::stack 介面的設計者將操作分成二部分：取得頂端元素（top()），然後將它從堆疊中移除（pop()），這樣一來，如果不能安全複製資料，這資料就會留在堆疊內。如果問題是缺少堆積記憶空間，也許應用程式可以釋放一些記憶空間，並再試一次。

不幸的是，在排除競爭條件想要避免的恰好是這種分法！還好有其他選項，但它們都是有代價的。

選項 1：傳入參照

第一個選項是將參照傳給要接收取出值的變數，並作為呼叫 pop() 中的引數：

```
std::vector<int> result;
some_stack.pop(result);
```

---

2   Tom Cargill, "Exception Handling: A False Sense of Security," in C++ Report 6, no. 9 (November–December 1994). Also available at http://www.informit.com/content/images/020163371x/supplements/Exception_Handling_Article.html.

3   Herb Sutter, Exceptional C++: 47 Engineering Puzzles, Programming Problems, and Solutions (Addison Wesley Professional, 1999).

這在許多情況下效果很好，但它有明顯的缺點，為了做為傳遞目標，要求呼叫的程式碼在呼叫前先建構堆疊內元素型態的實體。對於某些型態而言這不切實際，因為建構實體對時間或資源而言都很昂貴。對於其他型態，這也不一定可行，因為建構函式需要的參數在程式的這個點上不一定可用。最後，需要這儲存的型態是可指定的。這是一個很重要的限制：對許多使用者定義的型態，雖然它們可能支援移動建構，甚至複製建構（並允許以傳值方式回傳），但並不支援指定。

選項 2：需要一個不會拋出例外的複製建構函式或移動建構函式

如果回傳值會拋出例外，則對回傳值的 pop() 只有一個例外與安全性的問題。許多型態的複製建構函式不會拋出例外，隨著 C++ 標準新支援的右值參照（請參閱附錄 A 的 A.1 節），更多型態雖然複製建構函式可以拋出例外，但它們的移動建構函式卻不會。一個明智的選擇是，對那些可以不拋出例外而安全地以傳值方式回傳的型態，使用執行緒安全堆疊。

雖然這是安全的，但並不理想。縱使可以在編譯期間用 std::is_nothrow_copy_constructible 和 std::is_nothrow_move_constructible 型態特徵偵測是否存在不會拋出例外的複製或移動建構函式，但效果相當有限。使用者定義型態的複製建構函式會拋出例外，但移動建構函式不會，要多於複製或移動建構函式不會拋出例外的型態（雖然當使用者習慣使用 C++11 中對右值參照後，這情況可能會改變）。如果這種型態不能儲存在執行緒安全堆疊中，那就太不幸了。

選項 3：回傳對彈出項目的指標

第三個選項回傳對彈出項目的指標，而不是以傳值方式回傳這項目。好處是，指標可以自由複製而不會拋出例外，所以避開了 Cargill 的例外問題；缺點是，回傳指標需要有方法管理配置給物件的記憶空間，這對於像整數般簡單的型態，這種記憶體管理的額外付出可能會超過以傳值方式回傳的成本。對任何使用這個選項的介面，std::shared_ptr 將是指標型態的好選擇：不只是它避免了記憶體洩漏，更因為一旦最後一個指標被銷毀，物件也會跟著被銷毀，而且函式庫不必用 new 和 delete 就能對記憶空間配置策略有完全的控制。對於最佳化目標這點很重要：單獨對堆疊中的每個物件用 new 配置記憶空間的需求，比原來非執行緒安全版本增加了額外的付出。

選項 4：提供選項 1 加上選項 2 或選項 3

靈活性絕對應該考慮，特別是在一般性程式中。如果選擇了選項 2 或 3，則
提供選項 1 也相對容易，這為程式使用者提供了選擇較少的額外付出但最適
合他們選項的能力。

執行緒安全堆疊定義範例

程式列表 3.4 顯示了在介面中沒有競爭條件堆疊的類別定義，並實作了選
項 1 和 3：有兩個 pop() 額外的付出，一個是參照儲存值的位置，另一個是
回傳 std::shared_ptr<>。程式有一個簡單的介面，而且只有兩個函式：
push() 和 pop()。

程式列表 3.4　執行緒安全堆疊的類別定義輪廓

```cpp
#include <exception>
#include <memory>                    ◀──── 為了 std::shared_ptr<>
struct empty_stack: std::exception
{
    const char* what() const noexcept;
};
template<typename T>
class threadsafe_stack
{
public:                                                    指定運算子 ❶
    threadsafe_stack();                                      被刪除
    threadsafe_stack(const threadsafe_stack&);
    threadsafe_stack& operator=(const threadsafe_stack&) = delete; ◀──┘
    void push(T new_value);
    std::shared_ptr<T> pop();
    void pop(T& value);
    bool empty() const;
};
```

透過縮減介面，可以有最大的安全性，甚至在整個堆疊上的操作都會受到
限制。因為指定運算子已經被刪除❶（請參閱附錄 A 的 A.2 節），而且沒有
swap() 函式，所以堆疊本身不能被指定。

但是，如果堆疊元素可以複製，則可以複製它。如果堆疊是空的，則
pop() 函式會拋出一個 empty_stack 例外，因此即使堆疊在呼叫 empty()
後被修改，所有事情仍然可以進行。如選項 3 的描述所提到的，使用
std::shared_ptr 讓堆疊可以處理記憶空間配置的問題，而且有需要的話
也可以避免對 new 和 delete 過度呼叫。原來的 5 個堆疊操作現在已變成 3

個：push()、pop()、及 empty()，其實就連 empty() 也是多餘的。這種介面的簡化可以更好地控制資料，還可以確保在整個操作中互斥鎖是上鎖的。以下的程式列表顯示了一個將 std::stack<> 包裹起來的簡單實作。

程式列表 3.5　執行緒安全堆疊的一個充實的類別定義

```
#include <exception>
#include <memory>
#include <mutex>
#include <stack>
struct empty_stack: std::exception
{
  const char* what() const throw();
};
template<typename T>
class threadsafe_stack
{
private:
  std::stack<T> data;
  mutable std::mutex m;
public:
  threadsafe_stack(){}
  threadsafe_stack(const threadsafe_stack& other)
  {
    std::lock_guard<std::mutex> lock(other.m);          ❶ 複製在建構函式
    data=other.data;                                       本體內執行
  }
  threadsafe_stack& operator=(const threadsafe_stack&) = delete;
  void push(T new_value)
  {
    std::lock_guard<std::mutex> lock(m);
    data.push(std::move(new_value));
  }
  std::shared_ptr<T> pop()
  {                                                     嘗試彈出值前，
    std::lock_guard<std::mutex> lock(m);                先檢查是否是空的
    if(data.empty()) throw empty_stack();
    std::shared_ptr<T> const res(std::make_shared<T>(data.top()));   ◀
    data.pop();                                         在修改堆疊前，
    return res;                                         配置回傳值
  }
  void pop(T& value)
  {
    std::lock_guard<std::mutex> lock(m);
    if(data.empty()) throw empty_stack();
    value=data.top();
    data.pop();
```

```
  }
  bool empty() const
  {
    std::lock_guard<std::mutex> lock(m);
    return data.empty();
  }
};
```

此堆疊實作是可複製的，複製建構函式會將來源物件的互斥鎖上鎖，然後複製內部的堆疊；是在建構函式本體內執行複製❶，而不是在成員初始化序列，以確保在複製中保存互斥鎖。

如對 top() 和 pop() 討論中所顯示的，因為在太小範圍上鎖，保護無法涵蓋整個想要執行的操作，所以造成介面上出現有問題的競爭條件。互斥鎖的問題也可能來自對太大範圍上鎖，極端的情形是用單一全域互斥鎖保護所有共享資料；在一個有大量共享資料的系統上，因為就算各執行緒存取資料不同部分，也被強迫同一時間只能有一個執行緒執行，所以會抵消併發對執行帶來的所有好處。Linux 核心第一個版本的設計，就是用單一全域核心鎖處理多處理器系統；這雖然可行，但造成雙處理器系統的性能會比兩個單處理器系統差，而四個處理器系統的性能更遠不及四個單處理器系統。因為對核心的爭奪太多，所以在有額外處理器上執行的執行緒反而不能執行有用的工作。Linux 核心後期的修訂已轉向更細緻的上鎖策略，因為對核心的爭奪變少，使得四個處理器系統的性能已經接近四倍單處理器系統的理想。

對細緻上鎖策略的一個問題是，為了保護操作中所有資料，有時需要上鎖多個互斥鎖。如之前所描述的，有時正確的做法是增加互斥鎖所涵蓋的資料範圍，以便只需要上鎖一個互斥鎖。但有時這方式並不好，例如在互斥鎖保護一個類別的各獨立實體的情況。在這種情況下，在下一個層級上鎖表示要麼將上鎖留給使用者，要麼用單一個互斥鎖保護這類別的所有實體，這兩種情況都不是很好。

如果最後不得不對指定的操作上鎖兩個或多個互斥鎖，則還有另一個潛伏的問題要注意：僵局。這現象幾乎與競爭條件相反：不再是兩個執行緒互相爭奪，而是彼此都在等待對方，所以沒有一個執行緒有任何進展。

3.2.4 僵局：問題與解決

如果有一個玩具由兩部分組成，必須同時有這兩個部分才能玩，例如——一個玩具鼓和鼓棒。現在想像一下，有兩個小孩，他們都喜歡玩。如果其中一個小孩同時拿到鼓和鼓棒，那這孩子可以愉快地打鼓，直到累了為止；如果另一個孩子想玩，無論多難過他也必須等待。現在假設鼓和鼓棒都放在玩具盒裡，兩個小孩同時決定要玩，因此都去玩具盒裡翻找，結果一個找到鼓，另一個找到鼓棒；現在問題出現了，除非一個小孩善意地決定讓另一個小孩先玩，否則兩個小孩都會堅持他們所拿到的，並要求給他另一樣，結果是兩個小孩都不能玩。

現在想像一下，並沒有小孩子在爭奪玩具，而是執行緒爭奪上鎖互斥鎖。一對執行緒中的每一個需要上鎖一對互斥鎖以便執行一些操作，每個執行緒都有一個互斥鎖，並正在等待另一個；這兩個執行緒都無法繼續，因為每個執行緒都在等待對方釋放它的互斥鎖。此情況稱為**僵局**，是為了執行操作而必須上鎖兩個或多個互斥鎖的最大問題。

避免僵局的一般建議是始終依相同順序上鎖這兩個互斥鎖：若始終在上鎖互斥鎖 B 之前先上鎖互斥鎖 A，那永遠不會造成僵局。因為互斥鎖的目的不同，有時這會很簡單。但其他時候可能就沒那麼簡單了，像是當每個互斥鎖保護同一類別的獨立實體；例如，想要在同一類別的兩個實體之間交換資料的操作，為了確保資料不會受到併發修改的影響而能正確交換，兩個實體的互斥鎖都必須上鎖。但是，如果採用固定順序，如以第一個參數提供實體的互斥鎖，然後以第二個參數提供另一個實體的互斥鎖；但這可能會適得其反，它所做的是嘗試用參數交換的方式在兩個相同實體間交換資料，僵局就出現了！

還好，C++ 標準函式庫有一個形式為 `std::lock` 的藥方，它以一個函式一次可以上鎖兩個或多個互斥鎖，而不會有陷入僵局的風險。下一個程式列表的範例顯示了如何在簡單的交換操作上使用這個函式。

程式列表 3.6　在交換操作上使用 `std::lock()` 和 `std::lock_guard`

```
class some_big_object;
void swap(some_big_object& lhs,some_big_object& rhs);
class X
{
private:
    some_big_object some_detail;
    std::mutex m;
```

```
public:
    X(some_big_object const& sd):some_detail(sd){}
    friend void swap(X& lhs, X& rhs)
    {
        if(&lhs==&rhs)
            return;
        std::lock(lhs.m,rhs.m);                          ←――❶
        std::lock_guard<std::mutex> lock_a(lhs.m,std::adopt_lock);  ←――❷
        std::lock_guard<std::mutex> lock_b(rhs.m,std::adopt_lock);  ←――❸
        swap(lhs.some_detail,rhs.some_detail);
    }
};
```

首先，檢查引數以確保它們是不同的實體，因為當已經上鎖後，再嘗試用
std::mutex 上鎖是未定義的行為；允許同一執行緒多次上鎖的互斥鎖是以
std::recursive_mutex 的形式提供，詳情請參閱第 3.3.3 節。然後，呼叫
std::lock() ❶ 上鎖兩個互斥鎖，並對每一個互斥鎖建構一個 std::lock_
guard ❷❸ 實體。std::adopt_lock 參數除了提供互斥鎖以外，也提供給
互斥鎖早已上鎖的 std::lock_guard 物件，並應採用現有互斥鎖上鎖的所
有權，而不是試圖在建構函式中上鎖。

這可確保當函式可能因受保護的操作拋出例外而離開的一般情況時，互斥鎖
會正確地解鎖；同時，它也允許簡單的回傳。另外，值得注意的是，在呼叫
std::lock 中對 lhs.m 或 rhs.m 上鎖可能會拋出例外，在這情況下，例外
是由 std::lock 傳播出去。如果 std::lock 成功地在一個互斥鎖上獲得了
上鎖，且當它試圖在另一個互斥鎖上獲得上鎖時拋出了一個例外，則第一個
上鎖會自動被釋放：std::lock 對所供應的互斥鎖上鎖提供有「全部或什麼
都沒有」的做法。

C++17 以新的 RAII 樣板 std::scoped_lock<> 的形式對這方案提供了額外
的支援。除了它是一個可變樣板，接受互斥鎖型態序列作為樣板參數，以及
互斥鎖序列作為建構函式引數外，它和 std::lock_guard<> 完全相同。提
供給建構函式的互斥鎖用和 std::lock 相同的演算法上鎖，所以當建構函
式完成動作時，它們全都會上鎖，然後它們會在解構函式中全部解鎖。程式
列表 3.6 的 swap() 操作可以改寫如下：

```
void swap(X& lhs, X& rhs)
    {
        if(&lhs==&rhs)
            return;
        std::scoped_lock guard(lhs.m,rhs.m);    ←――❶
```

```
        swap(lhs.some_detail,rhs.some_detail);
    }
```

這個例子使用 C++17 增加的另一個特色是：自動推論類別樣板參數。如果有
一個 C++17 編譯器（如果用的是 std::scoped_lock 就可能是，因為它在
C++17 函式庫中），C++17 隱含了類別樣板參數推論機制，將從傳遞給物件
❶建構函式的物件型態中選擇正確的互斥鎖型態。這一行程式碼與完全指定
的版本相同：

```
std::scoped_lock<std::mutex,std::mutex> guard(lhs.m,rhs.m);
```

std::scoped_lock 的 存 在 表 示 大 多 數 情 況 下，在 C++17 之 前 會 使 用
std::lock，現在則會用比較不容易出錯的 std::scoped_lock，這是一件
好事！

雖然 std::lock（或 std::scoped_lock<>）可以協助在同時獲得兩個或
多個上鎖的情況下避免陷入僵局，但不會對分別獲得的情況提供協助。在這
情況下，就必須依賴身為程式開發人員的紀律，以確保你不會陷入僵局。這
並不容易，僵局是多執行緒程式中會遇到的最討厭問題之一，且因為大多數
時候一切似乎都在正常工作，所以往往是不可預測的。但是，有一些相當簡
單的規則可以協助撰寫不會發生僵局的程式。

3.2.5　避免僵局的更多指引

僵局不只是會發生在上鎖時，儘管這是最常見的原因；可以藉由讓兩個執行
緒中的每一個對另一個在 std::thread 物件上呼叫 join()，建立非上鎖情
況下的僵局。在這情況下，因為兩個執行緒像孩子們爭奪玩具般都在等待另
一個結束，所以這兩個執行緒都不能往下執行。如果一個執行緒在等另一個
執行緒執行某個動作，而被等的執行緒同時也在等前一個執行緒，這樣的循
環可以發生在任何地方，而且也不限於兩個執行緒，三個或更多執行緒的這
樣循環也會造成僵局。避免僵局的指引可以歸結為一個想法：不要等待可能
會等你的另一個執行緒。這個指引提供了識別和排除可能有其他執行緒等你
的方法。

避免巢狀上鎖

第一個想法最簡單：如果已經上鎖，就不要再要求一個上鎖。如果堅持這指
引，因為每個執行緒只能保持一個上鎖，所以不可能從使用上鎖中產生僵
局。雖然仍有可能從其他事情（如執行緒彼此等待）產生僵局，但互斥鎖上

鎖可能是僵局最常見的原因。如果需要獲得多個上鎖，為了在不造成僵局下獲得，用 `std::lock` 將它當成單一動作執行。

當保持上鎖時避免呼叫使用者提供的程式碼

這是上一個指引簡單的後續。因為程式是使用者提供的，所以無法知道它會做什麼：它可以做任何事，包括要求上鎖。如果在保持上鎖時呼叫使用者提供的程式，且這程式要求上鎖，則違反了避免巢狀上鎖的指引，並可能陷入僵局。但有時這是無法避免的：如果撰寫的是一般程式，像是 3.2.3 節中的堆疊，則參數型態上的每個操作都會是使用者提供的程式。在這種情況下，會需要一個新的指引。

以固定順序獲得上鎖

如果必須有兩個或多個上鎖，且不能用 `std::lock` 以單一動作獲得，則最好是在每個執行緒以相同的順序獲得它們。在 3.2.4 節會談到了這一點作為在獲得兩個互斥鎖時避免僵局的一種方法，關鍵是以一致的方式在執行緒間定義順序。在某些情況下這很容易，例如 3.2.3 節中的堆疊，互斥鎖在每個堆疊實體的內部，但儲存在堆疊中資料項上的操作需要呼叫使用者提供的程式。這可以增加儲存在堆疊中資料項上的任何操作，都不應該在堆疊本身上執行任何操作來約束。這雖然給堆疊的使用者增加了負擔，但對儲存資料的容器做存取的情況並不常見，而且當這種情況發生時，這一點非常明顯，所以它不是一個特別困難的負擔。

在其他情況下，就不像在 3.2.4 節中的互換操作那麼單純了，至少在這種情況下，可以同時上鎖，但這不見得一定可以達成。如果回頭再看一下 3.1 節的鏈結序列範例，可以發現保護序列的一種可能是每個節點都有互斥鎖。然後，為了存取這序列，執行緒必須對感興趣的每個節點要求上鎖。對要刪除節點的執行緒，則必須在三個節點上要求上鎖：要被刪除的節點和兩側的節點，因為它們都被某種方式修改。同樣地，要遍歷序列，執行緒在獲得序列中下一個節點上鎖前，必須能保持當前節點的上鎖，以確保下一個指標在此期間不會被修改。當下一個節點獲得上鎖後，第一個節點的上鎖因為不再需要而可以解鎖。

這種雙手交替上鎖形態讓多個執行緒在存取序列時，每個執行緒可以存取不同的節點。但是，為了避免僵局，節點必須保持以相同的順序上鎖；如果兩個執行緒試圖用雙手交替上鎖方式以相反方向遍歷序列，則它們可能會在序列中間相互僵持。如果 A 和 B 是序列中相鄰節點，以一個方向存取序列的執

行緒可能會在保有 A 上鎖情形下，讓 B 上鎖；而從相反方向存取序列的執行緒，則可能會試圖保持 B 上鎖並讓 A 上鎖。這是典型的僵局場景，如圖 3.2 所示。

同樣地，當刪除位於節點 A、C 之間的節點 B 時，如果執行緒在 A、C 上鎖前獲得節點 B 的上鎖，則有可能會與遍歷序列的執行緒陷入僵局。遍歷的執行緒會嘗試先上鎖 A 或 C（依遍歷序列的方向決定），然後發現因為執行刪除動作的執行緒已經保有 B 的上鎖，並嘗試獲得 A 和 C 的上鎖，因此它沒辦法獲得 B 的上鎖。

執行緒 1	執行緒 2
上鎖主要入口互斥鎖	
讀取頭部節點指標	
上鎖頭部節點	
解鎖主要入口互斥鎖	
	上鎖主要入口互斥鎖
讀取頭部→下節點指標	上鎖尾部節點
上鎖下一節點互斥鎖	讀取尾部→前節點指標
讀取下節點→再下節點指標	解鎖尾部節點
…	…
上鎖節點 A 互斥鎖	上鎖節點 C 互斥鎖
讀取節點 A →下節點指標（為節點 B）	讀取節點 C →下節點指標（為節點 B）
	上鎖節點 B 互斥鎖
阻止試圖上鎖節點 B 互斥鎖	解鎖節點 C 互斥鎖
	讀取節點 B →前節點指標（為節點 A）
	阻止試圖上鎖節點 A 互斥鎖
僵局！	

圖 3.2　以相反方向遍歷序列的執行緒碰到的僵局

避免這裡發生僵局的一種方法是限制遍歷的方向，因此執行緒一定是在 B 之前上鎖 A、在 C 之前上鎖 B。這將以不允許反向遍歷為代價而排除僵局的可能性。對其他資料結構經常也能建立類似的約定。

使用上鎖階層

雖然這是定義上鎖順序的特殊情況，但上鎖階層可以提供在執行期間是否堅持約定的方法。想法是，將應用程式分割成一些階層，並識別在任何指定階層所有可能上鎖的互斥鎖。當程式嘗試上鎖互斥鎖時，如果這互斥鎖已經被下層上鎖，則不允許上鎖這個互斥鎖。可以藉由為每一個互斥鎖指定階層編號，並記錄哪些互斥鎖已被執行緒鎖定的方式，在執行時期檢查上述想法。這是一個常見的模式，但 C++ 標準函式庫並不提供對此的支援，所以需要撰寫客製化的 hierarchical_mutex 型態，如程式列表 3.8 所示。

程式列表 3.7 為兩個執行緒使用階層的互斥鎖範例。

程式列表 3.7　用上鎖階層避免僵局

```cpp
hierarchical_mutex high_level_mutex(10000);      ←❶
hierarchical_mutex low_level_mutex(5000);        ←❷
hierarchical_mutex other_mutex(6000);            ←❸
int do_low_level_stuff();
int low_level_func()
{
    std::lock_guard<hierarchical_mutex> lk(low_level_mutex);      ←❹
    return do_low_level_stuff();
}
void high_level_stuff(int some_param);
void high_level_func()
{
    std::lock_guard<hierarchical_mutex> lk(high_level_mutex);     ←❻
    high_level_stuff(low_level_func());      ←❺
}
void thread_a()      ←❼
{
    high_level_func();
}

void do_other_stuff();
void other_stuff()
{
    high_level_func();      ←❿
    do_other_stuff();
}
void thread_b()      ←❽
{
    std::lock_guard<hierarchical_mutex> lk(other_mutex);      ←❾
    other_stuff();
}
```

程式內有三個 hierarchical_mutex 實體（❶、❷和❸），這些實體是以逐漸減少階層編號建立的。因為這機制已經限定，如果在 hierarchical_mutex 上保持上鎖，則只能在有較低階層編號的 hierarchical_mutex 獲得上鎖，這會限制程式所能執行的工作。

假設 do_low_level_stuff 沒有對任何互斥鎖上鎖，low_level_func 是階層的底部並上鎖 low_level_mutex ❹，儘管在 high_level_mutex ❻ 上保有一個上鎖，high_level_func 仍呼叫 low_level_func ❺，但這沒問題，因為 high_level_mutex 的階層（❶：10000）高於 low_level_mutex（❷:5000）。

thread_a() ❼遵守這規則，所以執行得很好。

另一方面，thread_b() ❽漠視這規則，因此在執行期間會失敗。

首先，它上鎖的 other_mutex ❾，階層值只有 6000 ❸，這表示它應該在階層的中間左右。當 other_stuff() 呼叫 high_level_func() ❿時，它違反了階層制度，因為 high_level_func() 試圖獲得階層值（10000）遠大於目前階層值（6000）的 high_level_mutex。因此 hierarchical_mutex 將可透過拋出一個例外或中止程式等方式回報錯誤。因為互斥鎖本身強制上鎖順序，所以在階層式互斥鎖之間的僵局是不可能的。這確實表示，如果兩個互斥鎖在階層中屬於同一層級，就不能同時讓它們上鎖，因此雙手交替上鎖策略要求串鏈中的每個互斥鎖的階層要低於前一個互斥鎖，但某些情況下這要求可能不切實際。

這個範例還證明了另一點：std::lock_guard<> 樣板的使用帶有使用者定義的互斥鎖型態。hierarchical_mutex 雖然不含在標準內，但很容易使用，程式列表 3.8 中展示了一個簡單的實作。即使它是使用者定義的型態，因為它實作了滿足互斥鎖概念需要的三個成員函式：lock()、unlock() 和 try_lock()，所以也可以用於 std::lock_guard<>。目前還未看到 try_lock() 的直接使用，但它相當簡單；如果互斥鎖的上鎖是由另一個執行緒保有，則會回傳 false，而不是等到呼叫的執行緒可以獲得此互斥鎖的上鎖。它也可以使用於 std::lock() 的內部，作為避免僵局演算法的一部分。

hierarchical_mutex 的實作使用區域執行緒變數來儲存目前的階層值，所有互斥鎖實體都能存取這個值，但每個執行緒有不同的值。這允許程式可以分別檢查每個執行緒的行為，並且也讓每個互斥鎖可以檢查是否允許目前執行緒上鎖這個互斥鎖。

程式列表 3.8　簡單階層式互斥鎖

```
class hierarchical_mutex
{
    std::mutex internal_mutex;
    unsigned long const hierarchy_value;
    unsigned long previous_hierarchy_value;
    static thread_local unsigned long this_thread_hierarchy_value;    ◀━❶
    void check_for_hierarchy_violation()
    {
        if(this_thread_hierarchy_value <= hierarchy_value)    ◀━❷
        {
            throw std::logic_error("mutex hierarchy violated");
        }
    }
    void update_hierarchy_value()
    {
        previous_hierarchy_value=this_thread_hierarchy_value;    ◀━❸
        this_thread_hierarchy_value=hierarchy_value;
    }
public:
    explicit hierarchical_mutex(unsigned long value):
        hierarchy_value(value),
        previous_hierarchy_value(0)
    {}
    void lock()
    {
        check_for_hierarchy_violation();
        internal_mutex.lock();    ◀━❹
        update_hierarchy_value();    ◀━❺
    }
    void unlock()
    {
        if(this_thread_hierarchy_value!=hierarchy_value)
            throw std::logic_error("mutex hierarchy violated");    ◀━❾
        this_thread_hierarchy_value=previous_hierarchy_value;    ◀━❻
        internal_mutex.unlock();
    }
    bool try_lock()
    {
        check_for_hierarchy_violation();
```

```
        if(!internal_mutex.try_lock())      ←———❼
            return false;
        update_hierarchy_value();
        return true;
    }
};
thread_local unsigned long
    hierarchical_mutex::this_thread_hierarchy_value(ULONG_MAX);   ←———❽
```

這裡的關鍵是用 thread_local 的值表示目前執行緒的階層值：this_
thread_hierarchy_value ❶。它先初始化為最大值 ❽，所以最初所有互
斥鎖都可以上鎖。因為宣告它為 thread_local，故每個執行緒都有自己的
複製版本，所以一個執行緒的變數狀態和從另一個執行緒中讀取的變數狀態
完全無關。有關 thread_local 的更多資訊，請參閱附錄 A 的 A.8 節。

因此，第一次執行緒上鎖 hierarchical_mutex 的實體時，this_thread_
hierarchy_value 的值是 ULONG_MAX。依其性質，這值會大於任何其他的
值，所以會通過 check_for_hierarchy_violation() ❷的檢查；隨著檢
查的進行，lock() 會委派給內部互斥鎖上鎖 ❹。當上鎖成功後，可以更新
階層的值 ❺。

如果在保有第一個上鎖的情況下，上鎖 **另一個** hierarchical_mutex，
this_thread_hierarchy_value 的值會反映出第一個互斥鎖的階層值，而
第二個互斥鎖的階層值必須小於原先已經上鎖的互斥鎖的階層值，以便能通
過檢查 ❷。

現在，重要的是要保存目前執行緒的前一個階層值，以便在 unlock() 它時
可以恢復 ❻；否則，即使執行緒未保有任何上鎖，也無法再次上鎖一個具有
較高階層值的互斥鎖。只有在保有 internal_mutex ❸時儲存以前的階層
值，而且在解鎖內部互斥鎖 **之前** 恢復它 ❻，因為受到內部互斥鎖上鎖的安全
保護，所以可以安全地在 hierarchical_mutex 本身中儲存它。為了避免
因為無順序解鎖而造成階層混淆，如果解鎖的互斥鎖不是最近上鎖的，則會
拋出例外 ❾。其他機制也有可能，但這是最簡單的。

如果在 internal_mutex 上呼叫 try_lock() 失敗而無法上鎖 ❼，因此將不
會更新階層值，並回傳 false 而不是 true，除此之外。try_lock() 的作
用與 lock() 相似。

雖然偵測是執行期間的檢查，但至少它和時間的關係不是那麼密切，也不必
等待一些會導致僵局出現的罕見條件。而且，需要以這種方式將程式和互斥
鎖分割的設計過程，也可以在開發程式之前先排除許多可能造成僵局的原
因。就算不打算開發這種執行期間檢查的程式，化些時間練習設計看看也是
值得做的。

擴大這些指引到上鎖以外

如本節開始時提到的，僵局不僅會發生在上鎖，也可能發生在會導致等待循
環的任何同步架構。因此，將這些指引擴大到涵蓋這些情況是值得的。例
如，就像如果可能的話應該避免獲得巢狀上鎖，當持有一個上鎖又等待另一
個執行緒，這是一個壞主意，因為這執行緒可能需要獲得上鎖才能繼續處
理。類似地，如果要等待一個執行緒結束，那辨識執行緒階層應該是值得
的，因為可以讓執行緒只等待較低階層的執行緒。完成這目標的一個簡單的
方法是，確定執行緒與啟動它們的函式鏈結，如 3.1.2 節和 3.3 節所述。

一旦完成了避免僵局的程式設計，std::lock() 和 std::lock_guard 將涵
蓋大多數簡單的上鎖情況，但有時會需要更大的彈性；對於這些情況，標準
函式庫提供了 std::unique_lock 樣板，就像 std::lock_guard 一樣，這
也是一個在互斥鎖型態上參數化的類別樣板，它也提供了如同 std::lock_
guard 般的 RAII 型態上鎖管理，但卻更有彈性。

3.2.6　用 std::unique_lock 彈性上鎖

std::unique_lock 利用放鬆不變性而比 std::lock_guard 提供的方式更
有彈性；且一個 std::unique_lock 實體並不一定會有與它關聯的互斥鎖。
首先，可以將 std::adopt_lock 當作第二個引數傳給建構函式，讓上鎖物
件管理互斥鎖的上鎖，也可以將 std::defer_lock 作為第二個引數，以指
示互斥鎖在建構函式中應保持解鎖。稍後可以透過在 std::unique_lock
上呼叫 lock() 獲得上鎖（不是互斥鎖），或透過將 std::unique_lock 物
件傳給 std::lock()。程式列表 3.6 可以很容易地用 std::unique_lock
和 std::defer_lock ❶ 取 代 std::lock_guard 和 std::adopt_lock，
改寫在程式列表 3.9 中。程式具有相同的行數且功能相同，除了一件小事：
std::unique_lock 需要更多的空間，且執行速度比 std::lock_guard 慢
一點；允許 std::unique_lock 實體不擁有互斥鎖的彈性是有代價的：資訊
必須儲存，並且需要更新。

程式列表 3.9　在交換操作上使用 `std::lock()` 和 `std::unique_lock`

```
class some_big_object;
void swap(some_big_object& lhs,some_big_object& rhs);
class X
{
private:
    some_big_object some_detail;
    std::mutex m;
public:
    X(some_big_object const& sd):some_detail(sd){}
    friend void swap(X& lhs, X& rhs)
    {
        if(&lhs==&rhs)
            return;
        std::unique_lock<std::mutex> lock_a(lhs.m,std::defer_lock);
        std::unique_lock<std::mutex> lock_b(rhs.m,std::defer_lock);
        std::lock(lock_a,lock_b);
        swap(lhs.some_detail,rhs.some_detail);
    }
};
```

❶ std::defer_lock
留下解鎖的互斥鎖

❷ 互斥鎖在此上鎖

在程式列表 3.9 中，因為 `std::unique_lock` 提供 `lock()`、`try_lock()` 和 `unlock()` 成員函式，所以 `std::unique_lock` 物件可以傳給 `std::lock()` ❷。這些會轉發到底層互斥鎖的同名成員函式上執行工作並更新 `std::unique_lock` 實體內的標誌，以指示這實體目前是否擁有這個互斥鎖。為了確保解構函式正確呼叫 `unlock()`，這標誌是必要的。如果實體**確實擁有**互斥鎖，則解構函式**必須**呼叫 `unlock()`；如果實體**沒有**互斥鎖，則不能呼叫 `unlock()`。這標誌可以利用呼叫 `owns_lock()` 成員函式來查詢。除非要轉移上鎖的所有權或需要 `std::unique_lock` 做其他的事情，如果能用的話最好還是用 C++17 中的變體 `std::scoped_lock`（請參閱第 3.2.4 節）。

可以預期的，這標誌必須儲存在某處。因此，`std::unique_lock` 物件一般會比 `std::lock_guard` 物件大，而且在使用 `std::unique_lock` 時，因為必須適當的更新版本或檢查標誌，所以會稍微降低性能。如果 `std::lock_guard` 可以滿足需求，最好優先使用它。也就是說，在某些情況下，因為需要用到較多彈性，`std::unique_lock` 會比較適合手上的工作。一個你早已看過的例子是延遲上鎖；另一種情形是，上鎖的所有權需要從一個範圍轉移到另一個範圍。

3.2.7　在範圍間轉移互斥鎖的所有權

因為 std::unique_lock 實體不需要有自己關聯的互斥鎖,因此互斥鎖的所有權可以利用*移動*實體而在實體之間轉移。在某些情況下此轉移是自動的,例如從函式回傳實體時;在其他情況下必須明確呼叫 std::move() 進行。基本上,這取決於來源是否為一個實際或參照到變數的**左值**,或一個某種暫時的**右值**。如果來源是一個右值,所有權轉移會是自動的,並且在左值上必須明確執行,以避免意外地將所有權從變數中轉移出去。std::unique_lock 是*可移動*但不可複製型態的例子,有關移動語法的詳細內容,請參閱附錄 A 的 A.1.1 節。

一個可能的用法是讓函式上鎖互斥鎖,並將此上鎖的所有權轉移給呼叫者,因此呼叫者可以在同一個上鎖的保護下執行其他動作。以下程式片段顯示了這樣的例子:其中 get_lock() 函式上鎖互斥鎖,然後再回傳上鎖給呼叫者之前準備資料:

```
std::unique_lock<std::mutex> get_lock()
{
    extern std::mutex some_mutex;
    std::unique_lock<std::mutex> lk(some_mutex);
    prepare_data();
    return lk;    ◀━❶
}
void process_data()
{
    std::unique_lock<std::mutex> lk(get_lock());    ◀━❷
    do_something();
}
```

出於 lk 是函式內宣告的自動變數,因此可以直接回傳❶,而不必呼叫 std::move();編譯器會負責呼叫移動建構函式。然後,process_data() 函式可以直接將所有權傳送到自己的 std::unique_lock 實體❷,對 do_something() 的呼叫可以依此正確地準備資料,不需要其他執行緒更改資料。

一般而言,這種用於互斥鎖上鎖的模式與程式目前狀態有關,或將引數傳入一個會回傳 std::unique_lock 物件的函式。這種用法是不直接回傳上鎖,而是用於確保正確上鎖存取某些受保護資料的閘道類別的資料成員。在這情況下,所有對資料的存取都是通過這閘道:當要存取資料時,將獲得閘道類別的實體(透過呼叫如前面範例中的 get_lock() 函式),這實體獲得了上

鎖。然後可以經由閘道物件的成員函式存取資料。完成後，銷毀閘道物件，這物件會解鎖並讓其他執行緒存取這受保護的資料。這種閘道物件通常是可移動的（所以可以從函式回傳），在這情形下，上鎖物件資料成員也需要是可移動的。

std::unique_lock 的彈性也讓實體在被銷毀前解鎖。可以類似對互斥鎖般的，用 unlock() 成員函式完成。std::unique_lock 支援與互斥鎖相同的一組基本上鎖和解鎖成員函式，因此可以用於如 std::lock 等一般函式。在 std::unique_lock 實體被銷毀之前解鎖的能力，表示如果很明顯地不再需要上鎖，可以在特定的程式分支中選擇性的解鎖。這對程式的性能很重要，保持上鎖比需要還久，會因為等待上鎖的其他執行緒被更久的妨礙執行，因此會導致性能下降。

3.2.8　在適當範圍上鎖

在 3.2.3 節中已經提過：上鎖範圍是用來描述單個上鎖保護資料量的另一種用語。細緻的上鎖會保護少量資料，粗糙上鎖則保護大量資料。選擇足夠粗糙的上鎖範圍以確保需要的資料受到保護不只很重要，而且確保只對需要的操作保有上鎖也很重要。在超市中，只是因為目前在結帳的人突然發現忘了買蔓越莓醬，並暫時離開結帳櫃台回頭去拿，或是收銀員準備收款時顧客才開始翻袋子找錢包，讓推著裝滿雜貨購物車的其他顧客，在結帳區排隊等待結帳是很痛苦的事。如果每個到達結帳區的顧客都能將東西與付款方式事先準備好，那所有事情都會進行得很順暢。

這同樣適用於執行緒：如果多個執行緒在等待相同的資源（如結帳時的收銀員），如果有任何執行緒保有上鎖的時間超過需要的時間，則會增加花在等待的總時間（不要等到達結帳區後才開始找蔓越莓醬）。如果可能的話，只在存取共享資料時才上鎖互斥鎖，並試著對上鎖以外的資料進行處理。特別是，在保有上鎖時不要做任何像檔案 I/O 般耗時的動作。檔案 I/O 通常比從記憶體讀寫相同數量的資料要慢好幾百倍（如果不是好幾千倍的話）。除非上鎖目的就是在保護對檔案的存取，否則在保有上鎖時執行 I/O 將不必要地延遲其他執行緒（因為它們也在等待獲得上鎖而被阻擋），這可能會抵消使用多執行緒在性能上的好處。

因為當程式不再需要存取共享資料時，可以呼叫 unlock()，稍後需要存取時可以再次呼叫 lock()，std::unique_lock 在這種情況下作用得很好。

```
void get_and_process_data()
{
    std::unique_lock<std::mutex> my_lock(the_mutex);
    some_class data_to_process=get_next_data_chunk();
    my_lock.unlock();
    result_type result=process(data_to_process);
    my_lock.lock();
    write_result(data_to_process,result);
}
```

❶ 互斥鎖不需要跨
過對 process()
的呼叫

❷ 為寫入結果而重新
上鎖互斥鎖

不需要讓互斥鎖的上鎖跨過 process() 的呼叫，因此在呼叫前❶手動解鎖，然後在❷之後再次上鎖。

希望這是很明顯的，如果有一個互斥鎖保護整個資料結構，不只可能會對上鎖產生更多爭奪，而且也會降低縮短保持上鎖時間的可能性。在同一個互斥鎖的上鎖會需要更多步驟，因此必須將上鎖保持更久。這種對成本的雙重打擊，也是在可能的情形下轉而邁向更細緻上鎖的雙重激勵。

就如這範例顯示的，在適當範圍的上鎖不僅僅是與上鎖的資料量有關，也和保持上鎖多久，以及在保持上鎖時執行什麼操作有關。**一般來說，上鎖只應保有在執行所需要操作的最少可能的時間內**。這也表示，像獲得另一個上鎖（即使知道它不會產生僵局）或等待 I/O 完成等需要時間的操作，除非絕對必要，否則不應該在持有上鎖時執行。

在程式列表 3.6 和 3.9 中，需要上鎖兩個互斥鎖的操作是交換操作，它很明顯需要同時存取兩個物件。假設要比較的是簡單的 int 資料成員，這會有什麼差異嗎？ int 複製成本很小，因此為了比較可以很容易地複製每個物件的資料，同時只對這物件保有上鎖，然後對複製值進行比較。這表示只在每個互斥鎖上保有上鎖的最少時間，且不會在保有上鎖時上鎖另一個。以下程式列表顯示了在這情形下的類別 Y，以及相同比較運算子的簡單實作。

程式列表 3.10　在比較運算子中一次上鎖一個互斥鎖

```
class Y
{
private:
    int some_detail;
    mutable std::mutex m;
    int get_detail() const
    {
        std::lock_guard<std::mutex> lock_a(m);     ◀──❶
        return some_detail;
```

```
    }
public:
    Y(int sd):some_detail(sd){}
    friend bool operator==(Y const& lhs, Y const& rhs)
    {
        if(&lhs==&rhs)
            return true;
        int const lhs_value=lhs.get_detail();    ← ❷
        int const rhs_value=rhs.get_detail();    ← ❸
        return lhs_value==rhs_value;    ← ❹
    }
};
```

在這情形下，比較運算子首先由呼叫 get_detail() 成員函式取得要比較的值❷和❸。此函式取得值並用上鎖保護❶，然後比較運算子比較取得的值❹。但是，請注意，為了縮短上鎖期間，且一次只保有一個上鎖（並排除僵局的可能性），與一起保有兩個上鎖，操作的語法有些巧妙改變。在程式列表 3.10 中，如果運算子回傳 true，則表示 lhs.some_detail 的值在某個時間點會等於另一時間點上 rhs.some_detail 的值。在兩個讀取之間，這兩個值可以任何方式改變；例如，值可能已經在❷和❸之間交換，使比較變得毫無意義。相同比較也可能回傳 true，以表示值是相等的，即使值從來沒有在一個時間點上是相等的。因此，在進行這些改變時必須小心，因為在有問題的樣式下操作的語法也不會改變。**如果在整個操作期間未保有所需要的上鎖，則已經將自己暴露在競爭條件下了。**

有時候，因為不是所有對資料結構的存取都需要相同程度的保護，所以並沒有適當的範圍程度。在這情形下，使用一種可以替代 std::mutex 的機制，可能比較合適。

3.3　保護共享資料的替代機制

雖然它們是最普通的機制，但當涉及到保護共享資料時，互斥鎖並不是唯一的選擇；在特定情境下，有一些替代方法，可以提供更適當的保護。

一個特別極端的情況（但卻非常常見）是，只有在初始化要同步存取時，才需要保護，之後就不會需要明顯的同步化。這可能是因為資料在建立後將是唯讀的，所以不可能有同步化問題，或也可能是因為必要的保護會當作資料操作的一部分而隱匿執行。對這兩種情況，在初始化後，純粹為了保護初始

化的上鎖互斥鎖都是不必要的，且對性能也會造成不必要的影響。就是因為
這個原因，C++ 標準提供了一個純粹為了在初始化過程中保護共享資料的
機制。

3.3.1　在初始化過程中保護共享資料

假設有一個建構成本很高的共享資源，像是開啟一個資料庫連接或配置大量
的記憶體等，所以只有在需要時才會建構它。像這樣的*怠惰初始化*一般常出
現在單執行緒程式中，需要這資源的每一個操作都會先檢查看它是否已經初
始化；如果還沒有，則在使用前會先初始化：

```
std::shared_ptr<some_resource> resource_ptr;
void foo()
{
    if(!resource_ptr)
    {
        resource_ptr.reset(new some_resource);  ◀━━❶
    }
    resource_ptr->do_something();
}
```

如果共享資源本身對併發存取是安全的，當將此程式轉換為多執行緒程式時
唯一需要保護的部分就是初始化❶，但像以下程式列表中這樣的幼稚轉譯可
能會導致使用這資源的執行緒的不必要序列化。這是因為每個執行緒必須在
互斥鎖上等待，以便檢查資源是否已被初始化。

程式列表 3.11　執行緒安全使用互斥鎖怠惰的初始化

```
std::shared_ptr<some_resource> resource_ptr;
std::mutex resource_mutex; void foo()
{
    std::unique_lock<std::mutex> lk resource_mutex);   ◀━━  所有執行緒
                                                             在此序列化
    if(!resource_ptr)
    {
        resource_ptr.reset(new some_resource);   ◀━━  只有初始化
    }                                                  需要保護
    lk.unlock();
    resource_ptr->do_something();
}
```

這程式非常普遍，而且不必要的序列化問題也已經夠嚴重了，使得很多人嘗
試找出更好的方法來處理，包括臭名昭著的**雙重檢查上鎖**模式：在未獲得上

鎖前先讀取指標（以下程式中的❶），且只有在指標為 NULL 的情況下才獲得上鎖，在獲得上鎖後（❷，這是**雙重檢查**的部分），**再次檢查**指標，避免另一個執行緒在第一次檢查和這執行緒獲得上鎖之間完成了初始化：

```
void undefined_behaviour_with_double_checked_locking()
{
    if(!resource_ptr)  ◄───❶
    {
        std::lock_guard<std::mutex> lk(resource_mutex);
        if(!resource_ptr)  ◄───❷
        {
            resource_ptr.reset(new some_resource);  ◄───❸
        }
    }
    resource_ptr->do_something();  ◄───❹
}
```

不幸的是，這種模式臭名昭著的原因是：因為讀取是在上鎖外❶，不是和上鎖內的另一個執行緒同步的寫入❸，它有討厭的競爭條件的可能性。這建立了一個競爭條件，不只包括指標本身，還包括指向物件的競爭條件；即使執行緒看到另一個執行緒的指標寫入，它也可能看不到新建立的 some_resource 實體，造成對 do_something() 的呼叫在不正確的值上操作❹。這是 C++ 標準定義為**資料競爭**的典型競爭條件類型的例子，並指定為**未定義的行為**。因此，這絕對是應該避免的事情。有關記憶體模型，包括構成**資料競爭**的詳細說明，請參閱第 5 章內容。

C++ 標準委員會也認為這是一個重要的情況，因此 C++ 標準函式庫提供了 std::once_flag 和 std::call_once 來處理這種情況。每個執行緒都可以用 std::call_once 安全的知道指標將在 std::call_once 回傳時，被某些執行緒初始化（以適當的同步化方式），而不是上鎖一個互斥鎖並明確檢查指標。必要同步化的資料儲存在 std::once_flag 實體；每一個 std::once_flag 的實體都對應到不同的初始化。使用 std::call_once 一般會比明確的使用互斥鎖代價要低，特別是在初始化早已經完成的情況下，因此在符合需要的功能下，應該優先使用它。以下的範例是用 std::call_once 重寫的，和程式列表 3.11 有相同的操作。在這情況下，初始化是透過呼叫函式完成的，但也可以很容易地使用帶有函式呼叫運算子的類別實體完成。如同標準函式庫中大多數函式以函式或謂詞當作引數一樣，std::call_once 可以在任何函式或可呼叫物件上作用：

```
std::shared_ptr<some_resource> resource_ptr;
std::once_flag resource_flag;    ◀─❶
void init_resource()
{
    resource_ptr.reset(new some_resource);
)
void foo()
{
    std::call_once(resource_flag,init_resource);  ◀───┐
    resource_ptr->do_something();                      │  初始化確實
}                                                      │  只呼叫一次
```

在這個例子中，std::once_flag ❶和初始化的資料都是相同命名空間範圍內的物件，但 std::call_once() 很容易用於類別成員的怠惰初始化，如以下程式列表所示。

程式列表 3.12　類別成員用 std::call_once 的執行緒安全怠惰初始化

```
class X
{
private:
    connection_info connection_details;
    connection_handle connection;
    std::once_flag connection_init_flag;
    void open_connection()
    {
        connection=connection_manager.open(connection_details);
    }
public:
    X(connection_info const& connection_details_):
        connection_details(connection_details_)
    {}
    void send_data(data_packet const& data)  ◀─❶
    {
        std::call_once(connection_init_flag,&X::open_connection,this); ◀─┐
        connection.send_data(data);                                      │
    }                                                                    │
    data_packet receive_data()  ◀─❸                                    ❷│
    {                                                                    │
      std::call_once(connection_init_flag,&X::open_connection,this); ◀──┘
      return connection.receive_data();
    }
};
```

在這個範例中，初始化是透過先呼叫 send_data() ❶，或先呼叫 receive_data() ❸ 執行。用 open_connection() 成員函式初始化資料也需傳入 this 指標。就如同標準函式庫中接受可呼叫物件的其他函式一樣，如 std::thread 的建構函式和 std::bind()，這是經由向 std::call_once() ❷ 傳遞額外引數完成的。

值得注意的是，如同 std::mutex 一樣，std::once_flag 實體不能被複製或移動，所以如果要將它們用作類別成員，就必須明確地定義這些特殊的成員函式。

在初始化時可能有競爭條件的一種情況是，區域變數被宣告為 static。這種變數的初始化被定義為在控制權第一次通過它的宣告時發生；對於多個執行緒呼叫這函式，這意味著有可能首先定義了一個競爭條件。在許多 C++11 之前的編譯器中，因為多執行緒可能會認為它們是最先的，並嘗試初始化變數，或執行緒可能會在另一個執行緒啟動初始化之後和到它完成之前嘗試使用它，所以這種競爭條件實際上是有問題的。這個問題在 C++11 中已經解決：初始化被定義為恰好發生在一個執行緒上，在初始化完成之前沒有其他執行緒會繼續進行，所以競爭條件是關於哪個執行緒可以進行初始化，而不是什麼更有問題的執行緒。這可以在需要一個全域實體的情況下，作為 std::call_once 的替代方案：

```
class my_class;
my_class& get_my_class_instance()        ❶ 初始化保證執行緒
{                                           是安全的
    static my_class instance;
    return instance;
}
```

然後多執行緒可以在不必擔心初始化的競爭條件下，安全地呼叫 get_my_class_instance() ❶。

只對初始化保護資料是普遍情況下的一種特殊情形：罕見更新的資料結構。在大多數情況下，這資料結構是唯讀的，因此可以被多個執行緒同時讀取，但有時資料結構可能會需要更新。這裡所需的是一個認同這事實下的保護機制。

3.3.2 保護罕見更改資料結構

為了解析領域名稱到它對應的 IP 位址，考慮用資料表儲存 DNS 條目的快取內容。所給的 DNS 條目一般是長期不變的，許多情況下甚至長達數年。雖然當使用者存取不同網站的時候，可能偶爾會有新條目添加到資料表中，但資料在它們整個壽命中將保持不變。因此定期檢查快取條目的有效性很重要，但當細部資料已被更改時仍然需要更新。

更新雖然很少，但仍然可能發生，且要從多個執行緒存取這個快取，則在更新期間需要適當的保護它，以確保所有讀取快取的執行緒不會看到損壞的資料結構。

在缺少確實符合用途及為併發更新和讀取設計（請參閱第 6 章和第 7 章）的特殊目的資料結構下，這更新要求執行更新的執行緒在完成操作之前必須是獨佔的存取資料結構。當更改完成後，多個執行緒的併發存取資料結構再次是安全的。因此使用 std::mutex 保護資料結構有些過於悲觀，因為它會在資料結構經過修改時排除併發讀取資料結構的可能：需要的是不同的互斥鎖，這種新型式的互斥鎖一般稱為**讀者 - 作家互斥鎖**，因為它允許兩種不同的用途：被一個「作家」獨佔的存取，以及多個「讀者」執行緒的併發存取。

C++17 標 準 函 式 庫 提 供 std::shared_mutex 和 std::shared_timed_mutex 這兩種互斥鎖，C++14 只有 std::shared_timed_mutex，而 C++11 則兩種都不提供。如果你堅持使用 C++14 之前的編譯器，那麼可以使用 Boost 函式庫提供的基於原始建議的實作。std::shared_mutex 和 std::shared_timed_mutex 的 差 異 為，std::shared_timed_mutex 支援額外的操作（如 4.3 節所述），因此，如果不需要額外的操作時，std::shared_mutex 可能在某些平台上會有性能上的優勢。

如第 8 章中顯示的，這種互斥鎖並不是萬靈丹，且其性能取決於所含的處理器數量以及讀者和更新器執行緒的相對工作負荷。因此，對目標系統上的程式性能進行分析，以確保在附加複雜性上仍然是有好處的，這非常重要。

與其在同步化上使用 std::mutex 實體，不如使用 std::shared_mutex 實 體。 對 於 更 新 操 作，std::lock_guard <std::shared_mutex> 和 std::unique_lock<std::shared_mutex> 可 代 替 對 應 特 殊 化 的 std::mutex 用於上鎖，與 std::mutex 一樣這些類別會確保獨佔的存取；對那些不需要更新資料結構的執行緒，可以改用 std::shared_

lock<std::shared_mutex> 來獲得**共享存取**。這 RAII 類別樣板已加入
C++14，除了多個執行緒可能同時在相同的 std::shared_mutex 上有共用
的上鎖外，用法與 std::unique_lock 相同。唯一的限制是，如果有任何執
行緒已經共享上鎖，則嘗試獲得獨佔上鎖的執行緒將被阻擋到所有其他執行
緒放棄上鎖為止；同樣地，如果執行緒有一個獨佔上鎖，則其他執行緒將不
能獲得共享或獨佔上鎖，直到前一個執行緒放棄它的上鎖為止。

以下程式列表顯示了一個簡單 DNS 快取，使用 std::map 保存快取資料、用
std::shared_mutex 保護資料。

程式列表 3.13　用 std::shared_mutex 保護資料結構

```
#include <map>
#include <string>
#include <mutex>
#include <shared_mutex>
class dns_entry;
class dns_cache
{
    std::map<std::string,dns_entry> entries;
    mutable std::shared_mutex entry_mutex;
public:
    dns_entry find_entry(std::string const& domain) const
    {
        std::shared_lock<std::shared_mutex> lk(entry_mutex);  ←─❶
        std::map<std::string,dns_entry>::const_iterator const it=
            entries.find(domain);
        return (it==entries.end())?dns_entry():it->second;
    }
    void update_or_add_entry(std::string const& domain,
                             dns_entry const& dns_details)
    {
        std::lock_guard<std::shared_mutex> lk(entry_mutex);  ←─❷
        entries[domain]=dns_details;
    }
};
```

在程式列表 3.13 中，find_entry() 使用 std::shared_lock<> 實體在
共用、唯讀存取中保護它❶；因此，毫無疑問的多個執行緒可以同時呼叫
find_entry()。另一方面，update_or_add_entry() 則使用 std::lock_
guard<> 實體，在更新資料表時提供獨佔的存取❷；不只是其他執行緒無法
在呼叫 update_or_add_entry() 時進行更新，而且呼叫 find_entry() 的
執行緒也被阻擋不能執行。

3.3.3　遞迴上鎖

對 std::mutex，當一個執行緒嘗試上鎖已經上鎖的互斥鎖會產生錯誤，而且這樣的嘗試也會導致**未定義的行為**。但在某些情況下，對一個執行緒在沒有先釋放互斥鎖的情形下，可以多次獲得相同的互斥鎖是想要的功能；為了達成這目的，C++ 標準函式庫提供了 std::recursive_mutex，除了可以從同一執行緒的單一實體上獲得多次上鎖外，它的作用原理類似 std::mutex。在其他執行緒可以上鎖這個互斥鎖之前，必須將所有上鎖先解鎖，因此如果呼叫 lock() 三次，則也必須呼叫 unlock() 三　次。std::lock_guard<std::recursive_mutex> 和 std::unique_lock<std::recursive_mutex> 的正確使用將可以處理這問題。

大多數的時候，如果認為想要有一個遞迴的互斥鎖，則可能需要修改原來的程式設計。遞迴互斥鎖的一個常見用途是將一個類別設計成可以從多個執行緒併發存取，因此它有一個保護成員資料的互斥鎖。每個公共成員函式上鎖互斥鎖並執行工作，完成後解鎖互斥鎖。但有時會想要操作的一部分是讓一個公共成員函式呼叫另一個；在這種情況下，第二個成員函式也會嘗試上鎖互斥鎖，導致了未定義的行為。快速但是存有瑕疵的解決方法是將互斥鎖改成遞迴互斥鎖。這將讓第二個成員函式中的互斥鎖成功上鎖，且函式繼續執行。

但這不是建議的用法，因為它可能會導致草率的思考和糟糕的設計。特別是，當保持上鎖時，類別不變性一般會被破壞，這表示即使在不變性已被破壞下，第二個成員函式也需要能工作。比較好的做法是從兩個成員函式中提取新的私有成員函式，這函式不會上鎖互斥鎖（預期它早已經被上鎖）。然後，叵以仔細思考在什麼情況下新的函式可以被呼叫，以及在這些情況下資料的狀態。

本章小結

這章討論了在執行緒之間共享資料時，有問題的競爭條件為何可能成為災難，以及如何用 std::mutex 和仔細的介面設計來避免它們。互斥鎖不是萬靈丹，而且它們也有像僵局等自己的問題，雖然 C++ 標準函式庫提供了 std::lock() 工具來避免這類問題，但還是應該繼續尋找一些能避免僵局的進一步技術，接著本章也扼要談到上鎖的所有權轉移以及選擇適當上鎖範圍等議題。最後，也介紹了針對特殊場景所提供的如 std::call_once() 和 std::shared_mutex 等替代的資料保護方法。

但還有一件事還沒有提到，就是等待其他執行緒的輸入。如果執行緒安全堆疊是空的，則從這堆疊取出的動作會拋出一個例外。所以，如果一個執行緒想要等待另一個執行緒將值移入堆疊（畢竟這是執行緒安全堆疊的主要用途之一），則必須反覆試著從堆疊中取出值；這動作如果拋出例外的話，必須再次嘗試。執行這樣的檢查消耗了寶貴的處理時間，卻沒有獲得任何好處；事實上，不斷地檢查也可能會因為阻擋系統中其他執行緒運作，而阻礙了程式的進展。所需要的是執行緒在等待另一個執行緒完成工作的過程中，能夠在不消耗 CPU 時間的情況下的某種方法。第 4 章將以之前討論過的保護共享資料的方法為基礎繼續討論一些進階方法，並介紹 C++ 執行緒之間同步操作的各種機制；第 6 章則顯示了如何使用這些方法來建構較大的可重複使用的資料結構。

併發操作下的同步化

4

本章涵蓋以下內容

- 等待事件
- 等待期約的一次性事件
- 有時間限制的等待
- 用同步操作簡化程式

在上一章，討論了保護執行緒之間共享資料的不同方法。但有時不只是需要保護資料，還需要在個別的執行緒上同步動作。例如，一個執行緒可能需要等待另一個執行緒完成工作後，這執行緒才能繼續自己的工作。一般而言，要一個執行緒等待特定事件發生或一個條件為 true 是很常見的。雖然可以利用定期檢查「工作完成」標誌或儲存在共享資料中的類似標記來達到這目的，但這並不是理想的做法。類似這樣需要在執行緒之間同步操作是很常發生的情況，C++ 標準函式庫提供一些條件變數和期約形式的工具來處理它，這些工具已經擴充為「併發技術規範（TS）」，此規範為**期約**和**閂鎖**及**屏障**形式的新同步化方式提供了一些額外的操作。

本章將討論如何利用條件變數、期約、閂鎖和屏障等待一個事件，以及如何使用它們來簡化操作的同步性。

4.1　等待一個事件或其他條件

假設你乘坐夜車旅行，要確保在正確車站下車的一種方法是整夜保持清醒，並注意每個火車的停靠站。這樣你就不會錯過你的目地站，但當你到達時會

非常疲倦。換個方式，你可以先查火車時刻表，了解火車預定抵達的時間，將鬧鐘設定在這時間稍微前一點，然後可以放心睡覺。這方式看來確實可行，你不會錯過目地站，但如果火車誤點，你會太早醒過來。還有一種可能，你鬧鐘的電池剛好沒電了，造成你睡過頭而錯過你的目地站。比較理想的情況是，你可以去睡覺，但無論何時當火車抵達目地站時，有人或事情會叫醒你。

這與執行緒有什麼關係？呃，如果一個執行緒在等待另一個執行緒完成工作，它也有幾種選擇。第一種，它可以持續檢查共享資料中的標記（被互斥鎖保護），並使第二個執行緒完成工作時會設定標記。但這有兩點很浪費：反覆檢查標誌時執行緒消耗了寶貴的處理時間，以及當互斥鎖被等待的執行緒上鎖時，它就不能再被其他執行緒上鎖；這兩點都反對執行緒等待。如果被等待的執行緒正在執行，則等待中的執行緒執行時可以使用的資源將受到限制，且當等待中的執行緒為了檢查標記而將互斥鎖上鎖來保護標記的時候，被等待的執行緒將無法上鎖互斥鎖以設定標記。這類似於你徹夜未眠地和火車駕駛說話：因為你一直分散他的注意力，所以他必須開慢一點，使得到達目的地需要更長的時間。同樣地，等待執行緒正消耗系統中其他執行緒可以使用的資源，最終可能使等待的時間超過原來所需要的時間。

第二個選擇是用 `std::this_thread::sleep_for()` 函式在檢查之間讓等待中的執行緒短暫休止（請參閱第 4.3 節）：

```
bool flag;
std::mutex m;
void wait_for_flag()
{
    std::unique_lock<std::mutex> lk(m);
    while(!flag)
    {
        lk.unlock();                                             ❶ 互斥鎖            休止 ❷
                                                                    解鎖            100 ms
        std::this_thread::sleep_for(std::chrono::milliseconds(100));
        lk.lock();
    }                    ❸ 互斥鎖再上鎖
}
```

在迴圈中，函式在休止前❷會解鎖互斥鎖❶，且之後會再次上鎖它❸，所以另一個執行緒有機會獲取上鎖並設定標誌。

因為執行緒在休止時不會浪費處理時間，所以這是一個改善，但要得到正確的休止期間很困難。檢查之間的休止期間太短，則執行緒仍會浪費處理時間

去檢查；而休止期間過長，即使它等待的工作已經完成，執行緒卻還在繼續保持休止，導致整個過程延宕。這種休止過頭很少會對程式的操作產生直接衝擊，但它表示在實際快節奏遊戲的應用中可能會產生畫面延遲或快轉等現象。

第二個以及比較好的選擇是使用 C++ 標準函式庫的工具來等待事件本身。等待另一個執行緒觸發事件的最基本機制（如前面提到的在管線中存有其他工作）是*條件變數*。從概念上說，條件變數和事件或其他條件相關聯，且一個或多個執行緒可以*等待*這條件獲得滿足。當執行緒確定條件已經滿足的時候，它可以*通知*等待條件變數的一個或多個執行緒，以便喚醒它們並讓它們繼續往下處理。

4.1.1 用條件變數等待一個條件

標準 C++ 函式庫提供有條件變數的*兩個*實作：std::condition_variable 和 std::condition_variable_any，這兩個都在 <condition_variable> 函式庫標頭中宣告。這兩個都需要與互斥鎖合作，以便提供適當的同步化；前者限制只能和 std::mutex 一起工作，而後者可以和任何符合類似互斥鎖最小標準者一起工作，因此會加上 _any 後綴詞。由於 std::condition_variable_any 較為一般，所以在大小、性能或作業系統資源方面可能要付出些額外代價；因此，除非有額外的彈性需要，否則應優先使用 std::condition_variable。

那麼，要如何用 std::condition_variable 處理引言中的範例？要如何讓等待工作的執行緒進入休止，直到有資料需要處理為止？以下程式列表顯示可以用條件變數做到這些的方法。

程式列表 4.1　用 std::condition_variable 等待要處理的資料

```
std::mutex mut;
std::queue<data_chunk> data_queue;          ◄── ❶
std::condition_variable data_cond;
void data_preparation_thread()
{
    while(more_data_to_prepare())
    {
        data_chunk const data=prepare_data();
        {
            std::lock_guard<std::mutex> lk(mut);
            data_queue.push(data);          ◄── ❷
        }
```

```
        data_cond.notify_one();          ◀━━❸
    }
}
void data_processing_thread()
{
    while(true)
    {
        std::unique_lock<std::mutex> lk(mut);    ◀━━❹
        data_cond.wait(
            lk,[]{return !data_queue.empty();});    ◀━━❺
        data_chunk data=data_queue.front();
        data_queue.pop();
        lk.unlock();    ◀━━❻
        process(data);
        if(is_last_chunk(data))
            break;
    }
}
```

首先，有一個用於兩個執行緒之間傳遞資料的佇列❶。當資料準備好之後，準備資料的執行緒用 std::lock_guard 上鎖保護佇列的互斥鎖，並將資料送入佇列❷。然後呼叫 std::condition_variable 實體的成員函式 notify_one() 通知等待的執行緒（如果有的話）❸。注意，將資料送入佇列的程式碼被置於較小的範圍內，因此在解鎖互斥鎖**之後**會通知條件變數；這樣做是為了，如果等待的執行緒立即被喚醒，就不需要再次為了等待互斥鎖解鎖而被阻擋。

在另一方面還有處理的執行緒，這執行緒先上鎖互斥鎖，但這次不用 std::lock_guard 而改用 std::unique_lock 上鎖❹，稍後就會說明為什麼；接著，執行緒在 std::condition_variable 上，以上鎖物件和表示等待條件的 lambda 函式為參數呼叫 wait()❺。lambda 函式是 C++11 的新功能，可以將匿名函式寫在另一個表示式裡面，非常適合作為如 wait() 這樣的標準函式庫函式的指定謂詞。在這情形下，簡單的 []{return !data_queue.empty();}lambda 函式會檢查 data_queue 是不是 empty()，即佇列中是否有資料準備處理。lambda 函式在附錄 A 的 A.5 節中有更詳細的描述。

之後，wait() 的實作會檢查條件（藉由呼叫所提供的 lambda 函式），並回傳是否符合條件（符合的話 lambda 函式回傳 true）。如果不符合（lambda 函式回傳 false），wait() 會將互斥鎖解鎖並阻擋執行緒執行或將其設為等待狀態。當資料準備執行緒呼叫 notify_one() 來通知條件變數時，執行緒

從休止狀態中被喚醒（不再被阻擋），重新獲得互斥鎖的上鎖並再次檢查條件。如果符合條件，則在互斥鎖仍上鎖下從 wait() 回傳；如果仍不符合條件，則執行緒將互斥鎖解鎖並繼續等待。這就是為什麼要用 std::unique_lock 而不是 std::lock_guard 的原因 —— 等待中的執行緒在等待時必須將互斥鎖解鎖，然後再將它上鎖，而 std::lock_guard 並沒有提供這種彈性。如果互斥鎖在執行緒休止時保持上鎖，則資料準備執行緒將無法上鎖互斥鎖以便將資料加入佇列，且等待中的執行緒將永遠無法得到符合的條件。

程式列表 4.1 為等待使用了一個簡單的 lambda 函式 ❺，它檢查佇列內是否有資料，但是任何函式或可呼叫物件，都可以作為 wait() 的參數；如果已經有可以檢查條件的函式（也許它比目前的簡單測試更複雜），也可以直接以此函式為參數，而不必將它包裝在 lambda 內。在呼叫 wait() 的時候，條件變數會檢查提供的條件很多次，但一定是在互斥鎖上鎖下執行，且在（而且只在）用於測試條件的函式回傳 true 時，才會立即回傳。當等待中的執行緒重新獲得互斥鎖並檢查條件時，如果它不是直接回應另一個執行緒的通知，這稱為**虛假喚醒**。因為這種可虛假喚醒的次數和頻率是不確定的，因此不建議使用有副作用的函式進行條件檢查；如果還是要這樣做，那必須為發生多次副作用做好準備。

基本上說，std::condition_variable::wait 是對忙碌等待的最佳化，的確，符合標準（雖然比較不理想）的實作技術只是一個簡單的迴圈：

```
template<typename Predicate>
void minimal_wait(std::unique_lock<std::mutex>& lk,Predicate pred){
    while(!pred()){
        lk.unlock();
        lk.lock();
    }
}
```

程式必須準備好和 wait() 最小的實作合作，以及只有在呼叫 notify_one() 或 notify_all() 時喚醒的實作。

解鎖 std::unique_lock 的彈性不只是用於呼叫 wait()，它也用於有資料要處理但還沒開始處理的時候 ❻。處理資料的操作可能會相當耗費時間，如第 3 章中所顯示的，將互斥鎖保持上鎖的時間超過必要的時間是一個壞主意。

如程式列表 4.1 所示，用佇列在執行緒之間傳遞資料是一種常見的情況。做得好，就可以將同步化限制在佇列本身上，這可以大幅減少可能發生的同步化問題和競爭條件的數量。有鑑於此，現在從程式列表 4.1 中抽出通用執行緒安全佇列開始工作。

4.1.2　用條件變數建構執行緒安全佇列

如果要設計一個通用的佇列，就像在 3.2.3 節中對執行緒安全堆疊所做的，那花些時間考慮可能需要的操作是值得的。為了激發靈感，先看一下 C++ 標準函式庫的 std::queue<> 容器調節器的形式，如以下程式列表所示。

程式列表 4.2　std::queue 介面

```
template <class T, class Container = std::deque<T> >
class queue {
public:
    explicit queue(const Container&);
    explicit queue(Container&& = Container());
    template <class Alloc> explicit queue(const Alloc&);
    template <class Alloc> queue(const Container&, const Alloc&);
    template <class Alloc> queue(Container&&, const Alloc&);
    template <class Alloc> queue(queue&&, const Alloc&);
    void swap(queue& q);
    bool empty() const;
    size_type size() const;
    T& front();
    const T& front() const;
    T& back();
    const T& back() const;
    void push(const T& x);
    void push(T&& x);
    void pop();
    template <class... Args> void emplace(Args&&... args);
};
```

如果忽略了建構、指定和交換操作，則還剩下三組操作：整個佇列狀態的查詢（empty() 和 size()）、佇列元素的查詢（front() 和 back()）、以及佇列的修改（push()、pop() 和 emplace()）等。這和 3.2.3 節中對堆疊所做的是一樣的，所以也有關於介面固有競爭條件的相同問題。因此，就像將 top() 和 pop() 結合到堆疊中一樣，也需要將 front() 和 pop() 結合到一個函式呼叫中。程式列表 4.1 的內容裡增加了新的小差異：當使用佇列在執行緒之間傳遞資料時，接收的執行緒通常需要等待資料。現在於 pop() 上提供兩個變體：try_pop() 會試著從佇列中彈出值，但即使沒有值可以取出也

會立即回傳（一個失敗的標記）；以及 wait_and_pop()，它會等待到有一個值取出為止。如果從堆疊範例中取經，則介面程式碼應類似以下所顯示的內容。

程式列表 4.3　你的 threadsafe_queue 介面

```
#include <memory>                          ◄───      為 std::shared_ptr
template<typename T>
class threadsafe_queue
{
public:
    threadsafe_queue();
    threadsafe_queue(const threadsafe_queue&);
    threadsafe_queue& operator=(                       為了簡化不允許
        const threadsafe_queue&) = delete;   ◄───      指派
    void push(T new_value);
    bool try_pop(T& value);      ◄── ❶
    std::shared_ptr<T> try_pop();      ◄── ❷
    void wait_and_pop(T& value);
    std::shared_ptr<T> wait_and_pop();
    bool empty() const;
};
```

如在堆疊所做的，為了要簡化程式碼，已經省略了建構函式並取消指派。如同前面一樣，這裡也提供了 try_pop() 和 wait_for_pop() 的兩個版本。try_pop() 的第一個多載將取得的值儲存在參照的變數上❶，因此可以作為狀態的回傳值，有取到值則回傳 true 否則回傳 false（請參閱第 A.2 節）。第二個多載因為直接將取得值回傳，所以做不到這點❷；但是如果沒有取到值，則可以將回傳的指標設為 NULL。

那麼，這些和程式列表 4.1 的關係是什麼？嗯，你可以從那裡將 push() 和 wait_and_pop() 的程式碼抽出，如以下程式列表所示。

程式列表 4.4　從程式列表 4.1 抽出 push() 和 wait_and_pop()

```
#include <queue>
#include <mutex>
#include <condition_variable>
template<typename T>
class threadsafe_queue
{
private:
    std::mutex mut;
    std::queue<T> data_queue;
```

```cpp
        std::condition_variable data_cond;
public:
    void push(T new_value)
    {
        std::lock_guard<std::mutex> lk(mut);
        data_queue.push(new_value);
        data_cond.notify_one();
    }
    void wait_and_pop(T& value)
    {
        std::unique_lock<std::mutex> lk(mut);
        data_cond.wait(lk,[this]{return !data_queue.empty();});
        value=data_queue.front();
        data_queue.pop();
    }
};
threadsafe_queue<data_chunk> data_queue;    ←❶
void data_preparation_thread()
{
    while(more_data_to_prepare())
    {
        data_chunk const data=prepare_data();
        data_queue.push(data);    ←❷
    }
}
void data_processing_thread()
{
    while(true)
    {
        data_chunk data;
        data_queue.wait_and_pop(data);    ←❸
        process(data);
        if(is_last_chunk(data))
            break;
    }
}
```

現在互斥鎖和條件變數已經含在 threadsafe_queue 實體中，因此不再需要個別的變數了❶，並且對 push() 的呼叫也不需要外部的同步化❷。而由 wait_and_pop() 負責等待條件變數❸。

現在 wait_and_pop() 的其他多載已經微不足道，剩下的函式幾乎可以從程式列表 3.5 的堆疊範例中逐字複製，佇列最後的實作顯示如下。

程式列表 4.5　使用條件變數的執行緒安全佇列的完整類別定義

```cpp
#include <queue>
#include <memory>
#include <mutex>
#include <condition_variable>
template<typename T>
class threadsafe_queue
{
private:
    mutable std::mutex mut;
    std::queue<T> data_queue;
    std::condition_variable data_cond;
public:
    threadsafe_queue()
    {}
    threadsafe_queue(threadsafe_queue const& other)
    {
        std::lock_guard<std::mutex> lk(other.mut);
        data_queue=other.data_queue;
    }
    void push(T new_value)
    {
        std::lock_guard<std::mutex> lk(mut);
        data_queue.push(new_value);
        data_cond.notify_one();
    }
    void wait_and_pop(T& value)
    {
        std::unique_lock<std::mutex> lk(mut);
        data_cond.wait(lk,[this]{return !data_queue.empty();});
        value=data_queue.front();
        data_queue.pop();
    }
    std::shared_ptr<T> wait_and_pop()
    {
        std::unique_lock<std::mutex> lk(mut);
        data_cond.wait(lk,[this]{return !data_queue.empty();});
        std::shared_ptr<T> res(std::make_shared<T>(data_queue.front()));
        data_queue.pop();
        return res;
    }
    bool try_pop(T& value)
    {
        std::lock_guard<std::mutex> lk(mut);
        if(data_queue.empty())
            return false;
        value=data_queue.front();
```

❶ 互斥鎖必須是
可變的

85

```
        data_queue.pop();
        return true;
    }
    std::shared_ptr<T> try_pop()
    {
        std::lock_guard<std::mutex> lk(mut);
        if(data_queue.empty())
            return std::shared_ptr<T>();
        std::shared_ptr<T> res(std::make_shared<T>(data_queue.front()));
        data_queue.pop();
        return res;
    }
    bool empty() const
    {
        std::lock_guard<std::mutex> lk(mut);
        return data_queue.empty();
    }
};
```

雖然 empty() 是 const 成員函式，而複製建構函式的 other 參數是 const
參照，但其他執行緒也許對物件有非 const 參照，並可能呼叫變異的成員函
式，因此仍然需要將互斥鎖上鎖。因為上鎖互斥鎖是一種變異操作，所以互
斥鎖物件必須標示為 mutable ❶，使它可以在 empty() 和複製建構函式中
上鎖。

當有多個執行緒在等待相同事件的時候，條件變數也很有用。如果執行緒被
用來分割工作負荷，因此只有一個執行緒應對通知作回應，除了只是執行
多個資料處理執行緒的實體以外，可以使用如程式列表 4.1 中完全相同的結
構。當資料已經備便，呼叫 notify_one() 會觸發目前正在執行 wait() 的
執行緒之一，以檢查它的條件並從 wait() 回傳（因為剛剛在 data_queue
中增加了一個項目），但不能保證會通知哪個執行緒，或是否有執行緒在等
待被通知；所有處理執行緒也可能仍在處理資料中。

另一個可能性是，多個執行緒在等待相同事件，且它們都需要回應。這可能
發生在共享資料初始化的位置，而且處理執行緒在資料完成初始化後，都可
以使用相同的資料（儘管對此可能有更好的機制，例如第 3 章 3.3.1 節對選
擇討論過的 std::call_once），或者在定期初始化下，執行緒需要等待更
新後的共享資料。在這些情況下，準備資料的執行緒可以在條件變數上呼叫
notify_all() 成員函式而不是 notify_one()。顧名思義，這會造成目前
執行 wait() 的*所有*執行緒檢查它們所等待的條件。

如果等待中的執行緒只會等待一次，則當條件為 true 時，它將永遠不再等待這個條件變數，因此條件變數可能不是同步化機制最好的選擇。這在所等待的條件屬於特定部分資料可用的情況下，特別是如此。在這種情況下，**期約**可能會更合適。

4.2　等待期約的一次性事件

假設你要乘飛機到國外度假。到達機場並辦理完各種登機手續後，你仍然需要等待準備登機的通知，這可能要好幾小時。當然你也許可以找到一些打發時間的方式，例如讀書、上網或在價格昂貴的機場咖啡廳吃東西，但基本上你只是在等一件事：登機信號。不只如此，一個航班也只飛行一次，下次要度假的時候，你將等待其他航班。

C++ 標準函式庫用所謂**期約**模擬這種一次性事件，如果執行緒需要等待特定的一次性事件，它會以某種方式獲得表示這事件的期約。然後，執行緒可以定期在這短期間的期約上等待，以查看事件是否已經發生（查看出發板），並在兩次查看之間執行一些其他工作（在價格昂貴的咖啡廳吃東西）；或者，它可以執行另一項工作，直到需要這事件發生才能繼續，然後等待期約變成**備便**。期約可能會有相關聯的資料（例如航班是哪一個登機門），但也可能沒有。一旦某個事件發生了（且期約已經變成**備便**），就無法再重新設定期約。

C++ 標準函式庫中有兩種期約，用在 <future> 函式庫標頭中宣告的兩個類別樣板實作：**唯一期約**（std::future<>）和**共享期約**（std::shared_future<>）。這些是依據 std::unique_ptr 和 std::shared_ptr 建模的。std::future 的實體是參照到它關聯事件的唯一實體，而 std::shared_future 的多個實體則可能參照到同一事件。對於後一種情況，所有實體將同時**備便**，並且它們都能存取和這事件關聯的任何資料。這些關聯的資料就是它們成為樣板的原因，就如同 std::unique_ptr 和 std::shared_ptr，樣板參數是關聯資料的型態。在沒有關聯資料的情況下，應該使用 std::future<void> 和 std::shared_future<void> 特殊化樣板。雖然期約用在執行緒之間的通訊，但期約物件本身並不提供同步存取。如果多個執行緒需要存取單個期約物件，它們必須如第 3 章所描述的，透過互斥鎖或其他同步化機制來保護存取。但在 4.2.5 節中將提到，即使多個執行緒都參照到相同的非同步結果，這些執行緒仍可能會各自存取自己擁有的對 std::shared_future<> 物件的複製品，而不需要進一步同步化。

併發 TS 在 `std::experimental` 命名空間 `std::experimental::future<>` 和 `std::experimental::shared_future<>` 中提供了這些類別樣板的擴充版本。它們的行為與在 `std` 命名空間中對應的物件相同，但是它們有些額外的成員函式提供一些附加的功能。要注意 `std::experimental` 這名稱與程式的品質無關，這很重要（我希望實作與你的函式庫供應商販售的所有其他產品有相同的品質），但要強調這些不是標準的類別和函式，因此，在未來的 C++ 標準決定採用它們之前，它們的語法和語義可能不會完全相同。要使用這些函式，程式必須將 `<experimental/future>` 標頭包括進來。

最基本的一次性事件是已經在後台執行的計算結果。回顧第 2 章中，可以看到 `std::thread` 並不提供從這種工作中回傳值的簡單方法，我在那裡曾保證在第 4 章將用期約解決這一問題，現在是時候看看該怎麼做了。

4.2.1　從後台工作回傳值

假設有一個要執行很久的計算，並預期最後會產生有用的結果，只不過目前還用不到這個結果。也許你已經找到了一個可以確定生命、宇宙和萬物解答的方法，這是取自 Douglas Adams 的範例 [1]。你可以啟動一個新執行緒來執行計算，但因為 `std::thread` 不提供直接這樣做的機制，所以表示你必須自己負責將結果回傳。這就是 `std::async` 函式樣板（也在 `<future>` 標頭中宣告）派上用場的地方。

對不需要立刻獲得結果的工作，你可以用 `std::async` 啟動非同步工作。`std::async` 不是提供用於等待的 `std::thread` 物件，而是回傳一個 `std::future` 物件，這物件最後會保存函式的回傳值。當需要這回傳值的時候，只需要在期約上呼叫 `get()`，執行緒就會被阻擋到期約備便為止，然後回傳這個值。以下程式列表顯示了一個簡單的範例。

程式列表 4.6　用 `std::future` 取得非同步工作的回傳值

```cpp
#include <future>
#include <iostream>
int find_the_answer_to_ltuae();
void do_other_stuff();
int main()
{
    std::future<int> the_answer=std::async(find_the_answer_to_ltuae);
```

1　In *The Hitchhiker's Guide to the Galaxy*, the computer Deep Thought is built to determine "the answer to Life, the Universe and Everything." The answer is 42.

```
    do_other_stuff();
    std::cout<<"The answer is "<<the_answer.get()<<std::endl;
}
```

std::async 讓你利用與 std::thread 相同的方法，在呼叫中增加額外引數的方式將一些附加引數傳遞給函式。如果第一個引數是指向成員函式的指標，則第二個引數提供要應用這成員函式的物件（直接、經由指標或包裝在 std::ref 中），其餘的引數則作為成員函式的引數。否則的話，第二個及後續的引數將作為第一個引數指定的函式或可呼叫物件的引數。就像 std::thread，如果引數是右值，則利用**移動**原物件來建立複製，這允許將只能移動的型態當成函式物件和引數；請參考以下程式列表。

程式列表 4.7　用 std::async 將引數傳遞給函式

```
#include <string>
#include <future>
struct X
{
    void foo(int,std::string const&);
    std::string bar(std::string const&);
};
X x;
auto f1=std::async(&X::foo,&x,42,"hello");          呼叫 p->fool(42,"hello")，
auto f2=std::async(&X::bar,x,"goodbye");            其中 p 是 &x
struct Y
{                                                   呼叫 tmpx.bar("goodbye")，
    double operator()(double);                      其中 tmpx 是 x 的複製
};
Y y;                                                呼叫 tmpy(3.141)，
auto f3=std::async(Y(),3.141);                      其中 tmpy 是來自
auto f4=std::async(std::ref(y),2.718);              Y() 的移動建構
X baz(X&);
std::async(baz,std::ref(x));                        呼叫 y(2.718)
class move_only
{                                                   呼叫 baz(x)
public:
    move_only();
    move_only(move_only&&)
    move_only(move_only const&) = delete;
    move_only& operator=(move_only&&);
    move_only& operator=(move_only const&) = delete;
    void operator()();                              呼叫 tmp()，其中 tmp 是由
};                                                  std::move(move_only()) 建構的
auto f5=std::async(move_only());
```

預設下，無論是由 std::async 啟動新執行緒，還是等到在期約時同步執行工作取決於實作。在大部分情況下這就是你想要的，但是你也可以在呼叫函式之前用提供給 std::async 額外的參數來指定要採哪種方式，這參數的型態為 std::launch，內容如果是 std::launch::deferred，指示這函式呼叫將延遲到在期約中呼叫 wait() 或 get() 時進行；如果是 std::launch::async，表示這函式在自己的執行緒上執行；如果是 std::launch::deferred | std::launch::async，則表明這實作是可以選擇的；最後一個選項是預設的選項。如果延遲這函式的呼叫，那它可能永遠都不會執行。例如：

```
auto f6=std::async(std::launch::async,Y(),1.2);    ←    在新執行緒執行
auto f7=std::async(std::launch::deferred,baz,std::ref(x));    在 wait() 或
auto f8=std::async(                                          get() 執行
    std::launch::deferred | std::launch::async,
    baz,std::ref(x));                               實作選擇
auto f9=std::async(baz,std::ref(x));
f7.wait();    ←    呼叫延遲的函式
```

在本章後面以及第 8 章中會看到的，用 std::async 可以很容易地將演算法分割成一些可以併行的工作。但這並不是 std::future 與工作關聯的唯一方法；也可以將工作封包在 std::packaged_task<> 類別樣板的實體中，或是用 std::promise<> 類別樣板透過程式明顯的設定值來完成這一點。std::packaged_task 比 std::promise 更為抽象，因此將從它開始。

4.2.2　將工作與期約相關聯

std::packaged_task<> 將期約與函式或可呼叫物件聯繫在一起。當呼叫 std::packaged_task<> 物件時，它會呼叫相關聯的函式或可呼叫物件，使期約*備便*，並將回傳值儲存為相關聯的資料。這可以用來建立執行緒池（請參閱第 9 章）或其他工作管理方案，像是在自己的執行緒上執行每個工作，或全部依序在特定的後台執行緒上執行。如果一個大型操作可以分割成多個獨立的子工作，且將每個子工作封包在一個 std::packaged_task<> 實體中，然後將這實體傳遞給工作排程器或執行緒池，這樣就能抽象出工作的細節。排程器就不必管個別函式，只專心處理 std::packaged_task<> 實體就好。

std::packaged_task<> 類別樣板的樣板參數是一個署名的函式，像 void() 用於沒有任何參數及回傳值的函式，或 int(std::string&,double*)，接受對 std::string 非 const 參照和對 double 的指標，並回傳一個 int

值。當建構 std::packaged_task 實體時，必須傳入一個可以接受指定參數並回傳可轉換為指定型態的函式或可呼叫物件。型態並不需要完全符合；因為 int 可以隱式轉換成 float，所以可以從一個接收 int 並回傳 float 的函式建構。

指定函式署名的回傳型態辨識從 get_future() 成員函式回傳的 std::future<> 的型態，而函式中署名的參數清單用於指定工作封包的函式呼叫運算子的署名。例如，以下程式列表將顯示 std::packaged_task<std::string(std::vector<char>*,int)> 類別的部分定義。

程式列表 4.8　特殊化 std::packaged_task<> 類別的部分定義

```
template<>
class packaged_task<std::string(std::vector<char>*,int)>
{
public:
    template<typename Callable>
    explicit packaged_task(Callable&& f);
    std::future<std::string> get_future();
    void operator()(std::vector<char>*,int);
};
```

std::packaged_task 物件是一個可呼叫物件，可以封包在 std::function 物件中，當成執行緒函式傳遞給 std::thread，或傳遞給另一個需要可呼叫物件的函式，甚至可以直接呼叫。當 std::packaged_task 被當成函式物件呼叫時，提供給函式呼叫運算子的引數將傳遞給所包含的的函式，並將回傳值作為非同步結果儲存在從 get_future() 獲得的 std::future 中。因此，可以將工作封包在 std::packaged_task 中，並在將 std::packaged_task 物件傳到別處以在適當時候呼叫之前取得的期約，當需要它的結果時，可以等待期約備便。以下的範例顯示這個動作。

在執行緒之間傳遞工作

許多 GUI 框架要求對 GUI 的更新要由特定執行緒完成；因此，如果另一個執行緒需要更新 GUI 的話，它必須送一個訊息給正確的執行緒才能執行更新。std::packaged_task 提供了在不需為每個與 GUI 相關活動提供客製化訊息下，執行這動作的一種方法，如這裡所顯示的。

程式列表 4.9　用 `std::packaged_task` 在 GUI 執行緒上執行程式

```
#include <deque>
#include <mutex>
#include <future>
#include <thread>
#include <utility>
std::mutex m;
std::deque<std::packaged_task<void()> > tasks;
bool gui_shutdown_message_received();
void get_and_process_gui_message();
void gui_thread()          ◀━❶
{
    while(!gui_shutdown_message_received())          ◀━❷
    {
        get_and_process_gui_message();          ◀━❸
        std::packaged_task<void()> task;
        {
            std::lock_guard<std::mutex> lk(m);
            if(tasks.empty())          ◀━❹
                continue;
            task=std::move(tasks.front());          ◀━❺
            tasks.pop_front();
        }
        task();          ◀━❻
    }
}
std::thread gui_bg_thread(gui_thread);
template<typename Func>
std::future<void> post_task_for_gui_thread(Func f)
{
    std::packaged_task<void()> task(f);          ◀━❼
    std::future<void> res=task.get_future();          ◀━❽
    std::lock_guard<std::mutex> lk(m);
    tasks.push_back(std::move(task));          ◀━❾
    return res;          ◀━❿
}
```

這段程式很簡單：GUI 執行緒❶重複在迴圈中處理使用者的點擊取得的 GUI 訊息❸，以及從工作佇列取得的工作，直到收到一個通知 GUI 關閉的訊息為止❷。如果工作佇列中沒有任何工作❹，它將重新開始下一次迴圈；有工作的話，會將工作從佇列中取出❺，並將佇列解鎖，然後執行取出的工作❻。當工作完成時，與工作相關聯的期約也將備便。

將工作發佈到佇列中也很簡單：從供應的函式建立一個新的工作封包❼，藉由呼叫 `get_future()` 成員函式從這工作獲得期約❽，並在期約被回傳給呼

叫者之前❿，將這工作放入序列❾。如果需要知道工作已經完成的話，程式可以將訊息發佈到 GUI 執行緒，然後等待期約；如果不需要知道的話，可以放棄期約。

範例中對工作使用 `std::packaged_task<void()>`，它以無任何參數及回傳 void（如果有回傳物，回傳物也會被放棄）的函式或其他可呼叫物件封包起來。這可能是最簡單的工作，但如先前所看到的，`std::packaged_task` 也可以用在更複雜的情況 —— 藉由指定一個不同的函式署名為樣板參數，就可以改變回傳型態（因此改變了存在期約相關聯狀態中資料型態），以及函式呼叫運算子的引數型態。這範例很容易可以擴充，讓在 GUI 執行緒上執行的工作能夠接受參數，並在 `std::future` 中回傳值，而不只是作為一個完成跡象。

關於那些不能表示為簡單函式呼叫或結果可能來自多個地方的工作該如何處理？這些情況是利用建立期約的第三種方式處理，以及用 `std::promise` 明顯的設定值。

4.2.3 做出 (std::) 的約定

當你有一個需要處理大量網絡連接的應用程式時，它通常會試圖在個別的執行緒上處理每個連接，因為這樣會更容易思考和設計網絡通訊程式。這在連接數量較少的情況（因此執行緒數量也較少）工作得很好；不幸的是，隨著連接數量的增加，這將逐漸變得不太合適。因為大量執行緒會消耗很多作業系統資源，並可能造成大量文意的切換而影響性能（當執行緒數量超過可用的硬體併發時）。在極端情況下，為了執行新的執行緒，在網絡連接容量耗盡之前，可能會先耗盡作業系統的資源，所以在有大量網絡連接的應用程式中，一般只會有少量的執行緒（也可能只有一個）來處理連接，即每個執行緒一次處理多個連接。

考慮這些處理連接的執行緒中的一個，來自不同連接匯入的資料封包，基本上將以隨機的順序處理；同樣地，資料包也將排隊以隨機順序發送。在多數情況下，應用程式的其他部分將等待將資料成功發送或經由特定網絡連接接收新的一批資料。

`std::promise<T>` 提供了一種設定稍後可以利用關聯的 `std::future<T>` 物件讀取的值（型態 `T`）的方法。`std::promise`/`std::future` 配對為這功能提供了一種可行的機制，等待中的執行緒會在期約中阻擋，而提供資料的執行緒可以使用這約定中配對的一半來設定關聯的值並讓期約*備便*。

你可以利用呼叫 get_future() 成員函式來獲得與指定的 std::promise 相關聯的 std::future 物件，就像用 std::packaged_task 一樣。當約定的值設定好了之後（用 set_value() 成員函式），期約就變成**備便**，並可以用來取出儲存的值；如果在沒有設定值的情況下銷毀了 std::promise，則會儲存一個例外。4.2.4 節將描述例外如何跨執行緒傳遞。

程式列表 4.10 顯示了一些處理剛才描述的連接執行緒的範例程式。在這個範例中，使用 std::promise<bool>/std::future<bool> 配對來辨識成功的傳出一區塊的外傳資料，與期約相關聯的值是個簡單的「成功 / 失敗」標記；對於傳入的資料封包，與期約相關聯的資料是資料封包的酬載。

程式列表 4.10　單一執行緒用約定處理多個連接

```
#include <future>
void process_connections(connection_set& connections)
{
    while(!done(connections))    ←──❶
    {
        for(connection_iterator    ←──❷
                connection=connections.begin(),end=connections.end();
            connection!=end;
            ++connection)
        {
            if(connection->has_incoming_data())  ←──❸
            {
                data_packet data=connection->incoming();
                std::promise<payload_type>& p=
                    connection->get_promise(data.id);  ←──❹
                p.set_value(data.payload);
            }
            if(connection->has_outgoing_data())  ←──❺
            {
                outgoing_packet data=
                    connection->top_of_outgoing_queue();
                connection->send(data.payload);
                data.promise.set_value(true);  ←──❻
            }
        }
    }
}
```

process_connections() 函式重複執行迴圈到 done() 回傳 true 為止❶。每次循環遍歷迴圈時，它會輪流檢查每個連接❷，如果有傳入資料則取出❸，或發送任何排隊中的傳出資料❺。這裡假設傳入的資料封包有 ID 及含

有資料的酬載。ID 會映射到 std::promise（也許藉由在關聯容器中的查找）❹，且將值設定給資料封包的酬載。對於傳出資料封包，該資料封包將從傳出佇列中取得並經由連接發送。當發送完成後，與傳出資料關聯的約定會設為 true，以表示成功傳輸❻。這映射對網絡協定是否良好取決於協定。雖然某些作業系統非同步 I/O 支援類似的「約定 / 期約」型態結構，但這結構可能無法用於某些特殊情況。

到目前為止，所有程式都完全忽略例外。雖然所有事情都按部就班的想像世界很美好；但有時候磁碟滿爆了，有時候要找的東西就是找不到，有時又碰到網路斷線，有時資料庫又已經關閉，所以真實並非總是如此美好！如果你在需要結果的執行緒中執行操作，程式可能只是用例外回報一個錯誤，因此如果只是因為想使用 std::packaged_task 或 std::promise，那就不必限制所有事情都很順利。因此，C++ 標準函式庫提供了一種處理這情況下例外的清楚直接方法，並讓它們可以存為關聯結果的一部分。

4.2.4 為期約儲存例外

請仔細觀察以下簡短的程式片段。如果將 -1 傳遞給 square_root() 函式，它會拋出一個例外讓呼叫者知道：

```
double square_root(double x)
{
    if(x<0)
    {
        throw std::out_of_range("x<0");
    }
    return sqrt(x);
}
```

現在假設這不只是從目前執行緒中呼叫 square_root()

```
double y=square_root(-1);
```

而用非同步呼叫取代：

```
std::future<double> f=std::async(square_root,-1);
double y=f.get();
```

如果行為完全相同，那將很理想。就像 y 在兩種情況下都取得函式呼叫的結果一樣，如果呼叫 f.get() 的執行緒像單執行緒情況一樣也能看到例外，那就太棒了。

好吧，實際發生的是：如果當 std::async 一部分的函式呼叫拋出例外，則這例外將儲存在期約內而不是存在值裡，且期約將備便，且對 get() 的呼叫會將儲存的例外重新拋出（注意：標準內並未指定是要拋出原來的例外或是複製的；對這一點，不同的編譯器和函式庫會有不同的選擇）。如果將函式封包到 std::packaged_task，也會發生相同的情況。當要求執行工作時，如果封包的函式拋出例外，則例外會儲存在期約內而不是結果中，並準備在對 get() 呼叫時再度拋出。

理所當然的，std::promise 以一個明確的函式呼叫，也提供了相同的功能。如果希望儲存例外而不是值，就應該呼叫 set_exception() 成員函式而不是 set_value()。這一般用於演算法中例外處理的 catch 區塊來拋出例外，以用此例外填充約定：

```
extern std::promise<double> some_promise;
try
{
    some_promise.set_value(calculate_value());
}
catch(...)
{
    some_promise.set_exception(std::current_exception());
}
```

以上是用 std::current_exception() 來取得被拋出的例外，也可以改用 std::make_exception_ptr() 直接儲存新的例外而不拋出：

```
some_promise.set_exception(std::make_exception_ptr(std::logic_error("foo ")));
```

如果知道例外的型態，這會比使用 try/catch 區塊更清楚，也應該更優先使用；它不只簡化了程式碼，而且也為編譯器提供了更多優化程式碼的機會。

另一個用期約儲存例外的方法，不需要在約定上呼叫設定函式或請求執行封包工作，而是銷毀與期約關聯的 std::promise 或 std::packaged_task。無論是哪種情形，如果期約還沒有備便，std::promise 或 std::packaged_task 的解構函式會用相關聯的 std::future_errc::broken_promise 的錯誤碼儲存 std::future_error 例外；藉由建立期約做出提供一個值或例外的約定，並且透過銷毀沒有提供值或例外的來源，而違反了這約定。如果在這情形下編譯器未在期約中儲存任何內容，則等待中的執行緒可能會永遠等待。

到目前為止，所有的範例都使用了 std::future，但是 std::future 有它的限制，其中最重要的是只能有一個執行緒可以等待結果；如果需要從多個執行緒中等待相同事件，就需要改用 std::shared_future。

4.2.5 從多個執行緒等待

雖然 std::future 處理了將資料從一個執行緒傳到另一個執行緒需要的所有同步化，但是對特定 std::future 實體的成員函式的呼叫彼此卻不會同步。如果在沒做額外的同步化下，從多個執行緒存取單個 std::future 物件，會發生**資料競爭**和未定義的行為。這是 std::future 模組唯一擁有非同步結果的設計造成，並且 get() 的一次性特性使這種併發存取變得毫無意義——因為在首次呼叫 get() 之後並沒有留下任何可被取用的值，所以只有一個執行緒可以取得值。

如果要設計一個出色的多個執行緒可以等待相同事件的併發程式，現在還不要絕望；因為 std::shared_future 可以符合需要。另外 std::future 只是**可移動的**（因此所有權可以在實體之間轉移，但一次只能有一個實體參照到特定的非同步結果），而 std::shared_future 實體是**可複製的**（因此可以有多個物件參照相同的關聯狀態）。

現在有了 std::shared_future，但個別物件的成員函式仍然非同步，因此，當從多個執行緒存取單一物件時要避免資料競爭，必須用上鎖保護這存取。使用它比較好的方法是將 shared_future 物件的複製品傳給每個執行緒，因此每個執行緒都可以安全地存取自己的區域 shared_future 物件，如同現在透過函式庫內部已經可以正確地同步了。如果每個執行緒都透過自己的 std::shared_future 物件存取共享的非同步狀態，則這種存取是安全的，參見圖 4.1。

std::shared_future 的一種可能用途是，實作平行執行類似於複雜試算表的工作。每個儲存格都有一個最終值，可以被許多其他儲存格中的公式使用。相關儲存格內計算結果的公式，可以用 std::shared_future 參照第一個儲存格。如果所有儲存格內的公式平行執行，則這些工作可以執行到完成；而那些依賴其他結果的工作將被阻擋，直到它們所依賴的結果備便為止。這會使系統能最大程度地利用可用的硬體併發性。

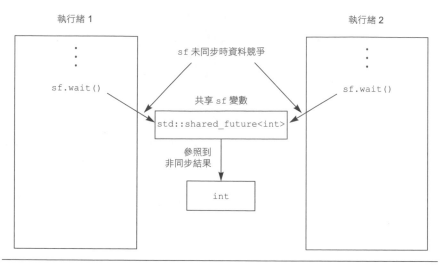

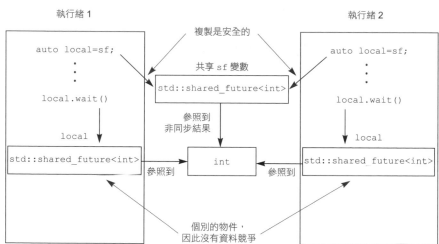

圖 4.1 用多個 std::shared_future 物件以避免資料競爭

參照某些非同步狀態的 std::shared_future 實體是由參照這個狀態的 std::future 實體建構的。因為 std::future 物件不與其他物件共享非同步狀態的所有權,因此所有權必須使用 std::move 轉移到 std::shared_future 中,留下空狀態的 std::future,就好像它是預設的建構函式:

```
std::promise<int> p;
std::future<int> f(p.get_future());        ❶ 期約 f 是
assert(f.valid());                             有效的
std::shared_future<int> sf(std::move(f));
```

```
assert(!f.valid());
assert(sf.valid());    ◄─── ❸ f 現在再度有效           ❷ f 不再有效
```

在上面的程式片段中,因為期約 f 參照到約定 p 的非同步狀態,所以它剛開始是有效的❶,但是在狀態轉移到 sf 之後,f 將不再有效❷,而 sf 是有效的❸。

就 如 同 可 移 動 物 件 , 對 右 值 所 有 權 是 隱 含 轉 移 , 所 以 可 以 直 接 從 std::promise 物 件 的 get_future() 成 員 函 式 的 回 傳 值 建 構 一 個 std::shared_future,例如:

```
std::promise<std::string> p;
std::shared_future<std::string> sf(p.get_future());    ◄─── ❶ 隱含轉移
                                                            所有權
```

在 上 面 程 式 片 段 , 所 有 權 是 隱 含 轉 移 的 ; std::shared_future<> 由 std::future<std::string> 型態的右值建構。

std::future 還具有可以從初始值自動推導變數型態的額外特色,可以促進 std::shared_future 的使用(請參閱附錄 A 的 A.6 節)。std::future 的 share() 成員函式可以建立一個新的 std::shared_future 並直接將所有權轉移給它。這樣可以節省很多鍵入的時間,並使程式更容易修改:

```
std::promise< std::map< SomeIndexType, SomeDataType, SomeComparator,
    SomeAllocator>::iterator> p;
auto sf=p.get_future().share();
```

在這情況下,sf 的型態被推導為 std::shared_future<std::map<Some-IndexType, SomeDataType, SomeComparator, SomeAllocator>::iterator>,它真的很長。如果比較器或分配器改變了,則只需要更改約定的型態;期約的型態會自動配合更新。

不管是因為對某段程式碼只能花多少時間有嚴格限制,或是因為如果事件不會很快發生的話,執行緒可以執行某些其他有用的工作,有時候你可能會想要限制等待事件的時間。為了處理這個需求,許多等待函式都備有可以指定超時的變數。

4.3　有時間限制的等待

先前談到的所有阻擋呼叫都將無限期的阻擋,會將執行緒暫停到等待的事件發生為止。在許多情況下這樣很好,但在某些情況下,你可能希望限制等待

的時間。這可能是為了讓你向互動的使用者或其他處理過程發送形如「我還活著」的訊息，或者實際上是讓你在使用者放棄等待並敲擊「取消」的情況下，可以終止等待。

你可能希望指定兩種超時：**基於期間的超時**，即等待特定的時間量（例如 30 毫秒）；或**絕對超時**，即等到特定的時間點（例如，2011 年 11 月 30 日世界標準時間 17:30:15.045987023）。大多數等待的函式都提供有處理這兩種形式超時的變量。處理基於期間超時的變量具有 _for 後綴詞，而處理絕對超時的變量則具有 _until 後綴詞。

因此，如 std::condition_variable 有兩個多載的 wait_for() 成員函式和兩個多載的 wait_until() 成員函式，它們相當於 wait() 的兩個多載——一個多載只等到有訊號、超時期滿、或發生虛假喚醒為止；另一個在喚醒時會檢查所提供的謂詞，並且只在所提供的謂詞為 true（而且已發出條件變數的訊號）或超時期滿時才回傳。

在討論使用超時的函式細節之前，讓我們先研究一下 C++ 中指定時間的方法，並從時鐘開始。

4.3.1　時鐘

就 C++ 標準函式庫而言，時鐘是時間資訊的來源。具體來說，時鐘是提供四種不同訊息的類別：

- **現在**的時間
- 用來表示從時鐘獲得時間值的型態
- 時鐘的滴答週期
- 時鐘滴答速率是否一致，一致的話可視為是**穩定的**時鐘

目前的時間可以利用呼叫 clock 類別的 now() 靜態成員函式獲得；例如，std::chrono::system_clock::now() 將回傳系統時鐘目前的時間。特定時鐘的時間點型態由 time_point 成員 typedef 指定，因此 some_clock::now() 的回傳型態為 some_clock::time_point。

時鐘的滴答週期是以秒的分數指定，由時鐘 period 的成員 typedef 提供——每秒滴答 25 次的時鐘會有一個 std::ratio<1,25> 的 period，而每 2.5 秒滴答一次的時鐘有 std::ratio<5,2> 的 period。如果到執行期才知

道時鐘的滴答週期,或在應用程式的執行期間可能會改變,則 period 可以用平均滴答週期、最小可能的滴答週期、或函式庫中程式設計者認為適當的其他值來指定;但不能保證程式執行時期觀察到的滴答週期符合時鐘所指定的 period。

如果時鐘以**一致的速率**滴答(不論這速率是否符合 period)而且**不能調整**它的週期,則稱這時鐘為**穩定的**時鐘。如果時鐘是穩定的,則時鐘類別的 is_steady 靜態資料成員為 true,否則的話為 false。因為時鐘可以調整,甚至考慮到區域時鐘漂移而自動調整,所以 std::chrono::system_clock 通常是**不穩定**。這種調整可能會造成呼叫 now() 會得到一個比之前對 now() 呼叫得到的回傳值更早的時間,這違反了一致滴答速率的要求。很快就能發現,穩定時鐘對於超時計算相當重要,因此 C++ 標準函式庫提供 std::chrono::steady_clock 形式的時鐘;C++ 標準函式庫也提供一些其他時鐘,如 std::chrono::system_clock 的形式(如前面所提的),它表示系統的「真實時間」時鐘,並提供用於將它的時間點與 time_t 值之間互相轉換的函式;而 std::chrono::high_resolution_clock,它提供所有函式庫所供應時鐘中最小的滴答週期(因此有最高的解析度),它可能是其他時鐘之一的 typedef。這些時鐘以及其他與時間相關的函式都定義在 <chrono> 函式庫標頭。

我們馬上會談到時間點的表示方式,但首先看一下期間是如何表示。

4.3.2 　期間

期間是時間支援中最簡單的部分,由 std::chrono::duration<> 類別樣板處理(執行緒庫所使用的所有 C++ 時間處理工具都在 std::chrono 命名空間內)。樣板第一個參數是表示型態(例如 int、long 或 double),第二個參數是指定一個單位期間代表多少秒的分數。例如,儲存在 short 中的分鐘數為 std::chrono::duration<short,std::ratio<60,1>>,因為一分鐘有 60 秒。另一方面,儲存在 double 中的毫秒數為 std::chrono::duration<double,std::ratio<1,1000>>,因為一毫秒為 1/1000 秒。

標準函式庫在 std::chrono 命名空間中為不同期間提供了一組預先定義的 typedef,用於各種持續時間:nanoseconds、microseconds、milliseconds、seconds、minutes 和 hours。它們為了表示所選擇的期間,都使用了足夠大的整數型態,因此如果想要的話,可以用適當的單位表示超過 500 年的期間。也有為從 std::atto(10-18)到 std::exa

（1018）的所有 SI 比率的 typedef（如果使用的平台有 128 位元的整數，還可以更多）可用，例如 std::duration<double,std::centi> 用 double 表示 1/100 秒計數的客製化期間。

為了方便起見，C++14 引進的 std::chrono_literals 命名空間中對期間有一些預先定義含有後綴詞的運算子，這可以簡化使用在程式內寫死的期間值，例如

```
using namespace std::chrono_literals;
auto one_day=24h;
auto half_an_hour=30min;
auto max_time_between_messages=30ms;
```

當用於整數時，這些後綴詞就等於使用預先定義期間的 typedef，因此 15ns 和 std::chrono::nanoseconds(15) 是相同的值。 但是，當使用浮點數時，這些後綴詞會建立適當縮放的浮點數期間。因此 2.5min 為 std::chrono::duration<*some-floating-point-type*, std::ratio<60,1>>。如果關心實作所選擇浮點型態的範圍或精度，則不要使用方便的後綴詞，而應該自己建構一個具有適當表示形式的物件。如果值不需要被截斷的話，那期間之間是隱含轉換（因此可以將小時轉換為秒，但將秒轉換為小時則不行），也可以使用 std::chrono::duration_cast<> 執行明顯的轉換：

```
std::chrono::milliseconds ms(54802);
std::chrono::seconds s=
    std::chrono::duration_cast<std::chrono::seconds>(ms);
```

結果將會被截斷而不是四捨五入，因此在這範例中，s 的值為「54」。

期間支援算術運算，因此可以加或減一個期間以獲得新的期間，或是乘以或除以基本表示型態的常數（樣板第一個參數），因此 5*seconds(1) 與 seconds(5) 或 minutes(1)-seconds(55) 是相同的。期間中單位數量的計數可以由 count() 成員函式取得，因此 std::chrono::milliseconds(1234).count() 是「1234」。

基於期間的等待是由 std::chrono::duration<> 的實體完成的；例如，可以限制對期約備便最多等待 35 毫秒，顯示如下：

```
std::future<int> f=std::async(some_task);
if(f.wait_for(std::chrono::milliseconds(35))==std::future_status::ready)
    do_something_with(f.get());
```

所有等待函式都會回傳一個指示等待是否已經超時，或等待的事件已經發生的狀態。在上面的程式片段，目的是等待一個期約，因此如果等待超時，則函式將回傳 `std::future_status::timeout`；如果期約備便，則回傳 `std::future_status::ready`；或如果期約的工作延遲，則回傳 `std::future_status::deferred`。基於期間的等待時間是使用函式庫內部的穩定時鐘來量測的，因此即使系統時鐘在等待過程中已經被調整（向前或向後），35 毫秒也就是表示 35 毫秒的時間。當然，系統排程變化繁複及作業系統時鐘的不同精度，表示在執行緒發出呼叫和從呼叫回傳之間的時間應該比 35 毫秒還長。

既然對期間已經掌握，現在可以移到時間點上了。

4.3.3 時間點

時鐘的時間點是由 `std::chrono::time_point<>` 類別樣板實體表示，用樣板第一個參數指定參照到哪一個時鐘，第二個參數指定量測單位（`std::chrono::duration<>` 的特殊化）。時間點的值是從稱為時鐘*紀元*上的某一點開始的時間長度（指定期間的倍數）；時鐘的紀元是一個基本屬性，但有時並不會被 C++ 標準直接用來查詢或指定。典型的紀元包括 1970 年 1 月 1 日的 00:00，以及電腦開始執行這個應用程式的瞬間。時鐘可以共享一個紀元，也可以有各自獨立的紀元；如果兩個時鐘共享一個紀元，則一個類別中的 `time_point typedef` 可以將另一個指定為與 `time_point` 相關聯的時鐘型態。雖然你不能確定紀元什麼時候開始，但對於給定的 `time_point` 可以取得 `time_since_epoch()`；這個成員函式回傳一個表示從時鐘紀元到特定時間點時間長度的期間值。

例如，你可以指定一個時間點為 `std::chrono::time_point<std::chrono::system_clock,std::chrono::minutes>`，這將保持與系統時鐘相對的時間，但並非以系統時鐘原來的精度（一般為秒或更小的單位）而是以分鐘量測。

你可以從 `std::chrono::time_point<>` 的實體中加減期間以產生新的時間點，因此 `std::chrono::high_resolution_clock::now()+std::chrono::nanoseconds(500)` 將得到 500 納秒後的時間。當你知道程式區塊最大的期間時，這對計算絕對超時非常有用，但在其中有多個對等待函式或在等待函式之前的非等待函式的呼叫，而這些會佔用一些時間。

你還可以從共享相同時鐘的另一個時間點中減去一個時間點，得到的結果是表示這兩個時間點之間時間長度的期間，這對於程式區塊計時會很有用，例如：

```
auto start=std::chrono::high_resolution_clock::now();
do_something();
auto stop=std::chrono::high_resolution_clock::now();
std::cout<<"do_something() took "
    <<std::chrono::duration<double,std::chrono::seconds>(stop-start).count()
    <<" seconds"<<std::endl;
```

但是 std::chrono::time_point<> 實體的時鐘參數不只是指定紀元，當你將時間點傳給採用絕對超時的 wait 函式時，這時間點的時鐘參數將用於測量時間。當時鐘更改後，這是很重要的結果，因為 wait 會追蹤時鐘的變化，直到時鐘的 now() 函式回傳的值晚於指定的超時時間，這 wait 才會回傳。如果將時鐘向前調整，這可能會減少等待的總時間長度（用穩定時鐘量測）；如果向後調整，則可能會增加等待的總時間。

如你所預期的，時間點可用於 wait 函式的 _until 變量上。雖然和系統時鐘關聯的時間點可以透過用 std::chrono::system_clock::to_time_point() 靜態成員函式轉換成使用者可以了解的操作排程時間，但典型的使用情況是，在程式的固定點上對某時鐘::now() 的偏移量。例如，如果對與條件變數關聯事件的等待最多 500 毫秒，則可能會執行類似以下程式列表中的事情。

程式列表 4.11　有超時限制的等待條件變數

```
#include <condition_variable>
#include <mutex>
#include <chrono>
std::condition_variable cv;
bool done;
std::mutex m;
bool wait_loop()
{
    auto const timeout= std::chrono::steady_clock::now()+
        std::chrono::milliseconds(500);
    std::unique_lock<std::mutex> lk(m);
    while(!done)
    {
        if(cv.wait_until(lk,timeout)==std::cv_status::timeout)
```

```
            break;
    }
    return done;
}
```

如果你不想傳遞謂詞給等待，這是對於有時間限制的等待條件變數的建議方法。方法中，迴圈的總長度是有限制的。如 4.1.1 節曾提過的，如果不傳入謂詞的話，為了處理虛假喚醒，在使用條件變數時需要使用迴圈。如果在迴圈中用了 wait_for()，則可能會在虛假喚醒之前就幾乎等足了整個時間長度，然後在下一次迴圈時等待時間再重新計時。這可以重複很多次，造成無限的總等待時間。

現在已經掌握指定超時的基礎，接著讓我們看一下可以使用超時的函式。

4.3.4　接受超時的函式

timeout 最簡單的用途是為特定執行緒的處理增加延遲，使它在無事可做時不會佔用其他執行緒的處理時間。4.1 節的範例在迴圈中輪詢「完成」標記，處理這件事的兩個函式分別是 std::this_thread::sleep_for() 和 std::this_thread::sleep_until()。它們的工作就像一個基本的鬧鐘一樣：執行緒會在指定的期間（用 sleep_for()）或直到指定的時間點（用 sleep_until()）才進入休止。sleep_for() 對像 4.1 節中的範例是有意義的，在那範例中必須定期做某些事情，而其中最重要的是經過的時間；另一方面，sleep_until() 讓你安排在特定時間點喚醒執行緒，這可以用來在午夜時觸發備份工作、在上午 6:00 執行列印薪資單、或在播放視頻時在下一幀影像刷新前暫停執行緒。

休止並不是唯一用到 timeout 的功能，之前也提過可以在條件變數與期約上使用 timeout；如果互斥鎖支援 timeout 的話，甚至可以用在嘗試獲得互斥鎖上鎖。很明顯地 std::mutex 和 std::recursive_mutex 並不支援 timeout 用於上鎖。但 std::timed_mutex 和 std::recursive_timed_mutex 則都支援，這兩種型態都提供 try_lock_for() 和 try_lock_until() 成員函式，用在嘗試在指定的時間週期內或時間點之前取得上鎖。表 4.1 列出了 C++ 標準函式庫中可以接受 timeout、它們的參數及回傳值的函式，表中當成 duration 的參數必須是 std::duration<> 的實體，當成 time_point 的參數必須是 std::time_point<> 的實體。

表 4.1

類別 / 命名空間	函式	回傳值
std::this_thread 命名空間	sleep_for(*duration*) sleep_until(*time_point*)	無
std::condition_ variable 或 std::condition_ variable_anywait_for (*lock*,*duration*) wait_until(*lock*, *time_point*)	std::cv_status::timeout 或 std::cv_status::no_timeout wait_for(*lock*,*duration*, *predicate*) wait_until(*lock*, *time_point*,*predicate*)	布林值──當 喚醒時，謂詞 的回傳值
std::timed_mutex, std::recursive_timed_ mutex 或 std::shared_ timed_mutextry_lock_ for(*duration*) try_lock_until (*time_point*)	布林值──如果取得上鎖為 true，否則為 false	
std::shared_timed_ mutex	try_lock_shared_for (*duration*) try_lock_shared_until (*time_ point*)	布林值──如 果取得上鎖為 true，否則為 false
std::unique_lock<Timed Lockable>unique_lock (*lockable*,*duration*) unique_lock(*lockable*, *time_point*)	N/A──在新建構的物件如果取得 上鎖，owns_lock() 回傳 true； 否則回傳 false try_lock_for(*duration*) try_lock_until(*time_point*)	布林值──如 果取得上鎖為 true，否則為 false
std::shared_lock <Shared-TimedLockable> shared_lock (*lockable*,*duration*) shared_lock(*lockable*, *time_point*)	N/A──在新建構的物件如果取得 上鎖，owns_lock() 回傳 true； 否則回傳 false try_lock_for(*duration*) try_lock_until (*time_point*)	布林值──如 果取得上鎖為 true，否則為 false
std::future<*ValueType*> 或 std::shared_future <*Value-Type*>wait_for (*duration*) wait_until(*time_point*)	如果等待超時，為 std::future_ status:: timeout；如果期約備便，為 std::future_status:: ready；或如果期約持有尚未啟動 的被延遲函式，為 std::future_ status::deferred	

現在，我已經介紹了條件變數、期約、約定及封包工作的機制，現在該看一下更廣泛的情況，以及它們如何能用於簡化執行緒之間的同步化操作。

4.4　使用同步化操作簡化程式

使用本章到目前為止介紹的同步化功能作為程式建構區塊，可以讓你專注在需要同步化的操作上，而不是在機制上。一個可以幫助簡化程式的方法是，以容納更多的函式化（以函式化程式設計來看）來設計併發程式。不是直接在執行緒間共享資料，而是為每個工作提供它所需要的資料，而且可以透過用期約將結果傳送給有需要的其他執行緒。

4.4.1　使用期約的函式化程式設計

函式化程式設計（FP）的名稱是指一種程式設計方式，其中函式執行的結果只由它的參數決定，而和其他外部狀態都沒有關係。這和數學概念的函式類似，表示如果使用相同的參數呼叫函式兩次，獲得的結果會完全相同。這是 C++ 標準函式庫中許多像是 sin、cos、sqrt 等數學函式，以及在基本型態上如 3+3、6*9 或 1.3/4.7 等簡單運算的性質。純粹的函式不會修改任何外部狀態，函式的效果完全被回傳值限制住。

這讓事情變得更容易思考，尤其是在要求併發時，因為與第 3 章所討論的共享記憶體相關的許多問題都消失了。如果不對共享資料進行任何修改，也就不會有競爭條件，因此也不需要用互斥鎖來保護共享資料。這對於簡化太有用了，因此像 Haskell（http://www.haskell.org/）之類的程式語言預設函式都是純粹的，而在併發系統的程式設計上純粹的函式也變得更為普遍。因為大多數都是純粹的，所以實際上會修改共享狀態的不純粹函式會更突出，因此更容易推論出為什麼它們適合程式的整體架構。

但，FP 的好處並不只限於那些以此為預設函式的程式語言，C++ 是一種多重編程範式語言，完全可以用 FP 的樣式撰寫程式。隨著 lambda 函式的出現（請參閱附錄 A 的 A.6 節）、Boost 和 TR1 中 std::bind 的結合、以及自動推導變數型態的引入等，使在 C++11 中比在 C++98 中更容易使用 FP。期約是使 FP 樣式的併發在 C++ 中可行的最後一塊拼圖，期約可以在執行緒之間傳遞，讓一個計算結果和另一個計算的結果相關，而不必有任何對共享資料的明顯存取。

FP 樣式的 Quicksort

為了說明在 FP 樣式的併發中使用期約，讓我們看一下「Quicksort」演算法的簡單實作。這演算法的基本想法很簡單：給一個數值序列，將其中一個元素用作樞紐，然後將序列以小於樞紐的和大於或等於樞軸的元素分成兩組；經過對兩組個別進行排序，並回傳小於樞紐值排序後的序列，後面接著樞紐值以及之後的大於或等於樞紐值的排序後序列，以這順序構成了排序後的複製序列。圖 4.2 顯示一個有 10 個整數的序列以這種方式排序的情形。以下程式列表顯示 FP 樣式的循序實作，它以傳值的方式接受並回傳一序列，而不是像 std::sort() 那樣直接原地排序。

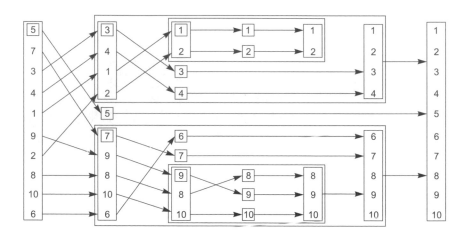

圖 4.2　FP 樣式的遞迴排序

程式列表 4.12　Quicksort 的循序實作

```
template<typename T>
std::list<T> sequential_quick_sort(std::list<T> input)
{
    if(input.empty())
    {
        return input;
    }
    std::list<T> result;
    result.splice(result.begin(),input,input.begin());    ◀━❶
    T const& pivot=*result.begin();    ◀━❷

    auto divide_point=std::partition(input.begin(),input.end(),
            [&](T const& t){return t<pivot;});    ◀━❸
    std::list<T> lower_part;
```

```
    lower_part.splice(lower_part.end(),input,input.begin(),
        divide_point);    ◄──❹
    auto new_lower(
        sequential_quick_sort(std::move(lower_part)));    ◄──❺
    auto new_higher(
        sequential_quick_sort(std::move(input)));    ◄──❻
    result.splice(result.end(),new_higher);    ◄──❼
    result.splice(result.begin(),new_lower);    ◄──❽
    return result;
}
```

雖然介面是 FP 樣式的，但如果你始終使用 FP 樣式，則需要進行大量的複製，因此在內部採用了「常規」指令式設計樣式。你可以用 splice() 將第一個元素從序列的最前面切出作為樞紐❶。儘管這可能不是最有效率的排序（就比較和交換的次數而言），但在 std::list 上做些其他的事，可能會因為要遍歷序列而增加相當多的時間。因為知道在結果中想要的子序列樣子，因此可以直接將原序列切成符合期望的子序列。現在，因為要將它用於比較，因此用參照它以避免複製❷。接著，可以用 std::partition 將序列分成小於和不小於樞紐的子序列❸。要指定分割標準的最簡單方法是使用 lambda 函式，可以使用參照取得以避免複製 pivot 值（有關 lambda 函式的更多細節，請參閱附錄 A 的 A.5 節）。

std::partition() 將列表重新排列到位，並回傳一個迭代器標記不小於樞紐值的第一個元素。迭代器的完整型態可能會相當冗長，因此只需用 auto 型態說明符來強制編譯器為你解決這個問題（請參閱附錄 A 的 A.7 節）。

現在已經選擇了 FP 樣式的介面，因此如果打算用遞迴方式排序兩個「一半」的序列，則需要再建立兩個序列。這可以再次用 splice() 將從 input 中到 divide_point 前的值移到 lower_part 新序列中❹，剩下的值仍留在 input。然後用遞迴呼叫對兩個序列進行排序（❺和❻）。利用 std::move() 將序列傳入，也可以避免在這裡的複製，無論如何結果一定是隱含轉換移出。最後，再次使用 splice() 將結果的各部分以正確的順序結合起來。new_higher 子序列位於樞紐後的後半部❼，而 new_lower 子序列位於樞紐前的前半部❽。

FP 樣式的平行化處理 Quicksort

因為已經使用了函式化樣式，現在可以很容易地使用期約將它轉換成平行化版本，如以下程式列表所示。除了某些操作會改採平行化處理外，使用的操作與前面相同，此版本的 Quicksort 演算法實作採用期約及函式化樣式。

程式列表 4.13　使用期約的平行化處理 Quicksort

```cpp
template<typename T>
std::list<T> parallel_quick_sort(std::list<T> input)
{
    if(input.empty())
    {
        return input;
    }
    std::list<T> result;
    result.splice(result.begin(),input,input.begin());
    T const& pivot=*result.begin();
    auto divide_point=std::partition(input.begin(),input.end(),
            [&](T const& t){return t<pivot;});
    std::list<T> lower_part;
    lower_part.splice(lower_part.end(),input,input.begin(),
        divide_point);
    std::future<std::list<T> > new_lower(        ◄───❶
        std::async(&parallel_quick_sort<T>,std::move(lower_part)));
    auto new_higher(
        parallel_quick_sort(std::move(input)));  ◄───❷
    result.splice(result.end(),new_higher);      ◄───❸
    result.splice(result.begin(),new_lower.get()); ◄───❹
    return result;
}
```

這裡較大的改變是，不在目前執行緒排序較低值部分的子序列，而改用
std::async() 在另一個執行緒上排序❶。較高值部分的子序列和前面一
樣，用遞迴直接排序❷。藉由遞迴呼叫 parallel_quick_sort()，可以
從可用的硬體併發性而獲益。如果 std::async() 每次都啟動一個新的執
行緒，而且如果向下遞迴 3 次，則將有 8 個執行緒在執行；如果向下遞迴
10 次（約 1000 個元素），那麼只要硬體能夠處理，就會有高達 1,024 個執
行緒在執行中。如果函式庫確認生成的工作太多了（也許是因為工作數量
已經超過可用的硬體併發能力），則它可能會切換成以同步生成新的工作。
但它們會在呼叫 get() 的執行緒中執行，而不是在新執行緒上，因此避免
了在對性能沒有幫助的情況下，為了將工作傳遞給另一個執行緒所要多付
出的代價。值得注意的是，對 std::async 的實作來說，除非明確指定了
std::launch::deferred，否則為每個任務啟動一個新的執行緒是完全符
合要求的（即使面對大量的超額認購情況也是如此）；另外除非明確指定了
std::launch::async，否則所有工作會同步執行。如果你利用函式庫提供
的工具自動控制它的大小，建議你查看和你實作相關的文件以了解它可能的
行為。

除了用 std::async() 之外,你也可以如程式列表 4.14 般撰寫自己的 spawn_task() 函式作為 std::packaged_task 和 std::thread 的簡單封包;在這情形下,你將為函式呼叫的結果建立一個 std::packaged_task,並從它取得期約,然後在執行緒上執行並回傳這期約。這並不會提供太多好處(事實上還可能會造成大量的超額認購情形),但它為像是要將工作加到由工作者執行緒池執行的佇列中,這樣更複雜的實作鋪了一條移植的道路;我們將在第 9 章中討論執行緒池。如果你知道要做什麼,且想要能夠完全控制執行緒池的建立及執行工作的話,就值得優先使用 std::async 這種方式。

無論如何,回到 parallel_quick_sort,因為你只是使用直接遞迴來取得 new_higher,所以可以像之前那樣將它併接到位❸;但 new_lower 現在是 std::future<std::list<T>> 而不再是一個序列,因此需要在呼叫 splice() 之前先呼叫 get() 以取得序列的值❹。然後等到後台工作完成,並將結果**移入** splice() 的呼叫;get() 回傳含在結果內對右值的參照,因此可以將它移出(有關右值參照和移動語法的更多細節,請參閱附錄 A 的 A.1.1 節)。

就算假設 std::async() 對可用的硬體併發性做了最好的使用,這仍然不是 Quicksort 理想的平行化實作。因為 std::partition 做了很多工作,而且仍然是循序呼叫,但這在目前已經夠好了。如果你對最快的平行化實作有興趣,可以參考一些學術文獻;另外,也可以使用 C++17 標準函式庫中對平行的多載(請參閱第 10 章)。

程式列表 4.14 spawn_task 的簡單實作

```
template<typename F,typename A>
std::future<std::result_of<F(A&&)>::type>
    spawn_task(F&& f,A&& a)
{
    typedef std::result_of<F(A&&)>::type result_type;
    std::packaged_task<result_type(A&&)>
        task(std::move(f)));
    std::future<result_type> res(task.get_future());
    std::thread t(std::move(task),std::move(a));
    t.detach();
    return res;
}
```

FP 並不是唯一避免共享可變資料的併發程式設計範例，另一種範例是 CSP（通訊循序過程）[2]，對它執行緒在概念上是完全獨立的，沒有共享資料但有讓訊息在執行緒間傳遞的通訊頻道。這是一般用於 C 及 C++ 高性能計算環境的程式語言 Erlang（http://www.erlang.org/）和 MPI（訊息傳遞介面；http：//www.mpi-forum.org/）所採用的範例。我現在可以確定，你會希望學習它，而且只需要一點點的規律，C++ 也可以支援它。接下來的部分將討論達成這目標的一種方法。

4.4.2　含訊息傳遞的同步操作

CSP 的想法很簡單：如果沒有共享資料，則可以推論執行緒在它對所接收訊息反應的基礎下，每個執行緒是完全獨立、純粹的。因此每個執行緒都是一個有效的狀態機：在依據初始狀態的處理過程中，當它接收到一個訊息，它會以某種方式更新它的狀態，並可能將一個或多個訊息發送給其他執行緒。撰寫此類執行緒的一種方法是將它形式化並實作「有限狀態機」的模型，但這並不是唯一的方法，狀態機也可以隱含在應用程式的架構內。在指定場景中哪種方法效果比較好，由情況的確切行為需求和程式設計團隊的專業知識決定。無論你選擇如何實作每個執行緒，將它分離成獨立的過程都有可能消除許多來自共享資料併發的複雜性，因此會使程式設計變得更容易，且更不容易出錯。

因為所有通訊都是經過訊息佇列傳遞，所以真正的通訊循序流程並沒有共享資料，但是因為 C++ 執行緒共享位址空間，因此無法強制採用通訊循序流程的要求。這就是規律所在：身為應用程式或函式庫的開發者，確保不在執行緒之間共享資料是我們的責任。當然，為了執行緒的通訊必須能共享訊息佇列，但細節可以封包在函式庫中。

如果你正在實作 ATM 的程式，這程式需要處理與提款人的互動以及與相關銀行間的互動，並控制提款機接收個人的提款卡、顯示適當的訊息、處理按鍵輸入、發放現金並退出提款卡等。

處理這一切的一種方法是將程式分割成三個獨立的執行緒：一個用於處理提款機、一個用於處理 ATM 邏輯、以及一個與銀行通訊。這些執行緒可以只是傳遞訊息而不共享任何資料的純粹通訊；例如，當有人將提款卡插入提款機或按下按鈕時，處理提款機的執行緒將送一個訊息給處理邏輯的執行緒，

2　Communicating Sequential Processes, C.A.R. Hoare, Prentice Hall, 1985. Available free online at http://www.usingcsp.com/cspbook.pdf.

而且處理邏輯的執行緒將回送一個訊息給處理提款機的執行緒告知要發放多少錢，並以此類推。

對 ATM 邏輯建模的一種方法是將它當成狀態機；在每個狀態下，執行緒都會等待可以接受的訊息，收到後就進行處理。這也許會導致轉換為一個新的狀態，並且繼續這循環。一個簡單實作所含的狀態如圖 4.3 所示。在這簡單的實作中，系統等待提款卡插入；當卡片插入後，接著會等待使用者以一次一碼的方式輸入 PIN 碼。輸入期間也允許回刪最後一碼。當完成輸入後，系統會驗證 PIN 碼。如果 PIN 碼不對，則結束操作並退出提款卡，然後恢復等待下一次的卡片插入；如果 PIN 碼正確，則等待使用者取消交易或選擇要提取的金額。如果是取消交易，則結束操作並退出提款卡；如果是輸入金額，則必須等待銀行確認後才能發放現金並退出卡片，或顯示「存款餘額不足」訊息並退出提款卡。很明顯地，真正的 ATM 會更複雜，但這已經足夠說明這想法了。

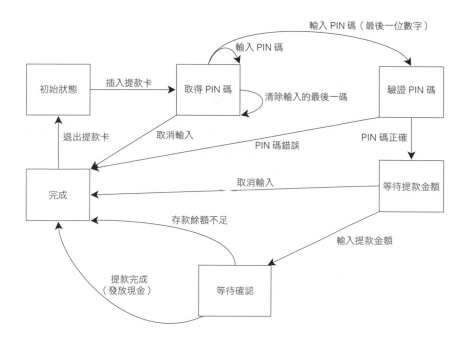

圖 4.3　ATM 的簡單狀態機模型

為 ATM 邏輯設計了狀態機之後,可以使用有表示每個狀態的成員函式的類別實作它。每個成員函式都可以等待特定的一組傳入訊息,並在它們傳入後加以處理,這也可能觸發到另一個狀態的切換。每種不同訊息的型態由個別的 struct 表示。在程式列表 4.15 顯示這樣系統 ATM 邏輯的簡單實作中,包括了主迴圈和第一個狀態實作的部分,並等待插入提款卡。

如你所見,訊息傳遞所需要的同步化都完全隱藏在訊息傳遞函式庫中(基本的實作以及本範例的完整程式碼請參閱附錄 C)。

程式列表 4.15　ATM 邏輯類別的簡單實作

```cpp
struct card_inserted
{
    std::string account;
};
class atm
{
    messaging::receiver incoming;
    messaging::sender bank;
    messaging::sender interface_hardware;
    void (atm::*state)();
    std::string account;
    std::string pin;
    void waiting_for_card()          ◀━━❶
    {
        interface_hardware.send(display_enter_card());   ◀━━❷
        incoming.wait()          ◀━━❸
            .handle<card_inserted>(
                [&](card_inserted const& msg)    ◀━━❹
                {
                    account=msg.account;
                    pin="";
                    interface_hardware.send(display_enter_pin());
                    state=&atm::getting_pin;
                }
                );
    }
    void getting_pin();
public:
    void run()      ◀━━❺
    {
        state=&atm::waiting_for_card;          ◀━━❻
        try
        {
            for(;;)
```

```
            {
                (this->*state)();    ◄── ❼
            }
        }
        catch(messaging::close_queue const&)
        {
        }
    }
};
```

在前面已經提過，這裡所描述的實作已經大幅減少 ATM 所需要的實際邏輯，但是它仍能讓你感覺到訊息傳遞程式的樣式。這裡不需要考慮同步和併發問題，只需考慮在給定的時間點接收及發送那些訊息。這 ATM 邏輯的狀態機在單個執行緒上執行，而像是對銀行的介面以及終端機介面等系統的其他部分，則在另外獨立的執行緒執行。這種程式設計樣式被稱為**角色模型**，因為系統中有許多不同的**角色**（各個角色在單獨的執行緒上執行），它們彼此傳送訊息以執行手上的工作，除了直接經由訊息傳遞的以外，沒有共享的狀態。

執行從 run() 成員函式開始❺，這函式先將初始狀態設定為 waiting_for_card ❻，然後重複執行表示目前狀態（無論是什麼狀態）的成員函式❼，這些狀態函式是 atm 類別的簡單成員函式。waiting_for_card 狀態函式也很簡單❶：它送訊息給介面以顯示「等待插入提款卡」❷，然後等待訊息處理❸。這裡唯一可以處理的訊息型態是 card_inserted 訊息，是以 lambda 函式處理的❹；你可以傳送任何函式或函式物件給 handle 函式，但是對像目前的簡單情況，使用 lambda 最容易。請注意，handle() 函式呼叫已鏈接到 wait() 函式上；如果接收到的訊息不符合指定的型態，則會放棄這訊息，然後執行緒繼續等待，直到收到符合的訊息為止。

lambda 函式本身將提款卡的帳號存在成員變數中，並清除目前 PIN 碼，送訊息給硬體介面以顯示要求使用者輸入 PIN 碼的訊息，然後轉換成「取得 PIN 碼」狀態。當完成訊息處理後，狀態函式將回傳，接著主迴圈呼叫新的狀態函式❼。

getting_pin 狀態函式因為可以處理三種不同型態的訊息，所以會稍微複雜一點，如圖 4.3 所示；程式內容如以下程式列表。

程式列表 4.16 簡單 ATM 實作的 getting_pin 狀態函式

```
void atm::getting_pin()
{
    incoming.wait()
        .handle<digit_pressed>(    ◀── ❶
            [&](digit_pressed const& msg)
            {
                unsigned const pin_length=4;
                pin+=msg.digit;
                if(pin.length()==pin_length)
                {
                    bank.send(verify_pin(account,pin,incoming));
                    state=&atm::verifying_pin;
                }
            }
            )
        .handle<clear_last_pressed>(    ◀── ❷
            [&](clear_last_pressed const& msg)
            {
                if(!pin.empty())
                {
                    pin.resize(pin.length()-1);
                }
            }
            )
        .handle<cancel_pressed>(    ◀── ❸
            [&](cancel_pressed const& msg)
            {
                state=&atm::done_processing;
            }
            );
}
```

三種訊息型態你可以處理，因此 wait() 函式分別鏈接了三個 handle() 呼叫（❶、❷和❸）。每個對 handle() 的呼叫都以訊息型態為樣板參數，然後傳入一個以這特定訊息型態為參數的 lambda 函式。因為呼叫以這種方式鏈接在一起，所以 wait() 實作知道它在等待 digit_pressed、clear_last_pressed 或 cancel_pressed 訊息，任何其他型態的訊息將會被放棄。

目前，當收到訊息時並不需要改變狀態；例如，如果你收到 digit_pressed 訊息，除非它是最後一碼，否則將它加到 pin 中。程式列表 4.15 的主迴圈 ❼接著將再次呼叫 getting_pin()，等待輸入下一碼（或清除或取消）。

對應於圖 4.3 中的行為，每個狀態框由不同的成員函式實作，以等待相關訊息並適切的更新狀態。

正如你所看到的，這種程式的樣式因為每個執行緒可以完全獨立地處理，所以可以大幅簡化併發系統的設計工作。這是用多個執行緒分割關注點的範例，因此需要你明確的決定如何在執行緒之間分割工作。

回到 4.2 節，在那裡我提到併發 TS 提供了期約的擴充版本，此擴充的核心部分是指定**延續**的能力，即在期約**備便**時會自動執行的額外函式。讓我們利用這機會探討這能如何簡化我們的程式。

4.4.3　用併發 TS 的延續式併發

併發 TS 在 std::experimental 命名空間中提供了 std::promise 和 std::packaged_task 的新版本，它們以同樣的方式和原始版本有所區別，即它們回傳 std::experimental::future 的實體而不是 std::future。這讓使用者可以用 std::experimental::future 中的關鍵新特色——**延續**。

假設你正在執行的工作會產生一個結果，當結果可用時，期約將持有它，而為了能處理這結果必須執行一些程式碼。對於 std::future，不論是使用完全阻擋的 wait() 成員函式，或 wait_for() 或 wait_until() 成員函式使等待有 timeout 限制，都必須等待期約備便。這可能很不方便，也可能使程式複雜化，但你想要的只是表示「當資料準備好後，**再**開始處理」而已，而這正是延續所能給我們的。不要懷疑，將延續加到期約內的 then() 成員函式，對所給的期約 fut，延續的加入只是呼叫 fut.then(continuation)。

如同 std::future 一樣，std::experimental::future 只允許儲存的值被取出一次；如果這值會被延續使用，則表示其他程式將無法存取這值。因此，當使用 fut.then() 加入延續時，原來的期約 fut 會變**無效**；取而代之的是，對 fut.then() 的呼叫回傳一個新的期約來持有延續呼叫的結果，如以下程式所示：

```
std::experimental::future<int> find_the_answer;
auto fut=find_the_answer();
auto fut2=fut.then(find_the_question);
assert(!fut.valid());
assert(fut2.valid());
```

當原來的期約**備便**時，`find_the_question` 延續函式排程「在未指定的執行緒上」執行，這為實作提供了可以在執行緒池或另一個函式庫管理的執行緒上執行的自由；就目前而言，這給了實作相當多的自由度。這是故意的，意圖在將延續函式加到未來 C++ 標準時，實作者將能夠借鑒他們的經驗以更好的指定執行緒的選擇，並為使用者提供控制執行緒選擇的合適機制。

不像直接呼叫 `std::async` 或 `std::thread`，因為引數早已被函式庫定義，因此你不能傳引數給延續函式，延續傳遞了一個持有用來觸發延續結果的**已備便**期約。假如你的 `find_the_answer` 函式回傳一個 int，在前一個範例中的 `find_the_question` 函式的參照必須以 `std::experimental::future<int>` 作為它唯一的參數；例如：

```
std::string find_the_question(std::experimental::future<int> the_answer);
```

這樣做的理由是，延續所鏈接的期約最終可能會持有一個值或一個例外。如果隱含轉換取消了將值直接傳給延續的參照，則函式庫必須決定應如何處理這例外，而藉由將期約傳給延續，延續就可以處理這個例外。在簡單的情況下，這可以利用呼叫 `fut.get()` 允許重新拋出例外並傳播到延續函式以外來完成。就像函式傳遞給 `std::async` 一樣，從延續傳播出來的例外會儲存在持有延續結果的期約內。

雖然實作可能會提供一個擴充，但併發 TS 並未指明它與 `std::async` 相同。撰寫這樣的函式相當直接：用 `std::experimental::promise` 取得一個期約，然後產生一個新的執行緒以執行 lambda 函式將約定的值設定給所提供函式的回傳值，如以下程式列表所示。

程式列表 4.17　在併發 TS 期約中與 `std::async` 等同的實作

```
template<typename Func>
std::experimental::future<decltype(std::declval<Func>()())>
spawn_async(Func&& func){
    std::experimental::promise<
        decltype(std::declval<Func>()())> p;
    auto res=p.get_future();
    std::thread t(
        [p=std::move(p),f=std::decay_t<Func>(func)]()
            mutable{
            try{
              p.set_value_at_thread_exit(f());
            } catch(...){
              p.set_exception_at_thread_exit(std::current_exception());
            }
```

```
    });
    t.detach();
    return res;
}
```

就如同 std::async 所做的，以上程式碼將函式的結果儲存於期約中，或捕獲從函式拋出的例外並用期約儲存。此外，它用 set_value_at_thread_exit 和 set_exception_at_thread_exit 來確認期約備便前 thread_local 變數已經被適當的清理。

從 then() 呼叫回傳的值本身就是一個完全成熟的期約，表示它可以鏈接延續。

4.4.4 鏈接延續

假設你有一系列耗時的工作要做，而且為了騰出主執行緒來執行其他工作，因此打算非同步的執行這一系列工作。例如，當使用者登入到你的應用程式，你可能需要將使用者的憑證送到後端驗證；當通過驗證後，再進一步向後端要求有關這位使用者帳戶的資訊；最後，在取得這些資訊後，再用相關的資訊更新顯示內容。在循序式程式中，程式碼可能類似以下程式列表的內容。

程式列表 4.18　處理使用者登入的簡單循序函式

```
void process_login(std::string const& username,std::string const&
password)
{
    try {
        user_id const id=backend.authenticate_user(username,password);
        user_data const info_to_display=backend.request_current_info(id);
        update_display(info_to_display);
    } catch(std::exception& e){
        display_error(e);
    }
}
```

但是，你不想要循序的程式；你想要的是非同步程式，這樣就不會阻擋 UI 執行緒。簡單的用 std::async，你可以將全部都置入到下一個程式列表所顯示的後台執行緒中，但這樣還是會阻擋 UI 執行緒，因此在等待工作完成的期間依然在消耗資源。如果你有許多像這樣的工作，那最終可能會有大量除了等待之外什麼都不做的執行緒。

程式列表 4.19　用單個非同步工作處理使用者登入

```
std::future<void> process_login(
    std::string const& username,std::string const& password)
{
    return std::async(std::launch::async,[=](){
        try {
            user_id const id=backend.authenticate_user(username,password);
            user_data const info_to_display=
                backend.request_current_info(id);
            update_display(info_to_display);
        } catch(std::exception& e){
            display_error(e);
        }
    });
}
```

為了避免阻擋執行緒，需要某種機制來鏈接每個完成的工作，這機制就是延續。以下的程式列表顯示了整個相同的過程，但是這次將工作分割成一系列子工作，然後將每個子工作與它上一個子工作鏈接當成延續。

程式列表 4.20　處理使用者登入的有延續功能的函式

```
std::experimental::future<void> process_login(
    std::string const& username,std::string const& password)
{
    return spawn_async([=](){
        return backend.authenticate_user(username,password);
    }).then([](std::experimental::future<user_id> id){
        return backend.request_current_info(id.get());
    }).then([](std::experimental::future<user_data> info_to_display){
        try{
            update_display(info_to_display.get());
        } catch(std::exception& e){
            display_error(e);
        }
    });
}
```

注意每個延續是如何將 std::experimental::future 作為唯一參數，然後用 .get() 取得所含的值。這表示例外會在整個鏈接傳播，因此如果鏈接中有任何函式拋出例外，則在最後延續中對 info_to_display.get() 的呼叫也會拋出例外，且這裡的 catch 區塊可以處理所有的例外，就如同程式列表 4.18 中的 catch 區塊一樣。

如果該函式呼叫後端是因為它們在等待跨過網絡或完成資料庫操作的訊息而在內部被阻擋，那麼你還是沒有完成。你可能已經將工作分割成為一些部分，但它們仍在阻擋呼叫，因此你仍然會得到被阻擋的執行緒。你需要的是當資料準備好時，後端呼叫回傳備便的期約，而不會阻擋任何執行緒。在這情況下，backend.async_authenticate_user(username,password) 現在將回傳 std::experimental::future<user_id> 而不是簡單的 user_id。

你可能會認為因為從延續中回傳期約將提供 future<future<some_value>>，否則就必須將 .then 呼叫放入延續中，這會造成程式複雜化。還好，如果你這樣想，那你就錯了：延續支援一個稱為「期約展開」的好特色；如果傳給 .then() 呼叫的延續函式回傳 future<some_type>，則 .then() 呼叫將依次回傳 future<some_type>。這表示你最後的程式看起來應該類似以下程式列表，而且在非同步函式鏈接中不會有阻擋。

程式列表 4.21　用完全非同步操作處理使用者登入的函式

```cpp
std::experimental::future<void> process_login(
    std::string const& username,std::string const& password)
{
    return backend.async_authenticate_user(username,password).then(
        [](std::experimental::future<user_id> id){
            return backend.async_request_current_info(id.get());
        }).then([](std::experimental::future<user_data> info_to_display){
            try{
                update_display(info_to_display.get());
            } catch(std::exception& e){
                display_error(e);
            }
        });
}
```

這幾乎與程式列表 4.18 中的循序程式一樣直接，只在 .then 呼叫和 lambda 宣告上有多一點的樣板。如果你的編譯器支援 C++14 中的通用 lambda，則在 lambda 參數中的期約型態可以用 auto 取代，這可以讓程式更加簡化：

```cpp
return backend.async_authenticate_user(username,password).then(
        [](auto id){
            return backend.async_request_current_info(id.get());
        });
```

如果你需要比簡單線性控制流程更複雜的方法，則可以利用將邏輯放入一個 lambda 函式中實作，對於真正複雜的控制流程，你可能需要撰寫一個單獨的函式。

到目前為止，我們的焦點都放在 std::experimental::future 對延續的支援；但如你所料，std::experimental::shared_future 也支援延續。它們之間的差異為，std::experimental::shared_future 物件可以有多個延續，且延續的參數是 std::experimental::shared_future 而不是 std::experimental::future；這性質已經超出 std::experimental::shared_future 的共享性質，因為多個物件可以參照相同的共享狀態，如果只允許一個延續，當兩個執行緒試圖在自己的 std::experimental::shared_future 物件中增加延續時，就會產生競爭條件。很明顯這不是希望發生的，因此要允許多個延續。一旦允許了多個延續，就可以允許經過相同的 std::experimental::shared_future 實體增加它們，而不再是每個物件只能有一個。另外，如果想將共享狀態也傳遞給第二個延續，則不能將共享狀態封包到一次性的 std::experimental::future 中傳給第一個參數。因此，傳遞給延續函式的參數也必須是 std::experimental::shared_future：

```
auto fut=spawn_async(some_function).share();
auto fut2=fut.then([](std::experimental::shared_future<some_data> data){
    do_stuff(data);
    });
auto fut3=fut.then([](std::experimental::shared_future<some_data> data){
    return do_other_stuff(data);
    });
```

因為呼叫 share()，所以 fut 是 std::experimental::shared_future，因此延續函式必須以 std::experimental::shared_future 為參數。但是，延續的回傳值是普通的 std::experimental::future，這個值在你做些使它共享的操作前，它還不是共享的，所以 fut2 和 fut3 都是 std::experimental::future。

在併發 TS 中，延續性對期約可能是最重要的，但並不是對期約唯一的強化。TS 還提供了兩個多載函式，讓你可以等待一些期約中的**任何一個備便**，或**所有都備便**。

4.4.5　等待多個期約

假設有大量資料要處理，且每個項目都可以單獨處理。這是用可以使用的硬體產生一組非同步工作來處理資料的最好時機，每個工作都透過期約回傳處理過的資料。但是，如果需要等待所有工作都完成，然後收集所有結果進行最後處理，則可能會很不方便，因為必須依次等待每個期約並收集結果。如果要用另一個非同步工作來收集結果，則可以先產生這工作並佔用一個等待中的執行緒，或保持輪詢期約並在所有期約*備便*後產生新的工作。以下的程式列表顯示像這樣的程式範例。

程式列表 4.22　用 std::async 從期約收集結果

```cpp
std::future<FinalResult> process_data(std::vector<MyData>& vec)
{
    size_t const chunk_size=whatever;
    std::vector<std::future<ChunkResult>> results;
    for(auto begin=vec.begin(),end=vec.end();beg!=end;){
        size_t const remaining_size=end-begin;
        size_t const this_chunk_size=std::min(remaining_size,chunk_size);
        results.push_back(
            std::async(process_chunk,begin,begin+this_chunk_size));
        begin+=this_chunk_size;
    }
    return std::async([all_results=std::move(results)](){
        std::vector<ChunkResult> v;
        v.reserve(all_results.size());
        for(auto& f: all_results)
        {
            v.push_back(f.get());   ←❶
        }
        return gather_results(v);
    });
}
```

這程式產生一個新的非同步工作來等待結果，在獲得所有結果後開始進行處理。但是，因為它個別地等待每個工作，因此當每個結果可用時，排程器將會在❶處重複喚醒它，並在發現其他結果還未準備好時再次回到休止狀態。這不僅在等待時佔用執行緒，也在每個期約備便時都會增加額外的文意切換，因此會增加額外的代價。

用 std::experimental::when_all 可以避免這種等待和切換；你將要等待的一組期約傳給 when_all，當這組期約都備便時，它會回傳一個已經備

便的新期約。然後，當所有期約備便，這新期約可以和延續一起安排其他工作；請參考已下程式列表的範例。

程式列表 4.23　用 `std::experimental::when_all` 從期約中收集結果

```cpp
std::experimental::future<FinalResult> process_data(
    std::vector<MyData>& vec)
{

    size_t const chunk_size=whatever;
    std::vector<std::experimental::future<ChunkResult>> results;
    for(auto begin=vec.begin(),end=vec.end();beg!=end;){
        size_t const remaining_size=end-begin;
        size_t const this_chunk_size=std::min(remaining_size,chunk_size);
        results.push_back(
            spawn_async(
            process_chunk,begin,begin+this_chunk_size));
        begin+=this_chunk_size;
    }
    return std::experimental::when_all(
        results.begin(),results.end()).then(      ←──❶
        [](std::future<std::vector<
            std::experimental::future<ChunkResult>>> ready_results)
        {
            std::vector<std::experimental::future<ChunkResult>>
                all_results=ready_results .get();
            std::vector<ChunkResult> v;
            v.reserve(all_results.size());
            for(auto& f: all_results)
            {
                v.push_back(f.get());   ←──❷
            }
            return gather_results(v);
        });
}
```

在這情況下，你用 `when_all` 等待所有期約成為備便，然後用 `.then` 而不是 `async` 為這函式排程❶。雖然表面上與 lambda 相同，但它以 `results` 向量為參數（封包在期約中）而不是抓取，因為在執行到這裡時所有值都已經備妥，所以呼叫會在❷處取得期約不會受到阻擋。對程式幾乎不必做什麼改變，就可能減少系統的負荷。

為了補充 `when_all`，另外還提供有 `when_any`，它會建立一個當所提供的期約中**任何一個**備便時它就備便的期約。這在要產生多個工作以充分利用可用的併發性，但是當第一個工作準備好時需要做某些事的情況下，效果很好。

124

4.4.6 用 when_any 等待期約集合中的第一個期約

假設你要在大型資料集中搜尋符合特定條件的值，如果這樣的值會重複出現多次，那麼找到其中任何一個都可以。這是平行化的主要目標，你可以產生多個執行緒，每個執行緒檢查資料集的一個子集。如果其中一個執行緒找到符合的值，它會設置一個標記，告訴其他執行緒可以停止搜尋了，然後設定最終的回傳值。在這情況下，即使其他工作還沒有完成清理，你也會希望在第一個工作完成搜尋後執行接下來的處理。

在這裡，你可以用 std::experimental::when_any 一起收集期約，並提供一個當原來那組期約中至少有一個備便時它就備便的新期約。when_all 提供了將傳入的期約集合封包起來的期約；when_any 則進一步增加了一個期約層，將這集合與一個指示哪一個期約觸發組合的期約備便的索引值結合在一起，成為 std::experimental::when_any_result 類別樣板實體。

下一個程式列表顯示這裡所描述的使用 when_any 範例。

程式列表 4.24　用 std::experimental::when_any 處理找到的第一個值

```
std::experimental::future<FinalResult>
find_and_process_value(std::vector<MyData> &data)
{
    unsigned const concurrency = std::thread::hardware_concurrency();
    unsigned const num_tasks = (concurrency > 0) ? concurrency : 2;
    std::vector<std::experimental::future<MyData *>> results;
    auto const chunk_size = (data.size() + num_tasks - 1) / num_tasks;
    auto chunk_begin = data.begin();
    std::shared_ptr<std::atomic<bool>> done_flag =
        std::make_shared<std::atomic<bool>>(false);
    for (unsigned i = 0; i < num_tasks; ++i) {    ◀—❶
    auto chunk_end =
        (i < (num_tasks - 1)) ? chunk_begin + chunk_size : data.end();
    results.push_back(spawn_async([=] {    ◀—❷
        for (auto entry = chunk_begin;
            !*done_flag && (entry != chunk_end);
             ++entry) {
            if (matches_find_criteria(*entry)) {
                *done_flag = true;
                return &*entry;
            }
        }
        return (MyData *)nullptr;
    }));
    chunk_begin = chunk_end;
```

```
    }
    std::shared_ptr<std::experimental::promise<FinalResult>> final_result =
        std::make_shared<std::experimental::promise<FinalResult>>();
    struct DoneCheck {
        std::shared_ptr<std::experimental::promise<FinalResult>>
            final_result;

        DoneCheck(
            std::shared_ptr<std::experimental::promise<FinalResult>>
                final_result_)
            : final_result(std::move(final_result_)) {}

        void operator()(          ◀── ❹
            std::experimental::future<std::experimental::when_any_result<
                std::vector<std::experimental::future<MyData *>>>>
                results_param) {
            auto results = results_param.get();
            MyData *const ready_result =
                results.futures[results.index].get();    ◀── ❺
            if (ready_result)
                final_result->set_value(          ◀── ❻
                    process_found_value(*ready_result));
            else {
                results.futures.erase(
                    results.futures.begin() + results.index);  ◀── ❼
                if (!results.futures.empty()) {
                    std::experimental::when_any(   ◀── ❽
                        results.futures.begin(), results.futures.end())
                        .then(std::move(*this));
                } else {
                    final_result->set_exception(
                        std::make_exception_ptr(   ◀── ❾
                            std::runtime_error("Not found")));
                }
            }
        }
    };

    std::experimental::when_any(results.begin(), results.end())
        .then(DoneCheck(final_result));   ◀── ❸
    return final_result->get_future();    ◀── ❿
}
```

初始迴圈❶產生 num_tasks 個非同步工作，每個工作執行❷的 lambda 函式；這 lambda 函式是經過複製獲得的，因此每個工作將有自己的 chunk_begin 和 chunk_end 值，以及共享指標 done_flag 的複製，這避免了對壽命週期問題的任何擔憂。

當所有工作產生後，你要處理工作回傳的情況，這是透過在 when_any 呼叫上鍊接延續來完成❸。因為要遞迴地重複使用它，所以這次將延續性寫成一個類別。當一個初始工作備便時，將請求 DoneCheck 函式呼叫運算子❹。首先，它從備便的期約中取出值❺，如果這值存在，則對它進行處理並設定最後結果❻；否則的話，從集合中刪除這個備便的期約❼，且如果還有更多的期約要檢查，則對 when_any 發出新的呼叫❽，這在下一個期約備便時會觸發它的延續。如果沒有剩餘的期約要檢查，則表示它們都沒找到目標值，因此改成儲存一個例外❾。函式的回傳值是為了最後結果的期約❿。雖然還有其他方法可以解決這問題，但我希望這能說明 when_any 的一種可能用法。

兩個使用 when_all 和 when_any 的範例都使用了迭代器範圍的多載，它以一對迭代器表示要等待的一組期約的開始與結束。這兩個函式也以改變的形式出現，這讓它們直接接受將多個期約當成函式的參數。在這情況下，結果是持有一個元組的期約（或持有一個元組的 when_any_result），而不是向量：

```
std::experimental::future<int> f1=spawn_async(func1);
std::experimental::future<std::string> f2=spawn_async(func2);
std::experimental::future<double> f3=spawn_async(func3);
std::experimental::future<
    std::tuple<
        std::experimental::future<int>,
        std::experimental::future<std::string>,
        std::experimental::future<double>>> result=
    std::experimental::when_all(std::move(f1),std::move(f2),std::move(f3));
```

此範例突顯了有關 when_any 和 when_all 所有用法的重要訊息 —— 它們始終從經過容器傳入的任何 std::experimental::future 中移動，並以傳值方式獲得它們的參數，因此你必須明確地移動期約，或暫時傳遞。

有時候，你所等待的事件是要到達程式中某特定點的一組執行緒，或者是已經在它們之間處理了一定數量的資料項目；在這些情況下，最好是使用閂鎖或屏障而不是期約。現在讓我們了解一下併發 TS 提供的閂鎖和屏障。

4.4.7　併發 TS 中的閂鎖和屏障

首先，讓我們想一下當我們談到**閂鎖**或**屏障**的時候，它們是什麼意思？**閂鎖**是一個同步化物件，當它的計數器減到零的時候它就備便。它的名字來自於

它閂住輸出的事實，即它一旦備便，直到它被銷毀前都會維持備便。因此，閂鎖是用於等待一系列事件發生的輕量級工具。

另一方面，**屏障**是在一組執行緒之間用於內部同步的可重複使用的同步化組件。閂鎖並不在乎是哪個執行緒讓計數器遞減，同一個執行緒可以多次遞減計數器，或者多個執行緒每個遞減計數器一次，又或是兩者的組合。對於屏障，每個執行緒在每個週期都只能到達屏障處一次，當執行緒到達屏障時，它們將被阻擋到所有涉及的執行緒都到達屏障為止，此時會將它們全部釋放。然後可以重新使用屏障，執行緒可以再次到達屏障，以在下一個週期等待所有執行緒。

閂鎖原本就比屏障簡單，因此讓我們從併發 TS：`std::experimental::latch` 的閂鎖型態開始。

4.4.8　基本的閂鎖型態：std::experimental::latch

`std::experimental::latch` 由 `<experimental/latch>` 標頭宣告。當建構 `std::experimental::latch` 時，指定的初始計數器值為建構函式的唯一引數。當以遞減計數為等待發生的事件時，你在閂鎖物件上呼叫 `count_down`，且當計數減到零時閂鎖備便了。如果你需要等待閂鎖備便，可以在閂鎖上呼叫 `wait`；如果只是要檢查它是否備便，則可以呼叫 `is_ready`。最後，如果你需要遞減計數器，然後等待計數減為零，則可以呼叫 `count_down_and_wait`。以下的程式列表顯示了一個基本範例。

程式列表 4.25　等待有 `std::experimental::latch` 的事件

```
void foo(){
    unsigned const thread_count=...;
    latch done(thread_count);          ◀── ❶
    my_data data[thread_count];
    std::vector<std::future<void> > threads;
    for(unsigned i=0;i<thread_count;++i)
        threads.push_back(std::async(std::launch::async,[&,i]{   ◀── ❷
            data[i]=make_data(i);
            done.count_down();   ◀── ❸
            do_more_stuff();   ◀── ❹
        }));
    done.wait();   ◀── ❺
    process_data(data,thread_count);   ◀── ❻
}   ◀── ❼
```

這是用一些你需要等待的事件建構 done ❶，然後用 std::async 產生適當數量的執行緒 ❷。當每個執行緒產生了相關的資料區塊時，每個執行緒會先對閂鎖遞減計數 ❸，再繼續進一步的處理 ❹。主執行緒會在閂鎖等待所有資料備便後 ❺，接著處理這些產生的資料 ❻。在 ❻ 位置的資料處理可能會與每個執行緒的最後處理步驟併發執行 ❹；直到在 foo() 函式的尾端 ❼ 執行 std::future 解構函式前，都無法保證所有執行緒都已完成。

有一件事應該要注意，lambda 在 ❷ 位置以參照方式，將除了 i 以外所有獲得的內容傳給 std::async，而 i 是以值的方式獲得。這主要是因為 i 是迴圈的計數器，透過參照獲得的話會造成資料競爭及不確定的行為，而 data 和 done 是需要共享存取的事情。同樣在這種情況下，因為在資料備便後，執行緒還有額外要進行的處理，所以只需要一個閂鎖就好；否則，在處理資料前，會先等待所有期約確定工作都已經完成。

就算 data 是由在其他執行緒中執行的工作儲存，在 process_data 呼叫中也可以安全地存取 data，因為閂鎖是一個同步化物件，因此對呼叫 count_down 的執行緒上可見的改變，在同一閂鎖物件上對 wait 呼叫所回傳的執行緒也保證可見。從形式上看，對 count_down 的呼叫會和對 wait 的呼叫同步，在第 5 章中討論低階記憶體排序和同步化的約束時，我們將了解這意味著什麼。

如同閂鎖，併發 TS 也提供了屏障，即為了同步一群執行緒的可重複使用的同步物件，接下來就該換它出場了。

4.4.9 std::experimental::barrier：基本屏障

併發 TS 在 <experimental/barrier> 標頭中提供兩種型態的屏障：std::experimental::barrier 和 std::experimental::flex_barrier。前者比較基本，因此可能付出的代價會比較低；而後者比較有彈性，但可能要付出更多的代價。

假設有一群在處理某些資料的執行緒，每個執行緒可以單獨地進行資料處理，因此在處理過程中不需要同步，但是在下一個資料項目可以被處理或後續處理可以繼續之前，所有執行緒必須完成它們的處理；std::experimental::barrier 正是針對這種情況的。你可以用這群組中所涉及的執行緒數目作為計數值來建構屏障，當每個執行緒完成它的處理後，它就抵達屏障，並透過在屏障物件上呼叫 arrive_and_wait 來等待群組中剩下的執行緒。當群組中最後一個執行緒抵達時，所有執行緒都將被放

行並重置屏障。接著，群組中的執行緒可以重新開始處理下一個資料項目，或繼續下一階段的處理。

因為閂鎖會閂住，所以一旦備便後就會維持備便；但是屏障不會這樣，屏障放行等待中的執行緒然後重置，所以可以再次使用。屏障也只在執行緒群組內同步，執行緒不能等待屏障備便，除非它是同步群組之一。執行緒可以利用在屏障上呼叫 `arrive_and_drop` 明確地退出群組，在這種情形下，這個執行緒就不能再等待屏障備便，並且必須在下一個循環抵達的執行緒數會比目前循環已經抵達的執行緒數少一。

程式列表 4.26　使用 `std::experimental::barrier`

```
result_chunk process(data_chunk);
std::vector<data_chunk>
divide_into_chunks(data_block data, unsigned num_threads);

void process_data(data_source &source, data_sink &sink) {
    unsigned const concurrency = std::thread::hardware_concurrency();
    unsigned const num_threads = (concurrency > 0) ? concurrency : 2;

    std::experimental::barrier sync(num_threads);
    std::vector<joining_thread> threads(num_threads);

    std::vector<data_chunk> chunks;
    result_block result;

    for (unsigned i = 0; i < num_threads; ++i) {
        threads[i] = joining_thread([&, i] {
            while (!source.done()) {        ◄━━❻
                if (!i) {        ◄━━❶
                    data_block current_block =
                        source.get_next_data_block();
                    chunks = divide_into_chunks(
                        current_block, num_threads);
                }
                sync.arrive_and_wait();        ◄━━❷
                result.set_chunk(i, num_threads, process(chunks[i]));  ◄━❸
                sync.arrive_and_wait();        ◄━━❹
                if (!i) {        ◄━━❺
                    sink.write_data(std::move(result));
                }
            }
        });
    }
}        ◄━━❼
```

程式列表 4.26 顯示一個用屏障同步一群執行緒的範例。資料來自於 source，並等著將輸出傳給 sink，但為了要使用系統可用的併發性，因此將每個資料區塊拆分為 num_threads 個資料塊。這必須序列地完成，因此會有一個只在 i==0 的執行緒上執行的初始資料塊❶。在到達平行區域前，所有執行緒在屏障處等待這序列的程式碼執行完成❷；在這平行區域中，每個執行緒都會處理自己獨立的資料塊，並用❸再次同步前❹更新結果。接著，你有了第二個序列區域，在那裡只有執行緒 0 會將結果輸出到 sink ❺。然後所有執行緒保持在迴圈執行，直到 source 報告一切都已經 done 為止❻。請注意，當每個執行緒在迴圈執行時，迴圈底部的序列部分會與頂部的部分結合；因為在這兩個部分中都只有執行緒 0 有事做，所以可以這樣結合，且在第一次使用屏障時，所有執行緒都將一起同步❷。完成所有處理後，所有執行緒將離開迴圈，而 joining_thread 物件的解構函式將在外部函式的結尾等待它們全部完成❼（joining_thread 請參閱第 2 章程式列表 2.7）。

這裡要注意的關鍵是，對 arrive_and_wait 的呼叫應該放在程式中某個點上進行；直到所有執行緒備便前，沒有執行緒會繼續進行，這一點很重要。在第一個同步點，所有執行緒都在等待執行緒 0 抵達，但是使用屏障可以提供一條清晰的界線；在第二個同步點，情況剛好相反，在執行緒 0 可以輸出完整 result 到 sink 前，變成執行緒 0 等待所有其他執行緒抵達。

併發 TS 不只是提供 std::experimental::barrier 屏障型態，也提供了更有彈性的 std::experimental::flex_barrier。它的彈性來自於，當所有執行緒都抵達屏障及再次被放行前，它允許執行最後的序列區域。

4.4.10 std::experimental::flex_barrier—— std::experimental::barrier 更有彈性的朋友

std::experimental::flex_barrier 的 介 面 與 std::experimental:: barrier 的介面只有一點不同：存有一個額外的建構函式，它需要一個完成函式及一個執行緒計數。當所有執行緒都抵達屏障，這函式會在抵達屏障的執行緒其中之一執行。它不僅提供了一種指定必須序列執行的程式區塊的方法，還提供了一種用於更改下一個循環必須抵達屏障的執行緒數量的方法。執行緒計數可以更改為高或低於先前值的任意數值，這是由使用這功能的程序設計者，必須確保在下一輪中將抵達屏障的正確執行緒數量。

以下程式列表顯示如何重寫程式列表 4.26 以用 std::experimental:: flex_barrier 來管理序列區域。

程式列表 4.27　用 std::flex_barrier 提供一個序列區域

```
void process_data(data_source &source, data_sink &sink) {
    unsigned const concurrency = std::thread::hardware_concurrency();
    unsigned const num_threads = (concurrency > 0) ? concurrency : 2;

    std::vector<data_chunk> chunks;

    auto split_source = [&] {          ◀──❶
        if (!source.done()) {
            data_block current_block = source.get_next_data_block();
            chunks = divide_into_chunks(current_block, num_threads);
        }
    };

    split_source();        ◀──❷

    result_block result;

    std::experimental::flex_barrier sync(num_threads, [&] {    ◀──❸
        sink.write_data(std::move(result));
        split_source();    ◀──❹
        return -1;    ◀──❺
    });
    std::vector<joining_thread> threads(num_threads);

    for (unsigned i = 0; i < num_threads; ++i) {
        threads[i] = joining_thread([&, i] {
            while (!source.done()) {    ◀──❻
                result.set_chunk(i, num_threads, process(chunks[i]));
                sync.arrive_and_wait();    ◀──❼
            }
        });
    }
}
```

這程式與程式列表 4.26 之間的第一個差異是，抽出了將下一個資料區塊分割成資料塊的 lambda 函式❶，這是在啟動❷之前呼叫的，並封裝了每個迭代開始在執行緒上執行的程式。

第二個差異是你的 sync 物件現在是 std::experimental::flex_barrier，並傳遞完成函式以及執行緒數❸。這完成函式在每個執行緒抵達後會在一個執行緒上執行，因此可以將每次迭代結束時在執行緒 0 上執行的程式封裝，然後在下一次迭代開始前完成新抽取出來的 split_source lambda 函式的呼叫❹。-1 的回傳值表示參與的執行緒數量保持不變❺；0 或以上的回傳值表示在下一次循環中參與的執行緒數量。

現在主迴圈已經簡化了❻：它只包含程式的平行部分，所以只需要一個同步點❼；因此使用 std::experimental::flex_barrier 可以簡化程式。

用完成函式來提供序列部分是相當強而有力的，能更改參與執行緒數量的能力也是如此。例如，這可以用於管線式的程式，當管線的所有階段都在執行時，在管線初始啟動和最終枯竭期，執行緒數量會少於主處理期間。

本章小結

執行緒之間的同步操作是撰寫使用併發程式的重要部分：如果沒有同步化，那這些執行緒本質上是獨立的，且因為它們的相關活動而有可能被寫成分開的程式並當成群體執行。在本章中，我從基本條件變數談到期約、約定、封包工作、閂鎖和屏障等同步操作的各種方法。也討論了解決同步問題的方法：函式化程式設計，其中每個工作產生的結果完全取決於它的輸入而不是外部環境；訊息傳遞，其中執行緒之間的通訊是經由當作中介的訊息傳遞子系統發送的非同步訊息進行；和延續型態，其中指定了每個操作的後續工作，且系統負責排程。

在討論了 C++ 中可以使用的許多高階功能之後，現在該關注使它們全部都能作用的低階功能：C++ 記憶體模型和原子操作。

C++ 記憶模型和原子型態上的操作

本章涵蓋以下內容

- C++ 記憶體模型細節
- C++ 提供的原子型態
- 標準函式庫
- 這些型態上可用的操作
- 如何提供這些操作的使用
- 執行緒之間的同步

C++ 標準最重要的特點之一是一些大多數程式設計者都未曾注意到的事，它不是新的語法特點，也不是新的函式庫功能，而是新的多執行緒感知的記憶體模型。如果沒有記憶體模型來準確定義基本建構區塊如何工作，那我談過的所有功能都將無法可靠的作用。有一個大多數程式設計者不會注意到的原因：如果你使用互斥鎖來保護資料和條件變數、期約、閂鎖或對訊號事件的屏障，那麼為什麼它們會作用的細節並不重要；只有當你開始嘗試「接近機器」的時候，記憶體模型的確切細節才有意義。

不管怎麼說，C++ 都是一種系統程式語言，標準委員會的目標之一是不需要有比 C++ 更低階的語言。程式設計者應該能在 C++ 中有足夠的彈性完成它們，而不會受到語言本身的妨礙，且當需要的時候可以讓他們「靠近機器」；原子型態和操作讓這一點成真，為低階同步操作提供了些一般可以減少幾個 CPU 指令的便利。

在本章中，我將從記憶體模型的基礎開始介紹，然後進到原子型態和操作，最後含括到原子型態操作可以使用的各種類型的同步化。這相當的複雜：除非你規劃撰寫使用原子操作的同步化程式（例如第 7 章中的無鎖機制的資料結構），否則並不需要知道這些細節。

讓我們先輕鬆了解一下記憶體模型的基礎吧。

5.1 記憶體模型基礎

記憶體模型有兩個面向：基本的**結構**面向，這是關於事物在記憶體中的佈局，以及**併發**面向。結構面向對併發很重要，尤其是當你在注意低階原子操作的時候，因此我將從這部分開始。在 C++ 中，一切都與物件和記憶體位置有關。

5.1.1 物件和記憶體位置

C++ 程式中所有資料都由**物件**構成，這並不是說你可以從 int、或者基本型態的成員函式、或者當人們在討論像是 Smalltalk 或 Ruby 等語言時說的「一切都是物件」時通常所隱含轉換任何其他結果等，衍生建立一個新的類別，它說的是這是關於 C++ 中資料建構的區塊。雖然會為物件指定如型態及壽命等屬性，C++ 標準將物件定義為「儲存區域」。

這些物件中有一些是如 int 或 float 等基本型態的值，而其他可能是使用者定義的類別實體；某些物件（例如陣列、衍生類別實體、有非 static 資料成員的類別實體）會有子物件，但有些沒有。

所有型態的物件都一樣，都是儲存在一或多個**記憶體位置**中。每個記憶體位置都是如 unsigned short 或 my_class* 等純量型態的物件（或子物件），或是相鄰位元欄位的序列。如果你使用位元欄位，有一點要特別注意：雖然相鄰的位元欄位是不同的物件，但它們仍被認為是相同的儲存位置。圖 5.1 顯示如何將 struct 劃分為物件和記憶體位置。

首先，整個 struct 是一個由幾個子物件組成的物件，每個資料成員一個；其中 bf1 和 bf2 位元欄位共享一個記憶體位置，而 std::string 物件 s 的內部是由幾個記憶體位置所組成，但是其他的成員則有自己的記憶體位置。注意零長度的位元欄位 bf3（因為零長度位元欄位不能命名，所以名稱被註釋掉）如何將 bf4 分開到自己的儲存位置，但它本身卻沒有儲存位置。

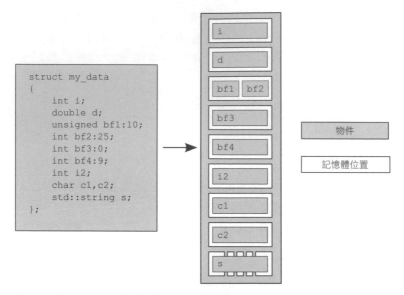

```
struct my_data
{
    int i;
    double d;
    unsigned bf1:10;
    int bf2:25;
    int bf3:0;
    int bf4:9;
    int i2;
    char c1,c2;
    std::string s;
};
```

i

d

bf1 bf2

bf3

bf4

i2

c1

c2

s

物件

記憶體位置

圖 5.1　將 struct 劃分為物件和記憶體位置

這裡有四個重要事情要解決：

- 每個變數都是一個物件，包括那些屬於其他物件的成員。

- 每個物件佔用至少一個儲存位置。

- 像 int 或 char 的基本型態變數，無論它們的大小，就算是相鄰或陣列的一部分，也都只佔一個記憶體位置。

- 相鄰位元欄位是同一儲存位置的一部分。

我知道你一定想知道這與併發有什麼關係，所以讓我們接下來繼續看。

5.1.2　物件、記憶體位置和併發

這是對 C++ 中的多執行緒應用程式很重要的部分：一切都取決於記憶體位置。如果兩個執行緒存取分開的記憶體位置，就不會有問題，一切都很正常。但另一方面，如果兩個執行緒存取相同的記憶體位置，那就要小心了。如果兩個執行緒都不會更新記憶體位置，那也很好；唯讀資料不需要保護或同步化。但如果其中一個執行緒正在修改資料，則就有了如第 3 章所描述的競爭條件的可能性。

為了避免競爭條件，必須對這兩個執行緒的存取強制執行排序。這可以像是一個存取總是在另一個之前的固定順序，或是在程式每次執行都會改變的順序，但保證存有**一些**已經定義的順序。確定存有已經定義順序的一種方法是使用第 3 章中所描述的互斥鎖；如果在兩次存取之前都已上鎖了相同的互斥鎖，則一次只能有一個執行緒可以存取這記憶體位置，因此一個存取必須發生在另一個之前（雖然通常你事先無法知道哪個先發生）。另一種方法是在相同或其他記憶體位置上使用**原子**操作的同步屬性（有關原子操作的定義，請參閱 5.2 節），以對兩個執行緒的存取強制執行排序；用原子操作強制執行排序將於 5.3 節說明。如果有兩個以上的執行緒存取相同記憶體位置，則每對存取都必須有已經定義的順序。

如果兩個執行緒對單一記憶體位置的存取沒有強制執行排序，則這些存取其中之一或全部都不是原子的，而且如果其中之一或全部都是寫入的操作，那就是資料競爭並會造成未定義的行為。

這敘述非常重要：未定義行為是 C++ 最討厭的陰暗角落之一。依據這語言的標準，當程式含有任何未定義的行為，那將會造成什麼後果都不能確定；整個應用程式的行為都將不能確定，它可能會做任何的事情。就我所知道的一個案例，其中特定的未定義行為實體造成某人的顯示器著火。雖然這不太可能會發生在你身上，但資料競爭絕對是一個嚴重的錯誤，應該不惜一切代價的避免。

敘述中還有一個重點：你也可以用原子操作存取涉及資料競爭的記憶體位置來避免未定義的行為。這雖然不能防止競爭本身，因為仍然沒有指明哪個原子操作會先接觸到記憶體位置，但是它確實將程式帶回到已定義行為的領域。

在介紹原子操作之前，關於物件和記憶體位置還有一個重要的概念需要理解：修改順序。

5.1.3 修改順序

C++ 程式中的每個物件從初始化開始，都有一個由程式中所有執行緒對它的所有寫入操作組成的**修改順序**。在大多數情況下，這順序在每次執行時都會改變，但對這程式任何給定的執行中，系統中所有的執行緒都必須同意這順序。如果這裡提到的物件不是 5.2 節所描述的原子型態之一，那你有責任確定有足夠的同步化以保證執行緒會同意每個變數的修改順序。如果不同的執

行緒看到一個變數不同序列的值,則表示你遇到了資料競爭和未定義的行為(請參閱第 5.1.2 節)。如果確實使用原子操作,則確保必要的同步化到位就是編譯器的責任了。

此要求表示不允許某些型態投機性的執行,因為當一個執行緒在修改順序中看到特定項目,則此執行緒後續的讀取必須回傳後面的值,且此執行緒對這物件後續的寫入也必須發生在修改順序的後面。同樣地,在同一執行緒中對物件執行寫入操作之後的讀取必須回傳所寫入的值,或回傳這物件修改順序後面所出現的值。儘管所有執行緒必須同意程式中個別物件的修改順序,但不一定必須同意個別物件上相對的操作順序。有關執行緒之間操作順序的細節,請參閱第 5.3.3 節。

那麼,是什麼構成原子操作,以及如何將這些用於執行排序?

5.2 C++ 中的原子操作和型態

*原子操作*是不可分割的操作,你無法從系統中任何執行緒看到這種操作只做了一半,它不是已經做完就是還未開始做。如果讀取物件值的加載操作是*原子的*,且所有對這物件的修改也是*原子的*,則此加載將取得這物件的初始值或其中一次修改所儲存的值。

在另一方面,一個非原子操作有可能被另一個執行緒視為做了一半。如果非原子操作是由原子操作所組成(例如,將 atomic 成員指定給 struct),則其他執行緒可能會觀察到構成原子操作的某些子集已經完成,而其他的卻還未開始,因此你可能會觀察到或最終得到的值是已儲存各種值混合的組合。在任何情況下,對非原子變數的非同步存取都會形成一個如第 3 章所描述簡單有問題的競爭條件,但在這個水平上,它可能會構成*資料競爭*(請參閱第 5.1 節),並造成未定義的行為。

在 C++ 中的大多數情況下,你需要使用原子型態來獲取原子操作,因此讓我們繼續往下看。

5.2.1 標準原子型態

*標準原子型態*可以在 <atomic> 標頭中找到;這類別型態上的所有操作都是原子的,雖然可以用互斥鎖使其他操作看起來像是原子的,但是從語言定義的角度來看,只有這些型態上的操作才是原子的。事實上,標準原子型態本身也可能會使用這種仿真,它們(幾乎)都有 is_lock_free() 成員函式,

這函式讓使用者決定對所指定型態的操作是直接用原子指令執行（`x.is_lock_free()` 回傳 true），或透過用編譯器和函式庫內部的上鎖來執行（`x.is_lock_free()` 回傳 false）。

重點是在許多情況下，原子操作的關鍵用法是在同步化中取代用互斥鎖的操作；但如果原子操作本身會使用內部互斥鎖，則期望的性能提升可能就不會實現，這時反而還是用更容易做對的基於互斥鎖的實作會比較好。這種情況就是將在第 7 章中討論的無鎖資料結構。

實際上因為這一點太重要了，所以函式庫提供了一組巨集在編譯期間辨識各種整數的原子型態是否為無鎖的。從 C++17 開始，所有原子型態都有一個 `static constexpr` 成員變數，只有在原子型態 X 對於所有支援的硬體，可以執行目前編譯後的程式上它為無鎖時，`X::is_always_lock_free` 才為 true。例如，對於給定的目標平台，`std::atomic<int>` 可能始終是無鎖的，因此 `std::atomic<int>::is_always_lock_free` 將為 true；但 `std::atomic<uintmax_t>` 可能只有在這程式最後要在上面執行的硬體，它支援這必要的指令下才是無鎖的，所以這是一個執行期的屬性，且 `std::atomic<uintmax_t>::is_always_lock_free` 在對這平台進行編譯時將是 false。

巨集是 `ATOMIC_BOOL_LOCK_FREE`，`ATOMIC_CHAR_LOCK_FREE`，`ATOMIC_CHAR16_T_LOCK_FREE`，`ATOMIC_CHAR32_T_LOCK_FREE`，`ATOMIC_WCHAR_T_LOCK_FREE`，`ATOMIC_SHORT_LOCK_FREE`，`ATOMIC_INT_LOCK_FREE`，`ATOMIC_LONG_LOCK_FREE`，`ATOMIC_LLONG_LOCK_FREE` 和 `ATOMIC_POINTER_LOCK_FREE`；它們為指定的內建型態及其 unsigned 對應型態指定了相對應原子型態的無鎖狀態（LLONG 指 long long，POINTER 指所有指標型態）。如果原子型態**絕不會**無鎖，則評估它們的值為 0；如果原子型態**始終**是無鎖的，則值為 2；如果對應原子型態的無鎖狀態為前面所描述的執行期屬性，則值為 1。

唯一不提供 `is_lock_free()` 成員函式的型態是 `std::atomic_flag`，這型態是一個單純的布林值標記，且在這型態上的操作**必須**無鎖；一旦有了一個單純的無鎖布林值標記，就可以用它來實作一個單純的上鎖，也可以以它為基礎來實作所有其他原子型態。當我說**單純**時，我的意思是：`std::atomic_flag` 型態的物件會初始化得很徹底，然後可以查詢和設定（用 `test_and_set()` 成員函式）或清除（用 `clear()` 成員函式）。就這樣而已：不需要指定、不需要複製結構、不需要測試和清除，也完全不需要其他的操作。

其餘的原子型態都可以經由 std::atomic<> 類別特殊化樣板存取，而且更具完備功能，但可能不是無鎖的（如前所述）。在較普及的平台上都期望所有內建型態的原子變異（例如 std::atomic<int> 和 std::atomic<void*>）確實是無鎖的，但這點並非必要。很快你就會看到，每個特殊化的介面都反映了這型態的屬性；例如，沒有為一般指標定義如 &= 等位元運算，因此也沒有為原子指標定義。

除了直接使用 std::atomic<> 類別樣板以外，你可以用表 5.1 中所顯示的一組名稱來參照支援實作的原子型態。因為受到將原子型態加入到 C++ 標準歷史過程的影響，如果你用的是比較舊的編譯器，這些替代型態的名稱可能會參照到對應的 std::atomic<> 特殊化或這特殊化的基本類別；而在完全支援 C++17 的編譯器上，它們始終是對應的 std::atomic<> 特殊化的別名。因此，將這些替代名稱和 std::atomic<> 特殊化的直接命名在同一個程式中混用，可能會造成程式的不可移植。

表 5.1　標準原子型態的替代名稱和它們對應的 std::atomic<> 特殊化

原子型態	對應
atomic_bool	std::atomic<bool>
atomic_char	std::atomic<char>
atomic_schar	std::atomic<signed char>
atomic_uchar	std::atomic<unsigned char>
atomic_int	std::atomic<int>
atomic_uint	std::atomic<unsigned>
atomic_short	std::atomic<short>
atomic_ushort	std::atomic<unsigned short>
atomic_long	std::atomic<long>
atomic_ulong	std::atomic<unsigned long>
atomic_llong	std::atomic<long long>
atomic_ullong	std::atomic<unsigned long long>
atomic_char16_t	std::atomic<char16_t>
atomic_char32_t	std::atomic<char32_t>
atomic_wchar_t	std::atomic<wchar_t>

除了基本原子型態之外，C++ 標準函式庫也為對應到各種非原子標準函式庫中如 std::size_t 的 typedef 的原子型態提供了一組 typedef，如表 5.2 所示。

表 5.2　標準原子 typedef 及它們對應的內建 typedef

原子 typedef	對應標準函式庫的 typedef
atomic_int_least8_t	int_least8_t
atomic_uint_least8_t	uint_least8_t
atomic_int_least16_t	int_least16_t
atomic_uint_least16_t	uint_least16_t
atomic_int_least32_t	int_least32_t
atomic_uint_least32_t	uint_least32_t
atomic_int_least64_t	int_least64_t
atomic_uint_least64_t	uint_least64_t
atomic_int_fast8_t	int_fast8_t
atomic_uint_fast8_t	uint_fast8_t
atomic_int_fast16_t	int_fast16_t
atomic_uint_fast16_t	uint_fast16_t
atomic_int_fast32_t	int_fast32_t
atomic_uint_fast32_t	uint_fast32_t
atomic_int_fast64_t	int_fast64_t
atomic_uint_fast64_t	uint_fast64_t
atomic_intptr_t	intptr_t
atomic_uintptr_t	uintptr_t
atomic_size_t	size_t
atomic_ptrdiff_t	ptrdiff_t
atomic_intmax_t	intmax_t
atomic_uintmax_t	uintmax_t

型態很多！對它有一個相當簡單的模式，對標準 typedef T，它對應的原子型態是在相同的名稱前加上 atomic_ 前綴詞，成為 atomic_T。除了 signed 會縮寫為 s、unsigned 縮寫為 u、long long 縮寫為 llong 以外，其餘內建型態也是如此。對於你要使用的任何 T，一般會簡單的說 std::atomic<T>，而不是使用它們替代的名稱。

標準原子型態在慣例上是不可複製或指定的，因為它們沒有複製建構函式或複製指定運算子。但是它們**確實**支援來自對應的內建型態，以及直接 load() 和 store() 成員函式、exchange()、compare_exchange_weak() 和 compare_exchange_strong() 等的指定，以及隱含轉換成它們。它們還在適當的地方支援複合指定運算子：+=、-=、*=、|= 等，以及整數型態和

std::atomic<> 特殊化對 ++ 和 -- 指標的支援。這些運算子也具有相同功能的對應命名成員函式：fetch_add()、fetch_or() 等。指定運算子和成員函式的回傳值可以是儲存的值（對於指定運算子），也可以是操作之前的值（對於命名函式）。這樣可以避免從這些指定運算子回傳一個要指定給物件的參照的一般習慣所滋生的潛在的問題。為了要從這些參照中取得儲存的值，程式必須執行分開的讀取，因此允許了另一個執行緒在值的指定和讀取之間進行修改，這為競爭條件開了一扇後門。

std::atomic<> 類別樣板不是唯一的一組特殊化，但它確實是可以用來建立使用者定義型態的原子變異的主要樣板。因為它是通用的類別樣板，因此操作限制在 load()、store()（以及從使用者定義的型態指定和轉換到使用者定義的型態）、exchange()、compare_exchange_weak() 和 compare_exchange_strong()。

原子型態上的每個操作都有一個以 std::memory_order 列舉內容為值的可選擇的記憶體排序引數，這引數用以指定所需要的記憶體排序語義。std::memory_order 列舉內有 6 個值，分別是：std::memory_order_relaxed、std::memory_order_acquire、std::memory_order_consume、std::memory_order_acq_rel、std::memory_order_release 和 std::memory_order_seq_cst。

記憶體排序的允許值由操作類別決定；如果未指定排序值，則使用預設的排序，也就是最強的排序：std::memory_order_seq_cst。記憶體排序選項的精確語義將在 5.3 節說明，現在只需要知道操作分為三個類別就可以了：

- 儲存操作，可以有 memory_order_relaxed、memory_order_release 或 memory_order_seq_cst 排序

- 加載操作，可以有 memory_order_relaxed、memory_order_consume、memory_order_acquire 或 memory_order_seq_cst 排序

- 讀取 - 修改 - 寫入操作，可以有 memory_order_relaxed、memory_order_consume、memory_order_acquire、memory_order_release、memory_order_acq_rel 或 memory_order_seq_cst 排序

現在，讓我們看一下在每一個標準原子型態上可以執行的操作，從 std::atomic_flag 開始。

5.2.2　在 std::atomic_flag 上的操作

`std::atomic_flag` 是最簡單的標準原子型態，它代表布林值標記。此型態的物件可以處於以下兩種狀態之一：設定或清除。因為它只意圖作為一個建構區塊，所以是故意這麼陽春。因此，除非在特殊情況下，否則我永遠都不會期望看到它被使用；即使這樣，因為它顯示了應用於原子型態的一些通常的策略，所以它仍然是討論其他原子型態的起點。

`std::atomic_flag` 型態的物件**必須**用 `ATOMIC_FLAG_INIT` 初始化，這會將標記初始化為**清除**狀態。在這件事上別無選擇，標記一定會從清除開始：

```
std::atomic_flag f=ATOMIC_FLAG_INIT;
```

無論物件在何處宣告和有什麼作用範圍，這都適用。這是對初始化需要特殊處理的唯一原子型態，但它也是保證無鎖的唯一型態。如果 `std::atomic_flag` 物件有靜態儲存期間，它保證可以被靜態地初始化，這表示初始化順序的問題不存在；它總是在標記第一次操作的時候被初始化。

初始化標記物件後，對它就只有三件事可以做：銷毀它、清除它、設定它並查詢先前的值。它們分別對應到解構函式、`clear()` 成員函式和 `test_and_set()` 成員函式。`clear()` 和 `test_and_set()` 成員函式都可以指定記憶體順序；`clear()` 是儲存操作，因此不能有 `memory_order_acquire` 或 `memory_order_acq_rel` 語義，但是 `test_and_set()` 是讀取-修改-寫入操作，因此可以應用任何記憶體排序標籤。就如同每個原子操作，這兩個的預設值都是 `memory_order_seq_cst`。例如：

```
f.clear(std::memory_order_release);    ←❶
bool x=f.test_and_set();    ←❷
```

在這裡，對 `clear()` 的呼叫很明顯地要求用釋放語義清除標記 ❶，而對 `test_and_set` 的呼叫用預設的記憶體排序設定標記和取得原來的舊值 ❷。

你不能從第一個 `std::atomic_flag` 物件複製建構另一個，也不能將一個 `std::atomic_flag` 指定給另一個。這不是 `std::atomic_flag` 特有的，而是所有原子型態的共同點。所有在原子型態上的操作都定義為原子，且指定和複製建構都涉及到兩個物件；在兩個不同物件上的單一操作不能是原子的。在複製建構或複製指定的情況下，必須先從一個物件讀取這個值，然後再將它寫入另一個物件。這是在兩個不同物件的兩個單獨操作，且它們的結合不能是原子的；因此，這些操作將不被允許。

這有限的功能集使 std::atomic_flag 非常適合用為自旋互斥鎖。最初，標記已經是清除的且互斥鎖是解鎖狀態。要上鎖互斥鎖，在 test_and_set() 上進行迴圈到原來的舊值為 false 為止，表示這執行緒將值設定為 true。將互斥鎖解鎖只是為了清除標記而已，實作顯示於下面的程式列表。

程式列表 5.1　用 std::atomic_flag 實作自旋互斥鎖

```
class spinlock_mutex
{
    std::atomic_flag flag;
public:
    spinlock_mutex():
        flag(ATOMIC_FLAG_INIT)
    {}
    void lock()
    {
        while(flag.test_and_set(std::memory_order_acquire));
    }
    void unlock()
    {
        flag.clear(std::memory_order_release);
    }
};
```

這個互斥鎖是基本的，但對用於 std::lock_guard<> 已經足夠（請參閱第 3 章）。依它的性質，它會在 lock() 中進行繁忙的等待，因此，如果你預期會存有任何程度的爭奪，則它將是一個很糟的選擇，但是它足以確保互斥鎖的排他性。當我們注意記憶體排序的語義時，你會看到在互斥鎖上鎖之下這將如何保證會進行必要的強制排序；5.3.6 節將會提供範例。

std::atomic_flag 如此的受到限制，因為它沒有簡單的非修改查詢操作，所以甚至無法用作通用的布林值標記。因此，最好還是使用我接著要介紹的 std::atomic<bool>。

5.2.3　在 std :: atomic <bool> 上的操作

最基本的原子整數的型態是 std::atomic<bool>；如你所料的，這是一個比 std::atomic_flag 功能更齊全的布林值標記。雖然它仍然不是可以複製建構或可以複製指定，你仍然可以從非原子 bool 建構它，因此它可以初始化為 true 或 false，你也可以從一個非原子 bool 中指定給 std::atomic<bool> 實體：

```
std::atomic<bool> b(true);
b=false;
```

關於非原子 bool 的指定運算子，還有一件事需要注意，它和一般將回傳對它要指定物件參照的慣例不同，它是用值來回傳 bool。這是原子型態的另一種常見模式：它們支援的指定運算子是回傳值（對應的非原子型態）而不是參照。如果回傳對原子變數的參照，則任何與這指定結果有關的程式碼都必須明確地加載這個值，這有可能取得來自另一個執行緒修改過的結果。藉由將指定結果當成非原子的值回傳，可以避免這額外的加載，且也能確認得到的值就是儲存的值。

雖然記憶體排序語義仍然可以指定，但寫入（true 或 false）已經不是用 std::atomic_flag 限制性的 clear() 函式，而改用 store() 完成。類似地，test_and_set() 也已經讓你可以用所選擇的新值取代儲存的值，且原子也取得原來值的更通用的 exchange() 成員函式所取代。std::atomic<bool> 也支援透過隱含轉換成簡單 bool，或明顯呼叫 load() 對值進行普通非修改性的查詢。就如你可以預期的，store() 是儲存操作，而 load() 是加載操作，而 exchange() 則是一個讀取 - 修改 - 寫入操作：

```
std::atomic<bool> b;
bool x=b.load(std::memory_order_acquire);
b.store(true);
x=b.exchange(false,std::memory_order_acq_rel);
```

exchange() 不是 std::atomic<bool> 支援唯一的讀取 - 修改 - 寫入操作；如果目前值與期望值相等的話，它也會引入一個儲存新值的操作。

依據目前值儲存（或不存）新值

這個新操作稱為比較 - 交換，它以 compare_exchange_weak() 和 compare_exchange_strong() 成員函式的形式出現。比較 - 交換操作是原子型態程式設計的基石。它將原子變數的值與提供的期望值進行比較，如果相等的話，就將值儲存；如果不相等，則用原子變數的值更新期望值。比較 - 交換函式的回傳型態為 bool，如果執行了儲存則為 true，否則為 false。如果執行了儲存（因為值相等），則稱這操作**成功**，且回傳值為 true；否則，稱為**失敗**，且回傳值為 false。

對於 compare_exchange_weak()，即使原始值與預期值相等，儲存也可能不會成功；在這種情況下，變數的值不會改變，且 compare_exchange_weak() 的回傳值為 false。這很可能會在缺少單一比較 - 交換指令的機器上發生。也許是因為執行這操作的執行緒在必要的指令執行順序中途被切斷，而另一個執行緒被作業系統排程到執行緒數目超過處理器的位置，使得處理器不能保證這操作已經被原子地完成。因為失敗的原因是計時的函式而不是變數的值，所以這被稱為**虛假失敗**。

因為 compare_exchange_weak() 可能會有虛假失敗，因此一般會用在迴圈中：

```
bool expected=false;
extern atomic<bool> b; // 在別處設定
while(!b.compare_exchange_weak(expected,true) && !expected);
```

在這種情況下，只要 expected 仍然為 false，迴圈就繼續進行，表示 compare_exchange_weak() 的呼叫虛假失敗了。

在另一方面，只有在值不等於 expected 值的情形下，compare_exchange_strong() 才保證回傳 false。這樣可以消除在你想知道是否已經成功改變了變數，或是否有其他執行緒先抵達等所需要使用的迴圈。

如果無論初始值是多少的變數你都想要更改（也許更新的值要由目前值決定），則 expected 的更新將很有用；每次通過迴圈時，都會重新加載 expected，因此在這期間如果沒有其他執行緒修改這個值，則下一次通過迴圈時，compare_exchange_weak() 或 compare_exchange_strong() 呼叫應該會成功。如果要儲存的值的計算很簡單，則用 compare_exchange_weak() 在避免 compare_exchange_weak() 可能會虛假失敗的平台上發生雙迴圈方面（因此 compare_exchange_strong() 也含有一個迴圈），好處會比較多。另一方面，如果要儲存的值的計算很耗時，則用 compare_exchange_strong() 避免在 expected 值還未改變時必須重新計算這要儲存的值，會比較適合。對於 std::atomic<bool> 這就沒有那麼重要，畢竟只有兩個可能的值；但是對較大的原子型態，這就會有所不同。

比較 - 交換函式因為可以用兩個記憶體排序參數而顯得很特殊；這使在成功與失敗情況下的記憶體排序語義有所不同。對一個成功的呼叫可能有 memory_order_acq_rel 語義，而一個失敗的呼叫則有 memory_order_relaxed 語義，這樣應該蠻理想的。失敗的比較 - 交換不會執行儲存，所

以 不 能 有 memory_order_release 或 memory_order_acq_rel 語義。 因
此，不允許提供這些值作為失敗的排序。對於失敗，也不能提供比成功更嚴
格的記憶體排序；如果對失敗想要有 memory_order_acquire 或 memory_
order_seq_cst 語義，那也必須對成功指定這些語義。

如果你未對失敗指定排序，除了排序的 release 部分從 memory_order_
release 被取下而變成 memory_order_relaxed，且 mory_order_acq_
rel 變成 memory_order_acquire 以外，其餘均假設與成功相同。如果兩
種都未指定，則它們將預設為 memory_order_seq_cst，這為成功和失敗提
供了完整的循序排序。以下程式碼對 compare_exchange_weak() 的呼叫是
相等的：

```
std::atomic<bool> b;
bool expected;
b.compare_exchange_weak(expected,true,
    memory_order_acq_rel,memory_order_acquire);
b.compare_exchange_weak(expected,true,memory_order_acq_rel);
```

我把選擇記憶體排序的結果留到第 5.3 節。

std::atomic<bool> 與 std::atomic_flag 之間的另一個區別是 std::
atomic<bool> 可能不是無鎖的。為了確保操作的原子性，它的實作可能
必須在內部取得一個互斥鎖。對於這種很少見的情況，可以使用 is_lock_
free() 成員函式檢查 std::atomic<bool> 上的操作是否無鎖；這是除了
std::atomic_flag 以外的其他原子型態共有的另一個功能。

下一個最簡單的原子型態是原子指標特殊化 std::atomic<T*>，因此接下
來我們將介紹它們。

5.2.4 在 std::atomic<T*> 上的操作：指標算術運算

就像 bool 的原子形式為 std::atomic<bool> 一樣，對 T 型態的指標的原
子形式為 std::atomic<T*>。雖然它操作的對象是對應指標型態的值而不
是 bool 值，但介面是相同的。雖然可以從適當的指標值建構和指定，但
與 std::atomic<bool> 類似，它既不能複製建構，也不能複製指定。除了
必須有 is_lock_free() 成員函式外，std::atomic<T*> 也有 load()、
store()、exchange()、compare_exchange_weak() 和 compare_
exchange_strong() 等成員函式，且語義與 std::atomic<bool> 所具有
的那些成員函式類似，但再次獲取並回傳的是 T* 而不是 bool。

std::atomic<T*> 提供的新操作是指標算術運算。基本的運算由 fetch_add() 和 fetch_sub() 成員函式提供，對儲存的位址進行原子加法和減法，並對 += 和 -= 運算子，以及前置和後置遞增及遞減的 ++ 和 -- 等提供了方便的包裝類別。運算子的作用就如你預期和內建型態類似：如果 x 是 std::atomic<Foo*>Foo 物件陣列的第一個元素，則 x+=3 會將它更改為指向第四個元素並回傳也指向第四個元素的 Foo*。fetch_add() 和 fetch_sub() 因為回傳原來的值而稍有不同（因此 x.fetch_add(3) 將更新 x 使它指向第四個值，但回傳的是指向陣列第一個值的指標），這運算也稱為**交換及增加**，它屬於如 exchange() 和 compare_exchange_weak()/compare_exchange_strong() 的原子讀取 - 修改 - 寫入操作。與其他操作一樣，回傳值是單純的 T* 值而不是對 std::atomic<T*> 物件的參照，因此呼叫的程式碼可以依據先前的值而採取行動：

```
class Foo{};
Foo some_array[5];
std::atomic<Foo*> p(some_array);      ← 對 p 加 2 並回傳
Foo* x=p.fetch_add(2);                   原來的值
assert(x==some_array);
assert(p.load()==&some_array[2]);
x=(p-=1);                             ← 從 p 減 1 並回傳
assert(x==&some_array[1]);               新產生的值
assert(p.load()==&some_array[1]);
```

函式形式也允許以函式呼叫額外的引數來指定記憶體排序語義：

```
p.fetch_add(3,std::memory_order_release);
```

因為 fetch_add() 和 fetch_sub() 都是讀取 - 修改 - 寫入操作，因此可以有任何記憶體排序標籤，並且可以參與**發佈順序**。對運算子形式因為沒有辦法提供資訊，所以是不可能指定排序語義的：這些形式始終都具有 memory_order_seq_cst 語義。

其餘的基本原子型態都相同：它們都是原子整數的型態，而且除了關聯的內建型態不同以外，它們彼此之間有相同的介面。我們將把它們視為是一個群體來看。

5.2.5　標準原子整數型態的運算

就如同一般的操作（load()、store()、exchange()、compare_exchange_weak() 和 compare_exchange_strong()），原子的整數型態如 std::atomic<int> 或 std::atomic<unsigned long long> 具有相當全

面 的 運 算 集 合 可 以 使 用：`fetch_add()`、`fetch_sub()`、`fetch_and()`、`fetch_or()`、`fetch_xor()`，還 有 這 些 運 算 的 複 合 指 定 形 式（`+=`、`-=`、`&=`、`|=` 和 `^=`），以 及 前 後 置 遞 增 和 遞 減（`++x`、`x++`、`--x` 和 `x--`）。它 們 不 如 在 一 般 整 數 型 態 可 以 執 行 的 複 合 指 定 運 算 那 麼 完 整，但 也 已 經 足 夠 了：只 缺 少 除 法、乘 法 和 移 位 運 算 子。因 為 原 子 整 數 值 一 般 都 用 為 計 數 器 或 位 元 遮 蔽 碼，所 以 這 並 不 是 特 別 顯 著 的 缺 點。如 果 需 要 的 話，可 以 在 迴 圈 中 用 `compare_exchange_weak()` 輕 鬆 完 成 其 他 操 作。

對 `std::atomic<T*>` 而 言，複 合 指 定 運 算 的 語 義 和 `fetch_add()` 及 `fetch_sub()` 緊 密 地 匹 配；命 名 函 式 原 子 式 地 執 行 它 們 的 運 算 並 回 傳 舊 的 值，但 複 合 指 定 運 算 子 回 傳 新 值。前 後 置 遞 增 和 遞 減 的 作 用 與 一 般 的 一 樣：`++x` 將 變 數 遞 增 並 回 傳 新 值，而 `x++` 將 變 數 遞 增 並 回 傳 舊 值。如 你 所 預 期 的，這 兩 種 情 況 下 的 結 果 都 是 和 整 數 型 態 關 聯 的 值。

現 在 我 們 已 經 探 討 了 所 有 基 本 的 原 子 型 態，只 剩 下 通 用 的 `std::atomic<>` 主 要 類 別 樣 板，它 並 不 是 特 殊 化 的 樣 板，讓 我 們 接 著 往 下 看。

5.2.6 std::atomic<> 主要類別樣板

除 了 標 準 原 子 型 態 之 外，主 要 樣 板 的 存 在 讓 使 用 者 可 以 建 立 使 用 者 定 義 型 態 的 原 子 變 異。指 定 的 使 用 者 定 義 UDT 型 態，除 了 `bool` 參 數 及 與 儲 存 值 相 關 回 傳 型 態（不 是 比 較 - 交 換 操 作 的 成 功 / 失 敗 結 果）是 UDT 以 外，`std::atomic<UDT>` 提 供 與 `std::atomic<bool>` 相 同 的 介 面（如 5.2.3 節 中 所 描 述）。但 是，不 能 只 是 將 任 何 使 用 者 定 義 的 型 態 用 於 `std::atomic<>`；這 型 態 必 須 能 履 行 某 些 標 準。為 了 對 某 些 使 用 者 定 義 的 UDT 型 態 使 用 `std::atomic<UDT>`，這 型 態 必 須 有 平 凡 的 複 製 指 定 運 算 子。這 表 示 此 型 態 不 能 有 任 何 虛 擬 函 式 或 虛 擬 基 本 類 別，而 且 必 須 用 編 譯 器 生 成 的 複 製 指 定 運 算 子。不 只 是 這 樣 而 已，使 用 者 定 義 型 態 的 每 個 基 本 類 別 和 非 `static` 資 料 成 員 也 必 須 具 有 平 凡 的 複 製 指 定 運 算 子。因 為 沒 有 使 用 者 撰 寫 的 程 式 可 以 執 行，這 讓 編 譯 器 對 指 定 操 作 可 以 用 `memcpy()` 或 相 等 的 操 作。

最 後，應 該 注 意 的 是，比 較 - 交 換 操 作 就 像 使 用 `memcmp` 一 樣 進 行 位 元 比 較，而 不 是 使 用 可 能 為 UDT 定 義 的 任 何 比 較 運 算 子。如 果 這 型 態 提 供 了 不 同 語 義 的 比 較 操 作，或 這 型 態 有 不 參 與 正 常 比 較 的 填 充 位 元，則 縱 使 進 行 比 較 的 值 是 相 等 的，也 可 能 導 致 比 較 - 交 換 操 作 失 敗。

這些限制背後的原因可以回溯到第 3 章中的一個指引：藉由將指標及參照當成引數傳遞給使用者提供的函式，而將它們傳出上鎖範圍以外的保護資料。一般而言，編譯器不能為 std::atomic<UDT> 產生無鎖程式碼，因此必須對所有操作使用內部上鎖。如果允許使用者提供的複製指定或比較運算子，則需要將對受保護資料的參照當成引數傳給使用者提供的函式，這違反了上述指引。另外，函式庫對需要的所有原子操作有使用單一上鎖的完全自由，並在保有這上鎖的同時允許呼叫使用者提供的函式，這可能會因為比較操作的時間太長而造成僵局或其他執行緒被阻擋。最後，這些限制增加了編譯器能夠為 std::atomic<UDT> 直接使用原子指令的機會（並使特定的實體化無鎖），因為它可以將使用者定義的型態視為一組原始的位元組。

注意雖然可以用 std::atomic<float> 或 std::atomic<double>，但是因為內建浮點型態確實滿足使用 memcpy 和 memcmp 的標準，因此在 compare_exchange_strong 情況下的行為可能會令人驚訝（如之前描述的，compare_exchange_weak 總是會因為內部一些任意原因而失敗）。即使舊的儲存值與比較的值相等，如果儲存的值有不同的表示形式，這操作也可能失敗。注意，浮點值並沒有原子算術運算。如果你在使用者定義的型態中有相等比較運算子的定義，而且這運算子和用 memcmp 比較不同，則用 std::atomic<> 也會得到和 compare_exchange_strong 類似的行為，操作可能會因為否則 - 相等的值有不同表示形式而失敗。

如果你的 UDT 與 int 或 void* 大小相同（或比較小），則大多數常用平台將能夠對 std::atomic<UDT> 使用原子指令；而某些平台還可以將原子指令用於有 int 或 void* 兩倍大小的使用者定義型態。這些平台通常是支援 compare_exchange_xxx 函式的所謂**雙字比較和交換**（*DWCAS*）指令的平台。在第 7 章將會顯示這種支援在撰寫無鎖程式時會很有幫助。

例如，這些限制表示你不能建立 std::atomic<std::vector<int>>（因為它具有非平凡的複製建構函式和複製指定運算子），但是可以 std::atomic<> 實體化類別含計數器、標記、指標、或甚至以簡單資料為元素的陣列。這不是什麼大問題；資料結構越複雜，你就更有可能對它進行除了簡單的指定和比較之外的操作。如果是這種情況，最好使用 std::mutex 來確保資料已經為所需要的操作適當地保護，如第 3 章所描述。

前面已經提過,當使用者定義的型態 T 實體化時,std::atomic<T> 的介面被限制使用於 std::atomic<bool> 的一組操作:load()、store()、exchange()、compare_exchange_weak()、compare_exchange_strong(),以及來自型態 T 實體的指定和轉換成型態 T 的實體。

表 5.3 顯示每種原子型態上可以使用的操作。

表 5.3　原子型態上可以使用的操作

操作	atomic_flag	atomic <bool>	atomic <T*>	atomic <integral -type>	atomic <other- type>
test_and_set	Y				
clear	Y				
is_lock_free		Y	Y	Y	Y
load		Y	Y	Y	Y
store		Y	Y	Y	Y
exchange		Y	Y	Y	Y
compare_ exchange_ weak, compare_ exchange_strong		Y	Y	Y	Y
fetch_add, +=			Y	Y	
fetch_sub, -=			Y	Y	
fetch_or, |=				Y	
fetch_and, &=				Y	
fetch_xor, ^=				Y	
++, --			Y	Y	

5.2.7　原子操作的自由函式

到目前為止,我的介紹侷限在原子型態上操作的成員函式形式,但是對於各種原子型態上的所有操作,也存有相等的非成員函式。在大多數情況下,非成員函式在對應的成員函式之後才命名,並加上 atomic_ 前綴詞(例如 std::atomic_load()),然後對每種原子型態多載這些函式。在有機會指定記憶體排序標籤的地方,它們有兩類:一類沒有標記,一類帶有 _

explicit 後綴詞，以及用於記憶體排序標籤的參數（例如 std::atomic_
store(&atomic_var,new_value) 與 std::atomic_store_
explicit(&atomic_var,new_value,std::memory_order_release)），
而被成員函式參照的原子物件是隱含轉換，所有自由函式的第一個參數均為
對原子物件的指標。

例如，std::atomic_is_lock_free() 屬於一類（雖然對每種型態都多
載），且 std::atomic_is_lock_free(&a) 回傳的值和原子型態 a 物
件的 a.is_lock_free() 相同。同樣地，std::atomic_load(&a) 與
a.load() 相同，但與 a.load(std::memory_order_acquire) 相等的是
std::atomic_load_explicit(&a, std::memory_order_acquire)。

自由函式被設計為與 C 相容，因此在所有情況下它們都使用指標而不是參
照。例如，compare_exchange_weak() 和 compare_exchange_strong()
成員函式的第一個參數（期望值）是參照，而 std::atomic_compare_
exchange_weak() 的第二個參數（第一個是物件指標）是指標。
std::atomic_compare_exchange_weak_explicit() 還需要指定成功和
失敗的記憶體排序，而比較 - 交換成員函式既有單獨記憶體排序形式（預設
值為 std::memory_order_seq_cst），也有分開的成功及失敗記憶體排序
的多載。

std::atomic_flag 上的操作，因為在名稱中排除了 flag 部分而逆轉
趨　勢：std::atomic_flag_test_and_set()、std::atomic_flag_
clear()。指定記憶體排序的額外變異再次具有 _explicit 後綴詞：
std::atomic_flag_test_and_set_explicit() 和 std::atomic_flag_
clear_explicit()。

C++ 標準函式庫也在原子方式存取 std::shared_ptr<> 的實體上提供有自
由函式，因為 std::shared_ptr<> 絕對不是原子型態（從多個執行緒存取
相同的 std::shared_ptr<T> 物件，而無需使用來自所有執行緒函式的原
子存取，或使用適當的其他外部同步化，都是資料競爭和未定義的行為），
所以這與只有原子型態支援原子操作的原則有所不同；但是 C++ 標準委員
會認為提供這些額外的函式非常重要。可用的原子操作包括 load、store、
exchange、和 compare-exchange，它們都是對標準原子型態相同操作的
多載，都以 std::shared_ptr<> * 為第一個引數：

```
std::shared_ptr<my_data> p;
void process_global_data()
{
    std::shared_ptr<my_data> local=std::atomic_load(&p);
    process_data(local);
}
void update_global_data()
{
    std::shared_ptr<my_data> local(new my_data);
    std::atomic_store(&p,local);
}
```

與其他型態的原子操作一樣，_explicit 變異也被提供來讓你指定想要的記憶體排序，且 std::atomic_is_lock_free() 函式可用於檢查這實作是否使用上鎖來確保原子性。

併發 TS 也提供 std::experimental::atomic_shared_ptr<T>，這也是一種原子型態；要使用它程式必須含有 <experimental/atomic> 標頭，它提供與 std::atomic<UDT> 相同的一組操作：load、store、exchange、compare-exchange。因為允許無鎖實作，且不會在簡單的 std::shared_ptr 實體上增加額外代價，因此可以作為分開的型態提供。但就如同 std::atomic 樣板一樣，你仍然需要用 is_lock_free 成員函式檢查它在你的平台上是否是無鎖的。即使它不是無鎖的，也建議使用優於單純 std::shared_ptr 的原子自由函式 std::experimental::atomic_shared_ptr，因為在程式中會更清晰地確保所有存取都是原子的，並避免因為忘了使用原子自由函式而導致資料競爭的可能性。與所有使用原子型態和操作一樣，如果你是為了提升速度而使用，則剖析並與使用其他同步機制比較就非常重要。

如本章引言中所述，標準原子型態的作用遠不只是用於避免因資料競爭造成的未定義行為。它們還讓使用者在執行緒之間的操作強制排序。這種強制排序是保護資料與像是 std::mutex 和 std::future<> 等同步操作的基礎。考慮到這一點，讓我們繼續本章的重點：記憶體模型併發面向的細節，以及原子操作如何用於同步資料和強制排序。

5.3　同步操作及強制排序

假設你有兩個執行緒,其中一個在填充要被另一個讀取的資料結構。為了避免有問題的競爭條件,第一個執行緒設定了一個指示資料備便的標記,第二個執行緒直到這標記被設定之後才會讀取資料。以下程式列表顯示了這種情況。

程式列表 5.2　從不同執行緒對變數的讀取和寫入

```
#include <vector>
#include <atomic>
#include <iostream>
std::vector<int> data;
std::atomic<bool> data_ready(false);
void reader_thread()
{
    while(!data_ready.load())   ◀━①
    {
        std::this_thread::sleep(std::chrono::milliseconds(1));
    }
    std::cout<<"The answer="<<data[0]<<"\n";   ◀━②
}
void writer_thread()
{
    data.push_back(42);   ◀━③
    data_ready=true;   ◀━④
}
```

先不談等待資料備便迴圈的低效率①,因為不然的話在執行緒之間共享資料會變得不切實際,所以你需要這個能有作用:每一資料項都必須是原子的。你已經知道,在不強制排序下,非原子讀取②和寫入③存取相同的資料會造成未定義行為,因此要讓它能有作用,就必須在某處強制排序。

強制排序的需求來自 std::atomic<bool> 變數 data_ready 上的操作,它們靠著事前發生及與它同步的記憶體關係提供了必要的排序。資料的寫入③發生在對 data_ready 標記的寫入之前④,而標記的讀取①發生在資料的讀取之前②。當從 data_ready 讀取的值①為 true 時,寫入將與這讀取同步,而建立事前發生的關係。因為事前發生是可傳遞的,因此對資料的寫入③發生在對標記的寫入④之前,這發生在從標記讀到 true 之前①,而上述事情又發生在讀取資料之前②,因此有 3 個強制排序:資料的寫入會發生在資料讀取之前,且一切正常。圖 5.2 顯示了在兩個執行緒之間重要的事前發生關係。我從讀取的執行緒中增加了 while 迴圈的幾個迭代。

這些似乎都相當的直覺:寫入值的操作發生在讀取這值的操作之前。對於預設的原子操作,這確實是真的(這也就是成為預設的原因),但這也確實需要說明:對排序需求,原子操作還有其他選項,稍後將會介紹。

現在,你已經知道事前發生和與它同步的行動,現在也該了解它們的含義了,我將從「與它同步」開始。

5.3.1 與它同步的關係

與它同步關係是只能在原子型態的操作之間獲取的關係。如果資料結構中含有原子型態,且這資料結構上的操作在內部執行適當的原子操作,則在這資料結構上的操作(如上鎖互斥鎖)就可能會提供這種關係;但基本上,它只來自於原子型態上的操作。

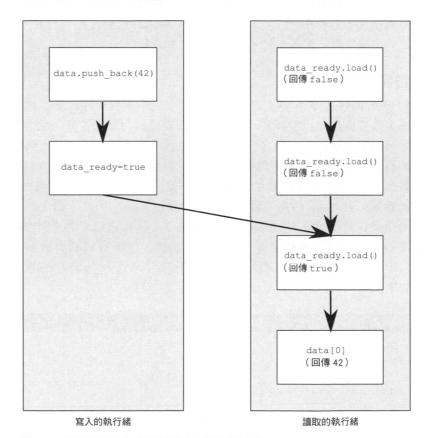

圖 5.2 用原子操作在非原子操作之間強制排序

基本的想法是：在變數 x 上的一個有適當標籤的原子寫入操作 W 與在 x 上讀取由 W、執行最初 W 寫入的相同執行緒在 x 上的後續原子寫入操作、或被任何執行緒在 x 上後續原子讀取 - 修改 - 寫入操作（如 `fetch_add()` 或 `compare_exchange_weak()` 等所儲存的值，由這順序中第一個執行緒讀取的值，也是由 W 所寫入的值（請參閱第 5.3.4 節）。

因為預設在原子型態的所有操作都有適當標籤，所以先暫時將「適當標籤」這部分放在一邊。這表示你可能會預期：如果執行緒 A 儲存一個值，而執行緒 B 讀取這個值，則執行緒 A 中的儲存與執行緒 B 中的加載之間存有同步的關係，如程式列表 5.2 所示，說明如圖 5.2。

我確定你已經猜到了，所有細微差異都在「適當標籤」的部分。C++ 記憶體模型允許將各種排序的約束應用於原子型態的操作，這就是我提到的標籤。記憶體排序的各種選項，以及它們與同步關係的相關性都包含在 5.3.3 節；但首先，讓我們先倒退一點，看看事前發生的關係。

5.3.2　事前發生的關係

事前發生和**強烈事前發生**之間的關係是程式中操作排序的基本建構區塊，它指定哪些操作可以看到其他哪些操作的效果。對單執行緒，它非常直接：如果一個操作排在另一個之前，那麼它也會在它之前發生，並且強烈地在它之前發生。這表示如果一個操作（A）在原始程式中另一個（B）之前的敘述發生，則 A 在 B 之前發生，且 A 強烈地在 B 之前發生。在程式列表 5.2 可以看到：對 `data` 的寫入 ❸ 發生在對 `data_ready` 的寫入 ❹ 之前。如果這些操作是在同一個敘述，因為它們沒有排序，所以它們之間一般不會有事前發生的關係；這是未指定排序的另一種說法。以下程式列表的程式會輸出「1,2」或「2,1」，但並未指定是哪一個，因為對 `get_num()` 兩次呼叫的順序並未指定。

程式列表 5.3　未指定呼叫函式引數求值的順序

```
#include <iostream>
void foo(int a,int b)
{
    std::cout<<a<<","<<b<<std::endl;
}
int get_num()
{
    static int i=0;
    return ++i;
```

```
}
int main()
{
    foo(get_num(),get_num());
}
```

> 對 get_num()
> 的呼叫未排序

在某些情況，對單一敘述中的操作是有順序的，像是使用內建逗號運算子或將一個表示式的結果用為另一個表示式的引數等。但是，單一敘述中的操作一般是無順序的，而且它們之間也沒有事前排序（因此也就沒有事前發生）的關係。敘述中的所有操作都發生在下一敘述的所有操作之前。

這是你慣用的單執行緒排序規則的重述，那有什麼新鮮事？新的部分是執行緒之間的互動：如果執行緒間一執行緒的操作 A 發生在另一個執行緒的操作 B 之前，則 A 發生在 B 之前。這似乎沒什麼幫助：你增加了新的關係（執行緒間的事前發生），但在撰寫多執行緒程式時，這是很重要的關係。

在基本的程度上，執行緒間的事前發生相對比較簡單，且依賴 5.3.1 節介紹的與它同步關係：如果一個執行緒的操作 A 與另一個執行緒的操作 B 同步，則執行緒間 A 發生在 B 之前。這也是傳遞關係：如果執行緒間 A 發生在 B 之前，且執行緒間 B 發生在 C 之前，則執行緒間 A 會發生在 C 之前，這也可以在程式列表 5.2 中看到。

執行緒間的事前發生也可以和事前排序的關係相結合：如果操作 A 排序在操作 B 之前，且執行緒間操作 B 發生在操作 C 之前，則執行緒間 A 發生在 C 之前。類似地，如果 A 與 B 同步而 B 排序在 C 之前，則執行緒間 A 發生在 C 之前。這兩個合在一起表示，如果你在單執行緒中對資料進行一系列更改，則只需要一個同步關係即可使資料被執行 C 的執行緒後續操作看見。

強烈事前發生的關係稍有不同，但在大多數情況下幾乎一樣。與上面描述相同的兩個規則仍然適用：如果操作 A 與操作 B 同步，或者操作 A 排序在操作 B 之前，則 A 強烈地在 B 之前發生。傳遞順序也仍然適用：如果 A 強烈地在 B 之前發生，B 強烈地在 C 之前發生，則 A 強烈地在 C 之前發生。差異之處在於，用 memory_order_consume 標記的操作（請參閱第 5.3.3 節），參與執行緒之間的事前發生關係（因此也參與事前發生的關係），但未參與強烈事前發生的關係中。因為絕大多數程式不應該使用 memory_order_consume，因此這差異在實際中不太可能造成影響。為了簡潔本書其餘部分將使用「事前發生」。

這些是強制執行緒之間的操作排序並使程式列表 5.2 的內容能正常工作的關鍵規則。你很快就會看到,還有一些與資料相關的細微差異。為了讓你了解,我需要說明用於原子操作的記憶體排序標籤,以及它們與「與它同步」關係之間的關聯。

5.3.3　原子操作的記憶體排序

可以應用於原子型態操作上有 6 個記憶體排序選項:`memory_order_relaxed`、`memory_order_consume`、`memory_order_acquire`、`memory_order_release`、`memory_order_acq_rel` 和 `memory_order_seq_cst`。除非你為特定操作另外指定,否則對原子型態上所有操作的記憶體排序選項是 `memory_order_seq_cst`,它也是可以使用選項中最嚴格的。雖然有 6 個排序選項,但是它們只代表三種模式:*順序一致*的排序(`memory_order_seq_cst`)、*獲取 - 釋放*的排序(`memory_order_consume`、`memory_order_acquire`、`memory_order_release` 和 `memory_order_acq_rel`)和*寬鬆*的排序(`memory_order_relaxed`)。

這些不同的記憶體排序模式在不同的 CPU 架構上會需要付出不同的代價。例如,在對進行改變處理器以外的其他處理器的操作可見性有精細控制的系統架構中,順序一致排序比獲取 - 釋放排序或寬鬆排序需要有額外的同步指令,而獲取 - 釋放排序比寬鬆排序需要有額外的同步指令。如果這些系統有很多處理器,則這些額外的同步指令可能會佔用大量時間,因此降低了系統整體的性能。另一方面,使用 x86 或 x86-64 架構的 CPU(如桌上型個人電腦中常見的 Intel 和 AMD 處理器),除了那些為了確保原子性的必要指令以外,對獲取 - 釋放的排序不需要任何額外指令,甚至順序一致的排序雖然在儲存上需要付出些額外代價,但對於加載操作也不需要任何特殊處理。

有不同的記憶體排序模式可以使用,讓專家可以利用更細膩的排序關係所帶來提升性能的好處,同時也允許對那些不太關鍵的情況仍能使用預設的順序一致排序(這被認為比其他模式更容易推斷)。

為了選擇要使用哪種排序模式,或了解程式使用不同模式的排序關係,知道這些選擇會如何影響程式行為是很重要的。因此,讓我們觀察一下每種選擇對操作排序和與它同步的結果。

順序一致的排序

預設的排序被命名為*順序一致*，因為它暗示程式的行為與簡單順序的觀點是一致的。如果在原子型態實體上的所有操作都是順序一致，則多執行緒程式的行為就好像所有這些操作都是由單執行緒依某個特定順序執行。這是到目前為止最容易理解的記憶體排序，這也就是為什麼它是預設的原因：所有執行緒必須看到相同的操作順序。這讓它很容易可以推斷出用原子變數撰寫的程式行為。你可以寫出不同執行緒所有可能的操作排序，排除那些不一致的，並驗證你的程式在其他執行緒中的行為就如同預期一樣。這也表示操作無法重新排序；如果你的程式在一個執行緒中有一個操作在另一個之前，則這順序必須讓所有其他執行緒看到。

從同步的角度來看，順序一致的儲存與讀取儲存值的同一變數的順序一致加載同步，這對兩個（或多個）執行緒的操作提供了一種排序的約束，但是順序一致比這更強大。在加載之後執行的任何順序一致的原子操作，也必須在系統中使用順序一致的原子操作的其他執行緒儲存之後才出現。程式列表 5.4 的範例證明這種排序約束的作用。這約束不會推進到使用寬鬆記憶體排序原子操作的執行緒上；它們仍然可以看到不同順序下的操作，因此你必須在所有執行緒上使用順序一致的操作才能獲取好處。

然而，這種容易理解是需要付出一些代價的。在有多個處理器的弱排序機器上，因為整個操作順序必須在處理器間保持一致，這可能需要在處理器之間進行大量（且昂貴！）的同步操作，因此可能會造成明顯的性能損失。也就是說，某些處理器架構（例如常見的 x86 和 x86-64 架構）提供相對便宜的順序一致；因此，如果你擔心使用順序一致排序對性能的影響，請查看你目標處理器架構的文件。

以下程式列表顯示行動中的順序一致性。對 x 和 y 的加載及儲存都明顯的用 memory_order_seq_cst 加上標籤，因為標籤是預設的，所以在這種情況下是可以省略。

程式列表 5.4　順序一致性意味著完全排序

```cpp
#include <atomic>
#include <thread>
#include <assert.h>
std::atomic<bool> x,y;
std::atomic<int> z;
void write_x()
{
```

```
    x.store(true,std::memory_order_seq_cst);    ◀━━❶
}
void write_y()
{
    y.store(true,std::memory_order_seq_cst);  ◀━━❷
}
void read_x_then_y()
{
    while(!x.load(std::memory_order_seq_cst));
    if(y.load(std::memory_order_seq_cst))  ◀━━❸
        ++z;
}
void read_y_then_x()
{
    while(!y.load(std::memory_order_seq_cst));
    if(x.load(std::memory_order_seq_cst))  ◀━━❹
        ++z;
}
int main()
{
    x=false;
    y=false;
    z=0;
    std::thread a(write_x);
    std::thread b(write_y);
    std::thread c(read_x_then_y);
    std::thread d(read_y_then_x);
    a.join();
    b.join();
    c.join();
    d.join();
    assert(z.load()!=0);   ◀━━❺
}
```

因為未指定存到 x ❶ 及存到 y ❷ 哪一個先發生，所以 assert 可能永遠不會
觸發 ❺。如果在 read_x_then_y 中 y 的加載❸回傳 false，則存到 x 必須
在存到 y 之前發生，因為 while 迴圈確定 y 在這一點上為 true，所以在這
種情況下，在 read_y_then_x 中 x 的加載❹必須回傳 true。由於 memory_
order_seq_cst 的語義對有 memory_order_seq_cst 標籤的所有操作需要
有唯一的完全排序，因此在回傳 false 的加載❸與存到 y ❶之間存有隱含轉
換排序關係。對於唯一的完全排序，如果一個執行緒看到 x==true，隨後又
看到 y==false，這表示儲存到 x 發生在儲存到 y 之前。

因為所有事情都是對稱的，因此也可能會以相反的方式發生，x 的加載回傳 false ❹，迫使 y 的加載回傳 true ❸。在這兩種情況下，z 都等於 1；兩個加載都可以回傳 true，造成 z 為 2，但不存在 z 為 0 的情況。

對 read_x_then_y 看到 x 為 true 和 y 為 false 的情況下的操作和事前發生的關係，如圖 5.3 所示。從 read_x_then_y 中 y 的加載到儲存到 write_y 中 y 的虛線，顯示了維持順序一致性所需的隱含排序關係：為了達到這裡的結果，在 memory_order_seq_cst 操作的全域排序中加載必須發生在儲存之前。

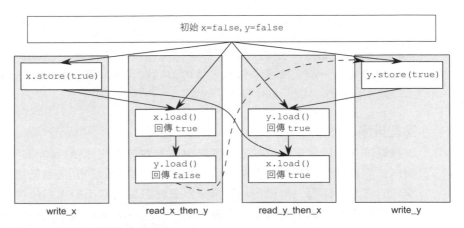

圖 5.3　順序一致性和事前發生

順序一致性是最直接與直觀的排序，但因為它要求所有執行緒之間的全域同步，因此也是最昂貴的記憶體排序方式。在多處理器系統上，這可能需要處理器之間大規模且耗時的通訊。

為了避免這種同步的代價，你需要踏出順序一致性的世界，並考慮使用其他的記憶體排序。

非順序一致的記憶體排序

一旦踏出了順序一致的美好世界，事情就開始變得複雜了。要解決的最大問題可能是，**不再有單一全域排序的事實**。這表示不同的執行緒對相同操作可以有不同視角，並且來自不同執行緒，一個接一個整齊地交織在一起的對操作的任何思維模式都必須被拋棄。你不只是必須考慮真正併發的事情，而且執行緒不必同意事件的排序。為了撰寫（甚至理解）使用預設 memory_ order_seq_cst 以外的記憶體排序的程式，記住這一點是絕對必要的。不只是編譯器可以重新排序指令，因為在其他執行緒的操作並沒有明顯的排序限制，因此即使執行相同程式碼的執行緒，也可以不同意這些事情的排序，因為不同 CPU 快取及內部緩衝區對相同記憶體可以保有不同的值，所以這非常重要，我再說一次：執行緒不必同意事件的排序。

你不只是必須拋棄基於交織操作的思維模式，也必須拋棄基於編譯器或處理器對指令重新排序想法的思維模式。**在缺少其他排序約束的情況下，唯一的要求是所有執行緒都同意每個單獨變數的修改排序。** 不同變數上的操作在不同執行緒上可以用不同的順序出現，讓所有的值在施加其他任何排序約束下看起來都一致。

這是完全跨出順序一致的世界並對所有操作改用 memory_order_relaxed 最好的證明。一旦你掌握了這個，就可以回到獲取 - 釋放排序，它讓你可以選擇地引入操作之間的排序關係，並抓回一些理智。

寬鬆排序

以寬鬆排序執行的原子型態操作不參與同步關係。在單執行緒相同變數上的操作仍然遵循事前發生的關係，但是幾乎不需要相對於其他執行緒的排序。唯一的要求是從同一個執行緒對單一原子變數的存取不能重新排序；當所給的執行緒看到了原子變數的特定值，這執行緒後續的讀取就無法取得此變數較早的值。沒有任何額外的同步，每個變數的修改順序都是使用 memory_order_relaxed 在執行緒之間共享的唯一事情。

為了證明寬鬆的操作可以有多寬鬆，你只需要兩個執行緒，如以下程式列表所示。

程式列表 5.5　幾乎沒有排序需求的寬鬆操作

```
#include <atomic>
#include <thread>
#include <assert.h>
std::atomic<bool> x,y;
std::atomic<int> z;
void write_x_then_y()
{
    x.store(true,std::memory_order_relaxed);   ← ❶
    y.store(true,std::memory_order_relaxed);   ← ❷
}
void read_y_then_x()
```

```
{
    while(!y.load(std::memory_order_relaxed));    ←──❸
    if(x.load(std::memory_order_relaxed))    ←──❹
        ++z;
}
int main()
{
    x=false;
    y=false;
    z=0;
    std::thread a(write_x_then_y);
    std::thread b(read_y_then_x);
    a.join();
    b.join();
    assert(z.load()!=0);    ←──❺
}
```

即使 y 的加載讀取為 true ❸且儲存到 x ❶發生在儲存到 y ❷之前，因為 x 的加載可以讀取 false ❹，這次 assert 是可以觸發的❺。x 和 y 是不同的變數，因此不保證排序和每一個操作所產生值的可見性有關。

在不同變數上的寬鬆操作，只要遵循事前發生關係的約束（例如，在相同的執行緒內），就可以自由地重新排序；它們也沒有引入同步關係。程式列表 5.5 中的事前發生關係及可能的結果，顯示如圖 5.4。即使在儲存和加載之間存有事前發生的關係，但在儲存之間和加載之間卻沒有，因此加載可以看到儲存的亂序。

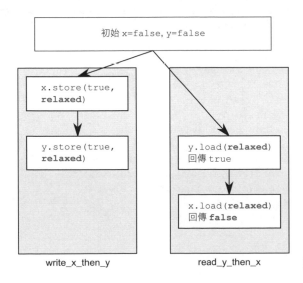

圖 5.4　寬鬆原子和事前發生

在下一個程式列表範例的情況會稍微複雜一些，其中含有三個變數和五個執行緒。

程式列表 5.6　多執行緒上的寬鬆操作

```cpp
#include <thread>
#include <atomic>
#include <iostream>
std::atomic<int> x(0),y(0),z(0);          ◀━━❶
std::atomic<bool> go(false);              ◀━━❷
unsigned const loop_count=10;
struct read_values
{
    int x,y,z;
};
read_values values1[loop_count];
read_values values2[loop_count];
read_values values3[loop_count];
read_values values4[loop_count];
read_values values5[loop_count];
void increment(std::atomic<int>* var_to_inc,read_values* values)
{
    while(!go)
        std::this_thread::yield();        ◀━━  等待訊號的
                                        ❸      自旋迴圈
    for(unsigned i=0;i<loop_count;++i)
    {
        values[i].x=x.load(std::memory_order_relaxed);
        values[i].y=y.load(std::memory_order_relaxed);
        values[i].z=z.load(std::memory_order_relaxed);
        var_to_inc->store(i+1,std::memory_order_relaxed);   ◀━━❹
        std::this_thread::yield();
    }
}
void read_vals(read_values* values)      ❺ 等待訊號的
{                                            自旋迴圈
    while(!go)                           ◀━━
        std::this_thread::yield();
    for(unsigned i=0;i<loop_count;++i)
    {
        values[i].x=x.load(std::memory_order_relaxed);
        values[i].y=y.load(std::memory_order_relaxed);
        values[i].z=z.load(std::memory_order_relaxed);
        std::this_thread::yield();
    }
}
void print(read_values* v)
{
```

```
    for(unsigned i=0;i<loop_count;++i)
    {
        if(i)
            std::cout<<",";
        std::cout<<"("<<v[i].x<<","<<v[i].y<<","<<v[i].z<<")";
    }
    std::cout<<std::endl;
}
int main()
{
    std::thread t1(increment,&x,values1);
    std::thread t2(increment,&y,values2);
    std::thread t3(increment,&z,values3);
    std::thread t4(read_vals,values4);
    std::thread t5(read_vals,values5);
    go=true;                        ←──────── 啟動主迴圈
    t5.join();                      ❻         執行的訊號
    t4.join();
    t3.join();
    t2.join();
    t1.join();
    print(values1);                 ←──── ❼ 列印最終值
    print(values2);
    print(values3);
    print(values4);
    print(values5);
}
```

這是一個簡單的程式，程式中有三個共享的全域原子變數❶和五個執行緒；每個執行緒循環 10 次，用 memory_order_relaxed 讀取三個原子變數的值並儲存在陣列中。每次通過迴圈時，三個執行緒中每一個都會更新一個原子變數❹，而另外兩個執行緒則會讀取。當所有執行緒都已經加入，就可以將每個執行緒儲存在陣列中的值印出❼。

go 原子變數❷是用以確保所有執行緒盡可能接近同一時間開始執行迴圈。啟動執行緒是昂貴的操作，且在沒有明顯的延遲下，第一個執行緒可能在最後一個執行緒開始之前就結束了。每個執行緒在 go 變成 true 之後才進入主迴圈❸、❺，而只有在所有執行緒都啟動之後，go 才會設定為 true ❻。

這程式一個可能的輸出如下：

```
(0,0,0),(1,0,0),(2,0,0),(3,0,0),(4,0,0),(5,7,0),(6,7,8),(7,9,8),(8,9,8),
(9,9,10)
(0,0,0),(0,1,0),(0,2,0),(1,3,5),(8,4,5),(8,5,5),(8,6,6),(8,7,9),(10,8,9),
(10,9,10)
(0,0,0),(0,0,1),(0,0,2),(0,0,3),(0,0,4),(0,0,5),(0,0,6),(0,0,7),(0,0,8),
(0,0,9)
(1,3,0),(2,3,0),(2,4,1),(3,6,4),(3,9,5),(5,10,6),(5,10,8),(5,10,10),
(9,10,10),(10,10,10)
(0,0,0),(0,0,0),(0,0,0),(6,3,7),(6,5,7),(7,7,7),(7,8,7),(8,8,7),(8,8,9),
(8,8,9)
```

前三行是執行緒執行更新，後兩行是執行緒進行讀取。每個數組是一組 x、y 和 z 的變數值，依序地通過迴圈。對這輸出有幾件事要注意：

- 第一組的值顯示 x 在每個數組會加 1，第二組為 y 加 1，而第三組為 z 加 1。

- 每個數組的 x 元素只在給定的集合內增加，y 和 z 元素也是如此，但是增量並不均勻，且相對順序在執行緒之間會改變。

- 執行緒 3 看不到 x 或 y 的任何更新，它只看到它對 z 所做的更新。但是，這不會妨礙其他執行緒看到和 x、y 混合在一起的 z 的更新。

這是寬鬆操作有效的結果，但不是唯一有效的結果。和這三個變數一致的任何一組值，每個值依次存有 0 到 10，且執行緒會遞增給定變數的值，並印出這變數 0 到 9 的值，都是有效的。

認識寬鬆排序

要了解它的工作原理，想像每個變數都是在隔間內帶著記事本的人，他記事本上記的是數值序列。你可以打電話給他，要求他給你一個數值，或者你可以要他寫下新的數值。如果你要他寫下一個新值，他會將這值寫在序列的最後；如果你要求他提供一個值，他會從序列中讀取一個數字給你。

第一次與這個人交談的時候，如果你要求他提供一個值，他可能會從當時的序列中任意讀取一個；如果你再要求他給一個值，他可能會再次給你相同的值，或是從序列中比上次讀取更後面的位置讀取一個值給你，但他永遠不會從序列中讀取比上次較前面的值給你。如果你告訴他寫下一個數字，隨後要求他提供一個值，那麼他會給你你要他寫下的數字或序列中比這數字小的值。

再想像一下，他的序列剛開始有 5、10、23、3、1 和 2，如果你要求一個值，則可能得到其中任何一個。如果他給你 10，那麼下一次你要求值的時候他可能再給你 10 或 10 以後的任何一個，但不會給 5；例如，如果你向他要5 次，他可能提供「10、10、1、2、2」。如果你要他寫下 42，他會將這數字加到序列的末端；如果你再要求他提供一個值，他會一直給你「42」，直到他的序列上有另一個數字並感覺很想告訴你這數字為止。

現在，假設你的朋友 Carl 也有這人的電話號碼，因此 Carl 也可以打電話給他，要求他寫下一個數字或要求他提供一個，他對 Carl 也會採用和對你一樣的規則。因為他只有一台電話，所以一次只能接聽你們中一位的電話，因此他所填寫的序列是個很簡單的序列。但是，只因為你要他寫下了一個新數字，並不表示他必須告訴 Carl 這數字，反過來也是如此。如果 Carl 向他要一個數字並且得到「23」，那麼只因為你要求他寫下 42，並不表示他下次會告訴 Carl 這數字。他可以告訴 Carl 23、3、1、2、42 中的任何一個，甚至是在你之後 Fred 要他記下的 67。他可以清楚地告訴 Carl「23、3、3、1、67」，而不會與他告訴你的內容不一致。就像他透過用一個可以移動的便利貼對每個人追蹤他所提供的數字一樣，如圖 5.5 所示。

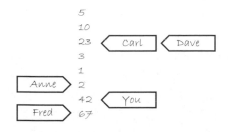

圖 5.5　在隔間那人的記事本

現在想一下，隔間裡不只一個人，而是有很多帶有電話和記事本的人。這些都是我們的原子變數，每個變數都有自己的修改順序（便條紙簿上的數值序列），但它們之間沒有關係。如果每個打電話者（你、Carl、Anne、Dave和 Fred）都是執行緒，那這是每個操作都使用 memory_order_relaxed 時得到的結果。還有一些額外的事可以告訴隔間裡的人，例如「寫下這數字，並告訴我序列底部的值是什麼」（exchange），及「如果位於底部的數字是那個的話，寫下這個數字；否則，請告訴我我應該猜到什麼」（compare_exchange_strong），但這並不會影響一般原則。

如果你思考程式列表 5.5 中程式的邏輯，則 write_x_then_y 就像某個人打電話給隔間裡叫 x 的人，並告訴他寫下 true，然後再打電話給隔間裡叫 y 的人，並告訴他寫下 true。執行 read_y_then_x 的執行緒反覆打電話給隔間裡的 y，要求他提供一個值直到他說 true 為止；然後再打電話給隔間的 x，也要求他提供一個值。隔間裡的 x 並沒有義務告訴你序列上任何特定的值，且有權說 false。

這使得寬鬆的原子操作很難處理，它們必須與有更強烈排序語義的原子操作結合使用，以便對執行緒間同步有幫助。除非絕對必要，否則我強烈建議你避免寬鬆的原子操作，甚至就算用也要格外小心地使用。在程式列表 5.5 得到的非直覺結果，只有在兩個執行緒和兩個變數下可以完成，因此不難想像當牽涉到更多執行緒和變數時，可能會有的複雜性。

要實現額外的同步，而且沒有全面順序一致性代價的一種方法，是使用**獲取 - 釋放排序**。

獲取 - 釋放排序

獲取 - 釋放排序是從寬鬆排序上發展而來的；雖然仍然沒有完全的操作排序，但是它確實引入了一些同步化。在這排序模式下，原子加載是**獲取**操作（memory_order_acquire），原子儲存是**釋放**操作（memory_order_release），而原子讀取 - 修改 - 寫入操作（例如 fetch_add() 或 exchange()）是**獲取**、**釋放**、或是兩者兼具（memory_order_acq_rel）。同步是在執行釋放的執行緒與執行獲取的執行緒之間成對進行。**釋放操作與讀取寫入值的獲取操作同步**，這表示不同的執行緒仍然可以看到不同的排序，但是這些排序是受限制的。以下程式列表不再用順序一致，而改用獲取 - 釋放語義來改寫程式列表 5.4。

程式列表 5.7　獲取 - 釋放並不意味著完全排序

```
#include <atomic>
#include <thread>
#include <assert.h>
std::atomic<bool> x,y;
std::atomic<int> z;
void write_x()
{
    x.store(true,std::memory_order_release);
}
void write_y()
{
```

```
    y.store(true,std::memory_order_release);
}
void read_x_then_y()
{
    while(!x.load(std::memory_order_acquire));
    if(y.load(std::memory_order_acquire))    ←❶
        ++z;
}
void read_y_then_x()
{
    while(!y.load(std::memory_order_acquire));
    if(x.load(std::memory_order_acquire))    ←❷
        ++z;
}
int main()
{
    x=false;
    y=false;
    z=0;
    std::thread a(write_x);
    std::thread b(write_y);
    std::thread c(read_x_then_y);
    std::thread d(read_y_then_x);
    a.join();
    b.join();
    c.join();
    d.join();
    assert(z.load()!=0);    ←❸
}
```

在這情況下，assert ❸ 會觸發（就像是在寬鬆排序的情況），因為 x 的加載
❷ 和 y 的加載 ❶ 都可能讀到 false。x 和 y 是由不同的執行緒寫入的，因此
從釋放到獲取的排序在每種情況下都不會對其他執行緒的操作產生影響。

圖 5.6 顯示來自程式列表 5.7 中的事前發生關係，伴隨著兩個各自對世界有
不同看法的讀取執行緒的可能結果。如之前的說明，因為沒有事前發生的關
係來強制排序，所以這是可能的。

169

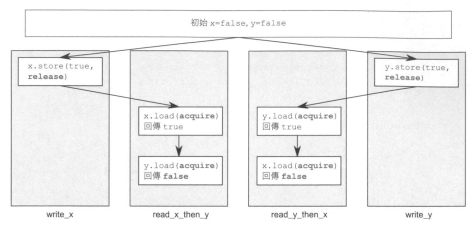

圖 5.6　獲取 - 釋放與事前發生

為了了解獲取 - 釋放排序的好處，需要考慮像程式列表 5.5 同一執行緒中的兩次儲存。如果像以下程式列表中那樣將對 y 的儲存改成用 memory_order_release，並將 y 的加載改為用 memory_order_acquire，則會在 x 的操作上強加一個排序。

程式列表 5.8　獲取 - 釋放操作可以在寬鬆操作上強加排序

```cpp
#include <atomic>
#include <thread>
#include <assert.h>
std::atomic<bool> x,y;
std::atomic<int> z;
void write_x_then_y()
{
    x.store(true,std::memory_order_relaxed);    ←❶
    y.store(true,std::memory_order_release);    ←❷
}
void read_y_then_x()
{                                          ❸ 自旋迴圈，等待
                                             y 被設為 true
    while(!y.load(std::memory_order_acquire));  ←
    if(x.load(std::memory_order_relaxed))       ←❹
        ++z;
}
int main()
{
    x=false;
    y=false;
    z=0;
```

```
    std::thread a(write_x_then_y);
    std::thread b(read_y_then_x);
    a.join();
    b.join();
    assert(z.load()!=0);  ◄── ❺
}
```

最後，當對 y 的儲存寫入 true ❷後，y 的加載❸將得到 true。因為儲存使用 memory_order_release，以及加載使用 emory_order_acquire，因此儲存與加載同步。因為它們在同一執行緒上，對 x ❶的儲存發生在對 y 的儲存❷之前；也因為對 y 的儲存與來自 y 的加載同步，所以對 x 的儲存也發生在 y 的加載之前，且會擴大到發生在 x 的加載❹之前，因此 x 的加載也會讀到 true，且 assert 不能觸發❺。如果來自 y 的加載不在 while 迴圈中，則不一定會是這種情況；y 的加載可能會讀到 false，在這情形下，對從 x 讀到的值沒有需求。為了提供任何的同步化，獲取和釋放操作必須要配對。釋放操作儲存的值必須能被獲取操作看到，這才能使它們都有效果。如果在❷的儲存和在❸的加載都是寬鬆的操作，則對 x 的存取就沒有排序，因此也無法保證在❹的加載會讀到 true，以及 assert 可以被觸發。

你仍然可以用在隔間中帶有記事本的人來思考獲取 - 釋放排序，但是必須在模型中增加更多內容。首先，假設每個完成的儲存都是一個批次更新的一部分，因此當你打電話給隔間的人要他寫下一個數字時，你也告訴他這更新是屬於那個批次：「請在批次 423 中寫下 99」。對這批次中最後一次的儲存，你也告訴這個人：「請寫下 147，這是批次 423 的最後一次儲存。」。然後，隔間的人適時地寫下這些資訊以及是誰提供的；這塑造了一個儲存 - 釋放操作。下次你告訴某人寫下一個數值時，你會增加批次編號：「請在批次 424 中寫下 41」。

當你要求一個數值時，現在可以選擇：你可以只要求一個值（這是一個寬鬆的加載），在這情形下，隔間的人只會給你數字；或你可以要求一個值及有關這個值是否是批次中的最後一個（這塑造了加載 - 獲取）。如果你要求提供批次資訊，而這個值不是批次中最後一個，則隔間的人會告訴你「數字是 987，這是一個＜常態＞值」，而如果它是批次中的最後一個，他會告訴你「數字是 987，是來自 Anne 批次 956 中的最後一個。」。現在這裡就是獲取 - 釋放語義發揮作用的地方：如果你在要求值的時候告訴隔間的人所有你知道的批次，那麼他將在他的序列中尋找你所提供所有批次的最後一個值，並且給你他找到的值，或給你一個更往後的值。

要如何塑造獲取 - 釋放語義？我們看一下範例。首先，執行緒 a 執行 write_x_then_y，並告訴隔間的 x 說：「請從執行緒 a 的批次 1 寫下 true」，他會適時地寫下來。然後執行緒 a 告訴隔間的 y 說：「請對執行緒 a 批次 1 的最後一次寫入 true。」，他也會適時地寫下。同時，執行緒 b 正執行 read_y_then_x，執行緒 b 持續要求隔間的 y 提供帶有批次資訊的值直到他說「true」為止。這可能會要求很多次，但最後這個人還是說了「true」。隔間的 y 不只是說「true」，他還說：「這是執行緒 a 批次 1 的最後一次寫入。」

現在，執行緒 b 繼續向隔間的 x 要求一個值，但是這次執行緒 b 說：「請問我能有一個值，而且我知道執行緒 a 的批次 1。」，現在，隔間的 x 必須從前面提到的執行緒 a 批次 1 中查看他的序列；他唯一提到的值是 true，這也是序列中的最後一個值，因此他必須讀出這個值，否則他就違反了遊戲規則。

如果回頭看一下 5.3.2 節執行緒間事前發生的定義，它的一個重要屬性就是它可以傳遞：如果執行緒間 *A* 發生在 *B* 之前，而執行緒間 *B* 又發生在 *C* 之前，則執行緒間 *A* 也會發生在 *C* 之前。這表示即使「中間」的執行緒並沒有接觸到這個資料，但獲取 - 釋放排序還是可以使用跨越多個執行緒的同步資料。

用獲取 - 釋放排序傳遞同步化

為了考慮傳遞排序，則至少需要三個執行緒。第一個執行緒修改了某些共享變數並對其中之一做了儲存 - 釋放；然後，第二個執行緒用加載 - 獲取讀取前面儲存 - 釋放的變數，並對第二個共享變數執行儲存 - 釋放；最後，第三個執行緒在第二個共享變數上執行加載 - 獲取。假設加載 - 獲取操作可以看到由儲存 - 釋放操作寫入的值以確保同步關係，則就算中間的執行緒沒有接觸過，第三個執行緒還是可以讀取被第一個執行緒儲存的其他變數的值。這情況展示在以下的程式列表。

程式列表 5.9　用獲取及釋放排序傳遞同步化

```cpp
std::atomic<int> data[5];
std::atomic<bool> sync1(false),sync2(false);
void thread_1()
{
    data[0].store(42,std::memory_order_relaxed);
    data[1].store(97,std::memory_order_relaxed);
    data[2].store(17,std::memory_order_relaxed);
```

```
    data[3].store(-141,std::memory_order_relaxed);
    data[4].store(2003,std::memory_order_relaxed);
    sync1.store(true,std::memory_order_release);        ◀——❶ 設定 sync1
}
void thread_2()
{                                                        ❷ 執行迴圈到 sync1
                                                            被設定為止
    while(!sync1.load(std::memory_order_acquire));   ◀——┘
    sync2.store(true,std::memory_order_release);     ◀——❸ 設定 sync2
}
void thread_3()
{                                                        ❹ 執行迴圈到 sync2
                                                            被設定為止
    while(!sync2.load(std::memory_order_acquire));   ◀——┘
    assert(data[0].load(std::memory_order_relaxed)==42);
    assert(data[1].load(std::memory_order_relaxed)==97);
    assert(data[2].load(std::memory_order_relaxed)==17);
    assert(data[3].load(std::memory_order_relaxed)==-141);
    assert(data[4].load(std::memory_order_relaxed)==2003);
}
```

即使 thread_2 只接觸到變數 sync1 ❷和 sync2 ❸，這也足以在 thread_1
和 thread_3 之間同步以確保 assert 不會觸發。首先，從 thread_1 儲存
的資料，因為在同一個執行緒排序在前，所以發生在儲存到 sync1 ❶之前。
因為 sync1 ❶的加載是在 while 迴圈中，所以它最後會看到從 thread_1
儲存的值，並形成了釋放 - 獲取對的後半部；因此，在 while 迴圈中儲存
到 sync1 會發生在 sync1 最後的加載之前。這加載排序在儲存到 sync2 ❸
之前（因此也發生在它之前），這從 thread_3 的 while 迴圈❹的最後加載
形成了釋放 - 獲取配對。因此，儲存到 sync2 ❸發生在加載之前，而後者又
發生在 data 加載之前。由於事前發生有傳遞性，因此可以將它們全部鏈接
在一起：儲存到 data 發生在儲存到 sync1 ❶之前，儲存到 sync1 發生在
從 sync1 加載❷之前，從 sync1 加載發生在儲存到 sync2 ❸之前，儲存到
sync2 發生在從 sync2 加載❹之前，而 sync2 加載則發生在從 data 加載
前，且 assert 不能觸發。

在這情況下，可以在 thread_2 用 memory_order_acq_rel 的讀取 - 修改 -
寫入操作，將 sync1 和 sync2 合併為一個變數。另一個選擇是用 compare_
exchange_strong() 確保值只有在 thread_1 的儲存被看到後才會更新：

```
std::atomic<int> sync(0);
void thread_1()
{
    // ...
    sync.store(1,std::memory_order_release);
```

173

```
}
void thread_2()
{
    int expected=1;
    while(!sync.compare_exchange_strong(expected,2,
                                        std::memory_order_acq_rel))
        expected=1;
}
void thread_3()
{
    while(sync.load(std::memory_order_acquire)<2);
    // ...
}
```

如果你使用讀取 - 修改 - 寫入操作，那麼挑選想要的語義很重要。在目前情
況下，獲取及釋放語義都需要，因此 memory_order_acq_rel 很合適，但
也可以使用其他排序。有 memory_order_acquire 語義的 fetch_sub 操
作因為不是釋放操作，所以即使儲存了值也不會與其他事情同步。同樣地，
因為有 memory_order_release 語義的 fetch_or 讀取部分並不是獲取操
作，所以也不能和儲存同步。有 memory_order_acq_rel 語義的讀取 - 修
改 - 寫入操作表現的既是獲取又是釋放，因此之前的儲存可以和這種操作同
步，並且也可以和之後的加載同步，就如本範例的情況。

如果將獲取 - 釋放操作與順序一致操作混合使用，則順序一致加載的表現會
類似獲取語義的加載，而順序一致儲存的表現會類似釋放語義的儲存，順序
一致的讀取 - 修改 - 寫入操作表現的就如同獲取和釋放這兩者的操作。寬鬆
操作仍然是寬鬆的，但是受到使用獲取 - 釋放語義引入的額外同步和隨後的
事前發生關係所束縛。

儘管結果可能不太直覺，但使用過上鎖的人也必須處理相同的排序問題：上
鎖互斥鎖是獲取操作，而解鎖互斥鎖是釋放操作。使用互斥鎖，你了解到必
須確保在讀取值時與寫入值時上鎖同一個互斥鎖，這在這裡仍然適用；為
了確保排序你的獲取和釋放操作必須在同一個變數上。如果用互斥鎖保護資
料，上鎖的排他性表示順序一致的上鎖和解鎖所得到的結果是無法區分的。
類似地，如果在原子變數上使用獲取和釋放排序來建構簡單的上鎖，則從使
用這上鎖程式的角度來看，即使內部操作不一致，但在行為上也將顯示出順
序一致。

如果你對原子操作不需要有順序一致排序的嚴謹性，則與順序一致操作需要的全域排序相比，獲取 - 釋放排序的成對同步化付出的代價可能較低。這裡的權衡是確保排序能正確工作，以及跨執行緒的非直覺行為不會出現問題所需要付出的心智成本。

獲取 - 釋放排序與 MEMORY_ORDER_CONSUME 的資料相依性

在本節的引言中，我談到 memory_order_consume 是獲取 - 釋放排序模式的一部分，但是它很明顯地未出席在之前的說明中；這是因為 memory_order_consume 很特殊：它與資料相依有關，它在 5.3.2 節提到的執行緒間事前發生的關係中引入了資料相依的細微差別。更特別的是 C++17 標準明確地建議不要使用它。因此，這裡只是為了完整性才涵蓋它：在程式中應該不要使用！

資料相依的概念相對比較簡單：如果兩個操作中，第二個是在第一個操作的結果上操作的話，則兩個操作之間就存有資料相依關係。有兩個處理資料相依的新的關係：**排序在前的相依**和**攜帶相依給的關係**。類似於之前的排序一樣，攜帶相依給的關係嚴格的應用在單執行緒，並對操作之間的資料依據相依關係建模；如果操作（A）的結果用作如操作（B）的運算元，則 A 攜帶相依給 B。如果操作 A 的結果是如 int 的純量型態的值，且如果將 A 的結果儲存在變數中，並將這變數作為操作 B 的運算元，則這關係仍然適用。這操作也是可傳遞的，因此，如果 A 攜帶相依給 B，而 B 攜帶相依給 C，則 A 會攜帶相依給 C。

另一方面，排序在前的相依關係可以應用於執行緒之間，它是藉由以 memory_order_acquire 標記的原子加載操作所引起，它限制同步資料為直接相依關係的 memory_order_consume 特例。標記為 memory_order_release、memory_order_acq_rel、或 memory_order_seq_cst 的儲存操作（A），與讀取儲存值標記為 memory_order_consume 的加載操作（B），它們之間就是排序在前的相依關係；這和如果加載使用 memory_order_acquire 所得到的同步關係相反。如果操作（B）攜帶相依給操作（C），則 A 和 C 也會是排序在前的關係。

如果它不影響執行緒間事前發生關係，那麼這對同步的目的就沒有什麼好處，但是如果 A 是排序在 B 之前的相依，則在執行緒間 A 也是在 B 之前發生，這樣對同步化就有好處了。

這種記憶體排序的一個重要用途是原子操作在指向某些資料的指標上加載；透過在加載上使用 memory_order_consume，且在先前的儲存上使用 memory_order_release，可以確保所指向的資料正確同步，也不會在其他任何非相依的資料上施加任何同步要求。以下的程式列表顯示了這情況的範例。

程式列表 5.10　用 `std::memory_order_consume` 同步資料

```
struct X
{
    int i;
    std::string s;
};
std::atomic<X*> p;
std::atomic<int> a;
void create_x()
{
    X* x=new X;
    x->i=42;
    x->s="hello";
    a.store(99,std::memory_order_relaxed);   ◀━❶
    p.store(x,std::memory_order_release);     ◀━❷
}
void use_x()
{
    X* x;
    while(!(x=p.load(std::memory_order_consume)))   ◀━❸
        std::this_thread::sleep(std::chrono::microseconds(1));
    assert(x->i==42);   ◀━❹
    assert(x->s=="hello");   ◀━❺
    assert(a.load(std::memory_order_relaxed)==99);   ◀━❻
}
int main()
{
    std::thread t1(create_x);
    std::thread t2(use_x);
    t1.join();
    t2.join();
}
```

即使存到 a ❶排序在存到 p ❷之前，且存到 p 被標記為 memory_order_release，p 的加載也被標記為 memory_order_consume，這表示對 p 的儲存只發生在和 p 加載的值相依的表示式之前，這也因為 p 的加載攜帶了相依性，因此在 X 結構資料成員上的 assert（❹和❺）保證不會被觸發。在

另一方面，在 a 值上的 assert ❻ 會不會被觸發都有可能；這操作與 p 加載的值無關，因此也無法保證所讀取的值，因為它被標記為 memory_order_relaxed，所以這特別明顯。

有時候，你不想要支付攜帶相依的代價，你希望編譯器能夠在暫存器中暫存這值並將操作重新排序以優化程式，而不是對相依關係大驚小怪。在這些情況下，可以使用 std::kill_dependency() 明顯地打破相依關係鏈。std::kill_dependency() 是一個簡單的函式樣板，它將提供的引數複製到回傳值，並因為這樣做而破壞相依關係鏈。例如，如果你有一個全域唯讀陣列，當從另一個執行緒取得這陣列的一個索引時使用了 std::memory_order_consume，則也可以使用 std::kill_dependency() 讓編譯器知道它不需要重新讀取陣列項目的內容，就如以下範例所示：

```
int global_data[]={ … };
std::atomic<int> index;
void f()
{
    int i=index.load(std::memory_order_consume);
    do_something_with(global_data[std::kill_dependency(i)]);
}
```

在實際程式中，只要在企圖使用 memory_order_consume 的地方改用 memory_order_acquire，那就不必使用 std::kill_dependency 了。

現在，我已經介紹了記憶體排序的基礎，是時候看一下「與它同步」關係中比較複雜的部分了，這些是以*釋放排序*的形式顯現。

5.3.4 釋放排序及與它同步

我在 5.3.1 節曾提到，只要所有操作都被適當標記，即使在原子變數儲存以及另一個執行緒對這原子變數加載之間存有讀取 - 修改 - 寫入操作，這儲存和加載之間還是能得到同步關係。我已經介紹了可能的記憶體排序「標籤」，現在可以更詳細說明這個部分。如果儲存用 memory_order_release、memory_order_acq_rel、 或 memory_order_seq_cst 標記，且在一串鏈操作中每一個都是加載前一個操作所寫入的值，則這一串鏈操作構成了一個*釋放排序*，且初始儲存與最終的加載是同步（對 memory_order_acquire 或 memory_order_seq_cst），或是排序在前相依（對 memory_order_consume）。在這一串鏈中的任何原子讀取 - 修改 - 寫入操作都可以有*任何*的記憶體排序（甚至是 memory_order_relaxed）。

177

要了解它的含意以及重要性，請考慮用 atomic<int> 當成共享佇列中項目數的 count，如以下的程式列表所示。

程式列表 5.11　用原子操作從佇列中讀取值

```cpp
#include <atomic>
#include <thread>
std::vector<int> queue_data;
std::atomic<int> count;
void populate_queue()
{
    unsigned const number_of_items=20;
    queue_data.clear();
    for(unsigned i=0;i<number_of_items;++i)
    {
        queue_data.push_back(i);
    }

    count.store(number_of_items,std::memory_order_release);    ❶ 初始的
}                                                                 儲存
void consume_queue_items()
{
    while(true)
    {
        int item_index;                                        一個 RMW 操作 ❷
        if((item_index=count.fetch_sub(1,std::memory_order_acquire))<=0)
        {
            wait_for_more_items();    ❸ 等待更多
            continue;                    項目
        }
        process(queue_data[item_index-1]);    ❹ 安全的讀取
    }                                            queue_data
}
int main()
{
    std::thread a(populate_queue);
    std::thread b(consume_queue_items);
    std::thread c(consume_queue_items);
    a.join();
    b.join();
    c.join();
}
```

一種處理方法是讓一個執行緒產生要存在共享緩衝區的資料，然後執行 count.store(number_of_items, memory_order_release) ❶來讓其他執行緒知道資料是可用的。未耗用佇列項目的執行緒在讀取共享緩衝區❹之前，可以執行 count.fetch_sub(1, memory_order_acquire) ❷從佇列中要求一個項目。當 count 變為零，表示沒有更多的項目了，且執行緒必須等待❸。

如果有一個消耗用的執行緒，那很好。fetch_sub() 是有 memory_order_acquire 語義的讀取，且儲存有 memory_order_release 語義，因此儲存與加載同步，且執行緒可以從緩衝區讀取儲存的項目。如果有兩個執行緒在讀取，則第二個 fetch_sub() 將看到第一個寫入的值，而不是儲存所寫入的值。如果沒有關於釋放排序的規則，那麼第二個執行緒和第一個執行緒就不會有事前發生的關係，因此除非第一個 fetch_sub() 也有 memory_order_release 語義，否則讀取共享緩衝區將是不安全的，這會在兩個消耗用的執行緒之間引入不必要的同步。如果在 fetch_sub 操作上沒有釋放排序規則或 memory_order_release，就不會要求第二個耗用者可以看到 queuc_data 的儲存，且會出現資料競爭。還好，第一個 fetch_sub() 確實參與了釋放排序，因此 store() 會與第二個 fetch_sub() 同步。但在兩個耗用者執行緒之間仍然沒有同步關係，如圖 5.7 所示；圖中的虛線表示釋放排序，實線表示事前發生的關係。

串鏈中可以有任意數量的鏈結，但前提是它們都是像 fetch_sub() 的讀取 - 修改 - 寫入操作，store() 也仍將與每個標記為 memory_order_acquire 的鏈結保持同步。在這範例中，所有鏈接都相同，且都是獲取操作，但它們也可以是有不同記憶體排序語義的不同操作的混合。

儘管大多數同步關係來自於應用在原子變數操作上的記憶體排序語義，但這也可以透過使用柵欄來引入額外排序的約束。

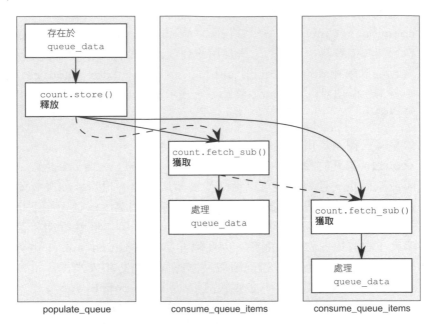

圖 5.7　程式列表 5.11 中佇列操作的釋放排序

5.3.5 柵欄

如果缺少了柵欄，原子操作函式庫就不完整。柵欄是在不修改任何資料的情況下強制執行記憶體排序約束的操作，通常與使用 memory_order_relaxed 排序約束的原子操作結合在一起。柵欄是全域操作，會影響執行柵欄的執行緒中其他原子操作的排序。柵欄因為它們在程式中安排了一條某些操作不能跨越的界線，有時候也被稱為**記憶體屏障**。你可以回想 5.3.3 節中，在分開變數上的寬鬆操作，通常可由編譯器或硬體自由地重新排序；但柵欄限制了這種自由，並引入了之前不存在的事前發生及與它同步的關係。

讓我們從為程式列表 5.5 中每個執行緒上的兩個原子操作之間添加柵欄開始，如以下程式列表所示。

程式列表 5.12　用柵欄對寬鬆操作排序

```
#include <atomic>
#include <thread>
#include <assert.h>
std::atomic<bool> x,y;
std::atomic<int> z;
```

```
void write_x_then_y()
{
    x.store(true,std::memory_order_relaxed);   ←❶
    std::atomic_thread_fence(std::memory_order_release);   ←❷
    y.store(true,std::memory_order_relaxed);   ←❸
}
void read_y_then_x()
{
    while(!y.load(std::memory_order_relaxed));   ←❹
    std::atomic_thread_fence(std::memory_order_acquire);   ←❺
    if(x.load(std::memory_order_relaxed))   ←❻
        ++z;
}
int main()
{
    x=false;
    y=false;
    z=0;
    std::thread a(write_x_then_y);
    std::thread b(read_y_then_x);
    a.join();
    b.join();
    assert(z.load()!=0);   ←❼
}
```

因為 y 在 ❹ 的加載讀取儲存在 ❸ 的值,所以釋放柵欄 ❷ 與獲取柵欄 ❺ 同步。這表示在 ❶ 對 x 的儲存發生在 ❻ x 的加載之前,因此讀到的值必須為 true,且在 ❼ 的 assert 不會觸發。這與原來沒有柵欄下存到 x 和從 x 加載沒有排序,因此 assert 可能會觸發的情況形成對比。請注意,這兩個柵欄都是必要的:在一個執行緒上需要釋放,在另一個上需要獲取,這樣才能得到同步關係。

在這情況下,釋放柵欄 ❷ 與用 memory_order_release 而不是 memory_order_relaxed 標記存到 y ❸ 有相同的效果。類似地,獲取柵欄 ❺ 就好像用 memory_order_acquire 標記的從 y 加載 ❹。這是使用柵欄的一般想法:如果發生在獲取柵欄之前的加載看到釋放操作的結果,釋放操作會與獲取柵欄同步。你可以如同這裡的範例,在兩側都設置柵欄;在這種情況下,如果在獲取柵欄前的加載看到由發生在釋放柵欄之後儲存所寫入的值,則釋放柵欄會與獲取柵欄同步。

雖然柵欄的同步由在柵欄之前或之後讀取或寫入值的操作所決定,但重要的是同步點是柵欄本身。如果將程式列表 5.12 中 write_x_then_y 像以下程

式碼片段，將寫到 x 移到柵欄之後，那麼即使對 x 的寫入在對 y 的寫入之前，在 assert 內的條件也不再保證為 true：

```
void write_x_then_y()
{
    std::atomic_thread_fence(std::memory_order_release);
    x.store(true,std::memory_order_relaxed);
    y.store(true,std::memory_order_relaxed);
}
```

這兩個操作不再被柵欄隔開，因此不再被排序。只有在柵欄出現在存到 x 和存到 y 之間時，它才會強制排序。柵欄是否存在，不會影響因為其他原子操作而存在的事前發生關係上的強制排序。

這個例子以及幾乎本章到目前為止所有的範例，都是完全由具有原子型態的變數所建構的。但是用原子操作強制排序的真正好處是，它們可以對非原子操作強制排序，並避免資料競爭的未定義行為，如之前的程式列表 5.2 所示。

5.3.6　用原子對非原子操作進行排序

如果將程式列表 5.12 中的 x 用傳統的非原子 bool 取代（如以下程式列表所示），則可以保證有相同的行為。

程式列表 5.13　非原子操作上的強制排序

```
#include <atomic>
#include <thread>              ❶ 現在 x 為單純
#include <assert.h>              的非原子變數
bool x=false;         ◄────
std::atomic<bool> y;
std::atomic<int> z;
void write_x_then_y()    ❷ 在柵欄前對 x
{                          的儲存
    x=true;           ◄────
    std::atomic_thread_fence(std::memory_order_release);
    y.store(true,std::memory_order_relaxed);  ◄────
}                                             ❸ 在柵欄後對 y
void read_y_then_x()                              的儲存
{
    while(!y.load(std::memory_order_relaxed));  ◄─── 等待看到❷的寫入為止
    std::atomic_thread_fence(std::memory_order_acquire);
    if(x)             ◄────
        ++z;
}                        ❹ 讀取❶寫入的值
```

```
int main()
{
    x=false;
    y=false;
    z=0;
    std::thread a(write_x_then_y);
    std::thread b(read_y_then_x);
    a.join();
    b.join();
    assert(z.load()!=0);        ◀━━❺ 這 assert 不會觸發
}
```

柵欄仍然對存到 x ❶ 和存到 y ❷，以及從 y 加載 ❸ 和從 x 加載 ❹ 提供強制排序，且在存到 x 和 x 的加載之間仍然存在事前發生的關係，因此 assert ❺ 仍然不會觸發。存到 y ❷ 和從 y 加載 ❸ 仍然必須是原子的，否則在 y 上將發生資料競爭，但是當讀取的執行緒看到了 y 的儲存值，柵欄就會對 x 上的操作強制排序。這種強制的排序意味著即使 x 被一個執行緒修改並被另一個執行緒讀取，x 上也不會有資料競爭。

不只是柵欄可以排序非原子操作，在程式列表 5.10 中也已經顯示用 memory_order_release/memory_order_consume 配對對動態配置物件的非原子存取排序的效果，且本章中的許多範例都可以用單純的非原子操作取代 memory_order_relaxed 中的某些操作而改寫。

5.3.7 非原子操作排序

經由用原子操作對非原子操作排序，是事前發生中的事前排序部分變得如此重要的地方。如果非原子操作在原子操作之前排序，且這原子操作發生在另一個執行緒中的操作之前，則非原子操作也會在這個執行緒的操作之前發生。這就是程式列表 5.13 中 x 操作上排序的來源，以及程式列表 5.2 中範例有作用的原因。這也是 C++ 標準函式庫中如互斥鎖和條件變數等較高階同步工具的基礎；要了解它如何作用，請參考程式列表 5.1 中的簡單自旋互斥鎖。

lock() 操作是在使用 std::memory_order_acquire 排序 flag.test_and_set() 上的迴圈，而 unlock() 是對使用 std::memory_order_release 排序 flag.clear() 的呼叫。當第一個執行緒呼叫 lock() 時，這標記最初是清除的，因此第一次呼叫 test_and_set() 將設定這標記並回傳 false，表示這執行緒現在已經上鎖並終止迴圈；然後，這執行緒可以自由地修改由互斥鎖保護的任何資料。此時任何其他呼叫 lock() 的執行緒會發現標記已經設定，並將在 test_and_set() 迴圈中被擋住。

當此上鎖的執行緒完成對受保護資料的修改後，它呼叫 unlock()，而 unlock() 用 std::memory_order_release 語義呼叫 flag.clear()；然後，這會與隨後另一個執行緒上對 lock() 的調用呼叫 flag.test_and_set() 同步（請參閱第 5.3.1 節），因為這呼叫有 std::memory_order_acquire 語義。因為對受保護資料的修改必須排序在 unlock() 呼叫之前，所以這修改會發生在 unlock() 之前，因此也發生在從第二個執行緒隨後對 lock() 呼叫之前（因為在 unlock() 和 lock() 之間的同步關係），並且發生在第二個執行緒獲取上鎖後對這資料的任何存取之前。

雖然其他互斥鎖實作會有不同的內部操作，但基本原理是相同的：lock() 是內部記憶體位置上的獲取操作，而 unlock() 是在相同記憶體位置上的釋放操作。

第 2、3 和 4 章中描述的每種同步機制都是按照「與它同步關係」提供排序保證，這就是讓你能夠使用它們同步資料並提供排序保證的原因。以下是這些工具所提供的同步關係：

std::thread

- std::thread 建構函式的完成與新執行緒上提供的函式或可呼叫物件的呼叫同步。

- 執行緒的完成與在擁有這執行緒的 std::thread 物件上成功呼叫 join 的回傳同步。

std::mutex、std::timed_mutex、std::recursive_mutex、std::recursive_timed_mutex

- 在指定**互斥鎖**物件上，所有對 lock、unlock 的呼叫，以及對 try_lock、try_lock_for、或 try_lock_until 成功的呼叫，都形成了單一的互斥鎖完全**上鎖排序**。

- 在指定互斥鎖物件上對解鎖的呼叫，與這物件在互斥鎖上鎖排序上後續對上鎖的呼叫，或隨後對 try_lock、try_lock_for、或 try_lock_until 成功的呼叫同步。

- 對 try_lock、try_lock_for 或、try_lock_until 不成功的呼叫不參與任何同步關係。

std::shared_mutex、std::shared_timed_mutex

- 在指定互斥鎖物件上,所有對 lock、unlock、lock_shared 和 unlock_shared 的呼叫,以及對 try_lock、try_lock_for、try_lock_until、try_lock_shared、try_lock_shared _for、或 try_lock_shared_until 成功的呼叫,都形成了單一的互斥鎖上鎖完全排序。

- 在指定互斥鎖物件上對解鎖的呼叫,與這物件在互斥鎖上鎖排序上隨後的 lock 或 shared_lock 呼叫,或對 try_lock、try_lock_for、try_lock_until、try_lock_shared、try_lock_shared_for 或 try_lock_shared_until 成功的呼叫同步。

- 對 try_lock、try_lock_for、try_lock_until、try_lock_shared、try_lock_shared_for、或 try_lock_shared_until 不成功的呼叫不參與任何同步關係。

std::promise、std::future 及 std::shared_future

- 在指定的 std::promise 物件上成功完成對 set_value 或 set_exception 的呼叫,與從對 wait 或 get 的成功回傳,或在與這約定共享相同非同步狀態的期約上對回傳為 std::future_status::ready 的呼叫 wait_for 或 wait_until 同步。

- 在與相關聯約定共享非同步狀態下,儲存 std::future_error 例外的指定 std::promise 物件的解構函式,與從呼叫 wait 或 get 的成功回傳,或在與這約定共享相同非同步狀態的期約上對回傳為 std::future_status::ready 的呼叫 wait_for 或 wait_until 同步。

std::packaged_task、std::future 及 std::shared_future

- 成功完成對指定 std::packaged_task 物件上函式呼叫運算子的呼叫,與從呼叫 wait 或 get 的成功回傳,或在與這封包工作共享相同非同步狀態的期約上對回傳為 std::future_status::ready 的呼叫 wait_for 或 wait_until 同步。

- 在與封包工作相關聯共享非同步狀態上儲存 std::future_error 例外的指定 std::packaged_task 物件的解構函式,與從呼叫 wait 或 get 的成功回傳,或在與這封包工作共享相同非同步狀態的期約上對回傳為 std::future_status::ready 的呼叫 wait_for 或 wait_until 同步。

`std::async`、`std::future` 及 `std::shared_future`

- 用 `std::launch::async` 策略呼叫 `std::async` 以完成執行緒執行工作的啟動，與從呼叫 `wait` 或 `get` 的成功回傳，或在與這產生的工作共享相同非同步狀態的期約上對回傳為 `std::future_status::ready` 的呼叫 `wait_for` 或 `wait_until` 同步。

- 用 `std::launch::deferred` 策略呼叫 `std::async` 以完成工作的啟動，與從呼叫 `wait` 或 `get` 的成功回傳，或在與這約定共享相同非同步狀態的期約上對回傳為 `std::future_status::ready` 的呼叫 `wait_for` 或 `wait_until` 同步。

`std::experimental::future`、`std::experimental::shared_future` 及延續

- 造成非同步共享狀態變成備妥的事件，與在這共享狀態上排程的延續函式調用同步。

- 延續函式的完成與呼叫 `wait` 或 `get` 的成功回傳，或在期約上對回傳為 `std::future_status::ready` 的呼叫 `wait_for` 或 `wait_until` 同步；這期約與從延續排程的呼叫所回傳的期約或在它上面任何延續排程的調用，共享相同非同步狀態。

`std::experimental::latch`

- 在 `std::experimental::latch` 指定實體上每一個對 `count_down` 或 `count_down_and_wait` 呼叫的調用，與在這閂鎖上完成的每一個對 `wait` 或 `count_down_and_wait` 成功的呼叫同步。

`std::experimental::barrier`

- 在 `std::experimental::barrier` 指定實體上每一個對 `arrive_and_wait` 或 `arrive_and_drop` 呼叫的調用，與在這屏障上完成後續每一個對 `arrive_and_wait` 成功的呼叫同步。

`std::experimental::flex_barrier`

- 在 `std::experimental::flex_barrier` 指定實體上每一個對 `arrive_and_wait` 或 `arrive_and_drop` 呼叫的調用，與在這屏障上完成後續每一個對 `arrive_and_wait` 成功的呼叫同步。

- 在 `std::experimental::flex_barrier` 指定實體上每一個對 `arrive_and_wait` 或 `arrive_and_drop` 呼叫的調用，與在這屏障上後續對完成函式的調用同步。

- 在 `std::experimental::flex_barrier` 指定實體上完成函式的回傳，與在屏障上完成每一個對 `arrive_and_wait` 的呼叫同步，而當調用完成函式時這呼叫會為屏障阻擋等待。

`std::condition_variable` 及 `std::condition_variable_any`

- 條件變數不提供任何同步關係，它們是繁忙 - 等待迴圈中的最佳化，且所有同步都由相關聯互斥鎖上的操作提供。

本章小結

在本章中，我介紹了 C++ 記憶體模型的低階細節以及提供執行緒間同步基礎的原子操作。這包括由特殊化 `std::atomic<>` 類別樣板提供的基本原子型態，以及主要 `std::atomic<>` 和 `std::experimental::atomic_shared_ptr<>` 樣板提供的通用原子介面，在這些型態上的操作以及各種記憶體排序選項的複雜細節等。我們還探討了柵欄以及它們如何與原子型態的操作配對以強制排序。最後，我們從頭開始看一下原子操作如何可以用於不同的執行緒上強制非原子操作之間的排序，以及高階工具所提供的同步關係。

在下一章，我們將討論用高階同步工具及原子操作來設計併發存取的有效容器，並撰寫平行處理資料的演算法。

基於上鎖機制的併發資料結構設計

本章涵蓋以下內容

- 設計併發的資料結構意味著什麼？
- 做法指引
- 為併發設計的資料結構範例實作

在上一章，我們探討了原子操作和記憶體模型的低階細節。在本章中，我們將先跳脫低階細節（雖然在第 7 章中將需要用到它們），並考慮資料結構。

選擇用於程式設計問題上的資料結構可能是整個解決方案的關鍵部分，在平行程式設計方面也不例外。如果一個資料結構與多個執行緒存取有關，要麼它必須是完全不可變的，致使資料不會被更改，因此也不需要同步，或是在程式設計上必須確保資料的更改在執行緒之間正確同步。一個選擇是使用我們在第 3 章和第 4 章中的技術，以分開的互斥鎖和外部上鎖來保護資料，另一個選擇是針對併發存取而設計資料結構的本身。

當為併發設計資料結構時，可以使用前面章節中像是互斥鎖及條件變數等多執行緒應用程式的基本建構區塊。實際上，你已經看過了一些範例展示如何結合這些建構區塊，以撰寫能從多個執行緒安全併發存取的資料結構。

本章我們將從檢視一些併發資料結構設計的一般指引開始。然後，我們將採用上鎖和條件變數的基本建構區塊，並在移到更複雜的資料結構之前，再看一下這些基本資料結構。在第 7 章中，我們將研究如何回到基礎，並使用第 5 章中描述的原子操作來建構不需要上鎖的資料結構。

因此，不需要再多費力解釋，先讓我們看看設計併發資料結構所涉及的內容。

6.1 併發設計是什麼意思？

在基本層次上，為併發設計的資料結構表示，不論執行的操作是否相同，多個執行緒可以併發存取資料結構，並且每個執行緒將看到這資料結構自己的一貫性。沒有任何資料會遺失或損壞，所有不變性都將得到維護，而且也不會出現有問題的競爭條件；這樣的資料結構被稱為是**執行緒安全的**。一般而言，只有在特定型式下的併發存取資料結構才會是安全的。可能有多個執行緒在資料結構上併發執行一種型態的操作，而另一個操作則需要單執行緒進行獨占存取。另外，如果多個執行緒執行**不同的**動作，它們併發的存取資料結構可能是安全的，但多個執行緒執行**相同的**動作則可能會出現問題。

但是真正地為併發設計還意味著更多：它表示**提供併發機會給存取資料結構的執行緒**。從本質上看，互斥鎖提供**互相排斥**，即一次只能有一個執行緒獲得這互斥鎖的上鎖。互斥鎖藉由明顯地**避免**對它保護的資料真正併發存取來保護資料結構。

這是所謂的**序列化**，即執行緒輪流存取受互斥鎖保護的資料；它們必須依序而不是併發的存取。因此，為了能夠真正的併發，必須仔細地思考資料結構的設計。某些資料結構比其他資料結構對真正的併發有更大範圍，但在所有情況下的想法都相同：受保護的區域越小，序列化的操作越少，則併發的可能性就會越大。

在探討某些資料結構設計之前，讓我們先快速看一下一些簡單的指引，以了解在設計併發時應考慮的事。

6.1.1 設計併發資料結構的指引

正如我所提到的，當為併發存取設計資料結構的時候，需要考慮兩個面向：確保存取是**安全的**，以及**能夠**真正的併發存取。至於如何使資料結構成為執行緒安全的基礎，包含在第 3 章中：

- 確保沒有執行緒能看到資料結構的不變性已被另一個執行緒的動作所破壞的狀態。

- 藉由提供完整操作的函式而不是操作步驟，以小心避免資料結構介面中固有的競爭條件。

- 注意在出現例外時資料結構的行為，以確保不變性不會被破壞。

- 使用資料結構時，透過限制上鎖的範圍及避免可能的巢狀上鎖，來減少發生僵局的機會。

在思考所有這些細節之前，先想一下要對資料結構的使用者施加什麼約束也很重要；如果一個執行緒在透過特定函式存取資料結構，那麼哪一個函式可以從其他執行緒安全地呼叫？

這是一個需要考慮的關鍵問題。通常，建構函式和解構函式需要對資料結構有獨占的存取，但這是由使用者確保在建構完成之前或開始解構之後不會存取它們。如果資料結構支援指派、swap()、或複製建構，則身為資料結構的設計者，必須要確定這些操作與其他操作併發呼叫是否安全；或者縱使對這資料結構操作的大多數函式可能是由多個執行緒呼叫，且不會產生任何問題，但是否還是需要使用者確保獨占的存取。

要考慮的第二個面向是能夠真正的併發存取。對這點我無法提供太多的指引；替代的，這裡有一些問題要問資料結構的設計者自己：

- 上鎖的範圍是否可以限制允許操作的某些部分在上鎖範圍外執行？

- 資料結構的不同部分是否可以用不同的互斥鎖保護？

- 所有操作是否都需要相同層級的保護？

- 在不影響操作語義下，簡單的更改資料結構是否就可以改善併發的機會？

所有這些問題都由一個想法指引：要如何使必須發生的序列化數量最小化，並能夠使真正的併發量最大化？對只允許多個執行緒併發讀取資料結構，但修改資料結構的執行緒則必須能獨佔的存取，這情況並不少見。這可以透過使用像是 std::shared_mutex 的建構來支援。類似地，你很快就會看到，對資料結構支援執行不同操作的執行緒併發存取，同時對嘗試執行相同操作的執行緒進行序列化，這也很常見。

最簡單的執行緒安全資料結構通常用互斥鎖及上鎖保護資料。如在第 3 章所看到的，雖然在這上面有些問題，但它確保一次只有一個執行緒存取資料結構相對比較容易。為了讓你能輕鬆進入執行緒安全資料結構的設計，我們在本章將繼續研究這種基於上鎖的資料結構，而留到第 7 章再討論不使用上鎖的併發資料結構設計。

6.2　基於上鎖的併發資料結構

基於上鎖的併發資料結構的設計是確保在存取資料時上鎖正確的互斥鎖，且將此上鎖保持最短的時間。當只有一個互斥鎖保護資料結構時，這將非常困難；如第 3 章所顯示的，你必須確保在互斥鎖上鎖保護以外無法存取這資料，且介面中沒有固有的競爭條件。如果你使用分開的互斥鎖來保護資料結構不同的部件，這些問題會更複雜，而且如果在資料結構上的操作需要多個互斥鎖上鎖，則也會有出現僵局的可能。因此，對多個互斥鎖資料結構的設計，要比對單個互斥鎖資料結構設計，要更加仔細地考慮。

在本節中，你將在幾個簡單資料結構的設計上應用第 6.1.1 節的指引，並用互斥鎖和上鎖來保護資料。對每種情況，在確保資料結構保持執行緒安全要求下，你都將尋找能夠更多併發的機會。

讓我們從第 3 章堆疊的實作開始；它是最簡單的資料結構之一，並且只使用一個互斥鎖。它是執行緒安全嗎？從達成真正併發的角度來看它的情況如何？

6.2.1　使用上鎖的執行緒安全堆疊

第 3 章中的執行緒安全堆疊重寫於以下程式列表，目的是撰寫類似 std::stack<> 的執行緒安全資料結構，並支援將資料項推入堆疊以及將它們再次彈出的操作。

程式列表 6.1　執行緒安全堆疊類別的定義

```
#include <exception>
struct empty_stack: std::exception
{
    const char* what() const throw();
};
template<typename T>
class threadsafe_stack
{
private:
    std::stack<T> data;
    mutable std::mutex m;
public:
    threadsafe_stack(){}
    threadsafe_stack(const threadsafe_stack& other)
    {
        std::lock_guard<std::mutex> lock(other.m);
```

```
        data=other.data;
    }
    threadsafe_stack& operator=(const threadsafe_stack&) = delete;
    void push(T new_value)
    {
        std::lock_guard<std::mutex> lock(m);
        data.push(std::move(new_value));    ◄━❶
    }
    std::shared_ptr<T> pop()
    {
        std::lock_guard<std::mutex> lock(m);
        if(data.empty()) throw empty_stack();    ◄━❷
        std::shared_ptr<T> const res(
            std::make_shared<T>(std::move(data.top())));    ◄━❸
        data.pop();    ◄━❹
        return res;
    }
    void pop(T& value)
    {
        std::lock_guard<std::mutex> lock(m);
        if(data.empty()) throw empty_stack();
        value=std::move(data.top());    ◄━❺
        data.pop();    ◄━❻
    }
    bool empty() const
    {
        std::lock_guard<std::mutex> lock(m);
        return data.empty();
    }
};
```

讓我們依次查看每一個指引,並看它們如何應用到這裡。

首先可以看到,利用互斥鎖 m 上鎖來保護每個成員函式,以提供基本的執行緒安全。這樣可以確保在任何時間只有一個執行緒存取資料,因此,假如每個成員函式都能維持不變性,則沒有執行緒可以看到不變性的損壞。

其次,在 empty() 和兩個 pop() 函式之間可能會有競爭條件,但因為程式在保持 pop() 的上鎖時,會明顯地檢查所包含的堆疊是否是空的,因此這個競爭條件也不會造成問題。藉由回傳彈出的資料項直接當成對 pop() 呼叫的一部分,可以避免如同 std::stack<> 的成員函式般,出現在個別 top() 和 pop() 成員函式的可能競爭條件。

接下來，有一些可能的例外來源。上鎖互斥鎖可能會拋出例外，但這不只是非常罕見（因為這表示互斥鎖有問題或缺少系統資源），它也是每個成員函式中的第一個操作。因為沒有資料被修改，所以這是安全的。互斥鎖解鎖不會失敗，因此這一定是安全的，並用 std::lock_guard<> 確保互斥鎖永遠不會留下上鎖狀態。

如果複製 / 移動資料值會拋出例外，或者沒有足夠的記憶體可以分配給擴大的基本資料結構，則對 data.push() 的呼叫❶可能會拋出例外。無論哪種方式，std::stack<> 都會保證它是安全的，所以這也不是問題。

在 pop() 的第一個多載中，程式本身可能會拋出 empty_stack 例外❷，但因為沒有任何修改，因此很安全。但是，res 的建立❸可能會拋出例外，這有兩個原因：呼叫 std::make_shared 可能會因為無法為新物件配置記憶體以及內部資料需要參照計數而會拋出例外；或者當複製 / 移動到新分配的記憶體時，要回傳資料項目的複製建構函式或移動建構函式可能會拋出例外。在這兩種情況下，C++ 執行期和標準函式庫會確保沒有記憶體洩漏，且新物件（如果有的話）會確實被銷毀。因為你仍然未修改基本堆疊，所以這是可以的。對 data.pop() ❹的呼叫保證不會拋出例外，回傳的結果也是如此，因此 pop() 的多載對例外是安全的。

pop() 的第二個多載也類似，不同的是這次可能是由複製指定或移動指定運算子拋出例外❺，而不是新建構的物件和 std::shared_ptr 實體。再一次，在呼叫 data.pop() ❻之前，你也不會修改資料結構，這仍然保證不會拋出例外，因此這個多載對例外也是安全的。

最後，因為 empty() 也不會修改任何資料，因此對例外也是安全的。

這裡有一些產生僵局的機會，因為在保持上鎖時呼叫了使用者程式：在包含資料項上的複製建構函式或移動建構函式（❶、❸）及複製指定或移動指定運算子❺，以及可能由使用者定義的 operator new。如果這些函式在要插入或從中移出項目的堆疊上呼叫成員函式，或者需要任何類型的上鎖，及在呼叫堆疊成員函式時保持另一個上鎖，就有可能出現僵局。要求堆疊的使用者負責確保這一點是明智的做法；你不能預期將項目加到堆疊或從堆疊中移出而不複製或為它分配記憶體是合理的。

因為所有成員函式都使用 std::lock_guard<> 保護資料，所以任意數量的執行緒呼叫堆疊成員函式都是安全的。唯一不安全的成員函式是建構函式和解構函式，但這不會造成問題，因為物件只能被建構及銷毀一次。無論是否

執行併發，在未完全建構或部分被銷毀的物件上呼叫成員函式絕對不是一個好主意。因此，使用者必須確保在堆疊完全建構之前其他執行緒不會存取這堆疊，且必須確保在堆疊被銷毀前所有執行緒都已停止對這堆疊的存取。

雖然多個執行緒併發呼叫成員函式是安全的，但是因為使用上鎖，所以同一時間只有一個執行緒在堆疊資料結構上進行工作。這執行緒的*序列化*，在對堆疊有大量爭奪的情形下，可能會限制應用程式的性能：當執行緒在等待上鎖時，它沒有執行任何有用的工作。而且，這堆疊並未提供任何等待項目加入的方法，因此如果執行緒需要等待，它必須定期地呼叫 empty() 或 pop()，並捕獲 empty_stack 例外。如果有這情況的需求，這會使堆疊的實作成為一個糟糕的選擇，因為等待的執行緒必須消耗珍貴的資源檢查資料，或使用者必須撰寫額外的等待和通知程式（例如，使用條件變數），這可能使內部上鎖變得不必要而浪費。第 4 章的佇列顯示了用資料結構內部的條件變數將這等待併入資料結構本身的方法，以下就讓我們看一下。

6.2.2　使用上鎖及條件變數的執行緒安全佇列

第 4 章的執行緒安全佇列重新顯示於程式列表 6.2。非常類似堆疊在 std::stack<> 之後建模，這佇列也在 std::queue<> 之後建模。同樣地，因為要撰寫可以安全地從多個執行緒併發存取資料結構的限制，所以這介面與標準容器的調節器介面不同。

程式列表 6.2　使用條件變數的執行緒安全佇列的完整類別定義

```cpp
template<typename T>
class threadsafe_queue
{
private:
    mutable std::mutex mut;
    std::queue<T> data_queue;
    std::condition_variable data_cond;
public:
    threadsafe_queue()
    {}
    void push(T new_value)
    {
        std::lock_guard<std::mutex> lk(mut);
        data_queue.push(std::move(new_value));
        data_cond.notify_one();        ◄──❶
    }
    void wait_and_pop(T& value)        ◄──❷
    {
```

```
        std::unique_lock<std::mutex> lk(mut);
        data_cond.wait(lk,[this]{return !data_queue.empty();});
        value=std::move(data_queue.front());
        data_queue.pop();
    }
    std::shared_ptr<T> wait_and_pop()    ◀─❸
    {
        std::unique_lock<std::mutex> lk(mut);
        data_cond.wait(lk,[this]{return !data_queue.empty();});    ◀─❹
        std::shared_ptr<T> res(
            std::make_shared<T>(std::move(data_queue.front())));
        data_queue.pop();
        return res;
    }
    bool try_pop(T& value)
    {
        std::lock_guard<std::mutex> lk(mut);
        if(data_queue.empty())
            return false;
        value=std::move(data_queue.front());
        data_queue.pop();
        return true;
    }
    std::shared_ptr<T> try_pop()
    {
        std::lock_guard<std::mutex> lk(mut);
        if(data_queue.empty())
            return std::shared_ptr<T>();    ◀─❺
        std::shared_ptr<T> res(
            std::make_shared<T>(std::move(data_queue.front())));
        data_queue.pop();
        return res;
    }
    bool empty() const
    {
        std::lock_guard<std::mutex> lk(mut);
        return data_queue.empty();
    }
};
```

程式列表 6.2 中佇列實作的結構與程式列表 6.1 中的堆疊相似，不同之處在
push() 中對 data_cond.notify_one() 的呼叫❶，以及 wait_and_pop()
函式的呼叫❷、❸。try_pop() 的兩個多載，除了當佇列是空的它們也不
會拋出例外以外，幾乎與程式列表 6.1 中的 pop() 函式相同。反而，它們
會回傳一個 bool 值，以表示取得的值，或當取不到值時用指標回傳多載❺

所回傳的 NULL 指標;這也是實作堆疊的有效方法。如果排除了 wait_and_pop() 函式,則對堆疊所做的分析同樣也適用於這裡。

新的 wait_and_pop() 函式是在堆疊中所看到等待佇列項目問題的解決方法;不再是併發呼叫 empty(),等待的執行緒可以呼叫 wait_and_pop(),且資料結構將用條件變數來處理這等待。對 data_cond.wait() 的呼叫直到底層佇列中至少有一個元素時才會回傳,因此你不必擔心程式在這個時候佇列可能是空的,而且資料仍然受到互斥鎖上鎖保護。所以這些函式不會增加任何新的競爭條件或僵局的可能性,且不變性會得到維持。

關於例外安全性,這稍微有一點扭曲,當將一個項目推入佇列時,如果有多個執行緒正在等待,透過呼叫 data_cond.notify_one() 將只會喚醒一個執行緒。但是,如果這執行緒隨後在 wait_and_pop() 中拋出一個例外,像是建構新的 std::shared_ptr<> 時❹,則其他的執行緒將都不會被喚醒。如果這是無法接受的話,則用 data_cond.notify_all() 取代這個呼叫,它將喚醒所有執行緒,但代價是當它們發現佇列是空的時,它們大多數會再回到休止狀態。第二種替代方法是,如果拋出了例外,則讓 wait_and_pop() 呼叫 notify_one(),以使另一個執行緒可以嘗試取得儲存的值。第三種選擇是將 std::shared_ptr<> 的初始化移到 push() 呼叫,並儲存 std::shared_ptr<> 實體而不是資料值。將 std::shared_ptr<> 複製到內部的 std::queue<> 不會拋出例外,因此 wait_and_pop() 是安全的。以下程式列表顯示考慮到這一點而修改的佇列實作。

程式列表 6.3 保有 `std::shared_ptr<>` 實體的執行緒安全佇列

```
template<typename T>
class threadsafe_queue
{
private:
    mutable std::mutex mut;
    std::queue<std::shared_ptr<T> > data_queue;
    std::condition_variable data_cond;
public:
    threadsafe_queue()
    {}
    void wait_and_pop(T& value)
    {
        std::unique_lock<std::mutex> lk(mut);
        data_cond.wait(lk,[this]{return !data_queue.empty();});
        value=std::move(*data_queue.front());    ◀━━❶
        data_queue.pop();
```

```
    }
    bool try_pop(T& value)
    {
        std::lock_guard<std::mutex> lk(mut);
        if(data_queue.empty())
            return false;
        value=std::move(*data_queue.front());    ◄── ❷
        data_queue.pop();
        return true;
    }
    std::shared_ptr<T> wait_and_pop()
    {
        std::unique_lock<std::mutex> lk(mut);
        data_cond.wait(lk,[this]{return !data_queue.empty();});
        std::shared_ptr<T> res=data_queue.front();    ◄── ❸
        data_queue.pop();
        return res;
    }
    std::shared_ptr<T> try_pop()
    {
        std::lock_guard<std::mutex> lk(mut);
        if(data_queue.empty())
            return std::shared_ptr<T>();
        std::shared_ptr<T> res=data_queue.front();    ◄── ❹
        data_queue.pop();
        return res;
    }
    void push(T new_value)
    {
        std::shared_ptr<T> data(
            std::make_shared<T>(std::move(new_value)));    ◄── ❺
        std::lock_guard<std::mutex> lk(mut);
        data_queue.push(data);
        data_cond.notify_one();
    }
    bool empty() const
    {
        std::lock_guard<std::mutex> lk(mut);
        return data_queue.empty();
    }
};
```

用 std::shared_ptr<> 保存資料的基本結果很簡單：對接收新值變
數參照的 pop 函式，現在必須取消對儲存指標的參照 ❶、❷，而回傳
std::shared_ptr<> 實體的 pop 函式在將對這指標的參照回傳給呼叫者之
前，可以從佇列中取得它 ❸、❹。

如果資料由 std::shared_ptr<> 保有，則還另有一個額外的好處：新實體資源的配置現在可以在 push() 的上鎖以外完成❺，而在程式列表 6.2 中，它必須在 pop() 保持上鎖時完成。記憶體配置一般都是相當昂貴的操作，因為減少了持有互斥鎖的時間，而允許其他執行緒在佇列上同時間的操作，所以這對佇列的性能是有益的。

就像在堆疊的範例中，用互斥鎖保護整個資料結構會限制這佇列對併發的支援；雖然一次只能有一個執行緒執行任意的工作，會使得多個執行緒可能在佇列上被各種成員函式阻擋。但是部分的限制是來自於在實作中使用 std::queue<>；藉由使用標準容器，現在可以擁有一個受或不受保護的資料項。透過控制資料結構實作的細節，可以提供更細緻的上鎖並允許更高階的併發。

6.2.3 使用細緻上鎖和條件變數的執行緒安全佇列

在程式列表 6.2 和 6.3 中，你有一個受保護的資料項（data_queue），因此有一個互斥鎖；為了使用細緻的上鎖，你需要檢視佇列內部的組成部分，並將各個不同的資料項與一個互斥鎖相關聯。

佇列中最簡單的資料結構是如圖 6.1 所示的單鏈結序列，這佇列包含一個指向序列第一個項目的頭部指標，及每個項目指向下一個項目的指標。透過用指向下一項目指標取代頭部指標可以移除資料項目，並從原來的頭部回傳這資料。

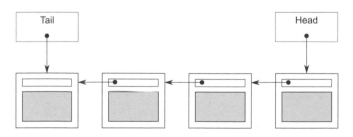

圖 6.1　用單鏈結序列表示的佇列

項目是從另一端加到佇列中；為了這樣做，佇列也包含一個指向序列最後一個項目的尾部指標。透過將最後一項的 next 指標改為指向新的節點，然後更新 tail 指標指向新項目，可以將新節點加入佇列。當序列是空的時候，頭部和尾部指標都是 NULL。

下一個程式列表顯示一個以程式列表 6.2 中佇列介面簡化版本為基礎的簡單實作；因為這佇列只支援單執行緒使用，所以只有一個 try_pop() 函式，而沒有 wait_and_pop() 函式。

程式列表 6.4　簡單的單執行緒佇列實作

```cpp
template<typename T>
class queue
{
private:
    struct node
    {
        T data;
        std::unique_ptr<node> next;
        node(T data_):
            data(std::move(data_))
        {}
    };
    std::unique_ptr<node> head;    ←①
    node* tail;    ←②
public:
    queue(): tail(nullptr)
    {}
    queue(const queue& other)=delete;
    queue& operator=(const queue& other)=delete;
    std::shared_ptr<T> try_pop()
    {
        if(!head)
        {
            return std::shared_ptr<T>();
        }
        std::shared_ptr<T> const res(
            std::make_shared<T>(std::move(head->data)));
        std::unique_ptr<node> const old_head=std::move(head);
        head=std::move(old_head->next);    ←③
        if(!head)
            tail=nullptr;
        return res;
    }
    void push(T new_value)
    {
        std::unique_ptr<node> p(new node(std::move(new_value)));
        node* const new_tail=p.get();
        if(tail)
        {
            tail->next=std::move(p);    ←④
        }
```

```
        else
        {
            head=std::move(p);  ◄━━❺
        }
        tail=new_tail;  ◄━━❻
    }
};
```

首先，請注意程式列表 6.4 用 `std::unique_ptr<node>` 管理節點，因為這樣可以確保在不再需要它們時（以及它們所參照的資料）它們會被刪除，而不必撰寫明確的 `delete` 程式碼。這所有權串鏈是從 head 開始管理，tail 因為需要參照到早已被 `std::unique_ptr<node>` 擁有的節點，所以是指向最後一個節點的原生指標。

雖然這實作在單執行緒中運作得很好，但是試圖在多執行緒上使用細緻上鎖的話，則有些事將會造成問題。假設你有兩個資料項目（head ❶ 和 tail ❷），原則上可以使用兩個互斥鎖，一個保護 head、一個保護 tail，但是這會有幾個問題。

最明顯的問題是 `push()` 可以修改 head ❺ 和 tail ❻，因此兩個互斥鎖都必須上鎖。儘管不幸，但這並不是太大的問題，因為兩個互斥鎖上鎖是可能的。關鍵問題是 `push()` 和 `pop()` 都存取節點的 next 指標：`push()` 更新 `tail->next` ❹，而 `try_pop()` 讀取 `head->next` ❸。如果佇列中只有一個項目，則 head==tail，因此 `head->next` 和 `tail->next` 是相同的物件，所以需要保護。因為在沒有讀取 head 和 tail 情形下無法確定它們是否為相同物件，現在必須在 `push()` 和 `try_pop()` 中上鎖相同的互斥鎖，因此狀況並不會比以前更好。有沒有方法可以擺脫這種困境呢？

利用分離資料啟用併發

你可以透過預先分配一個沒有資料的虛擬節點，以確保佇列中始終至少會有一個節點，而將頭部和尾部存取的節點分開來解決這問題。對空的佇列，現在 head 和 tail 都指向虛擬節點，而不是 NULL。這很好，因為如果佇列是空的，`try_pop()` 就不會存取 `head->next`。如果你在佇列中增加一個節點（因此會有一個真實節點），則現在 head 和 tail 會指向分開的節點，因此在 `head->next` 和 `tail->next` 上沒有競爭。缺點是為了允許虛擬節點，必須額外增加一個間接層面來透過指標儲存資料。以下程式列表顯示了這實作目前的樣子。

程式列表 6.5　有虛擬節點的簡單佇列

```
template<typename T>
class queue
{
private:
    struct node
    {
        std::shared_ptr<T> data;  ◄━❶
        std::unique_ptr<node> next;
    };
    std::unique_ptr<node> head;
    node* tail;
public:
    queue():
        head(new node),tail(head.get())  ◄━❷
    {}
    queue(const queue& other)=delete;
    queue& operator=(const queue& other)=delete;
    std::shared_ptr<T> try_pop()
    {
        if(head.get()==tail)  ◄━❸
        {
            return std::shared_ptr<T>();
        }
        std::shared_ptr<T> const res(head->data);  ◄━❹
        std::unique_ptr<node> old_head=std::move(head);
        head=std::move(old_head->next);  ◄━❺
        return res;  ◄━❻
    }
    void push(T new_value)
    {
        std::shared_ptr<T> new_data(
            std::make_shared<T>(std::move(new_value)));  ◄━❼
        std::unique_ptr<node> p(new node);  ◄━❽
        tail->data=new_data;  ◄━❾
        node* const new_tail=p.get();
        tail->next=std::move(p);
        tail=new_tail;
    }
};
```

對 try_pop() 的改變相當小。你首先比較 head 與 tail ❸，而不是檢查 NULL，因為虛擬節點意味著 head 絕對不會是 NULL。因為 head 是 std::unique_ptr<node>，所以做這比較需要呼叫 head.get()；其次，因為節點現在是透過指標儲存資料 ❶，因此不需要建構新的 T 實體就可以

直接取得指標❹。主要的改變在 push() 上：必須先在堆積上建立一個新的 T 實體，並在 std::shared_ptr<> 中擁有它的所有權❼（請注意，用 std::make_shared 避免為了參照計數而產生第二次記憶體配置的代價）。你建立的新節點將成為新的虛擬節點，因此不需要提供 new_value 給建構函式❽。反而是，將舊虛擬節點上的資料設定給 new_value 新配置的複製物❾。最後，為了有虛擬節點，必須在建構函式中建立它❷。

到目前為止，我確定你想知道這些更改為你帶來了什麼，以及它們如何幫助使佇列成為執行緒安全。好，push() 現在只存取 tail，而不存取 head，這是一個改善。try_pop() 可以存取 head 和 tail，但是只有在初始比較時才需要 tail，因此上鎖時間很短暫。最大的好處是虛擬節點意味著 try_pop() 和 push() 永遠不會在相同節點上操作，所以不再需要包羅萬象的互斥鎖；可以 head 有一個互斥鎖，而 tail 也有一個。但你把鎖放在哪裡？

你的目標是讓併發有最大的機會，因此你希望維持上鎖的時間盡可能短。這對 push() 很容易：互斥鎖需要在所有對 tail 的存取中都上鎖，這表示你要在配置新節點❽之後，和指定資料給目前尾部節點❾之前上鎖互斥鎖；這上鎖需要維持到函式結束。

try_pop() 就沒有那麼容易了。因為是互斥鎖決定哪個執行緒執行彈出動作，因此你首先需要在 head 將互斥鎖上鎖並維持到完成對 head 的處理為止。一旦 head 改變了❺，就可以將互斥鎖解鎖；在回傳結果時❻不需要上鎖。這使得對 tail 存取需要上鎖尾部互斥鎖。因為只需要存取尾部一次，所以可以只在讀取的時間獲得這互斥鎖；最好的方式是將這操作包裝在函式中。實際上，因為需要 head 互斥鎖上鎖的程式只是它成員的一個子集，所以將它包裝在函式中也會更加清楚。最後的程式碼顯示在下一個程式列表。

程式列表 6.6　有細緻上鎖的執行緒安全佇列

```cpp
template<typename T>
class threadsafe_queue
{
private:
    struct node
    {
        std::shared_ptr<T> data;
        std::unique_ptr<node> next;
    };
    std::mutex head_mutex;
    std::unique_ptr<node> head;
```

```
        std::mutex tail_mutex;
        node* tail;
        node* get_tail()
        {
            std::lock_guard<std::mutex> tail_lock(tail_mutex);
            return tail;
        }
        std::unique_ptr<node> pop_head()
        {
            std::lock_guard<std::mutex> head_lock(head_mutex);

            if(head.get()==get_tail())
            {
                return nullptr;
            }
            std::unique_ptr<node> old_head=std::move(head);
            head=std::move(old_head->next);
            return old_head;
        }
public:
        threadsafe_queue():
            head(new node),tail(head.get())
        {}
        threadsafe_queue(const threadsafe_queue& other)=delete;
        threadsafe_queue& operator=(const threadsafe_queue& other)=delete;
        std::shared_ptr<T> try_pop()
        {
            std::unique_ptr<node> old_head=pop_head();
            return old_head?old_head->data:std::shared_ptr<T>();
        }
        void push(T new_value)
        {
            std::shared_ptr<T> new_data(
                std::make_shared<T>(std::move(new_value)));
            std::unique_ptr<node> p(new node);
            node* const new_tail=p.get();
            std::lock_guard<std::mutex> tail_lock(tail_mutex);
            tail->data=new_data;
            tail->next=std::move(p);
            tail=new_tail;
        }
};
```

讓我們用批判的眼光看一下這段程式，想一想第 6.1.1 節列出的指引。在尋找破壞不變性之前，應確定以下的含意：

- tail->next==nullptr。

203

- `tail->data==nullptr`。

- `head==tail` 意味著空的序列。.

- 單一元素序列滿足 `head->next==tail`。.

- 對於序列中的每個節點 x，其中 `x!=tail`，`x->data` 指向 T 的實體，`x->next` 指向序列中的下一個節點；`x->next==tail` 表示 x 是序列中的最後一個節點。

- 從 `head` 開始跟隨 `next` 節點，最後將來到 `tail`。

`push()` 本身很簡單：對資料結構唯一的修改受 `tail_mutex` 保護，且因為新的尾部節點是一個空節點，而 `data` 和 `next` 正確地設定了目前是序列中最後一個實際節點的舊 `tail` 節點，因此它們維持了不變性。

有趣的部分在 `try_pop()`；原來，`tail_mutex` 的上鎖不僅是必須保護 `tail` 本身的讀取，而且還必須確保從 `head` 讀取資料不會造成資料競爭。如果你沒有這個互斥鎖，那麼呼叫 `try_pop()` 的執行緒和呼叫 `push()` 的執行緒很可能會併發，且沒有定義它們操作的排序。即使每個成員函式都持有上鎖的互斥鎖，但它們持有的是**不同**互斥鎖的上鎖，而且它們有可能存取相同的資料；畢竟，佇列中所有資料都源自對 `push()` 的呼叫。因為執行緒可能會在未定義排序下存取相同的資料，因此這將如同第 5 章所看到的資料競爭及未定義行為。還好，在 `get_tail()` 中對 `tail_mutex` 的上鎖解決了所有問題。因為對 `get_tail()` 的呼叫上鎖了與呼叫 `push()` 相同的互斥鎖，因此在這兩個呼叫之間已經定義了排序。如果 `get_tail()` 的呼叫發生在對 `push()` 的呼叫之前，在這情形下它看到的會是 `tail` 的舊值；或者它發生在對 `push()` 的呼叫之後，在這情形下它看到的會是 `tail` 的新值和隨附在 `tail` 先前值上的資料。

對 `get_tail()` 的呼叫發生在 `head_mutex` 的上鎖內也很重要；如果不是這情況，則對 `pop_head()` 的呼叫可能會卡在對 `get_tail()` 的呼叫與 `head_mutex` 的上鎖之間，因為其他執行緒呼叫 `try_pop()`（因此又呼叫了 `pop_head()`）而且先獲得了這個上鎖，所以阻擋了你初始執行緒的進展：

```cpp
std::unique_ptr<node> pop_head()    ◄─── 這是壞的實作
{
    node* const old_tail=get_tail();
    std::lock_guard<std::mutex> head_lock(head_mutex);    ◄─

    if(head.get()==old_tail)    ◄──❷
```

❶ 在 head_mutex 的上鎖外取得舊的 tail 值

```
    {
        return nullptr;
    }
    std::unique_ptr<node> old_head=std::move(head);
    head=std::move(old_head->next);    ← ❸
    return old_head;
}
```

在這種壞的情況下，對 get_tail(0) 的呼叫❶是在上鎖範圍之外進行，你可能會發現，當你的初始執行緒可以獲得 head_mutex 的上鎖時，head 和 tail 都已經改變，且不只是回傳的 tail 節點已不再是 tail，它甚至已經不是序列的一部分。這可能表示縱然 head 是最後的節點，head 與 old_tail 的比較❷仍然失敗。因此，當你更新 head 時❸，你最終可能將 head 移到 tail 後面並離開序列的末端，因而破壞了資料結構。在程式列表 6.6 正確的實作中，將對 get_tail() 的呼叫保持在 head_mutex 的上鎖內，這樣可以確保沒有其他執行緒可以更改 head，且 tail 只能移得更遠（因為對 push() 的呼叫增加了新節點），這是絕對安全的。head 永遠不會傳遞從 get_tail() 回傳的值，所以不變性得以維持。

當 pop_head() 藉由更新 head 而從佇列中刪除了這節點，互斥鎖便被解鎖，且如果有的話，try_pop() 可以取得資料並刪除該節點（如果沒有，則回傳 std::shared_ptr<> 的 NULL 實體），因為它是唯一可以存取這節點的執行緒，因此安全。

接下來，外部介面是程式列表 6.2 中介面的子集，因此可以使用相同的分析：在介面中沒有固有的競爭條件。

例外的情況則更有趣；因為你已經改變了資料配置的樣板，現在例外可以來自不同的地方。try_pop() 中唯一可以拋出例外的操作是互斥鎖，並且在獲得上鎖前都不會修改資料，因此 try_pop() 是例外安全的。在另一方面，push() 在堆積配置了 T 新實體及 node 新實體，這兩個都可能拋出例外。但是，這兩個新配置的物件都指定給了智慧型指標，如果有例外被拋出，它們將會被釋放。當獲得了上鎖，push() 中所剩下的操作都不會拋出例外，因此你又一次穩操勝算讓 push() 也是例外安全的。

因為你沒有改變介面，所以沒有新外部僵局的機會，也沒有內部僵局的機會；獲得兩個上鎖的唯一地方是 pop_head()，它始終是獲得 head_mutex 後再獲得 tail_mutex，因此永遠不會有僵局。

現在只剩下併發可能性的問題了；因為上鎖更細緻而且在上鎖以外的操作更多，因此這資料結構比程式列表 6.2 中的有更大的併發範圍。例如，在 push() 中，新節點和新資料項目是在未持有上鎖下配置的，這表示多個執行緒可以併發的配置新節點和資料項目而不會出現問題。一次只能有一個執行緒可以在序列中新增節點，這樣做需要的程式碼只是幾個簡單的指標指定而已，與在 std::queue<> 內部所有記憶體配置操作都需要持有上鎖的基於 std::queue<> 的實作相比，持有上鎖的時間實在很短。

還有，try_pop() 只持有 tail_mutex 很短的時間，以保護從 tail 的讀取。因此，幾乎所有對 try_pop() 的呼叫都可以與對 push() 的呼叫併發。而且，在持有 head_mutex 時執行的操作也非常少；昂貴的 delete（在 node 指標的解構函式中）在上鎖以外，這會增加可以併發呼叫 try_pop() 的次數；雖然一次只能有一個執行緒可以呼叫 pop_head()，但是多個執行緒可以刪除它們舊的節點並安全地回傳資料。

等待彈出一個項目

因此程式列表 6.6 提供了一個有細緻上鎖的執行緒安全佇列，但只支援 try_pop()（且只有一個多載）。那回到程式列表 6.2 中方便的 wait_and_pop() 函式呢？可以用細緻的上鎖實作相同的介面嗎？

答案是肯定的，但真正的問題是怎麼做。修改 push() 很容易：像程式列表 6.2 般，在函式尾端增加呼叫 data_cond.notify_one()。但並不是真的那麼簡單；因為想要有最大程度的併發，所以會使用細緻上鎖。如果跨過對 notify_one() 的呼叫留下互斥鎖上鎖（如程式列表 6.2 般），則若是被通知的執行緒在互斥鎖解鎖之前醒來，那它必須等待這互斥鎖。另一方面，如果在呼叫 notify_one() 之前解鎖互斥鎖，則當等待的執行緒被喚醒後，它可以獲得這個互斥鎖（假如沒有其他執行緒先將它上鎖）。這是一個比較小的改進方向，但在某些情況下可能很重要。

wait_and_pop() 就更複雜了，因為你必須確定要在哪裡等待、謂詞是什麼、及需要上鎖哪個互斥鎖等。你在等待的條件是以 head!=tail 表示的「佇列不是空的」。這樣將需要上鎖 head_mutex 和 tail_mutex，但在程式列表 6.6 中早已決定，只是要讀取 tail 而不是為了比較的話，上鎖 tail_mutex 就可以了，因此這裡也可以應用相同的邏輯。如果使謂詞為 head!=get_tail()，則只需要持有 head_mutex，因此可以將上鎖用在對 data_cond.wait() 的呼叫上。一旦增加了等待的邏輯，實作就會與 try_pop() 相同。

需要仔細考慮 try_pop() 的第二個多載和對應的 wait_and_pop() 多載。如果用 value 參數的複製指定取代從 old_head 中取得的 std::shared_ptr<> 的回傳值,可能會出現例外安全的問題。這時候,資料項目已經從佇列中移除,互斥鎖也已經解鎖;剩下的就是將資料回傳給呼叫者。但是,如果複製指定拋出了一個例外(這是有可能的),因為資料項目無法回到佇列的相同位置,所以它將遺失。

如果用於樣板引數的實際型態 T 具有無 - 拋出移動 - 指定運算子,或無 - 拋出交換操作,則可以使用它,但可能會更喜歡一個可以使用於任何型態 T 的通用解決方法。在這種情況下,在將節點從序列移除之前,必須先將可能的拋出操作移到上鎖區域內。這表示需要一個在序列修改前取得儲存值的額外 pop_head() 多載。

相較之下,empty() 相當簡單:上鎖 head_mutex 並檢查 head==get_tail()(請參閱程式列表 6.10)。佇列的最後程式碼顯示於程式列表 6.7、6.8、6.9 和 6.10。

程式列表 6.7 有上鎖和等待的執行緒安全佇列:內部及介面

```cpp
template<typename T>
class threadsafe_queue
{
private:
    struct node
    {
        std::shared_ptr<T> data;
        std::unique_ptr<node> next;
    };
    std::mutex head_mutex;
    std::unique_ptr<node> head;
    std::mutex tail_mutex;
    node* tail;
    std::condition_variable data_cond;
public:
    threadsafe_queue():
        head(new node),tail(head.get())
    {}
    threadsafe_queue(const threadsafe_queue& other)=delete;
    threadsafe_queue& operator=(const threadsafe_queue& other)=delete;
    std::shared_ptr<T> try_pop();
    bool try_pop(T& value);
    std::shared_ptr<T> wait_and_pop();
    void wait_and_pop(T& value);
```

```
    void push(T new_value);
    bool empty();
};
```

將新節點推入佇列中非常簡單，它的實作（如以下程式列表所示）與之前顯示的實作非常接近。

程式列表 6.8　有上鎖和等待的執行緒安全佇列：推入新值

```
template<typename T>
void threadsafe_queue<T>::push(T new_value)
{
    std::shared_ptr<T> new_data(
        std::make_shared<T>(std::move(new_value)));
    std::unique_ptr<node> p(new node);
    {
        std::lock_guard<std::mutex> tail_lock(tail_mutex);
        tail->data=new_data;
        node* const new_tail=p.get();
        tail->next=std::move(p);
        tail=new_tail;
    }
    data_cond.notify_one();
}
```

如前面提過的，複雜性都在 pop 這裡，它使用了一系列輔助函式來簡化事情。下一個程式列表顯示 wait_and_pop() 的實作以及相關聯的輔助函式。

程式列表 6.9　有上鎖和等待的執行緒安全佇列：wait_and_pop()

```
template<typename T>
class threadsafe_queue
{
private:
    node* get_tail()
    {
        std::lock_guard<std::mutex> tail_lock(tail_mutex);
        return tail;
    }
    std::unique_ptr<node> pop_head()    ◀━━❶
    {
        std::unique_ptr<node> old_head=std::move(head);
        head=std::move(old_head->next);
        return old_head;
    }
    std::unique_lock<std::mutex> wait_for_data()    ◀━━❷
```

```
    {
        std::unique_lock<std::mutex> head_lock(head_mutex);
        data_cond.wait(head_lock,[&]{return head.get()!=get_tail();});
        return std::move(head_lock);   ◀──❸
    }
    std::unique_ptr<node> wait_pop_head()
    {
        std::unique_lock<std::mutex> head_lock(wait_for_data());   ◀──❹
        return pop_head();
    }
    std::unique_ptr<node> wait_pop_head(T& value)
    {
        std::unique_lock<std::mutex> head_lock(wait_for_data());   ◀──❺
        value=std::move(*head->data);
        return pop_head();
    }
public:
    std::shared_ptr<T> wait_and_pop()
    {
        std::unique_ptr<node> const old_head=wait_pop_head();
        return old_head->data;
    }
    void wait_and_pop(T& value)
    {
        std::unique_ptr<node> const old_head=wait_pop_head(value);
    }
};
```

pop 端的實作顯示於程式列表 6.9，有一些小的輔助函式用以簡化程式並減少重複，例如 pop_head() ❶，它修改序列以移除頭部的項目，及 wait_for_data() ❷，它等待佇列有資料彈出。其中 wait_for_data() 特別值得注意，因為它不僅使用謂詞的 lambda 函式在條件變數上等待，它也將上鎖的實體回傳給呼叫者❸。這是為了確保由相關 wait_pop_head() 的多載修改資料時❹、❺，會持有相同的上鎖。pop_head() 重用於下一個程式列表中的 try_pop()。

程式列表 6.10　有上鎖和等待的執行緒安全佇列：try_pop() 和 empty()

```
template<typename T>
class threadsafe_queue
{
private:
    std::unique_ptr<node> try_pop_head()
    {
        std::lock_guard<std::mutex> head_lock(head_mutex);
```

```
        if(head.get()==get_tail())
        {
            return std::unique_ptr<node>();
        }
        return pop_head();
    }
    std::unique_ptr<node> try_pop_head(T& value)
    {
        std::lock_guard<std::mutex> head_lock(head_mutex);
        if(head.get()==get_tail())
        {
            return std::unique_ptr<node>();
        }
        value=std::move(*head->data);
        return pop_head();
    }
public:
    std::shared_ptr<T> try_pop()
    {
        std::unique_ptr<node> old_head=try_pop_head();
        return old_head?old_head->data:std::shared_ptr<T>();
    }
    bool try_pop(T& value)
    {
        std::unique_ptr<node> const old_head=try_pop_head(value);
        return old_head;
    }
    bool empty()
    {
        std::lock_guard<std::mutex> head_lock(head_mutex);
        return (head.get()==get_tail());
    }
};
```

這佇列的實作將作為第 7 章中無鎖佇列的基礎。這是一個**無界**佇列；既使沒有值被移除，只要有可用的記憶體，執行緒就可以繼續將新值推入佇列。無界佇列的反面是**有界**佇列，它在建立的時候最大長度就已經固定。當有界佇列已填滿，嘗試再將元素推入佇列會失敗，或被阻擋到有元素從佇列中彈出而騰出空間為止。當依據要執行的工作在執行緒之間劃分工作時，有界佇列對於確保工作均勻分佈很有用（請參閱第 8 章）；這可避免填入佇列的執行緒在從佇列中讀取項目的執行緒之前執行得太遠。

這裡顯示的無界佇列實作，透過等待 push() 中的條件變數，可以很容易地擴充成有限長度的佇列。不需要等待佇列中有項目（如在 pop() 中所做

的），只需要等待佇列中的項目數少於最大允許的項目數量。有關有界佇列的進一步討論已經超出本書範圍；現在，讓我們跨過佇列，到更複雜的資料結構上。

6.3 設計更複雜的基於上鎖的資料結構

堆疊和佇列都很簡單：介面非常有限，並且非常專注在特定目的上。但不是所有的資料結構都那麼簡單，大多數的資料結構會支援各種操作。基本上，這可以造成更多併發的機會，但是因為需要考慮多種存取的樣板，也使得保護資料的工作更加困難。可以執行的各種操作的精確性質，在設計併發存取的資料結構時很重要。

要了解其中牽涉的一些問題，讓我們看一下查找表的設計。

6.3.1 用上鎖撰寫執行緒安全的查找表

查找表或字典是將一種型態（鍵型態）的值與相同或不同型態（映射型態）的值相關聯；一般而言，這種結構背後的意圖是讓程式用鍵值找到相關聯的資料。在 C++ 標準函式庫中，這類功能是由關聯容器提供：`std::map<>`、`std::multimap<>`、`std::unordered_map<>` 和 `std::unordered_multimap<>`。

查找表與堆疊或佇列有不同的使用樣板。堆疊或佇列中幾乎每個操作都會以某種方式進行修改，例如增加或移除元素；但查找表卻很少被修改。程式列表 3.13 的簡單 DNS 快取就是這種情況的一個例子；與 `std::map<>` 相比，這特色大大地簡化了它的介面。如同你在堆疊和佇列中所看到的，當要從多個執行緒併發存取資料結構時，標準容器的介面並不適合，因為在介面設計上有固有的競爭條件，因此必須減化及修訂。

從併發角度來看，`std::map<>` 介面的最大問題出自迭代器；雖然可能會有一個迭代器即使在其他執行緒可以存取（及修改）一個容器下，也可以提供對這容器的安全存取，但這也是一個很棘手的主張。要正確地處理迭代器，需要處理像是另一個執行緒刪除了迭代器參照元素等的一些問題，這牽涉可能會很廣。對執行緒安全查找表介面的第一個裁剪，將跳過迭代器。有鑑於 `std::map<>` 的介面（以及標準函式庫中的其他相關聯容器）重度以迭代器為基礎，因此先將它們放在一旁並從頭開始設計介面是有必要的。

在查找表上只有幾個基本的操作：

- 新增一個鍵／值對。

- 更改已知鍵相關聯的值。

- 刪除一個鍵及其相關聯的值。

- 如果有的話，取得已知鍵相關聯的值。

還有一些在容器範圍內的操作可能很有用，如檢查容器是否是空的、完整鍵序列的快照、或完整鍵／值對集合的快照等。

如果你堅持像是不回傳參照等簡單的執行緒安全指引，並在每個成員函式的整體上放置一個簡單的互斥鎖，那所有可能來自另一個執行緒修改前後的這些都將是安全的。在新增鍵／值對的時候最有可能會出現競爭條件；如果兩個執行緒增加一個新值，則先進行的只會有一個，因此第二個會失敗。一種可能性是將增加和更改結合成單一成員函式，如程式列表 3.13 中對 DNS 快取所做的。

從介面角度看到另一個有趣點是，**如果有的話獲得關聯值**的部分。一種選項是讓使用者提供當鍵不存在時所回傳的「預設」結果：

```
mapped_type get_value(key_type const& key, mapped_type default_value);
```

在這種情況下，如果未明確地提供 default_value，則可以使用 mapped_type 的預設建構實體。這也被擴充為回傳 std::pair<mapped_type, bool>，而不只是 mapped_type 的實體，其中 bool 用以表示值是否存在。另一個選項是回傳參照到這個值的智慧型指標；如果指標的值是 NULL，則沒有回傳值。

之前已經提過，當決定了介面後，（假設沒有介面競爭條件）透過使用單一互斥鎖和簡單的每個成員函式上鎖來保護基礎資料結構的方式，可以保證執行緒的安全。但這會浪費由用於讀取或修改資料結構的個別函式所提供併發的可能性。一種選擇是使用支援多個讀取器執行緒或單一寫入器執行緒的互斥鎖，如程式列表 3.13 中所使用的 std::shared_mutex。雖然這確實可以改善併發存取的可能性，但一次只能有一個執行緒修改資料結構。理想上你應該能做得更好。

用於細緻上鎖的 MAP 資料結構設計

如同 6.2.3 節中對佇列的討論，為了允許細緻上鎖，你不能只是包裝成像是 std::map<> 等預先存在的容器，而是應該仔細了解資料結構的細節。有三種常見的方式可以實作如查找表的關聯容器：

- 如紅黑樹的二元樹

- 已排序的陣列

- 雜湊表

二元樹在擴大併發機會上並沒有提供太大空間；每次查找或修改都必須從存取根節點開始，因此必須被上鎖。雖然在存取的執行緒往樹下移動時會解鎖，但這並不比上鎖整個資料結構要好到哪裡去。

已排序的陣列甚至更糟，因為你事先無法知道所給的資料值將放到陣列的哪個位置，因此需要上鎖整個陣列。

只剩下雜湊表了。假設有固定數量的儲存桶，一個鍵屬於哪個儲存桶純粹是鍵及其雜湊函式的屬性。這表示你可以安全地讓每個儲存桶有一個單獨的鎖。如果再次使用支援多個讀取器或單一寫入器的互斥鎖，則會使併發機會增加 N 倍，其中 N 是儲存桶的數目；缺點是鍵需要有一個好的雜湊函式。C++ 標準函式庫提供了可以為這目的使用的 std::hash<> 樣板，它已經為像是 int 的基本型態及像是 std::string 的通用函式庫型態特殊化了，且使用者也可以很容易地將它特殊化為鍵的其他型態。如果遵循標準無序容器的說明，並將用於進行雜湊函式物件的型態作為樣板參數，則使用者可以選擇是否要將鍵的型態特殊化為 std::hash<>，或提供單獨的雜湊函式。

因此，讓我們看一些程式碼。執行緒安全查找表的實作看起來會像什麼？這裡顯示了一種可能。

程式列表 6.11　執行緒安全的查找表

```
template<typename Key,typename Value,typename Hash=std::hash<Key> >
class threadsafe_lookup_table
{
private:
    class bucket_type
    {
    private:
        typedef std::pair<Key,Value> bucket_value;
        typedef std::list<bucket_value> bucket_data;
```

```
        typedef typename bucket_data::iterator bucket_iterator;
        bucket_data data;
        mutable std::shared_mutex mutex;    ◄──❶

        bucket_iterator find_entry_for(Key const& key) const    ◄──❷
        {
            return std::find_if(data.begin(),data.end(),
                                [&](bucket_value const& item)
                                {return item.first==key;});
        }
    public:
        Value value_for(Key const& key,Value const& default_value) const
        {
            std::shared_lock<std::shared_mutex> lock(mutex);    ◄──❸
            bucket_iterator const found_entry=find_entry_for(key);
            return (found_entry==data.end())?
                default_value:found_entry->second;
        }
        void add_or_update_mapping(Key const& key,Value const& value)
        {
            std::unique_lock<std::shared_mutex> lock(mutex);    ◄──❹
            bucket_iterator const found_entry=find_entry_for(key);
            if(found_entry==data.end())
            {
                data.push_back(bucket_value(key,value));
            }
            else
            {
                found_entry->second=value;
            }
        }
        void remove_mapping(Key const& key)
        {
            std::unique_lock<std::shared_mutex> lock(mutex);    ◄──❺
            bucket_iterator const found_entry=find_entry_for(key);
            if(found_entry!=data.end())
            {
                data.erase(found_entry);
            }
        }
    };
    std::vector<std::unique_ptr<bucket_type> > buckets;    ◄──❻
    Hash hasher;
    bucket_type& get_bucket(Key const& key) const    ◄──❼
    {
        std::size_t const bucket_index=hasher(key)%buckets.size();
        return *buckets[bucket_index];
    }
```

```
public:
    typedef Key key_type;
    typedef Value mapped_type;
    typedef Hash hash_type;
    threadsafe_lookup_table(
        unsigned num_buckets=19,Hash const& hasher_=Hash()):
        buckets(num_buckets),hasher(hasher_)
    {
        for(unsigned i=0;i<num_buckets;++i)
        {
            buckets[i].reset(new bucket_type);
        }
    }
    threadsafe_lookup_table(threadsafe_lookup_table const& other)=delete;
    threadsafe_lookup_table& operator=(
        threadsafe_lookup_table const& other)=delete;
    Value value_for(Key const& key,
                    Value const& default_value=Value()) const
    {
        return get_bucket(key).value_for(key,default_value);   ◀── ❽
    }
    void add_or_update_mapping(Key const& key,Value const& value)
    {
        get_bucket(key).add_or_update_mapping(key,value);   ◀── ❾
    }
    void remove_mapping(Key const& key)
    {
        get_bucket(key).remove_mapping(key);   ◀── ❿
    }
};
```

這個實作用 std::vector<std::unique_ptr<bucket_type>> ❻ 來保存儲存桶,因此可以在建構函式中指定儲存桶的數量;預設值 19 是一個任意質數,雜湊表在以質數為儲存桶數時工作得最好。每個儲存桶都由一個 std::shared_mutex 實體保護❶,使每個儲存桶允許多次併發讀取或單獨呼叫其中一個修改函式。

由於儲存桶的數量是固定的,因此不需要上鎖(❽、❾、❿)就能呼叫 get_bucket() 函式❼,然後儲存桶的互斥鎖在適合每個函式下,可以為了共享(唯讀)所有權❸,或獨佔(讀/寫)所有權❹、❺而上鎖。

這三個函式都使用儲存桶上的 find_entry_for() 成員函式❷,確定項目是否在儲存桶內。每個儲存桶只包含 std::list<> 的鍵/值對,因此很容易增加及移除項目。

我早就已經涵蓋了併發的角度，且所有事情都是由互斥鎖上鎖適當地保護，那關於例外安全又如何？value_for 不會做任何的修改，所以很好；如果它拋出例外，它也不會影響資料結構。remove_mapping 經由呼叫 erase 修改序列，但可以保證不會拋出例外，因此很安全。剩下的 add_or_update_mapping，可能會在兩個 if 分支之一拋出例外；push_back 是例外安全的，如果它拋出例外，會讓序列仍留在原來狀態，因此這個分支沒問題。唯一的問題是在取代現有值時的指定；如果指定拋出了例外，你將依賴它留在原來未改變的狀態下。但這並不會影響整個資料結構，它完全是使用者提供型態的屬性，因此你可以安全地將它留給使用者處理。

在本節的開頭，我提到過這種查找表很好的一個特色，是可以選擇取得目前狀態的快照並存到如 std::map<> 中。為了確保取得狀態一致的複製物，這需要將整個容器上鎖，即需要上鎖所有的儲存桶。因為查找表上「正常」的操作一次只需要上鎖一個儲存桶，因此這是唯一一個需要上鎖所有儲存桶的操作。因此，假如你每次都以相同的順序上鎖它們（例如，增加儲存桶的索引），就不會有僵局的機會。實作顯示在以下的程式列表。

程式列表 6.12　以 std::map<> 型態獲得執行緒安全查找表內容

```
std::map<Key,Value> threadsafe_lookup_table::get_map() const
{
    std::vector<std::unique_lock<std::shared_mutex> > locks;
    for(unsigned i=0;i<buckets.size();++i)
    {
        locks.push_back(
            std::unique_lock<std::shared_mutex>(buckets[i].mutex));
    }
    std::map<Key,Value> res;
    for(unsigned i=0;i<buckets.size();++i)
    {
        for(bucket_iterator it=buckets[i].data.begin();
            it!=buckets[i].data.end();
            ++it)
        {
            res.insert(*it);
        }
    }
    return res;
}
```

程式列表 6.11 中的查找表實作透過個別上鎖每個儲存桶,並用 std::
shared_mutex 允許讀取器在每個儲存桶上的併發性,增加了整個查找表併發
的機會。但是,如果可以藉由更細緻的上鎖來增加儲存桶上併發的可能性呢?
在下一節,將用有迭代器支援的執行緒安全序列容器來作到這一點。

6.3.2 用上鎖撰寫執行緒安全序列

序列是最基本的資料結構之一,因此撰寫執行緒安全的序列應該很簡單,難
道不是嗎?好吧,這取決於你要使用的功能,而且你需要一個能提供迭代器
支援的序列,也是因為它太複雜了,所以不願將它加到你的地圖中。支援
STL 型態迭代器的基本問題是,迭代器必須持有對容器內部資料結構的某種
參照。如果容器可以從另一個執行緒修改,這參照必須仍能保持有效,這需
要迭代器在結構的某些部分上持有上鎖。鑑於 STL 型態的迭代器壽期完全不
受容器的控制,所以這是一個壞主意。

另一種方法是提供像是 for_each 類的迭代函式作為容器本身的一部分。這
讓容器直接負責迭代和上鎖,但是這違反了第 3 章中避免僵局的指引。為了
使 for_each 能發揮效果,當持有內部上鎖時它必須呼叫使用者提供的程式
碼。不僅如此,它還必須將對每個項目的參照傳給使用者提供的程式碼,以
便使用者提供的程式碼可以在這項目上工作。你可以藉由將每個項目的複製
物傳給使用者提供的程式碼來避免傳遞參照,但是如果資料項目很大,那代
價將很高。

現在你將留給使用者自己確定在它所提供的操作上獲得上鎖不會造成僵局,
且為了在上鎖範圍外存取而儲存參照也不會造成資料競爭。在將序列用於查
找表的情況,這是絕對安全的,因為你知道你不會做任何頑皮的事情。

剩下的問題是要提供哪些操作給序列。如果將眼睛轉回程式列表 6.11 和
6.12,則可以看到所需要的各種操作:

- 在序列中新增一項目。

- 在符合指定條件下從序列移除一項目。

- 在符合指定條件下從序列搜尋一項目。

- 在符合指定條件下更新一項目。

- 將序列內所有項目複製到另一容器。

為了讓它成為一個好的通用序列容器，多增加一些像是指定插入位置的操作會很有幫助，但這對你的查找表並不是必要的，因此我將它留給讀者練習。

對鏈結序列細緻上鎖的基本想法是每個節點都有一個互斥鎖；但如果序列很大，那將會有很多的互斥鎖！這樣做的好處是，對序列不同部分的操作會是真正的併發：每個操作只在它感興趣的節點上持有上鎖，並在移到下一個節點時將這節點解鎖。下一個程式列表顯示這樣序列的實作。

程式列表 6.13　有迭代支援的執行緒安全序列

```
template<typename T>
class threadsafe_list
{
    struct node    ←❶
    {
        std::mutex m;
        std::shared_ptr<T> data;
        std::unique_ptr<node> next;
        node():    ←❷
            next()
        {}
        node(T const& value):    ←❸
            data(std::make_shared<T>(value))
        {}
    };
    node head;
public:
    threadsafe_list()
    {}
    ~threadsafe_list()
    {
        remove_if([](node const&){return true;});
    }
    threadsafe_list(threadsafe_list const& other)=delete;
    threadsafe_list& operator=(threadsafe_list const& other)=delete;
    void push_front(T const& value)
    {
        std::unique_ptr<node> new_node(new node(value));    ←❹
        std::lock_guard<std::mutex> lk(head.m);
        new_node->next=std::move(head.next);    ←❺
        head.next=std::move(new_node);    ←❻
    }
    template<typename Function>
    void for_each(Function f)    ←❼
    {
        node* current=&head;
```

```
        std::unique_lock<std::mutex> lk(head.m);          ◄──❽
        while(node* const next=current->next.get())       ◄──❾
        {
            std::unique_lock<std::mutex> next_lk(next->m);  ◄──❿
            lk.unlock();                                    ◄──⓫
            f(*next->data);                                 ◄──⓬
            current=next;
            lk=std::move(next_lk);                          ◄──⓭
        }
    }
    template<typename Predicate>
    std::shared_ptr<T> find_first_if(Predicate p)           ◄──⓮
    {
        node* current=&head;
        std::unique_lock<std::mutex> lk(head.m);
        while(node* const next=current->next.get())
        {
            std::unique_lock<std::mutex> next_lk(next->m);
            lk.unlock();
            if(p(*next->data))                              ◄──⓯
            {
                return next->data;                          ◄──⓰
            }
            current=next;
            lk=std::move(next_lk);
        }
        return std::shared_ptr<T>();
    }
    template<typename Predicate>
    void remove_if(Predicate p)                             ◄──⓱
    {
        node* current=&head;
        std::unique_lock<std::mutex> lk(head.m);
        while(node* const next=current->next.get())
        {
            std::unique_lock<std::mutex> next_lk(next->m);
            if(p(*next->data))                              ◄──⓲
            {
                std::unique_ptr<node> old_next=std::move(current->next);
                current->next=std::move(next->next);        ◄──⓳
                next_lk.unlock();
            }                                                ◄──⓴
            else
            {
                lk.unlock();                                ◄──㉑
                current=next;
                lk=std::move(next_lk);
```

```
            }
        }
    }
};
```

程式列表 6.13 中的 `threadsafe_list<>` 是單鏈結序列，其中每個項目都是節點結構❶。預設建構的 node 用為序列的 head，它開始時的 next 指標❷為 NULL。新節點用 `push_front()` 函式加入；首先會建構一個新節點❹，它分配儲存在堆積上的資料❸，而 next 指標為 NULL。然後，為了獲得適當的 next 值❺，需要取得 head 節點的互斥鎖上鎖，並透過將 head.next 設定指向新節點❻來將新節點插入序列的前面。到目前為止都很好：你只需要上鎖一個互斥鎖以便在序列中增加新項目，因此不會有僵局的風險。而且，緩慢的記憶體配置發生在上鎖以外，因此上鎖只保護了一對不會失敗的指標值更新。繼續往下到迭代函式。

首先看一下 `for_each()` ❼，它將某種型態的 Function 應用於序列中的每個元素；與大多數標準函式庫演算法一樣，它以傳值方式接受這個函式，並且可以與真正的函式或有函式呼叫運算子型態的物件一起合作。在這種情況下，這函式必須接受型態 T 的值作為唯一的參數。這裡是進行輪流交替上鎖的地方；一開始，先上鎖 head 節點的互斥鎖❽，這樣就可以安全地獲得指向 next 節點的指標（因為沒有這指標的所有權，所以要用 get()）。如果這指標不是 NULL ❾，則為了處理資料而將這節點的互斥鎖上鎖❿。當在這節點上取得上鎖後，就可以將前一個節點解鎖⓫，並呼叫指定的函式⓬。當函式執行完之後，可以更新 current 指標指向剛才處理過的節點，並 move 上鎖的所有權從 next_lk 到 lk ⓭。因為 for_each 將每個資料項目直接傳給提供的 Function，所以如果有必要的話可以用它更新這些項目，或將它們複製到另一個容器，或隨便什麼事。如果函式運行得很好，這是完全安全的，因為在整個呼叫過程中都持有保存資料項目節點的互斥鎖。

`find_first_if()` ⓮ 與 `for_each()` 類似；主要的差異是，它提供的 Predicate 必須回傳 true 以表示匹配或 false 表示不匹配⓯。如果匹配，則回傳找到的資料⓰，而不是繼續搜尋。也可以用 `for_each()` 作這件事，但是就算找到了匹配，`for_each()` 仍然會不必要地繼續處理序列中剩下的項目。

for_each() 不能更新序列，必須靠 remove_if() 完成 ❼，所以它稍微的不同。如果 Predicate 回傳 true ❽，則利用更新 current->next ❾ 從序列中移除這節點；完成後，可以解鎖 next 節點的互斥鎖。當移入的 std::unique_ptr<node> 超出範圍 ❿，這節點會被刪除。在這種情況下，因為需要檢查新的 next 節點，所以不需要更新 current 節點。如果 Predicate 回傳 false，則要像之前那樣繼續前進 ⓫。

那麼，所有這些互斥鎖是否會有任何僵局或競爭條件？只要提供的謂詞和函式運作良好，那答案非常肯定的是「否」。迭代始終是一種方法，它總是從 head 節點開始，也總是在解鎖目前互斥鎖之前上鎖下一個互斥鎖，因此不可能在不同執行緒中有不同的上鎖順序。唯一可能造成競爭條件的是在 remove_if() 中刪除已經移除的節點 ❿，因為你是在解鎖互斥鎖之後才執行這動作（銷毀上鎖的互斥鎖是未定義的行為）。但是稍微再思考一下其實這也是安全的，因為你仍然在前一個節點（目前節點）上持有互斥鎖，因此沒有新的執行緒可以嘗試取得你要刪除節點的上鎖。

那併發的機會呢？細緻上鎖的整個重點是改善單一互斥鎖併發的可能性，而你實現了嗎？這點你確實做到了：不同的執行緒可以同時在序列中不同節點上工作，不論它們是用 for_each() 處理每個項目、用 find_first_if() 搜尋、或用 remove_if() 移除項目。但是，因為每個節點的互斥鎖必須輪流上鎖，因此執行緒之間不能相互傳遞。如果一個執行緒花了很長的時間處理一個特定節點，那其他執行緒到達這特定節點時將必須等待。

本章小結

本章從了解設計併發資料結構的含意開始並提供了一些指引；然後，我們探討了一些常見的資料結構（堆疊、佇列、雜湊表、及鏈結序列），研究如何應用這些指引以一種併發存取的方式來實作它們，以及用上鎖來保護資料並避免資料競爭。現在你應該可以檢查自己資料結構的設計，看看併發機會在哪裡以及什麼地方有競爭條件的可能。

在第 7 章，我們將討論使用低階原子操作提供必要的排序約束，以避免完全上鎖的方法，同時遵循相同的一組指引。

無鎖機制的
併發資料結構設計

本章涵蓋以下內容
- 為不使用上鎖併發而設計的資料結構實作
- 在無鎖資料結構中記憶體管理的技術
- 可以輔助撰寫無鎖資料結構的簡單指引

在上一章中，我們看了為併發而設計資料結構的一般面向，以及在設計上確保它們安全的思考指引。然後，我們檢查了一些常用的資料結構，並研究使用互斥鎖及上鎖來保護共享資料實作的範例。前兩個範例只用一個互斥鎖保護整個資料結構，但後續的範例則使用多個互斥鎖保護資料結構中各個較小的部分，並允許資料結構的存取有更大程度的併發性。

在確保多個執行緒可以安全存取資料結構，而不會遇到競爭條件或損壞不變性下，互斥鎖是一個強大的機制。要推理關於使用它們的程式碼的行為也相對簡單：可能有程式碼讓互斥鎖上鎖以保護資料，不然就沒有。但並不是全部都那麼稱心如意；在第 3 章你已經看過不正確使用上鎖會造成僵局，並且你也已經看到在基於上鎖的佇列和查找表範例中顯示的，上鎖的細緻程度如何影響真正併發的可能性。如果你可以撰寫不需要上鎖就可以安全地併發存取的資料結構，那就有可能避免這些問題；這種資料結構稱為**無鎖資料結構**。

在本章中，我們將看如何將第 5 章介紹的原子操作記憶體排序屬性用於建構無鎖資料結構。你在第 5 章已經閱讀並理解的所有內容，對理解本章都非常重要。在設計這些資料結構時需要格外小心，因為要做對並不容易，且導

致設計失敗的條件可能很少發生。我們首先會說明無鎖資料結構的含義;然後在討論一些範例並延伸出一些通用指引之前,我們將先探討使用它們的理由。

7.1 定義及結果

使用互斥鎖、條件變數、及期約同步資料的演算法和資料結構稱為**阻擋資料結構和演算法**。應用程式呼叫函式庫函式,這些函式會暫停執行緒的執行,直到另一個執行緒執行一個動作為止。這些函式庫呼叫被稱為**阻擋呼叫**,因為在這阻擋被移除之前,執行緒無法通過這一點。通常,作業系統會完全暫停一個被阻擋的執行緒(並將它的時間片段分配給另一個執行緒),直到它被另一個執行緒無論是解鎖互斥鎖、通知條件變數、或是使期約備便等適當的動作**解除阻擋**為止。

不使用阻擋函式庫函式的資料結構和演算法被稱為**非阻擋**;但並非所有這些資料結構都是無鎖的,因此讓我們看一下各種類型的非阻擋資料結構。

7.1.1 非阻擋資料結構的類型

回到第 5 章,我們用 std::atomic_flag 作為自旋互斥鎖而實作了一個基本的互斥鎖,程式重寫於以下程式列表。

程式列表 7.1 用 std::atomic_flag 實作自旋互斥鎖

```cpp
class spinlock_mutex
{
    std::atomic_flag flag;
public:
    spinlock_mutex():
        flag(ATOMIC_FLAG_INIT)
    {}
    void lock()
    {
        while(flag.test_and_set(std::memory_order_acquire));
    }
    void unlock()
    {
        flag.clear(std::memory_order_release);
    }
};
```

這程式並沒有呼叫任何阻擋函式；lock() 在迴圈內持續到對 test_and_set() 的呼叫回傳 false 為止。這就是為什麼它被稱為 **自旋互斥鎖** 的原因——程式在迴圈中「自旋」。因為沒有阻擋呼叫，所以使用這互斥鎖保護共享資料的任何程式都因此是 **非阻擋的**。但它並非無鎖的；它仍然有一個互斥鎖，且一次仍然只能被一個執行緒上鎖。出於這個原因，在大多數情況下只知道某事是非阻擋的顯然不足。反而，你需要知道這裡所定義更具體術語中有哪些（如果有）適用；這些包括

- **無障礙**——如果所有其他執行緒都被暫停，則任何指定的執行緒將在有限步驟內完成操作。

- **無鎖**——如果有多個執行緒在一個資料結構上運作，則在有限步驟之後，它們中的一個將完成操作。

- **無需等待**——在資料結構上運作的每個執行緒都將在有限步驟內完成操作，縱使其他執行緒也在這資料結構上運作。

在大多數情況下，無障礙演算法並不是特別有用，因為所有其他執行緒都暫停的機會很少，所以它更適合作為失敗無鎖實作的表徵。讓我們更詳細地看一下這些表徵中都牽涉些什麼，從無鎖開始，以便你看到所含括的資料結構類型。

7.1.2　無鎖資料結構

對夠資格成為無鎖的資料結構，必須有一個以上的執行緒可以併發存取這資料結構。它們不需要執行相同的操作；無鎖佇列可能允許一個執行緒執行推入項目而另一個彈出；但如果兩個執行緒嘗試同時推入新項目，那這操作將無法執行。不只是如此而已，如果一個存取資料結構的執行緒在操作中途被排程器暫停，其他的執行緒必須仍然能夠完成它們的操作，而不必等待被暫停的執行緒。

在資料結構上使用比較／交換操作的演算法中經常會使用迴圈；使用比較／交換操作的原因是，同時可能有另一個執行緒修改了資料，在這種情況下，程式在再次嘗試比較／交換之前，將需要重新執行它部分的操作。如果其他執行緒會被暫停，則比較／交換最終還是會成功，那這程式仍然可以是無鎖的。如果不會發生這情況，那你應該有一個無障礙但不是無鎖的自旋互斥鎖。

有這些迴圈的無鎖演算法可能導致一個執行緒遭受飢餓；如果另一個執行緒在「錯誤」的時序執行操作，雖然其他的執行緒可能會有進展，但第一個執行緒必須繼續重新嘗試它的操作。避免這種問題的資料結構是無需等待，也是無鎖。

7.1.3　無需等待的資料結構

無需等待的資料結構是一種無鎖資料結構，並加上存取資料結構的每一個執行緒，不論別的執行緒行為如何，它都能在有限步驟內完成操作的額外屬性。因為和其他執行緒的衝突不是無需等待，所以這演算法可能會涉及無數次的重試。本章大多數範例都有這個屬性──它們在 compare_exchange_weak 或 compare_exchange_strong 操作上有 while 迴圈，且迴圈執行次數沒有上限。作業系統對執行緒的排程可能意味著指定的執行緒可能循環非常多次，而其他執行緒循環的次數非常少；因此這些操作不是無需等待。

要正確寫出無需等待的資料結構非常困難。為了確保所有執行緒都能在有限步驟內完成操作，必須確保每個執行的操作能一次就通過，且一個執行緒執行的步驟不會造成其他執行緒的操作失敗。這會使各種操作的整體演算法變得相當複雜。

有鑑於正確建立無鎖或無需等待的資料結構很困難，所以撰寫就需要有非常充分的理由；你必須確定收益會大於代價。因此，讓我們研究會影響損益平衡的關鍵點。

7.1.4　無鎖資料結構的優缺點

歸根究底，用無鎖資料結構的主要理由是能有最大的併發性。對於基於上鎖的容器，總是會遇到一個執行緒必須被阻擋，並等待另一個執行緒完成操作，然後再繼續第一個執行緒的可能性；經由互斥以避免併發是互斥鎖的整個目的。對無鎖資料結構，某些執行緒在每個步驟中都有進展；無需等待的資料結構，不管其他執行緒在作什麼，每個執行緒都可以往下執行，因此不需要等待。這是理想的性質，但很難實現。最終很容易寫出本質上仍然是自旋互斥鎖的資料結構。

使用無鎖資料結構的第二個理由是強健性。如果持有上鎖的執行緒被銷毀，則資料結構將永遠被破壞。但如果執行緒在無鎖資料結構上操作的途中被銷毀，則除了這執行緒的資料以外，什麼也不會失去；其他執行緒仍然可以正常進行。

不利的一面是，如果你不能從資料結構存取中排除執行緒，則必須小心地確保能維持不變性，或改選其他可以維持的不變性。另外，還必須注意對加諸在操作上的排序約束。為了避免與資料競爭相關的未定義行為，對修改必須使用原子操作。但這還不夠，必須確保更改在正確排序下能讓其他執行緒看到。所有這些加起來，表示出不使用上鎖而撰寫執行緒安全資料結構，會比用上鎖來撰寫它們困難許多。

因為沒有任何的上鎖，所以無鎖資料結構不可能有僵局，但卻可能會有活鎖。**活鎖**發生在兩個執行緒各自都嘗試更改資料結構的時候，但是對於每個執行緒，另一個執行緒所做的更改都需要使操作重新啟動，因此兩個執行緒都在循環且一再嘗試。想像兩個人試圖通過一個狹縫；如果他們一起走，他們會被卡住，因此必須退出再試一次。除非有人先抵達（不管是協議、靠速度、或純粹的運氣），否則這循環將重複。就像這個簡單的範例，因為與執行緒實際排程有關，一般活鎖都很短暫。因此，它們會降低性能，而不是造成長期間的問題，但仍然需要提防。根據定義，無需等待的程式不會遇到活鎖，因為執行操作所需的步驟數始終是有上限的。不利的一面是，演算法可能比其他的更複雜，並且即使沒有其他執行緒在存取資料結構，也可能需要更多的步驟。

這帶來了無鎖和無需等待程式的另一個缺點：雖然它可以增加資料結構上操作併發的可能性，並減少單個執行緒在等待上所花的時間，但它可能會**降低**整體的性能。首先，無鎖程式所使用的原子操作可能比非原子操作慢很多，而且在無鎖資料結構中，也會比基於上鎖資料結構的互斥鎖上鎖程式需要更多。不只這樣而已，硬體也必須在存取相同原子變數的執行緒之間同步資料。如你將在第 8 章中看到的，與多個執行緒存取相同原子變數相關聯的快取乒乓可能會造成嚴重的性能消耗。與所有內容一樣，在提交基於上鎖的及無鎖的資料結構任何一種之前，重要的是要檢查相關性能的面向（無論是最壞情況下的等待時間、平均等待時間、整個執行時間、或其他的）。

現在讓我們看一些例子。

7.2　無鎖資料結構範例

為了展示用於設計無鎖資料結構的一些技術，我們將看一系列簡單資料結構的無鎖實作。每個範例不只描述了有用的資料結構的實作，而且還將用這些範例強調無鎖資料結構設計的特定面向。

如之前曾提過的，無鎖資料結構靠著使用原子操作以及相關聯記憶體排序的保證，可以確保在正確的順序下其他執行緒可以看見資料。最初，我們將對所有原子操作使用預設的 memory_order_seq_cst 記憶體排序，因為它最容易推理（請記住所有 memory_order_seq_cst 操作形成一個完全排序）。但，在後續的範例，我們將著眼於對 memory_order_acquire、memory_order_release、甚至 memory_order_relaxed 減少某些排序的約束。雖然這些範例都沒有直接使用互斥鎖，但是要牢記，只有 std::atomic_flag 保證在實作中不使用上鎖。在某些平台上，看似無鎖的程式可能會對 C++ 標準函式庫的實作在內部使用上鎖（更多的細節請參閱第 5 章）。在這些平台上，簡單基於上鎖的資料結構可能更合適，但還有比這更多要考慮的地方；在選擇實作之前，你必須確認你的需求並剖析符合這些需求的各種選項。

因此，回到從最簡單的資料結構開始：堆疊。

7.2.1 撰寫不上鎖的執行緒安全堆疊

堆疊的基本前提相對簡單：節點依加入的相反順序取出，即後進先出（LIFO）。因此確保當一個值加到堆疊之後，它可以安全地立即被另一個執行緒取出，這點很重要；另外確保只有一個執行緒回傳指定的值這也很重要。最簡單的堆疊是鏈結序列；head 指標辨識第一個節點（它將是下一個要取出的），然後每一個節點依序指向下一個節點。

在這種情況下，增加節點相對的簡單：

1. 建立一個新節點。

2. 設定新節點的 next 指標指向目前的 head 節點。

3. 設定 head 節點指向這新節點。

在單執行緒中這作用得很好；但是如果其他執行緒也會修改這堆疊，那就有所不足了。至關重要的是，如果兩個執行緒都在增加節點，在步驟 2 和 3 之間就出現競爭條件：在你的執行緒於步驟 2 讀取 head 的值及在步驟 3 更新 head 的值之間，第二個執行緒可以修改 head 的值。這可能造成其他執行緒所做的改變被放棄或甚至更糟的情況。在著眼於解決這種競爭條件，還要注意當 head 已經更新為指向新節點時，另一個執行緒也可以讀取它。因此很重要的是，在將 head 設定指向新節點之前，新節點要徹底地準備好；之後將再也無法修改它。

那麼對於這種討厭的競爭條件你能做些什麼？答案是在步驟 3 使用原子的比較 / 交換操作，以確保從步驟 2 讀取 head 後，它就沒有被修改過。如果 head 被修改過，可以在迴圈中再試一次。以下程式列表顯示如何實作不上鎖的執行緒安全 push()。

程式列表 7.2　實作不上鎖的 push()

```
template<typename T>
class lock_free_stack
{
private:
    struct node
    {
        T data;
        node* next;
        node(T const& data_):      ◀━❶
            data(data_)
        {}
    };
    std::atomic<node*> head;
public:
    void push(T const& data)
    {
        node* const new_node=new node(data);   ◀━❷
        new_node->next=head.load();   ◀━❸
        while(!head.compare_exchange_weak(new_node->next,new_
node));   ◀━❹
    }
};
```

這程式完全符合前面提到的三步驟：建立一個新節點 ❷，設定這節點的 next 指向目前 head ❸，並設定 head 指標指向新節點 ❹。透過從節點建構函式在節點結構本身中填入資料 ❶，可以確保節點在建構後立即可以滾動，因此解決了便利性的問題。然後用 compare_exchange_weak() 確保 head 指標仍然有與儲存在 new_node->next ❸ 中相同的值；如果確認，就將它設定給 new_node。這程式片段也使用了比較 / 交換功能中漂亮的部分：如果回傳 false 表示比較失敗（例如，因為 head 被另一個執行緒修改），則作為第一個參數所提供的值（new_node->next）會更新為 head 目前的值。因此，不需要每次通過迴圈時都重新載入 head，因為編譯器會幫你做。另外，因為是直接在失敗時執行迴圈，因此可以使用 compare_exchange_weak，在某些架構下它會產生比 compare_exchange_strong 更優化的程式（請參閱第 5 章）。

現在可能還沒有 pop() 的操作，但是可以很快地檢查 push() 是否遵守指引。唯一可以拋出例外的地方是新節點的建構❶，但這會自己清除，且序列也還沒修改，因此非常安全。因為你構建了要存為節點一部分的資料，而且使用 compare_exchange_weak() 更新 head 指標，所以這裡也不會出現有問題的競爭條件。當比較／交換成功，這節點加入序列中並準備取用。這裡沒有上鎖，因此沒有僵局的可能，你的 push() 函式大獲成功。

現在已經具備了將資料增加到堆疊的方法，但還需要一個將它移除的方法；從表面上看，這相當簡單：

1. 讀取目前 head 的值。

2. 讀取 head->next。

3. 將 head 設定給 head->next。

4. 回傳從被取得 node 的 data。

5. 移除這被取得的 node。

但是，在有多個執行緒的情況下，事情就沒那麼簡單了。如果有兩個執行緒要從堆疊中移除項目，它們都可能在步驟 1 讀取相同的 head 值；如果其中一個執行緒在另一個進入步驟 2 之前已經到達步驟 5，那第二個執行緒將被取消對懸置指標的參照。這是撰寫無鎖程式的最大問題之一，因此，現在你將省略步驟 5 並漏失這節點。

然而，這並不能解決所有問題。還有另一個問題：如果兩個執行緒讀取相同的 head 值，它們將回傳相同的節點；這違反了堆疊資料結構的意圖，因此應該要避免。你可以用解決 push() 中競爭相同的方式來解決這問題：用比較／交換來更新 head。如果比較／交換失敗，則可能是一個新節點已經被推入，或是另一個執行緒先將你試圖彈出的節點彈出。無論是哪種情況，你都需要回到步驟 1（雖然呼叫比較／交換會為你重新讀取 head）。

一旦比較／交換呼叫成功，你知道你是唯一將指定節點彈出堆疊的執行緒，因此可以安全地執行步驟 4；以下是 pop() 的第一次嘗試：

```cpp
template<typename T>
class lock_free_stack
{
public:
    void pop(T& result)
```

```
    {
        node* old_head=head.load();
        while(!head.compare_exchange_weak(old_head,old_head->next));
        result=old_head->data;
    }
};
```

儘管這很好並且也很簡潔，但是仍然有一些問題伴隨在漏失節點之旁。第一個問題是，它無法在空的序列上作用：如果 head 是空的指標，則在嘗試讀取 next 指標時會產生未定義的行為；這很容易解決，只要在 while 迴圈中檢查 nullptr，並在發現是空的堆疊時，拋出一個例外或是回傳一個指示成功或失敗的 bool 值。

第二個問題是例外安全的問題。當我們在第 3 章中首次談到執行緒安全堆疊時，你看到了以傳值方式回傳物件會造成例外的安全問題：當複製回傳值的時候如果拋出例外，這個值會遺失。在那種情況下，傳遞對結果的參照是可以接受的解決方式，因為這樣可以確保在拋出例外時堆疊仍然保持不變。不幸的是，在這裡你沒有那麼奢華；當你知道你是唯一回傳這節點的執行緒時，你只能安全地複製這資料，這表示節點早已從佇列中移除了。因此，以傳參照方式回傳目標的值不再是一個優點：你可能還是應該用傳值方式回傳。如果要安全地回傳值，那必須使用第 3 章的另一個選項：回傳指向資料值的（智能）指標。

如果回傳智能指標，則可以回傳 nullptr 表示沒有值要回傳，但這需要資料已經配置在堆積上。如果將配置堆積作為 pop() 的一部分，這仍然不會比較好，因為堆積的配置也可能會拋出例外。相反地，可以在將資料 push() 到堆疊上時配置記憶體——無論如何，你都必須為這節點配置記憶體。回傳 std::shared_ptr<> 不會拋出例外，因此現在 pop() 安全了。將前面所談到的整合成以下程式列表。

程式列表 7.3　漏失節點的無鎖堆疊

```
template<typename T>
class lock_free_stack
{
private:
    struct node
    {
        std::shared_ptr<T> data;    ❶ 指標現在
        node* next;                    持有資料
        node(T const& data_):
```

```
                data(std::make_shared<T>(data_))  ◄─────  為新配置的 T 建立
        {}                                           ❷  std::shared_ptr
    };
    std::atomic<node*> head;
public:
    void push(T const& data)
    {
        node* const new_node=new node(data);
        new_node->next=head.load();
        while(!head.compare_exchange_weak(new_node->next,new_node));
    }
    std::shared_ptr<T> pop()
    {                                        ❸  在解除對 old_head
                                                 參照之前,先檢查
        node* old_head=head.load();              它不是空指標
        while(old_head &&              ◄──────
            !head.compare_exchange_weak(old_head,old_head->next));
        return old_head ? old_head->data : std::shared_ptr<T>();  ◄─❹
    }
};
```

現在指標持有資料❶,因此必須在節點建構函式中將資料配置在堆積上❷。
在 compare_exchange_weak() 迴圈❸中解除對 old_head 參照之前,先執
行空指標檢查。最後,如果有的話,回傳與節點相關聯的資料;如果沒有,
則回傳一個空指標。請注意,雖然這是無鎖的,但並不是無需等待的,因為
如果 compare_exchange_weak() 持續失敗,埋論上 push() 和 pop() 的
while 迴圈可以永遠循環。

如果你有一個垃圾回收器在後面為你回收(如 C # 或 Java 等受控語言),那
麼就完成了;當不再被任何執行緒存取,舊節點將被回收。但是很少有 C++
編譯器附帶垃圾回收器,因此你一般需要自己整理。

7.2.2 阻止那些討厭的漏失:在無鎖資料結構中管理記憶體

第一次討論 pop() 時,為了避免因一個執行緒移除了一個節點,而另一個執
行緒仍然持有將要解除參照的指向它的指標而出現的競爭條件,我們選擇漏
失節點。但在任何明智的 C++ 程式中,記憶體漏失都是不能接受的,因此必
須設法解決;而現在就是正視這個問題並制定解決方法的時候。

基本問題是你要釋放一個節點,但是只有在確定沒有其他執行緒仍持有對它
的指標之後,才能這樣做。如果只有一個執行緒會在特定堆疊實體上呼叫
pop(),那麼你就有空間做。節點是因呼叫 push() 而建立,且 push() 不
能存取現有節點的內容,因此可以存取特定節點的唯一執行緒就是將它增加

到堆疊中的執行緒，以及任何呼叫 pop() 的執行緒。節點一旦加到堆疊後，push() 就不能再接觸這個節點，因此留下了呼叫 pop() 的執行緒——如果只有一個的話，因此呼叫 pop() 的執行緒就是唯一能接觸這節點的執行緒，所以它可以安全地將這節點移除。

另一方面，如果你需要處理在相同堆疊實體上多個執行緒呼叫 pop()，則需要某種方式來追蹤何時可以安全地移除這節點。這表示你需要為 node 撰寫一個特定目的的垃圾回收器。現在這也許聽起來蠻可怕的，儘管它確實也很棘手，但也不至於那麼糟：你只檢查 node，也只是從 pop() 存取中檢查節點；你不必擔心 push() 中的節點，因為在它們放入堆疊前只有一個執行緒能夠存取它們，而在 pop() 中可能會有多個執行緒存取同一個節點。

如果沒有執行緒呼叫 pop()，那移除目前等待被移除的所有節點是絕對安全的。因此，如果在抽取出資料後將節點加到「待移除」序列中，則在沒有執行緒呼叫 pop() 時可以將它們全部移除。但你怎麼知道沒有任何執行緒呼叫 pop()？很簡單——算算看。如果在進入堆疊時將計數器加 1，並在離開時將計數器減 1，那當計數器為零時，從「待移除」序列中移除節點就是安全的。計數器必須是原子計數器，以便可以從多個執行緒安全地存取它。以下程式列表顯示修改後的 pop() 函式，而程式列表 7.5 則顯示支援此實作的函式。

程式列表 7.4　當沒有執行緒在 pop() 時回收節點

```
template<typename T>
class lock_free_stack
{
private:
    std::atomic<unsigned> threads_in_pop;  ◀──❶ 原子變數
    void try_reclaim(node* old_head);
public:
    std::shared_ptr<T> pop()
    {                                    ❷ 在執行其他動作前
        ++threads_in_pop;         ◀──      先增加計數器
        node* old_head=head.load();
        while(old_head &&
                !head.compare_exchange_weak(old_head,old_head->next));
        std::shared_ptr<T> res;
        if(old_head)
        {                                ❸ 從節點抽取資料，
            res.swap(old_head->data);  ◀──  而不是複製指標
        }
```

```
        try_reclaim(old_head);        ◄──────      如果可以,回收
        return res;                       ❹         移除的節點
    }
};
```

原子變數 threads_in_pop ❶用於計算目前試圖從堆疊中彈出項目的執行緒
數目;它在開始 pop() 時遞增❷,在節點被移除後呼叫的 try_reclaim()
內遞減❹。因為你可能會延遲節點本身的移除,所以可以用 swap() 先從節
點中刪除資料❸,而不是複製指標,因此當你不再需要這節點時資料會自動
刪除,而不是因為在尚未移除的節點上仍然有參照所以保持資料還存活。以
下程式列表顯示 try_reclaim() 的內容。

程式列表 7.5　參照計數回收機制

```
template<typename T>
class lock_free_stack
{
private:
    std::atomic<node*> to_be_deleted;
    static void delete_nodes(node* nodes)
    {
        while(nodes)
        {
            node* next=nodes->next;
            delete nodes;
            nodes=next;
        }
    }
    void try_reclaim(node* old_head)                        宣告待移除 ❷
    {                                                       節點序列
        if(threads_in_pop==1)          ◄──── ❶
        {
            node* nodes_to_delete=to_be_deleted.exchange(nullptr); ◄──
            if(!--threads_in_pop)            ◄─────        你是 pop() 中
            {                                         ❸   唯一執行緒?
                delete_nodes(nodes_to_delete);  ◄──── ❹
            }
            else if(nodes_to_delete)   ◄──── ❺
            {
                chain_pending_nodes(nodes_to_delete);  ◄──── ❻
            }
            delete old_head;   ◄──── ❼
        }
        else
        {
```

233

```
                chain_pending_node(old_head);      ◀──❽
                --threads_in_pop;
            }
        }
        void chain_pending_nodes(node* nodes)
        {
            node* last=nodes;
            while(node* const next=last->next)      ◀──┐
            {                                           │
                last=next;                            ❾ │
            }
            chain_pending_nodes(nodes,last);
        }
        void chain_pending_nodes(node* first,node* last)
        {
            last->next=to_be_deleted;   ◀──❿
            while(!to_be_deleted.compare_exchange_weak(   ◀──┐
                    last->next,first));                      │
        }                                                    │
        void chain_pending_node(node* n)                  ⓫ │
        {
            chain_pending_nodes(n,n);     ◀──⓬
        }
    };
```

跟隨 next 指標
鏈結到末端

用迴圈保證
last->next
是正確的

如果在嘗試回收節點時 ❶，threads_in_pop 的計數是 1，那你是目前 pop() 中唯一的執行緒，這表示移除你剛剛移除的節點 ❼ 是安全的，而且移除待處理的節點可能也是安全的。如果計數不是 1，那移除任何節點都不安全，因此必須將這節點加到待移除序列中 ❽。

先假設 threads_in_pop 是 1。現在需要嘗試回收待處理的節點；如果你不回收，它們將一直保持待處理到堆疊銷毀。為此，你先自己用原子交換操作宣告一個待移除序列 ❷，然後遞減 threads_in_pop 的計數 ❸。如果遞減後計數為零，則表示沒有其他執行緒可以存取這待處理節點序列。也許會有新的待處理節點，但只要能夠安全回收這序列，你現在還不必煩惱這件事。然後可以呼叫 delete_nodes 往下遍歷序列並將序列內節點移除 ❹。

如果遞減後計數不是零，回收節點就不安全，因此，如果有任何要移除的節點 ❺，則必須將它們鏈結回待處理節點序列 ❻；如果有多個執行緒同時存取資料結構，這種情況就有可能發生。其他執行緒可能會在第一次檢查 threads_in_pop ❶ 以及序列「宣告」❷ 之間呼叫 pop()，這可能會將這些執行佔中仍有對它存取的新節點加到序列中。在圖 7.1 中，即使執行緒 B 仍將

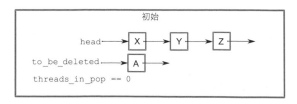

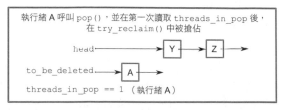

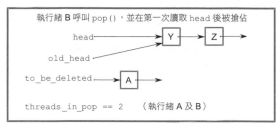

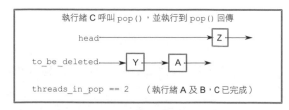

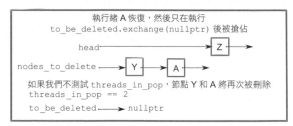

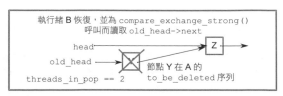

圖 7.1　三個執行緒併發呼叫 pop()，顯示為什麼在 try_reclaim() 宣告這節點要被移除後，必須檢查 threads_in_pop

節點 Y 參照為 old_head，並將嘗試讀取它 next 指標，執行緒 C 還是將節點 Y 增加到 to_be_deleted 序列。因此，執行緒 A 不可能在不會造成執行緒 B 的未定義行為下移除這節點。

為了將待移除的節點鏈結到待移除序列上，再用節點中的 next 指標將它們鏈結在一起。在將現有鏈結重新接回序列的情況下，必須遍歷鏈結以找到末端❾，用目前 to_be_deleted 指標取代最後一個節點的 next 指標❿，並將鏈結中第一個節點儲存為新的 to_be_deleted 指標⓫。你必須在這裡的迴圈使用 compare_exchange_weak，以確保不會漏失任何其他執行緒所加入的節點。如果已經更改，這有從鏈結末端更新 next 指標的好處。將單個節點加到序列是一個特殊情況，因為加到鏈結的第一個和最後一個是同一個節點⓬。

這在低負荷情況下作用得很好，那裡有一些 pop() 中沒有執行緒的靜止點。但這可能是暫態的情況，這也就是為什麼在回收前要先檢查 threads_in_pop 計數已經遞減到零，以及為什麼要在刪除剛剛移除的節點❼之前檢查的原因。刪除節點可能是相當耗時的操作，而且希望其他執行緒可以修改序列的窗口要盡可能的小。從執行緒第一次發現 threads_in_pop 等於 1 到試圖移除這節點之間的時間越長，另一個執行緒呼叫 pop() 且 threads_in_pop 不再是 1 的機會就越多，因而阻止了這節點被移除。

在高負荷情況下，可能永遠也不會有這種靜止狀態，因為所有在 pop() 中初始的執行緒離開前，其他執行緒已經進入 pop()。在這種情況下，to_be_deleted 序列將無限的增長，並且你將再次漏失記憶體。如果沒有任何的靜止期，則需要找到一種回收節點的替代機制；關鍵是要辨識出什麼時候沒有執行緒在存取一特定節點，以便可以回收這節點。到目前為止，能推理這情形的最簡單機制是使用危險指標。

7.2.3　使用危險指標偵測無法回收的節點

危險指標一詞是參考 Maged Michael[1] 所發現的技術。會被如此稱呼是因為，移除可能仍在被其他執行緒參照的節點是危險的。如果其他執行緒確實持有對這個節點的參照，並經由這參照繼續存取這個節點，就會造成未定義的行為。基本的想法是，如果一個執行緒要存取另一個執行緒可能要刪除的物件，它首先設定一個危險指標參照這物件，以通知另一個執行緒刪除這物

1　"Safe Memory Reclamation for Dynamic Lock-Free Objects Using Atomic Reads and Writes," Maged M. Michael, in PODC '02: Proceedings of the Twenty-first Annual Symposium on Principles of Distributed Computing (2002), ISBN 1-58113-485-1.

件確實是危險的。當這物件不再需要時,便清除危險指標。如果你曾經看過牛津/劍橋的划船比賽,你就已經看過在比賽開始時使用了類似的機制:每艘船的舵手都可以舉手表示還沒有準備好。當有舵手舉起手,裁判就不會開始比賽;如果兩位舵手的手都放下了,比賽就可以開始。但舵手在比賽開始前且他們感覺情況不太對勁時,仍然可以再次舉起手。

當執行緒要刪除一個物件,它首先會檢查系統中屬於其他執行緒的危險指標。如果沒有參照到這物件的危險指標,這物件就可以被安全地刪除;否則,它必須留待以後再刪除。會定期檢查留待以後刪除物件的序列,看看其中有沒有現在可以刪除的物件。

這麼高層次的描述,聽起來又相當簡單,但是在 C++ 中要如何做呢?

嗯,首先需要有一個位置用來儲存指向你存取物件的指標,也就是危險指標。這位置必須能讓所有執行緒看得到,而且對於可能存取資料結構的每個執行緒都需要一個。正確且有效地配置它們可能會是一個挑戰,因此先將這個留到以後再處理,並假設有一個 get_hazard_pointer_for_current_thread() 函式會回傳對危險指標的參照;然後,當讀取意圖要取消參照的指標時需要對它進行設定——在這情形下就是序列中的 head 值:

```cpp
std::shared_ptr<T> pop()
{
    std::atomic<void*>& hp=get_hazard_pointer_for_current_thread();
    node* old_head=head.load();    ←—❶
    node* temp;
    do
    {
        temp=old_head;
        hp.store(old_head);    ←—❷
        old_head=head.load();
    } while(old_head!=temp);    ←—❸
    // ...
}
```

你必須在 while 迴圈中做這件事,以確保在讀取舊的 head 指標❶和設定危險指標❷之間這節點不會被刪除;在這作業期間的窗口,沒有其他執行緒知道你在存取這特定的節點。幸運的是,如果舊的 head 節點將被刪除,那 head 本身必須已經改變,因此可以檢查這一點並保持迴圈執行,直到知道 head 指標仍然是與危險指標所設定的值相同為止❸。像這樣使用危險指標有賴於在它參照的物件被刪除之後,使用這指標的值還是安全的這個事實。如果使用的是 new 和 delete 預設的實作,這在技術上會是未定義的行

為，因此必須確保實作允許使用它，或者需要使用允許這種用法的客製化配置器。

現在已經設定了危險指標，可以繼續處理 pop() 的剩餘部分，知道不會有其他執行緒會從你下面刪除節點，所以這是安全的。

幾乎每次重新載入 old_head 的時候，在取消對新讀取指標值的參照之前，都需要更新危險指標。當已經從序列中抽取出一個節點後，就可以清除危險指標。如果沒有其他危險指標參照到這節點，就可以安全地刪除它；否則，必須將這節點加到稍後刪除的待移除序列。以下程式列表顯示了使用這方式的 pop() 完整實作。

程式列表 7.6　使用危險指標的 pop() 實作

```cpp
std::shared_ptr<T> pop()
{
    std::atomic<void*>& hp=get_hazard_pointer_for_current_thread();
    node* old_head=head.load();
    do
    {                                    ❶ 執行迴圈直到
        node* temp;                         對 head 設定
        do                                  危險指標為止
        {
            temp=old_head;
            hp.store(old_head);
            old_head=head.load();
        } while(old_head!=temp);
    }
    while(old_head &&
          !head.compare_exchange_strong(old_head,old_head->next));
    hp.store(nullptr);                    ❷ 當完成後，清除
    std::shared_ptr<T> res;                  危險指標
    if(old_head)
    {
        res.swap(old_head->data);
        if(outstanding_hazard_pointers_for(old_head))   ❸ 在刪除節點前，
        {                                                  檢查參照到它的
            reclaim_later(old_head);     ❹                 危險指標
        }
        else
        {
            delete old_head;   ❺
        }
        delete_nodes_with_no_hazards();   ❻
    }
```

```
    return res;
}
```

首先，將設定危險指標的迴圈移到如果比較 / 交換失敗時重新載入 old_head 的外部迴圈裡面❶。因為是在 while 迴圈內工作，所以在這裡使用的是 compare_exchange_strong()：在 compare_exchange_weak() 上 虛假的失敗會造成危險指標不必要的重新設定。目前做法可以確保在取消對 old_head 參照之前正確地設定了危險指標。當你宣告這節點屬於你之後，就可以清除危險指標❷。如果你確實取得一個節點，則需要檢查屬於其他執行緒的危險指標，看其中有沒有對這節點的參照❸。如果有的話，那還不能刪除它，因此必須將它放到序列中以待日後回收❹；否則的話，可以立即將這節點刪除❺。最後，你呼叫一個函式檢查所有必須為它呼叫 reclaim_later() 的節點。如果不再有任何危險指標參照到這些節點，就可以安全的刪除它們❻。任何仍然有懸而未決危險指標的節點將留給呼叫 pop() 的下個執行緒。

仍然有許多細節隱藏在 get_hazard_pointer_for_current_thread()、reclaim_later()、outstanding_hazard_pointers_for()、和 delete_nodes_with_no_hazards() 這些新函式中，因此讓我們拉下窗簾，看看它們如何工作。

將危險指標實體配置給 get_hazard_pointer_for_current_thread() 使用執行緒的確切方法與程式邏輯無關（雖然在稍後會看到，它會影響效率）。現在將用一個簡單的結構：執行緒 ID 和指標對的固定大小陣列。get_hazard_pointer_for_current_thread() 會在陣列中搜尋第一個空著的項目位置，並將這位置的項目識別碼設定為目前執行緒的識別碼。當執行緒離開時，經由將這項目識別碼重新設定給預設建構的 std::thread::id() 以釋放這個項目位置，這顯示在以下程式列表中。

程式列表 7.7　get_hazard_pointer_for_current_thread() 的簡單實作

```
unsigned const max_hazard_pointers=100;
struct hazard_pointer
{
    std::atomic<std::thread::id> id;
    std::atomic<void*> pointer;
};
hazard_pointer hazard_pointers[max_hazard_pointers];
class hp_owner
{
```

```
        hazard_pointer* hp;

public:
    hp_owner(hp_owner const&)=delete;
    hp_owner operator=(hp_owner const&)=delete;
    hp_owner():
        hp(nullptr)
    {
        for(unsigned i=0;i<max_hazard_pointers;++i)
        {
            std::thread::id old_id;
            if(hazard_pointers[i].id.compare_exchange_strong(    ◄────┐
                old_id,std::this_thread::get_id()))                   │  嘗試宣告一個
            {                                                         │  危險指標的
                hp=&hazard_pointers[i];                               │    所有權
                break;                                                │
            }                                                         ┘
        }
        if(!hp)  ◄──❶
        {
            throw std::runtime_error("No hazard pointers available");
        }
    }
    std::atomic<void*>& get_pointer()
    {
        return hp->pointer;
    }
    ~hp_owner()  ◄──❷
    {
        hp->pointer.store(nullptr);
        hp->id.store(std::thread::id());
    }
};
std::atomic<void*>& get_hazard_pointer_for_current_thread()  ◄────❸
{
    thread_local static hp_owner hazard;  ◄────┐  每個執行緒有自己的
    return hazard.get_pointer();  ◄──❺          ❹  危險指標
}
```

get_hazard_pointer_for_current_thread() 本身的實作看似簡單❸：
它有一個型態為 hp_owner 的 thread_local 變數❹，這變數儲存目前執行
緒的危險指標；然後，它從這物件回傳指標❺。它工作方式如下：**每個執行
緒第一次呼叫這個函式時，會建立一個新的 hp_owner 實體**；這新實體❶的
建構函式在所有者 / 指標對的表中尋找沒有所有者的項目；它用 compare_
exchange_strong() 來檢查項目是否沒有所有者，如果找到就一口氣認領

它❷。如果 compare_exchange_strong() 沒有檢查到，那表示另一個執行緒擁有這項目，因此你移到下一個項目檢查。如果交換成功，則表示你已經成功的為目前執行緒宣告這項目，因此將它儲存並停止搜尋❸。如果到達序列尾部都沒有找到空著的項目❹，則表示有太多執行緒在使用危險指標，因此將拋出一個例外。

當指定的執行緒已經建立 hp_owner 實體，因為指標是存在快取中，所以進一步的存取會更快，因此不必再次掃描這個表。

在每個執行緒都離開後，如果為那執行緒建立了 hp_owner 實體，則這實體將被銷毀。在將所有者識別碼設定為 std::thread::id() 之前，解構函式會將指標重新設定為 nullptr，以便讓另一個執行緒稍後重新使用這項目❺。

有了 get_hazard_pointer_for_current_thread() 的實作，outstanding_hazard_pointers_for() 的實作就簡單了，只要掃描危險指標表以尋找項目：

```cpp
bool outstanding_hazard_pointers_for(void* p)
{
    for(unsigned i=0;i<max_hazard_pointers;++i)
    {
        if(hazard_pointers[i].pointer.load()==p)
        {
            return true;
        }
    }
    return false;
}
```

甚至連檢查每個項目是否有所有者都不需要：尚未被擁有的項目會有 null 指標，因此無論如何比較都會回傳 false，這更簡化了程式。

reclaim_later() 和 delete_nodes_with_no_hazards() 可以在簡單的鏈結序列上工作；reclaim_later() 將節點加到序列，而 delete_nodes_with_no_hazard() 掃描序列，刪除沒有懸而未決的危險項目。下一個程式列表顯示了這個實作。

程式列表 7.8　回收函式的簡單實作

```cpp
template<typename T>
void do_delete(void* p)
{
    delete static_cast<T*>(p);
}
struct data_to_reclaim
{
    void* data;
    std::function<void(void*)> deleter;
    data_to_reclaim* next;
    template<typename T>
    data_to_reclaim(T* p):    ←❶
        data(p),
        deleter(&do_delete<T>),
        next(0)
    {}
    ~data_to_reclaim()
    {
        deleter(data);    ←❷
    }
};
std::atomic<data_to_reclaim*> nodes_to_reclaim;
void add_to_reclaim_list(data_to_reclaim* node)    ←❸
{
    node->next=nodes_to_reclaim.load();
    while(!nodes_to_reclaim.compare_exchange_weak(node->next,node));
}
template<typename T>
void reclaim_later(T* data)    ←❹
{
    add_to_reclaim_list(new data_to_reclaim(data));    ←❺
}
void delete_nodes_with_no_hazards()
{
    data_to_reclaim* current=nodes_to_reclaim.exchange(nullptr);    ←❻
    while(current)
    {
        data_to_reclaim* const next=current->next;
        if(!outstanding_hazard_pointers_for(current->data))    ←❼
        {
            delete current;    ←❽
        }
        else
        {
            add_to_reclaim_list(current);    ←❾
        }
```

```
        current=next;
    }
}
```

首先，我希望你留意到 reclaim_later() 是函式樣板，而不是普通的函式❹；這是因為危險指標是一般目的的工具，因此你不會想要將自己束縛到堆疊的節點上。你早就已經使用 std::atomic<void*> 儲存指標，因此需要能處理任何型態的指標，因為希望在允許的時候刪除資料項目，而且 delete 需要指標的實際型態，所以不能用 void*。等一下你會看到，data_to_reclaim 的建構函式將這問題處理得很好；reclaim_later() 為指標建立了 data_to_reclaim 的新實體，並將它加入到回收序列中❺。就像你之前曾看過的，add_to_reclaim_list() 本身❸是序列頭部上的一個簡單 compare_exchange_weak() 迴圈。

回到 data_to_reclaim 的建構函式❶：這個建構函式也是一個樣板；它將要刪除的資料當成 void* 存在資料成員中，然後將指標存到 do_delete() 的適當實體中，do_delete() 將提供的 void* 轉換為指定的指標型態，然後刪除指向物件的簡單函式。std::function<> 安全地包裝這函式指標，因此 data_to_reclaim 的解構函式可以透過呼叫這個儲存的函式來刪除資料❷。

將節點加到序列中時，不會呼叫 data_to_reclaim 的解構函式；只有在沒有指向這節點的危險指標時，才會呼叫它的解構函式。這是 delete_nodes_with_no_hazards() 的責任。

delete_nodes_with_no_hazards() 首先用簡單的 exchange() 宣告要回收的整個節點序列❻。這個簡單但關鍵的步驟確保這是嘗試回收這特定節點集合的唯一執行緒。現在其他執行緒可以自由地在序列中加入更多的節點，甚至可以嘗試收回它們也不會影響這執行緒的操作。

只要仍然有節點留在序列中，你輪流檢查每個節點看它們是否有任何懸而未決的危險指標❼。如果沒有，你就可以安全地將這項目刪除（並清除儲存的資料）❽；否則，你將這項目加回到序列中，以便將來回收❾。

雖然這個簡單的實作確實安全地回收了被刪除的節點，但它在處理過程中也增加了相當多的代價。掃描危險指標陣列需要檢查 max_hazard_pointers 原子變數，且必須對每個 pop() 呼叫執行。原子操作本質上就很慢，通常在桌上型 CPU 會比相等的非原子操作慢上 100 倍，因此使 pop() 成為很昂

貴的操作。你不只是為了要移除的節點而掃描危險指標序列，而且還為了等待序列中的每個節點掃描它。很明顯地，這是一個壞主意。序列中可能有 max_hazard_pointers 節點，而且是對照 max_hazard_pointers 儲存的危險指標檢查所有節點；哇！一定會有更好的方法。

使用危險指標更好的回收策略

有個更好的方法；我在這裡顯示的是危險指標的一個簡單而幼稚的實作，目的是幫忙說明這技術。你可以做的第一件事就是為了性能而犧牲記憶體；與其每次呼叫 pop() 時都要檢查回收序列中所有的節點，不如只有在序列中節點的數量超過了 max_hazard_pointers 的情形下，才嘗試著回收節點。這樣一來，你可以保證至少能夠回收一個節點。但如果你等到序列中有 max_hazard_pointers+1 個節點，這樣也不會好到那裡去。當有了 max_hazard_pointers 節點後，你將用最多的 pop() 呼叫嘗試回收節點，所以也沒比之前好多少。但是如果等到序列中有 2*max_hazard_pointers 個節點才嘗試回收，則這些節點中最多只有 max_hazard_pointers 個節點仍是處於活動狀態，因此保證至少能夠回收 max_hazard_pointers 個節點，而且在再次嘗試回收任何節點之前，至少會有 max_hazard_pointers 次呼叫 pop()，這樣就好多了。不要每次呼叫 push() 時都檢查 max_hazard_pointers 個節點（不一定回收），而是對 pop() 的每 max_hazard_pointers 次呼叫中檢查 2*max_hazard_pointers 個節點，並至少回收 max_hazard_points 個節點。每個 pop() 都會有效的檢查二個節點，且其中一個會被回收。

即使這樣也會有缺點（除了來自更大的回收序列所增加的記憶體使用，以及更多潛在可以回收的節點之外）：現在必須計算回收序列中的節點數量，這表示要使用原子計數，並且仍然會有多個執行緒爭相要存取回收序列本身。如果你有多餘的記憶體，那可以為了有更好的回收方法而增加記憶體的使用量：讓每個執行緒在執行緒的區域變數中有自己的回收序列，這樣就不需要為計算或存取序列而使用原子變數。相反地，你已經配置了 max_hazard_pointers*max_hazard_pointers 個節點；如果一個執行緒在收回它所有節點之前離開，則可以像之前一樣將它們存在全域序列，並加入下一個執行回收處理執行緒的區域序列中。

危險指標的另一個缺點是，它們已經涵蓋在 IBM 提交的專利申請內 [2]。雖然我相信這個專利目前應該已經過期，但如果你撰寫的軟體在這專利仍有效的國家使用，那最好還是請專利律師為你核實，或者需要確定已經獲得適當的許可。這在許多無鎖記憶體回收技術上很常見；這也是一個很熱門的研究領域，因此大公司都盡可能地取得專利。你可能會問，為什麼我要花這麼多頁面介紹一個程式設計者可能無法使用的技術，主要因為這是一個公平性的問題。首先，使用這個技術也許不需要支付專利費；例如，如果你在 GPL 通用公共授權條款下開發自由軟體 [3]，那麼你的軟體可能會包含在 IBM 的不主張條款內 [4]。其次，也是最重要的，這個技術的說明顯示了一些當撰寫無鎖程式時應該思考的像是原子操作的成本等重要問題。最後，已經有人提案將危險指標納入 C++ 標準將來的版本 [5]，因此就算你希望將來能夠使用自己編譯器供應商的實作，能夠知道它們工作的原理也很好。

那麼，是否有任何沒有專利的記憶體回收技術可以用於無鎖程式中？幸運的是確實有，其中的一種機制是參照計數。

7.2.4 用參照計數偵測使用中的節點

回到 7.2.2 節，你已經看到刪除節點的問題出於檢測那些節點仍然被讀取器執行緒存取。如果你可以安全、準確地辨識出哪些節點被參照到，以及何時沒有執行緒會存取這些節點，你就能刪除它們。危險指標利用一個儲存使用中節點的序列解決這個問題；而參照計數則利用儲存存取每個節點的執行緒數量來解決這問題。

這看起來很好也很簡單，但是在實踐中卻很難管理。剛開始，你可能認為像 std::shared_ptr<> 之類的可以完成這件工作；畢竟它是一個參照計數指標。但不幸的是，儘管有些 std::shared_ptr<> 上的操作是原子的，但不能保證是無鎖的。雖然對它本身而言，這和任何在原子型態上的操作都沒什麼區別，但 std::shared_ptr<> 意圖使用在許多場合中，且使這原子操作無鎖可能會對所有使用這類別的增加些代價。如果你的平台支援一個

---

2 Maged M. Michael, U.S. Patent and Trademark Office application number 20040107227, "Method for efficient implementation of dynamic lock-free data structures with safe memory reclamation."

3 GNU General Public License http://www.gnu.org/licenses/gpl.html.

4 IBM Statement of Non-Assertion of Named Patents Against OSS, http://www.ibm.com/ibm/licensing/patents/pledgedpatents.pdf.

5 P0566: Proposed Wording for Concurrent Data Structures: Hazard Pointer and ReadCopyUpdate (RCU), Michael Wong, Maged M. Michael, Paul McKenney, Geoffrey Romer, Andrew Hunter, Arthur O'Dwyer, David S. Hollman, JF Bastien, Hans Boehm, David Goldblatt, Frank Birbacher http://www.open-std.org/jtc1/sc22/wg21/docs/papers/2018/p0566r5.pdf

std::atomic_is_lock_free(&some_shared_ptr) 回傳 true 的實作，那整個記憶體回收的問題都將消失。如程式列表 7.9 般，為了序列而使用 std::shared_ptr<node>。請注意，為了避免在最後一個參照指定節點的 std::shared_ptr 被銷毀而可能造成節點的深度巢狀解構，需要從彈出的節點清除 next 指標。

程式列表 7.9　使用無鎖 std::shared_ptr<> 實作的無鎖堆疊

```
template<typename T>
class lock_free_stack
{
private:
    struct node
    {
        std::shared_ptr<T> data;
        std::shared_ptr<node> next;
        node(T const& data_):
            data(std::make_shared<T>(data_))
        {}
    };
    std::shared_ptr<node> head;
public:
    void push(T const& data)
    {
        std::shared_ptr<node> const new_node=std::make_
shared<node>(data);
        new_node->next=std::atomic_load(&head);
        while(!std::atomic_compare_exchange_weak(&head,
                &new_node->next,new_node));
    }
    std::shared_ptr<T> pop()
    {
        std::shared_ptr<node> old_head=std::atomic_load(&head);
        while(old_head && !std::atomic_compare_exchange_weak(&head,
                &old_head,std::atomic_load(&old_head->next)));
        if(old_head) {
            std::atomic_store(&old_head->next,std::shared_ptr<node>());
            return old_head->data;
        }
        return std::shared_ptr<T>();
    }
    ~lock_free_stack(){
        while(pop());
    }
};
```

不只很少有實作會在 std::shared_ptr<> 上提供無鎖原子操作，而且記住要始終如一地使用原子操作也很困難。如果有可以使用的實作，那併發 TS 會幫助你，因為它在 <experimental/atomic> 標頭中提供有 std::experimental::atomic_shared_ptr<T>。它在許多方面都與理論上的 std::atomic<std::shared_ptr<T>> 相等，但因為 std::shared_ptr<T> 有非預設的複製語義以確保參照計數被正確處理，所以不能與 std::atomic<> 一起使用。std::experimental::atomic_shared_ptr<T> 會正確地處理參照計數，同時仍然可以確保原子操作。類似第 5 章描述的其他原子型態，它在任何指定實作上是否無鎖都有可能。因此，程式列表 7.9 可以被重寫成程式列表 7.10。不需要記住包括 atomic_load 和 atomic_store 的呼叫，就可以看出它有多簡單了。

程式列表 7.10 使用 std::experimental::atomic_shared_ptr<> 的堆疊實作

```cpp
template<typename T>
class lock_free_stack
{
private:
    struct node
    {
        std::shared_ptr<T> data;
        std::experimental::atomic_shared_ptr<node> next;
        node(T const& data_):
            data(std::make_shared<T>(data_))
        {}
    };
    std::experimental::atomic_shared_ptr<node> head;
public:
    void push(T const& data)
    {
        std::shared_ptr<node> const new_node=std::make_
shared<node>(data);
        new_node->next=head.load();
        while(!head.compare_exchange_weak(new_node->next,new_node));
    }
    std::shared_ptr<T> pop()
    {
        std::shared_ptr<node> old_head=head.load();
        while(old_head && !head.compare_exchange_weak(
                old_head,old_head->next.load()));
        if(old_head) {
            old_head->next=std::shared_ptr<node>();
            return old_head->data;
        }
```

```
            return std::shared_ptr<T>();
    }
    ~lock_free_stack(){
        while(pop());
    }
};
```

在 `std::shared_ptr<>` 實作不是無鎖，而且實作也不提供無鎖 `std::experimental::atomic_shared_ptr<>` 的可能情況下，你需要手動管理參照計數。

有一種可能的技術它每個節點不是使用一個參照計數，而是使用兩個：一個內部及一個外部。這二個計數值的和就是對這節點的總參照數。外部計數伴隨著指向節點的指標，並在指標每次被讀取時遞增；當讀取器完成這節點的讀取時，它會遞減內部計數。完成讀取指標的簡單操作將使外部計數增加 1，內部計數減少 1。

當不再需要外部計數／指標對（從多個執行緒可以存取的位置已經無法再存取這節點）時，內部計數將增加外部計數減一後的值，且放棄外部計數器。當內部計數等於零，對這節點就不會有懸而未決的參照，並且可以安全地刪除。使用原子操作來更新共享資料仍然很重要；現在讓我們看一下用這種技術確保只有在安全情況下才會回收節點的無鎖堆疊實作。

以下程式列表顯示一個很好且簡單的內部資料結構及 `push()` 實作。

程式列表 7.11　使用分開的參照計數將一個節點推入無鎖堆疊

```
template<typename T>
class lock_free_stack
{
private:
    struct node;
    struct counted_node_ptr    ←──❶
    {
        int external_count;
        node* ptr;
    };
    struct node
    {
        std::shared_ptr<T> data;
        std::atomic<int> internal_count;    ←──❷
        counted_node_ptr next;    ←──❸
        node(T const& data_):
```

```
                data(std::make_shared<T>(data_)),
                internal_count(0)
            {}
        };
        std::atomic<counted_node_ptr> head;   ◀── ❹
public:
        ~lock_free_stack()
        {
            while(pop());
        }
        void push(T const& data)   ◀── ❺
        {
            counted_node_ptr new_node;
            new_node.ptr=new node(data);
            new_node.external_count=1;
            new_node.ptr->next=head.load();
            while(!head.compare_exchange_weak(new_node.ptr->next,new_
nodc));
        }
};
```

首先，外部計數與節點指標一起包裝在 counted_node_ptr 結構❶中；這可以伴隨著內部計數❷，並用於 node 結構中的 next 指標❸。因為 counted_node_ptr 是一個簡單的結構，因此可以和 std::atomic<> 樣板一起用於序列的 head ❹。

在支援雙字組比較及交換操作的平台上，這結構小到可以使 std::atomic<counted_node_ptr> 成為無鎖。如果你的平台不支援，你最好還是使用程式列表 7.9 的 std::shared_ptr<> 版本，因為當型態對於平台的原子指令太大時，std::atomic<> 將用互斥鎖來保證原子性（使你的「無鎖」演算法最後還是基於上鎖的）。另外，如果你願意限制計數器的大小，並且知道你平台的指標有空閒的位元（例如，因為位址空間只有 48 位元，但指標為 64 位元），則可以將計數存在指標的空閒位元，以將它們全部放回到單個機器字組中。這些技巧需要平台特定的知識，已經超出本書的範圍。

push() 則相對較為簡單❺；你建構一個參照到有相關聯資料新配置節點的 counted_node_ptr，並將這節點的 next 值設定為目前 head 值。然後可以像前面程式列表一樣，用 compare_exchange_weak() 設定 head 值。將 internal_count 設定為零，而 external_count 設定為 1。因為這是一個新的節點，因此目前只有一個外部參照到這節點（head 指標本身）。

像往常一樣，在 pop() 的實作中顯現了複雜性，如以下程式列表所示。

程式列表 7.12　使用分開的參照計數從無鎖堆疊中彈出一個節點

```
template<typename T>
class lock_free_stack
{
private:
    // other parts as in listing 7.11
    void increase_head_count(counted_node_ptr& old_counter)
    {
        counted_node_ptr new_counter;
        do
        {
            new_counter=old_counter;
            ++new_counter.external_count;
        }
        while(!head.compare_exchange_strong(old_counter,new_counter));  ←❶
        old_counter.external_count=new_counter.external_count;
    }
public:
    std::shared_ptr<T> pop()#
    {
        counted_node_ptr old_head=head.load();
        for(;;)
        {
            increase_head_count(old_head);
            node* const ptr=old_head.ptr;    ←❷
            if(!ptr)
            {
                return std::shared_ptr<T>();
            }
            if(head.compare_exchange_strong(old_head,ptr->next))  ←❸
            {
                std::shared_ptr<T> res;
                res.swap(ptr->data);  ←❹
                int const count_increase=old_head.external_count-2;  ←❺
                if(ptr->internal_count.fetch_add(count_increase)==  ←❻
                    -count_increase)
                {
                    delete ptr;
                }
                return res;  ←❼
            }
            else if(ptr->internal_count.fetch_sub(1)==1)
            {
                delete ptr;  ←❽
```

```
            }
        }
    }
};
```

這次，當載入了 head 的值，首先必須增加對 head 節點外部參照的計數，以表示你已經參照它了，並確保取消對它的參照是安全的。如果在增加參照計數**之前**先取消指標的參照，則另一個執行緒可以在你存取這節點之前釋放它，而留下一個懸置的指標，這是使用分開參照計數的主要原因：透過增加外部參照計數，可以確保指標在你存取的期間保持有效；這增加是經由 compare_exchange_strong() 迴圈完成的❶，這迴圈比較並設定整個結構，以確保在此期間指標不會被其他執行緒改變。

一旦計數已經增加，為了存取指向的節點，你可以安全地取消參照 head 加載值的 ptr 欄位❷。如果指標是空的指標，則你在序列的尾部：沒有更多的項目。如果指標不是空的指標，則可以在 head 上利用 compare_exchange_strong() 呼叫❸嘗試移除這節點。

如果 compare_exchange_strong() 成功，表示你已取得這節點的所有權，可以交換資料以準備回傳它❹；這樣可以確保資料不會因為其他存取堆疊的執行緒碰巧仍然有指向這節點的指標而保持活躍。然後，你可以使用原子 fetch_add 將外部計數加到這節點的內部計數❻。如果現在的參照計數是零，則**先前的值**（即 fetch_add 回傳的值）是所增加值的負數，在這種情況下，你可以刪除這節點。請注意你所增加的值會比外部計數小 2❺，這點很重要；你已經從序列中移除了這節點，因此將計數減 1，並且不會再從這執行緒存取這個節點，因此又將計數再減 1。無論是否刪除這個節點，你都已經完成了，因此可以將資料回傳❼。

如果比較 / 交換❸失敗，則另一個執行緒會在你之前移除這節點，或是另一個執行緒會將新節點加到堆疊中。無論是哪種情形，你都需要從比較 / 交換呼叫回傳新的 head 值重新開始。但首先必須減少嘗試要移除節點上的參照計數，這執行緒不會再存取它了。如果你是持有參照的最後一個執行緒（因為另一個執行緒從堆疊中移除它），則內部參照計數將為 1，因此減 1 後會將計數設定成零。在這種情況下，你可以在迴圈之前的這個位置刪除這節點❽。

到目前為止，對所有原子操作你都使用預設的 std::memory_order_seq_cst 記憶體排序。在大多數系統上，以執行時間及同步代價而言，這種排序

都比其他記憶體排序要昂貴；而在另一些系統上，則會更加昂貴。現在你已經有了正確資料結構的邏輯，那就可以考慮放寬部分記憶體排序的要求；因為你不想要在堆疊使用者身上增加任何不必要的代價。在離開堆疊並前進到無鎖佇列的設計之前，讓我們先檢查一下堆疊的操作，並自問某些操作對記憶體排序是否可以再放寬一些，卻仍然可以得到相同程度的安全性？

7.2.5　對無鎖堆疊應用記憶體模型

在改變記憶體排序之前，你需要檢查操作並辨識它們之間所需要的關係。然後可以回頭並找出可以提供這些必要關係的最小記憶體排序。為了這目的，你必須從一些不同情況下的執行緒觀點來檢視。其中最簡單的可能情況是，一個執行緒將一個資料項推入堆疊，一段時間後另一個執行緒會將這資料項從堆疊中彈出，所以我們就從這裡開始。

在這種簡單情況下，包含了三個重要的資料片段。首先是用於傳送 data::head 的 counted_node_ptr，第二個是 head 參照的 node 結構，第三個是 node 指向的資料項。

執行 push() 的執行緒會先建構資料項和 node，然後設定 head；而執行 pop() 的執行緒會先加載 head 的值，然後在 head 上執行比較 / 交換迴圈以增加參照計數，然後讀取 node 結構以取得 next 值。就在這裡，你可以看到所需要的關係。next 值是一個普通的非原子物件，因此為了能安全地讀取，在儲存（藉由推入的執行緒）和加載（藉由彈出的執行緒）之間必須有事前發生的關係。因為在 push() 中唯一的原子操作是 compare_exchange_weak()，而且你需要一個釋放操作以取得執行緒之間的事前發生關係，compare_exchange_weak() 必須是 std::memory_order_release 或更高等級的。如果呼叫 compare_exchange_weak() 失敗，那什麼都不會改變，而且你會繼續執行迴圈；因此在這種情況下，你只需要 std::memory_order_relaxed：

```
void push(T const& data)
{
    counted_node_ptr new_node;
    new_node.ptr=new node(data);
    new_node.external_count=1;
    new_node.ptr->next=head.load(std::memory_order_relaxed)
    while(!head.compare_exchange_weak(new_node.ptr->next,new_node,
        std::memory_order_release,std::memory_order_relaxed));
}
```

pop() 的程式碼又如何呢？為了得到所需要的事前發生關係，在存取 next 之前，必須有 std::memory_order_acquire 或更高等級的操作。你所取消對存取 next 欄位參照的指標，是由 increase_head_count() 中 compare_exchange_strong() 讀取的舊值；因此如果成功的話，就需要對它進行排序。就如同對 push() 的呼叫，如果交換失敗的話，只是再一次的執行迴圈，因此可以在失敗時使用寬鬆的排序：

```
void increase_head_count(counted_node_ptr& old_counter)
{
    counted_node_ptr new_counter;
    do
    {
        new_counter=old_counter;
        ++new_counter.external_count;
    }
    while(!head.compare_exchange_strong(old_counter,new_counter,
        std::memory_order_acquire,std::memory_order_relaxed));
    old_counter.external_count=new_counter.external_count;
}
```

如果 compare_exchange_strong() 的呼叫成功，你就會知道讀取值的 ptr 欄位設定為現在儲存在 old_counter 中的值。因為在 push() 中的儲存屬於釋放操作，而 compare_exchange_strong() 屬於獲取操作，這儲存會與加載同步，而且也有了事前發生關係；因此在 push() 中對 ptr 欄位的儲存會發生在 pop() 中對 ptr->next 的存取之前，因此會很安全。

請注意，最初在 head.load() 上的記憶體排序對這個分析無關緊要，因此可以安全地使用 std::memory_order_relaxed。

其次，我們考慮以 compare_exchange_strong() 將 head 設定為 old_head.ptr->next。對這操作你需要些什麼來保證這執行緒資料的完整性？如果交換成功，你會存取 ptr->data，因此需要確保在 push() 執行緒對 ptr->data 的儲存會發生在加載之前；但其實你早已經有這個保證了：在 increase_head_count() 的獲取操作可以確保，在 push() 執行緒中的儲存以及比較/交換之間有同步的關係。因為 push() 執行緒中對 data 的儲存排序在儲存到 head 之前，而對 increase_head_count() 的呼叫排序在 ptr->data 加載之前，因此有一個事前發生的關係，而且縱使在 pop() 內的比較/交換使用 std::memory_order_relaxed，所有這些仍然運作的很好。改變 ptr->data 的另一個地方是在對 swap() 的呼叫，並且沒有其他執行緒可以在同一個節點上操作；這就是比較/交換的全部。

如果 compare_exchange_strong() 失敗，那在下一次迴圈的循環之前，都不會接觸到 old_head 的新值，而且你早就確定在 increase_head_count() 中的 std::memory_order_acquire 就足夠了，因此 std::memory_order_relaxed 也是足夠的。

那其他執行緒如何呢？你是否需要更高層級的函式來確保其他執行緒仍然安全？答案是否定的，因為 head 只能經由比較 / 交換操作來修改。因為這些是讀取 - 修改 - 寫入操作，它們形成了以 push() 中比較 / 交換為首的釋放序列一部分。因此，在 push() 中的 compare_exchange_weak() 會與在 increase_head_count() 中對 compare_exchange_strong() 的呼叫同步；就算在這期間內有許多其他執行緒修改 head，compare_exchange_strong() 也會讀取儲存的值。

你已經接近完成了：剩下唯一需要處理的操作是為了修改參照計數的 fetch_add() 操作。因為知道沒有其他執行緒可以修改這節點的資料，因此從這節點回傳資料的執行緒繼續進行是安全的。但是任何未成功取得資料的執行緒都知道另一個執行緒確實修改了節點資料；成功的執行緒用 swap() 抽取參照的資料項，因此需要確保 swap() 發生在 delete 之前，以避免資料競爭。執行這動作的簡單方法是讓成功回傳分支中的 fetch_add() 使用 std::memory_order_release，而再次迴圈分支中的 fetch_add() 使用 std::memory_order_acquire。但這仍然有些超過：只有一個執行緒執行 delete（將計數設定為零的那個），所以只有那個執行緒需要執行獲取操作。幸運的是，因為 fetch_add() 是讀取 - 修改 - 寫入操作，它形成了釋放序列的一部分，因此你可以用額外的 load() 來執行這操作。如果再次迴圈分支將參照計數減到零，則可以用 std::memory_order_acquire 重新加載參照計數，以確保所需要的同步關係，而 fetch_add() 本身可以使用 std::memory_order_relaxed。使用新版本 pop() 的最終堆疊實作顯示如下。

程式列表 7.13　使用參照計數及寬鬆原子操作的無鎖堆疊

```cpp
template<typename T>
class lock_free_stack
{
private:
    struct node;
    struct counted_node_ptr
    {
        int external_count;
```

```
        node* ptr;
    };
    struct node
    {
        std::shared_ptr<T> data;
        std::atomic<int> internal_count;
        counted_node_ptr next;
        node(T const& data_):
            data(std::make_shared<T>(data_)),
            internal_count(0)
        {}
    };
    std::atomic<counted_node_ptr> head;
    void increase_head_count(counted_node_ptr& old_counter)
    {
        counted_node_ptr new_counter;
        do
        {
            new_counter=old_counter;
            ++new_counter.external_count;
        }
        while(!head.compare_exchange_strong(old_counter,new_counter,
                                        std::memory_order_acquire,
                                        std::memory_order_
relaxed));
        old_counter.external_count=new_counter.external_count;
    }
public:
    ~lock_free_stack()
    {
        while(pop());
    }
    void push(T const& data)
    {
        counted_node_ptr new_node;
        new_node.ptr=new node(data);
        new_node.external_count=1;
        new_node.ptr->next=head.load(std::memory_order_relaxed)
        while(!head.compare_exchange_weak(new_node.ptr->next,new_node,
                                        std::memory_order_release,
                                        std::memory_order_relaxed));
    }
    std::shared_ptr<T> pop()
    {
        counted_node_ptr old_head=
            head.load(std::memory_order_relaxed);
        for(;;)
        {
```

```
            increase_head_count(old_head);
            node* const ptr=old_head.ptr;
            if(!ptr)
            {
                return std::shared_ptr<T>();
            }
            if(head.compare_exchange_strong(old_head,ptr->next,
                                    std::memory_order_relaxed))
            {
                std::shared_ptr<T> res;
                res.swap(ptr->data);
                int const count_increase=old_head.external_count-2;
                if(ptr->internal_count.fetch_add(count_increase,
                        std::memory_order_release)==-count_increase)
                {
                    delete ptr;
                }
                return res;
            }
            else if(ptr->internal_count.fetch_add(-1,
                        std::memory_order_relaxed)==1)
            {
                ptr->internal_count.load(std::memory_order_acquire);
                delete ptr;
            }
        }
    }
};
```

這是一個很好的鍛煉，但最後你還是抵達了，而且堆疊作用得更好。透過以更仔細思考的態度使用更多寬鬆操作，可以在不影響正確性的情況下提高性能。如你所看見的，現在 pop() 實作的程式碼有 37 行，而在程式列表 6.1 基於上鎖的堆疊中等效的 pop() 為 8 行，在程式列表 7.2 沒有記憶體管理的基於無鎖堆疊中則為 7 行。當我們移到撰寫無鎖佇列時，你會看到類似的模式：在無鎖程式中的許多複雜性都來自於記憶體管理。

7.2.6　撰寫不上鎖的執行緒安全佇列

佇列提供與堆疊稍微不同的挑戰，因為 push() 和 pop() 操作在佇列中存取資料結構的不同部分，但對堆疊它們都存取同一個頭部節點；因此，所需要的同步化是不同的。你必須確保在一端所做的改變對另一端的存取是正確可見的。但是程式列表 6.6 中佇列 try_pop() 的結構與程式列表 7.2 中簡單無鎖堆疊的 pop() 差別並不太大，因此你可以合理地假設無鎖的程式碼會蠻相似的，讓我們看看有多相似。

如果以程式列表 6.6 為基礎，則需要兩個節點指標：一個指向序列的頭部，另一個指向尾部。你將要從多個執行緒存取它們，為了讓你擺脫對應的互斥鎖，所以它們最好是原子的。讓我們先從做一些小改變開始，看看它能將你帶到哪裡。以下程式列表顯示了這結果。

程式列表 7.14　單生產者、單消費者無鎖佇列

```cpp
template<typename T>
class lock_free_queue
{
private:
    struct node
    {
        std::shared_ptr<T> data;
        node* next;
        node():
            next(nullptr)
        {}
    };
    std::atomic<node*> head;
    std::atomic<node*> tail;
    node* pop_head()
    {
        node* const old_head=head.load();
        if(old_head==tail.load())    ←①
        {
            return nullptr;
        }
        head.store(old_head->next);
        return old_head;
    }
public:
    lock_free_queue():
        head(new node),tail(head.load())
    {}
    lock_free_queue(const lock_free_queue& other)=delete;
    lock_free_queue& operator=(const lock_free_queue& other)=delete;
    ~lock_free_queue()
    {
        while(node* const old_head=head.load())
        {
            head.store(old_head->next);
            delete old_head;
        }
    }
    std::shared_ptr<T> pop()
```

```
    {
        node* old_head=pop_head();
        if(!old_head)
        {
            return std::shared_ptr<T>();
        }
        std::shared_ptr<T> const res(old_head->data);    ◀━❷
        delete old_head;
        return res;
    }
    void push(T new_value)
    {
        std::shared_ptr<T> new_data(std::make_shared<T>(new_value));
        node* p=new node;    ◀━❸
        node* const old_tail=tail.load();    ◀━❹
        old_tail->data.swap(new_data);    ◀━❺
        old_tail->next=p;    ◀━❻
        tail.store(p);    ◀━❼
    }
};
```

乍看之下，這似乎還不太壞，而且如果一次只有一個執行緒呼叫 push()，
且只有一個執行緒呼叫 pop()，那麼這就非常好。在這種情況下，重要的
是 push() 和 pop() 之間的事前發生關係，可以確保取得資料是安全的。存
到 tail ❼ 和從 tail 加載 ❶ 同步；存到前一個節點的 data 指標 ❺ 排序在存
到 tail 之前；且從 tail 的加載排序在從 data 指標加載 ❷ 之前，所以存到
data 會發生在加載之前，且一切都很好。因此這是一個完美的可維護*單生
產者、單消費者*（*SPSC*）佇列。

問題出自當多個執行緒併發呼叫 push()，或多個執行緒併發呼叫 pop() 的
情況。先看一下 push() 的情況，如果有兩個執行緒併發呼叫 push()，它
們都將新節點配置為新的虛擬節點 ❸，都讀取 tail 的相同值 ❹，因此在設
定 data 及 next 指標時都更新同一節點的資料成員 ❺、❻；這是一個資料
競爭！

在 pop_head() 上也有類似的問題。如果兩個執行緒併發呼叫 pop_
head()，它們都將讀取相同的 head 值，然後都用相同的 next 指標覆蓋舊
值。兩個執行緒現在都將認為它們已經取得相同的節點──一個禍根。你不
只必須確保只有一個執行緒在指定項目上使用 pop()，還需要確定其他執行
緒可以安全地存取它們從 head 讀取節點的 next 成員。而這正是你在無鎖堆
疊中 pop() 上所看到的問題，所以任何對它的解決方法都可以用在這裡。

因此如果 pop() 是「已解決的問題」，那麼 push() 呢？這裡的問題是，為了在 push() 和 pop() 之間獲得所需要的事前發生關係，你必須在更新 tail 之前在虛擬節點上設定資料項；但這表示因為讀取相同的 tail 指標，所以併發呼叫 push() 會爭奪相同的資料項。

在 PUSH() 上處理多個執行緒

一種選擇是在實際節點之間增加一個虛擬節點。這樣，目前 tail 節點中只有 next 指標需要更新，因此可以成為原子。如果一個執行緒成功地將 next 指標從 nullptr 改為它的新節點，那它已經成功增加這個指標；否則，它必須再來一次並重新讀取 tail。為了放棄有空資料指標的節點並再次執行迴圈，對 pop() 需要做些小改變。這裡的缺點是，每個 pop() 的呼叫通常需要移除兩個節點，且記憶體配置是原來的兩倍。

第二種選擇是使 data 指標原子化，並用呼叫比較 / 交換來設定。如果呼叫成功，這會是你的 tail 節點，可以安全的將 next 指標設定到新節點然後更新 tail；如果因為另一個執行緒儲存了資料而使比較 / 交換失敗，則再繞　次迴圈、重新讀取 tail 並重新開始。如果在 std::shared_ptr<> 上的原子操作是無鎖的，那你成功了；如果不是，則需要一個替代方法。其中一種可能是讓 pop() 回傳 std::unique_ptr<>（畢竟，它是對這物件唯一的參照），並將資料存成佇列內的普通指標。這會讓你將它儲存為 std::atomic<T*>，然後將它提供給必要的 compare_exchange_strong() 呼叫。如果你用程式列表 7.12 中的參照計數方法來處理 pop() 中的多個執行緒，那現在 push() 看起來會如同以下程式列表。

程式列表 7.15　第一次嘗試對 push() 的修訂（不好的）

```
void push(T new_value)
{
    std::unique_ptr<T> new_data(new T(new_value));
    counted_node_ptr new_next;
    new_next.ptr=new node;
    new_next.external_count=1;
    for(;;)
    {
        node* const old_tail=tail.load();         ←─❶
        T* old_data=nullptr;
        if(old_tail->data.compare_exchange_strong(
            old_data,new_data.get()))             ←─❷
        {
            old_tail->next=new_next;
```

```
                tail.store(new_next.ptr);    ◄── ❸
                new_data.release();
                break;
            }
        }
    }
}
```

使用參照計數方法可以避免這種特殊的競爭，但這並不是 push() 中唯一的
競爭。如果你留意程式列表 7.15 中 push() 的修訂版，則會看到在堆疊中的
樣板：加載一個原子指標❶並取消這指標的參照❷。同時，另一個執行緒可
以更新這指標❸，最終導致這節點被解除配置（在 pop() 中）。如果這節點
是在取消指標的參照之前被解除配置，你將有一個未定義行為。哎喲！這就
像在 head 一樣，也在 tail 增加一個外部計數，但是佇列中的每個節點在
前一個節點的 next 指標上早就已經有一個外部計數了。同一個節點有兩個
外部計數，需要修改參照計數的方法，避免過早刪除節點。要解決這問題，
還可以利用計算節點結構中外部計數器的數量，並在每個外部計數器被銷毀
時減少它的值（以及將對應的外部計數加到內部計數中）。如果內部計數為
零且沒有外部計數器，就表示可以安全刪除這個節點。這技術我首次是在
Joe Seigh 的「Atomic Ptr Plus Project」（http://atomic-ptr-plus.sourceforge.
net/）上接觸到。以下程式列表顯示在這方法下 push() 的樣子。

程式列表 7.16　有尾部參照計數的無鎖佇列 push() 實作

```
template<typename T>
class lock_free_queue
{
private:
    struct node;
    struct counted_node_ptr
    {
        int external_count;
        node* ptr;
    };
    std::atomic<counted_node_ptr> head;
    std::atomic<counted_node_ptr> tail;    ◄── ❶
    struct node_counter
    {
        unsigned internal_count:30;
        unsigned external_counters:2;    ◄── ❷
    };
    struct node
    {
        std::atomic<T*> data;
```

```
            std::atomic<node_counter> count;    ◀━❸
            counted_node_ptr next;
            node()
            {
                node_counter new_count;
                new_count.internal_count=0;
                new_count.external_counters=2;    ◀━❹
                count.store(new_count);

                next.ptr=nullptr;
                next.external_count=0;
            }
        };
    public:
        void push(T new_value)
        {
            std::unique_ptr<T> new_data(new T(new_value));
            counted_node_ptr new_next;
            new_next.ptr=new node;
            new_next.external_count=1;
            counted_node_ptr old_tail=tail.load();
            for(;;)
            {
                increase_external_count(tail,old_tail);    ◀━❺
                T* old_data=nullptr;
                if(old_tail.ptr->data.compare_exchange_strong(    ◀━❻
                    old_data,new_data.get()))
                {
                    old_tail.ptr->next=new_next;
                    old_tail=tail.exchange(new_next);
                    free_external_counter(old_tail);    ◀━❼
                    new_data.release();
                    break;
                }
                old_tail.ptr->release_ref();
            }
        }
    };
```

在程式列表 7.16 中，tail 現在和 head 一樣都是 atomic<counted_node_
ptr> ❶，且 node 結構有一個 count 成員❸取代之前的 internal_count。
count 是一個包含 internal_count 和一個額外的 external_counters 成
員❷的結構。請注意，因為最多會有兩個這樣的計數器，所以 external_
counters 只需要 2 個位元。藉由為此使用一個位元欄位並指定 internal_
count 為 30 位元的值，將全部計數器大小保持為 32 位元。這為大的內部計

數值提供了相當大的範圍,同時確保整個結構適合 32 位元和 64 位元計算機上的字組。為了避免競爭條件將這些計數當成單一實體一起更新很重要,就如你不久將會看到的。保持結構在機器的字組內,會使原子操作在多數平台上更可能是無鎖的。

node 初始化時,將 internal_count 設定為零,external_counters 設定為 2 ❹,因為每將一個新節點加到佇列中時,它都從 tail 和前一個節點的 next 指標開始參照。push() 本身除了為呼叫節點資料成員上的 compare_exchange_strong() ❻ 而取消對從 tail 加載值的參照之前,呼叫一個新函式 increase_external_count() 以增加計數 ❺,且之後在 tail 舊值上呼叫 free_external_counter() ❼ 以外,其餘部分與程式列表 7.15 中的類似。

處理了 push() 這邊後,我們看一下 pop()。這顯示在以下程式列表中,並混和了程式列表 7.12 中 pop() 實作中參照計數邏輯與程式列表 7.14 中佇列的彈出邏輯。

程式列表 7.17　從有尾部參照計數的無鎖佇列中彈出一個節點

```
template<typename T>
class lock_free_queue
{
private:
    struct node
    {
        void relcase_ref();
    };
public:
    std::unique_ptr<T> pop()
    {
        counted_node_ptr old_head=head.load(std::memory_order_relaxed); ◀─❶
        for(;;)
        {
            increase_external_count(head,old_head);    ◀───❷
            node* const ptr=old_head.ptr;
            if(ptr==tail.load().ptr)
            {
                ptr->release_ref();  ◀─❸
                return std::unique_ptr<T>();
            }
            if(head.compare_exchange_strong(old_head,ptr->next))  ◀───❹
            {
                T* const res=ptr->data.exchange(nullptr);
```

```
                    free_external_counter(old_head);  ◄── ❺
                    return std::unique_ptr<T>(res);
                }
                ptr->release_ref();  ◄── ❻
            }
        }
};
```

你在進入迴圈❶，以及在已加載的值上增加外部計數❷之前，透過加載 old_head 值來啟動運作。如果 head 節點與 tail 節點相同，因為佇列中沒有資料，所以可以釋放參照❸並回傳空指標。如果佇列中有資料，你想要試著自己宣告它，並藉由呼叫 compare_exchange_strong() ❹來做到這一點。與程式列表 7.12 中的堆疊一樣，它會將外部計數和指標作為單一實體來比較；如果有任何改變，則需要在釋放參照❻之後再繞一次迴圈。如果交換成功，則你已經宣告節點中的資料屬於你；因此，在將彈出節點的外部計數器釋放❺之後，你可以將它回傳給呼叫者。當兩個外部參照計數都已釋放且內部計數降至零，這節點就可以刪除了。做好這一切的參照計數函式顯示在程式列表 7.18、7.19 和 7.20。

程式列表 7.18　在無鎖佇列中釋放一節點的參照

```
template<typename T>
class lock_free_queue
{
private:
    struct node
    {
        void release_ref()
        {
            node_counter old_counter=
                count.load(std::memory_order_relaxed);
            node_counter new_counter;
            do
            {
                new_counter=old_counter;
                --new_counter.internal_count;  ◄── ❶
            }
            while(!count.compare_exchange_strong(  ◄── ❷
                old_counter,new_counter,
                std::memory_order_acquire,std::memory_order_relaxed));
            if(!new_counter.internal_count &&
               !new_counter.external_counters)
            {
                delete this;  ◄── ❸
```

```
                }
            }
        };
    };
```

`node::release_ref()` 的實作，只是將程式列表 7.12 中 lock_free_ stack::pop() 實作的等效程式碼稍作修改。

而程式列表 7.12 中的程式只需要處理單個外部計數，因此可以使用簡單的 fetch_sub，即使只想要修改 internal_count 欄位❶，整個 count 結構 現在也必須原子化的更新，因此需要比較 / 交換迴圈❷。當減少 internal_ count 後，如果現在內、外部計數都是零，那這就是最後一個參照，因此可 以刪除這節點❸。

程式列表 7.19　在無鎖佇列中獲得對節點的新參照

```cpp
template<typename T>
class lock_free_queue
{
private:
    static void increase_external_count(
        std::atomic<counted_node_ptr>& counter,
        counted_node_ptr& old_counter)
    {
        counted_node_ptr new_counter;
        do
        {
            new_counter=old_counter;
            ++new_counter.external_count;
        }
        while(!counter.compare_exchange_strong(
                old_counter,new_counter,
                std::memory_order_acquire,std::memory_order_relaxed));
        old_counter.external_count=new_counter.external_count;
    }
};
```

程式列表 7.19 是另外一面。這一次，不是釋放參照，而是獲得一個新的參照 並遞增外部計數。increase_external_count() 除了它已經成為一個靜態 成員函式，並以外部計數器作為第一個參數以執行更新，而不是在固定計數 器上操作，其餘部分與程式列表 7.13 中的 increase_head_count() 函式 類似。

程式列表 7.20　在無鎖佇列中釋放對一節點的外部計數器

```
template<typename T>
class lock_free_queue
{
private:
    static void free_external_counter(counted_node_ptr &old_node_ptr)
    {
        node* const ptr=old_node_ptr.ptr;
        int const count_increase=old_node_ptr.external_count-2;
        node_counter old_counter=
            ptr->count.load(std::memory_order_relaxed);
        node_counter new_counter;
        do
        {
            new_counter=old_counter;
            --new_counter.external_counters;      ◀━━❶
            new_counter.internal_count+=count_increase;  ◀━━❷
        }
        while(!ptr->count.compare_exchange_strong(   ◀━━❸
                old_counter,new_counter,
                std::memory_order_acquire,std::memory_order_relaxed));
        if(!new_counter.internal_count &&
            !new_counter.external_counters)
        {
            delete ptr;   ◀━━❹
        }
    }
};
```

與 increase_external_count() 對應的是 free_external_counter()，
這與程式列表 7.12 中 lock_free_stack::pop() 的等效程式類似，但為
了處理 external_counters 計數做了適當的修改。它用單一 compare_
exchange_strong() 在整個 count 結構上更新兩個計數 ❸，就像在
release_ref() 中減少 internal_count 所做的一樣。internal_count
值的更新如同程式列表 7.12 ❷，且 external_counters 的值會減 1 ❶。
如果**兩個**值現在都是零，表示對這節點不再有參照，因此可以安全地刪除它
❹。這必須當成單一的動作執行（因此需要比較／交換迴圈），以避免競爭條
件。如果它們是分別更新，那兩個執行緒可能都會認為它們是最後一個，並
且都刪除這節點，造成了未定義的行為。

雖然這目前可以運行而且沒有競爭條件，但仍然會有性能上的問題。當一
個執行緒藉由在 old_tail.ptr->data（程式列表 7.16 的 ❺）上成功完

成 compare_exchange_strong() 而啟動 push() 操作，則任何其他的執行緒都無法執行 push() 操作；任何嘗試的執行緒都會看到新值，而不是 nullptr，這會造成呼叫 compare_exchange_strong() 失敗，並再次使這執行緒進行迴圈。這會是一個繁忙的等待，它消耗了 CPU 的時間卻無所事事。因此，這等同是一個上鎖；第一個 push() 的呼叫阻擋了其他執行緒，直到它完成為止，因此這程式不再是無鎖。不只這樣而已，如果有被阻擋的執行緒，作業系統可能會對持有互斥鎖上鎖的執行緒給予較高優先等級，但在這種情況下卻無法這樣做，因此被阻擋的執行緒將浪費 CPU 時間直到第一個執行緒完成。這要求無鎖技巧袋中的下一個技巧：等待執行緒，可以幫助正執行 push() 的執行緒。

藉由幫助其他執行緒而使佇列無鎖

為了恢復程式無鎖的屬性，即使執行 push() 的執行緒停滯，也需要找到一種方法讓等待的執行緒能繼續進行。其中一種方法是透過做停滯執行緒的工作來幫助它。

在這種情況下，你確實知道需要做什麼：在 tail 節點上的 next 指標需要設定到新的虛擬節點，然後 tail 指標本身必須更新。關於虛擬節點的事情是，它們都是相等的，因此，用由成功推入資料的執行緒所建立的虛擬節點，或是來自要執行推入的等待執行緒之一的虛擬節點都沒關係。如果讓節點中的 next 指標成為原子的，則可以用 compare_exchange_strong() 來設定指標。當 next 指標設定後，可以用 compare_exchange_weak() 迴圈設定 tail，同時確保 tail 仍參照到相同的原始節點。如果不是這樣的話，表示有人更新它，你就可以停止嘗試並再次進行迴圈。為了加載 next 指標，需要對 pop() 做一些小改變；這顯示在以下的程式列表中。

程式列表 7.21　修改 pop() 以允許在 push() 邊提供協助

```
template<typename T>
class lock_free_queue
{
private:
    struct node
    {
        std::atomic<T*> data;
        std::atomic<node_counter> count;
        std::atomic<counted_node_ptr> next;   ←─①
    };
public:
```

```
    std::unique_ptr<T> pop()
    {
        counted_node_ptr old_head=head.load(std::memory_order_relaxed);
        for(;;)
        {
            increase_external_count(head,old_head);
            node* const ptr=old_head.ptr;
            if(ptr==tail.load().ptr)
            {
                return std::unique_ptr<T>();
            }
            counted_node_ptr next=ptr->next.load();  ◀━❷
            if(head.compare_exchange_strong(old_head,next))
            {
                T* const res=ptr->data.exchange(nullptr);
                free_external_counter(old_head);
                return std::unique_ptr<T>(res);
            }
            ptr->release_ref();
        }
    }
};
```

如我提到的，這裡的改變很簡單：next 指標目前是原子的❶，所以在❷位置的加載也是原子的。在這個範例中，使用預設的 memory_order_seq_cst 排序，因此可以省略明確的呼叫 load()，並依賴對 counted_node_ptr 隱含轉換的加載，但是放到明確的呼叫會提醒你稍後要在什麼地方增加明顯的記憶體排序。

push() 程式牽涉得更多，顯示如下。

程式列表 7.22　協助無鎖佇列的 push() 樣本

```
template<typename T>
class lock_free_queue
{
private:
    void set_new_tail(counted_node_ptr &old_tail,  ◀━❶
                      counted_node_ptr const &new_tail)
    {
        node* const current_tail_ptr=old_tail.ptr;
        while(!tail.compare_exchange_weak(old_tail,new_tail) &&  ◀━❷
              old_tail.ptr==current_tail_ptr);
        if(old_tail.ptr==current_tail_ptr)  ◀━❸
            free_external_counter(old_tail);  ◀━❹
        else
```

```
                        current_tail_ptr->release_ref();    ◄──❺
        }
public:
    void push(T new_value)
    {
        std::unique_ptr<T> new_data(new T(new_value));
        counted_node_ptr new_next;
        new_next.ptr=new node;
        new_next.external_count=1;
        counted_node_ptr old_tail=tail.load();
        for(;;)
        {
            increase_external_count(tail,old_tail);
            T* old_data=nullptr;
            if(old_tail.ptr->data.compare_exchange_strong(    ◄──❻
                   old_data,new_data.get()))
            {
                counted_node_ptr old_next={0};
                if(!old_tail.ptr->next.compare_exchange_strong(    ◄──❼
                       old_next,new_next))
                {
                    delete new_next.ptr;    ◄──❽
                    new_next=old_next;    ◄──❾
                }
                set_new_tail(old_tail, new_next);
                new_data.release();
                break;
            }
            else    ◄──❿
            {
                counted_node_ptr old_next={0};
                if(old_tail.ptr->next.compare_exchange_strong(    ◄──⓫
                       old_next,new_next))
                {
                    old_next=new_next;    ◄──⓬
                    new_next.ptr=new node;    ◄──⓭
                }
                set_new_tail(old_tail, old_next);    ◄──⓮
            }
        }
    }
};
```

這與程式列表 7.16 中的原 push() 類似，但有一些關鍵的差別。如果你**確實**設定了 data 指標❻，則需要處理另一個執行緒已經提供協助的情況，而且現在還多了 else 區塊執行這協助❿。

在節點❻設定了 data 指標後，新版本的 push() 用 compare_exchange_strong() ❼更新 next 指標；用 compare_exchange_strong() 可以避免迴圈。如果交換失敗，表示另一個執行緒早已經設定了 next 指標，所以你不需要在開始時配置的新節點，可以刪除它❽。你也想要用其他執行緒設定的 next 值更新 tail ❾。

tail 指標的更新已經被抽出並放到 set_new_tail() 中❶；這使用了 compare_exchange_weak() 迴圈❷來更新 tail，因為如果其他執行緒嘗試 push() 一個新節點，external_count 部分可能會因此改變，而且你也不想失去它。但是，你還要注意，如果另一個執行緒早已經成功地改變了這個值，也不要替換它，否則最後可能會在佇列中有一個迴圈，這將是非常糟糕的主意。因此，如果比較／交換失敗，則需要確定加載值 ptr 的部分相同。當離開迴圈❸時，如果 ptr 相同，那一定已經成功設定了 tail，因此需要釋放舊的外部計數器❹；如果 ptr 值不同，則另一個執行緒將釋放計數器，因此你需要釋放這執行緒持有的單個參照❺。

如果呼叫 push() 的執行緒這次無法經由迴圈設定 data 指標，則它可以幫助成功的執行緒完成更新。首先，你嘗試更新這執行緒配置新節點的 next 指標⓫。如果更新成功，則用這配置的新節點作為新的 tail 點⓬，並且在預期會推入項目到佇列下需要配置另一個新節點⓭。然後，在再一次繞迴圈前，可以嘗試利用呼叫 set_new_tail 來設定 tail 節點⓮。

你可能已經注意到，在那麼一小段程式碼中卻有許多 new 和 delete 的呼叫，這是因為新節點是在 push() 上配置，並在 pop() 中銷毀。因此，記憶體配置器的效率對這程式的性能有很大影響；不好的配置器可能會完全破壞類似這個無鎖容器的可擴展性。這些配置器的選擇和實作已經超出了本書的範圍，但請記住，要知道配置器好壞的唯一方法是嘗試使用它，並在使用前後測量程式的性能。一般優化記憶體配置的技術，包括在每個執行緒上都有一個獨立的記憶體配置器，以及使用空序列回收節點，而不是回傳給配置器。

現在範例應該已經足夠了；另外，讓我們看一下從範例中萃取一些撰寫無鎖資料結構的指引。

7.3　撰寫無鎖資料結構指引

如果你已看完本章所有範例，你將體會到正確使用無鎖程式所牽涉的複雜性。如果你準備要設計自己的資料結構，有一些指引遵循會有所幫助。從第6章開始關於併發資料結構的一般指引仍然適用，但是你需要的不止那些。我已經從範例中萃取出一些有用的指引，當你設計自己的無鎖資料結構時可以參考。

7.3.1　指引：用 std::memory_order_seq_cst 製作原型

std::memory_order_seq_cst 的推理比其他記憶體排序都要簡單的多，因為所有這些操作會形成一個完全排序。在本章所有的範例中，你都從 std::memory_order_seq_cst 開始，且當基本操作成功後才會放寬記憶體排序的約束。在這情形下，使用其他記憶體排序算是一種優化，因此應該避免過早使用。一般而言，只有在可以看到能夠在資料結構上操作的完整程式碼時，才會決定哪些操作可以放寬；嘗試這樣做會使你的生活更艱難。程式在測試後可能可以運作但不能保證，這使情況變得更複雜。除非你有一個演算法檢查器可以系統性地測試所有可能的執行緒可見性組合，保證與指定的排序一致（而且這些情況確實存在），否則只執行程式是不夠的。

7.3.2　指引：使用無鎖記憶體回收方案

無鎖程式的最大困難之一是記憶體管理。當其他執行緒對物件可能仍然存有參照的時候，必須避免刪除這物件；但是為了避免消耗過多記憶體，你仍然希望能盡快刪除物件。在本章，為了確保記憶體可以安全回收，你已經看過三種技術：

- 等到沒有執行緒在存取資料結構後，刪除所有待刪除的物件

- 使用危險指標辨識在存取特定物件的執行緒

- 計算物件的參照，直到所有參照都已處理才刪除它們

在所有情況下，關鍵的想法是採用某種方法保持追蹤有多少執行緒在存取特定的物件，而且只有在任何地方都不會再參照到的情況下才刪除物件。在無鎖資料結構中還有許多回收記憶體的方法，例如使用垃圾收集器就是一個理想的方案。如果你知道垃圾收集器會在節點不再被使用時釋放節點，但不是在還被用之前，那麼撰寫演算法就很容易。

另一種替代方法是回收節點，而且只有在資料結構被銷毀時才會完全釋放它們。因為重複使用節點，因此記憶體永遠不會變成無效，所以在避免未定義行為上的一些困難就沒有了。這方式的缺點是使得另一個問題變得更加普遍，即所謂的 *ABA* 問題。

7.3.3 指引：當心 ABA 問題

ABA 問題是任何基於比較 / 交換的演算法都需要警惕的；它像以下的樣子：

1. 執行緒 1 讀取一個原子變數 x，並發現它的值是 A。

2. 執行緒 1 依據這個值執行一些操作，例如取消對它的參照（如果它是指標）或執行查找等等。

3. 執行緒 1 因操作系統而停滯。

4. 另一個執行緒在 x 上執行一些操作，將 x 的值改成 B。

5. 接著，一個執行緒變更與值 A 相關聯的資料，使得執行緒 1 持有的值不再有效。這可能與釋放指向記憶體或改變關聯值一樣激烈。

6. 然後，一個執行緒依據新資料將 x 改回 A。如果這是一個指標，那它可能是一個剛好與舊物件共享相同位址的新物件。

7. 恢復執行緒 1，並在 x 上執行比較 / 交換與 A 進行比較。比較 / 交換會成功（因為這值實際就是 A），但這是錯誤的 A 值。原來在步驟 2 讀取的資料不再有效，但是執行緒 1 無法知道，並且將破壞資料結構。

這裡提出的演算法都不會遭受這問題，但是撰寫能避免這問題的無鎖演算法很容易。避免這問題最常見方法是在變數 x 旁包含一個 ABA 計數器。然後比較 / 交換的操作會在將 x 的結構加上計數器當成單一單元的組合上執行。每次這值被取代，計數器都會遞增，因此就算 x 有相同的值，如果另一個執行緒修改了 x，比較 / 交換也將失敗。

ABA 問題在使用空的序列或其他回收節點的演算法上比較普遍，而不是將它們回傳給配置器的演算法上。

7.3.4　指引：辨識繁忙等待迴圈並協助其他執行緒

在最後一個佇列的範例中，你看到執行推入操作的執行緒必須等待另一個也在執行推入的執行緒完成它的操作，然後才能繼續執行。將它孤立出來，這將是一個繁忙的等待迴圈，等待的執行緒會浪費 CPU 時間，而且無法繼續執行。如果最後還是有了一個繁忙等待迴圈，則應有效的阻擋操作，並最好使用互斥鎖和上鎖。透過修改演算法，以便等待的執行緒在原執行緒完成操作之前，可以依執行排程執行不完整的步驟，這樣可以移除繁忙等待，且操作也不再被阻擋。在佇列的範例中，這需要將資料成員從非原子變數變更成原子變數，並使用比較 / 交換操作進行設定，但在更複雜的資料結構中，這可能會需要更大的改變。

本章小結

接續於第 6 章基於上鎖的資料結構開始，本章描述了各種無鎖資料結構的簡單實作，並從之前的堆疊和佇列開始。你看到了必須在原子操作上留意記憶體排序，以確保不會有資料競爭，並且每個執行緒對資料結構都有一貫的檢視。你也看到了無鎖資料結構的記憶體管理會比有鎖的更困難，並研究了一些處理它的機制。你也看到如何藉由協助你所等待的執行緒完成操作，來避免產生等待迴圈。

設計無鎖資料結構是個困難的工作，很容易出錯，但是這些資料結構具有在某些情況下很重要的可擴展性。希望經由閱讀本章的範例及指引，你能夠更好地設計自己的無鎖資料結構、從研究論文中實作、或在你以前同事離開公司前所寫的程式中找到錯誤。

無論什麼樣的資料在執行緒之間共享，你都需要考慮使用的資料結構及資料如何在執行緒之間同步。透過設計用於併發的資料結構，你可以在資料結構本身中封包這個責任，因此程式的其餘部分可以忽略資料同步，而將專注放在它試圖用這資料執行的工作上。當我們從併發資料結構移向一般的併發程式時，在第 8 章中會看到這方面的動作。用多執行緒平行演算法改善性能，且在演算法需要它工作者執行緒共享資料的情況下，併發資料結構的選擇非常關鍵。

併發處理程式設計

本章涵蓋以下內容

- 在執行緒之間劃分資料的技術
- 影響併發程式性能的因素
- 性能因素如何影響資料結構的設計
- 多執行緒程式中的例外安全
- 可擴展性
- 一些平行演算法範例的實作

前面章節大多數的焦點都在 C++ 工具箱中用於撰寫併發程式的工具上。在第 6、7 章中，我們檢視了如何使用這些工具，來設計可以被多個執行緒安全併發存取的基本資料結構。就像是木匠在製作櫥櫃或桌子時，知道的要比如何建構鉸鏈或結合還要多一樣，設計併發程式時也要懂得比設計和使用基本資料結構更多。現在，你需要檢視更廣泛的文意，使你能夠建構可以執行有用工作的更大結構。我將以一些 C++ 標準函式庫演算法的多執行緒實作當成範例，但相同原理適用於所有規模的應用程式。

和任何程式專案一樣，仔細考慮併發程式的設計很重要。但是對於多執行緒程式，要考慮的因素比循序程式還要多。你不只是需要考慮如封裝、耦合和凝聚等一般的因素（這些在許多軟體設計的書籍中有充分的描述），而且還需要考慮哪些資料要共享、如何同步存取這些資料、哪些執行緒需要等待其他執行緒完成某些操作等等。

在本章，我們會將焦點放在這些問題上，從高層次（但基本）的考慮要使用多少個執行緒、在哪個執行緒上執行哪些程式、以及這會如何影響程式的清晰度等，到為使性能最佳化該如何建構共享資料的低層次細節。

讓我們從檢視在執行緒間劃分工作的技術開始。

8.1　在執行緒間劃分工作的技術

想像一下，你有個蓋房子的工作。為了完成這項工作，你需要挖地基、築牆、安置管線、佈線等。在理論上，經過充分的訓練你可以自己做所有工作，但是這可能要花很長的時間，而且當需要的時候你會一直切換工作；換個方式，你可以僱用一些人來協助。現在必須選擇要雇用多少人，並決定他們要具備的技術。例如，你可以僱用幾個具備一般技術的人，並讓每個人參與所有工作。但這樣你在需的時候仍然必須切換工作，但是因為人數比較多，所以現在事情可以做得更快。

或者，你可以僱用一個專家團隊：例如有磚匠、木工、電工和管線工等。你的專家們會做他們所擅長的工作，因此如果不需安置管線，管線工就可以坐下來喝杯茶或咖啡。因為做事的人多了，工作做得會比以前快很多，而且當電工為廚房佈線時，管線工可以安裝馬桶；但是當沒有特定專家的工作時，就會有更多的等待時間。即使存有閒置的時間，你也會發現專家團隊做的工作會比一群通才做得更快。你的專家們不需要一直更換工具，而且他們每個人做自己的工作都可能會比一般人快。這是否是依賴特定環境的情況——你必須試試看才知道。

即使你雇用專家，你仍然可以選擇要雇用的數量。例如，有更多的磚匠可能比更多電工要有意義。而且，如果你必須蓋多棟房屋，那團隊的結構和整體效率可能會改變。縱使管線工在任何指定的房屋上可能沒有很多工作要做，但如果你一次要蓋很多房屋，你就可能有足夠的工作讓他一直忙碌。另外，如果沒有工作做的時候不必付錢給專家，那麼即使在任意時間只有同樣數量的人工作，你也能負擔得起更大的團隊。

好了，關於建築的討論足夠了，但這些與執行緒有什麼關係？好吧，執行緒也適用相同的問題。你需要決定要使用多少個執行緒，以及它們應該執行的工作。你需要決定是讓「通才」執行緒在任何時間點執行必要的工作，或讓「專家」執行緒把一件事或一些事的組合做得更好。無論使用併發的驅動原因是什麼，以及這樣做對程式性能和清晰度會有多大影響，你都需要做這些

選擇。因此，當設計應用程式的架構時，為了讓你作出適當的明智決定，了解這些選項非常重要。在這一節，我們將檢視一些劃分工作的技術，從在執行任何工作前先在執行緒間劃分資料開始。

8.1.1　在開始處理前先在執行緒間劃分資料

最容易的平行化演算法是如 `std::for_each` 這樣簡單的演算法，它們對資料集合中的每個元素執行操作。為了讓這演算法平行化，可以將每個元素指定給處理執行緒中的一個。要如何的劃分元素以獲得最佳性能，依賴於資料結構的細節，如在本章稍後我們檢視性能問題時你會看到的。

劃分資料最簡單的方式是將前 N 個元素分配給一個執行緒，其次的 N 個元素分配給另一個執行緒，餘依此類推，如圖 8.1 所示，但是也可以使用其他的模式。無論資料被如何劃分，每個執行緒都處理自己被分配到的元素，到完成處理為止都不需要和其他執行緒有任何通訊。

這架構對用過訊息傳遞介面（MPI，http://www.mpi-forum.org/）或 OpenMP（http://www.openmp.org/）框架撰寫程式的人應該很熟悉：將一個工作分成一組平行的工作後，工作者執行緒獨立地執行這些工作，並在最後的**還原**步驟將結果合併。這是 2.4 節累加範例所使用的方法；在這種情況下，平行工作和最後的還原步驟都是累加的。對於簡單的 `for_each`，因為沒有要還原的結果，所以最後步驟是無操作的。

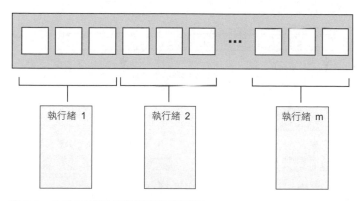

圖 8.1　在執行緒間分配連續的資料塊

辨識這最後一步當成還原很重要；一個像程式列表 2.9 般幼稚的實作將執行這還原操作以作為最後的一系列步驟。但是這一步驟通常也可以平行化；例如，`accumulate` 是還原操作，因此程式列表 2.9 可以修改成在執行緒數目

超過要在執行緒上處理的最小項數的情況下,遞迴地呼叫自己。或者,可以讓工作者執行緒在每一個執行緒完成他的工作後執行一些還原步驟,而不必每次都產生新的執行緒。

雖然這項技術功能強大,但它不能應用到所有事情上。有時候資料不能事前被整齊地劃分,因為只有在資料被處理後,必要的劃分才會明顯。對於像是 Quicksort 之類的遞迴演算法,這點特別明顯;因此,它們需要一種不同的方法。

8.1.2 遞迴的劃分資料

Quicksort 演算法有兩個基本步驟:將資料依最後排序的順序分為一個元素(樞紐)之前或之後的項目,然後對這兩個「一半」遞迴排序。你不能利用事前劃分資料來平行化,因為只能透過項目的處理你才會知道它們屬於哪一半。如果要平行化這演算法,則需要使用遞迴的性質。在每個遞迴層次上,都會呼叫 quick_sort 函式多次,因為你必須對屬於樞紐前和樞紐後的元素排序。這些遞迴呼叫是完全獨立的,因為它們存取不同集合的元素,因此是併發執行的主要候選者。圖 8.2 顯示了這種遞迴劃分。

在第 4 章,你曾看過這實作。不要對較高及較低資料塊執行兩個遞迴呼叫,而是對較低資料塊在每個階段使用 std::async() 產生非同步的工作。藉由使用 std::async(),你要求 C++ 執行緒庫決定何時在新執行緒上執行這工作以及何時同步執行。

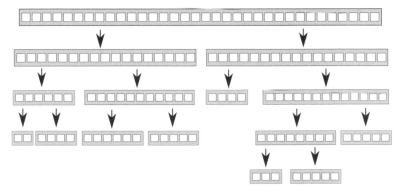

圖 8.2　遞迴劃分資料

這很重要：如果你要對大資料集合排序，那為每個遞迴產生一個新執行緒將很快造成大量的執行緒。當檢視性能時你會看到，如果執行緒太多，可能會使應用程式變慢。如果資料集合很大，也可能會用完執行緒。像這樣遞迴劃分整個工作的想法是一個好主意；你只需要收緊執行緒的數目，`std::async()` 可以在簡單的情況下處理這個問題，但這不是唯一的選擇。

一種替代方法是使用 `std::thread::hardware_concurrency()` 函式選擇執行緒數量，就像在程式列表 2.9 中平行版本 `accumulate()` 所做的。然後，不是為遞迴呼叫啟動新的執行緒，而是將要排序的資料塊推入一個如第 6 章和第 7 章中所述的執行緒安全堆疊中。不論是因為已經完成了它所有資料塊的處理，或者是因為它在等待資料塊以便排序，如果一個執行緒沒事做，它可以從堆疊中取出一個資料塊並排序。

以下的程式列表顯示了使用這技術的樣本實作。與大多數範例一樣，這實作意圖展示一個想法，而不是成為生產就緒的程式。如果你使用的是 C++17 編譯器，而且你的函式庫支援它，那最好使用標準函式庫提供的平行演算法，如第 10 章所涵蓋的。

程式列表 8.1　使用待處理資料塊堆疊排序的平行 Quicksort

```
template<typename T>
struct sorter    ◀─❶
{
    struct chunk_to_sort
    {
        std::list<T> data;
        std::promise<std::list<T> > promise;
    };
    thread_safe_stack<chunk_to_sort> chunks;    ◀─❷
    std::vector<std::thread> threads;    ◀─❸
    unsigned const max_thread_count;
    std::atomic<bool> end_of_data;
    sorter():
        max_thread_count(std::thread::hardware_concurrency()-1),
        end_of_data(false)
    {}
    ~sorter()    ◀─❹
    {
        end_of_data=true;    ◀─❺
        for(unsigned i=0;i<threads.size();++i)
        {
            threads[i].join();    ◀─❻
        }
```

```
    }
    void try_sort_chunk()
    {
        boost::shared_ptr<chunk_to_sort > chunk=chunks.pop();    ◄──❼
        if(chunk)
        {
            sort_chunk(chunk);    ◄──❽
        }
    }
    std::list<T> do_sort(std::list<T>& chunk_data)    ◄──❾
    {
        if(chunk_data.empty())
        {
            return chunk_data;
        }
        std::list<T> result;
        result.splice(result.begin(),chunk_data,chunk_data.begin());
        T const& partition_val=*result.begin();
        typename std::list<T>::iterator divide_point=    ◄──❿
            std::partition(chunk_data.begin(),chunk_data.end(),
                            [&](T const& val){return val<partition_val;});
        chunk_to_sort new_lower_chunk;
        new_lower_chunk.data.splice(new_lower_chunk.data.end(),
                                    chunk_data,chunk_data.begin(),
                                    divide_point);
        std::future<std::list<T> > new_lower=
            new_lower_chunk.promise.get_future();
        chunks.push(std::move(new_lower_chunk));    ◄──⓫
        if(threads.size()<max_thread_count)    ◄──⓬
        {
            threads.push_back(std::thread(&sorter<T>::sort_thread,this));
        }
        std::list<T> new_higher(do_sort(chunk_data));
        result.splice(result.end(),new_higher);
        while(new_lower.wait_for(std::chrono::seconds(0))  !=
              std::future_status::ready)    ◄──⓭
        {
            try_sort_chunk();    ◄──⓮
        }
        result.splice(result.begin(),new_lower.get());
        return result;
    }
    void sort_chunk(boost::shared_ptr<chunk_to_sort > const& chunk)
    {
        chunk->promise.set_value(do_sort(chunk->data));    ◄──⓯
    }
    void sort_thread()
```

```
        {
            while(!end_of_data)  ◀━━⓰
            {
                try_sort_chunk();  ◀━━━⓱
                std::this_thread::yield();  ◀━━⓲
            }
        }
    };
    template<typename T>
    std::list<T> parallel_quick_sort(std::list<T> input)  ◀━━⓳
    {
        if(input.empty())
        {
            return input;
        }
        sorter<T> s;
        return s.do_sort(input);  ◀━━⓴
    }
```

在這裡，parallel_quick_sort 函式⓳將大部分功能都委給 sorter 類別
❶，這類別提供了一種將未分類資料塊堆疊❷及執行緒集合❸分組的簡便
方法。主要工作在 do_sort 成員函式❾中執行，它通常會對資料分割❿。
這次，不是為資料塊產生新執行緒，而是將資料塊推入堆疊⓫，並在仍有空
閒的處理器時產生新執行緒⓬。因為較低的資料塊可能是由另一個執行緒處
理，所以必須等待它備妥⓭。為了提供協助（在你是唯一的執行緒，或者其
他執行緒都在忙的情況下），當在等待時⓮會嘗試在這執行緒上處理堆疊中
的資料塊。try_sort_chunk 將資料塊從堆疊中彈出❼，並將它排序❽，再
將結果儲存在 promise 中，以準備讓將資料塊放入堆疊的執行緒拾取⓯。

當 end_of_data 標記還未設定時⓰，位於迴圈中新產生的執行緒會嘗試對
堆疊中的資料塊排序⓱。在檢查之間，它們產生其他執行緒⓲，讓它們有機
會在堆疊上放入更多工作。這程式靠 sorter 類別的解構函式❹整理這些執
行緒。當所有資料完成排序後，do_sort 將回傳（即使工作者執行緒仍在執
行），因此主執行緒將從 parallel_quick_sort 回傳⓴，並銷毀 sorter
物件。這會設定 end_of_data 標記❺並等待執行緒完成❻。設定標記將終
止執行緒函式內的迴圈⓰。

用這種方法，你不會再有因 spawn_task 啟動新執行緒而造成有無限個執
行緒的問題，並且不再像 std::async() 做的，依賴 C++ 執行緒庫為你
選擇執行緒數量。反而，為了避免過多的工作切換，將執行緒數量限制為
std::thread::hardware_concurrency() 的值。然而你確實還有一個潛

在的問題：這些執行緒的管理及它們之間的通訊為程式增加了許多複雜性。另外，雖然執行緒是處理不同的資料元素，但它們都存取堆疊以加入新的資料塊並取出資料塊以便處理。就算使用無鎖（因此不會阻擋）堆疊，這種重度競爭也會降低性能；由於某些原因，你很快就會看到。

這種方法是**執行緒池**的特殊化版本，它是一組執行緒，其中每一個執行緒會從待處理工作的序列取出工作執行，做完後再回到序列取出更多工作。執行緒池的一些可能問題（包括工作序列的競爭）以及解決方法含括在第 9 章。將程式擴展到多個處理器的問題，本章稍後將更詳細的討論（請參閱第 8.2.1 節）。

在處理開始前先分割資料以及遞迴地分割它，都假設事前資料本身是固定的，而且你在檢視分割它的方法。但並非一定是這種情況；如果資料是動態產生或來自外部的輸入，那這方法就無法運作。在這種情況下，將工作依任務型式劃分而不是依據資料，可能會更有意義。

8.1.3　依任務型式劃分工作

透過分配不同的資料塊給每個執行緒而在執行緒間劃分工作（無論事先或在處理過程中遞迴），仍然是基於執行緒在每個資料塊是執行相同工作的假設。另一種劃分工作的方法是讓執行緒特殊化，讓每一個執行不同的工作，就像管線工和電工在建造房屋時做不同的工作一樣。執行緒是否在相同資料上工作都有可能；但如果是在相同資料上，那它們的目的也不一樣。

這是出自於分離對併發的關注而產生的工作劃分；每個執行緒都有不同的工作，它的執行和其他執行緒無關。偶而其他執行緒可能會提供資料給它或觸發需要它處理的事件，但一般而言每個執行緒都專注於做好一件事。就工作劃分本身而言，基本上這是好的設計；每段程式都有它單獨的責任。

依任務型式劃分工作以分開關注

當在一段時間內有多項工作需要連續執行時，單執行緒應用程式必須處理與單獨責任原則的衝突，或應用程式就算在執行其他工作時，也必須能夠即時的處理傳入事件（例如，使用者按下按鍵或傳入網路資料）。在單執行緒世界中，你最終需要手動撰寫程式，以執行一點工作 A、一點工作 B、檢查按鍵壓下、檢查傳入的網絡封包，然後繞回去再執行另一點工作 A。這表示工作 A 的程式最終會因需要儲存它的狀態並定期將控制回傳給主迴圈而變得很複雜。如果你在迴圈中增加了太多工作，那麼速度可能會變得太慢，且使用

者可能會發現對壓下按鍵的回應花的時間太長。我確定你已經在某些應用程式上看過這種動作的極端形式：你設定它執行某些工作，然後到完成工作前介面都還凍結在那。

這是執行緒上場的地方。如果你在單獨的執行緒中執行各個工作，那作業系統會為你處理這些。在工作 A 的程式片段中，你可以專注於執行這工作，而不必操心儲存狀態並回傳主迴圈，或這樣做花了多長時間。作業系統仕適當的時機會自動儲存狀態並切換到工作 B 或 C，而且如果目標系統有多個核心或處理器，那工作 A 和 B 可能可以併發執行。現在用於處理按鍵或網絡封包的程式將能即時執行，而且是雙贏的情況：使用者得到即時的回應，而身為程式開發的你，也因為每個執行緒都可以專注執行與它責任直接相關的操作，而不再需要與控制流程和使用者互動混在一起，而讓程式更簡單。

這聽起來很好，前景樂觀。但是這樣嗎？和所有事情一樣，這取決於它的細節。如果一切都是獨立的，而且執行緒不需要彼此通訊，那麼它就很容易；但不幸的是，世界很少這麼美好。這些出色的後台工作通常會執行使用者要求的事，且當它們完成時會透過某種方式更新使用者介面以讓使用者知道。另一方面，使用者也可能想取消工作，因此使用者介面需要知道如何送訊息給後台工作，告訴它停止。這些情況都需要仔細的思考、設計以及適當的同步化，但關注點仍然是分開的。使用者介面的執行緒仍然處理使用者介面，但是當其他執行緒有要求時，它可能必須要更新。同樣地，執行後台工作的執行緒仍然專注在這工作所需要的操作上；且碰巧它們中的一個「允許工作被另一個執行緒終止」。在任何情況下執行緒都不在乎要求來自哪裡，而只在乎要求是針對它們，並且直接與它們的責任有關。

用多個執行緒來分離關注點有兩個大危險。第一個是你最終會分離出錯誤的關注點。要檢查的徵候是，在執行緒間有很多資料共享，或不同的執行緒最終會彼此等待；這兩種情況都歸結為執行緒間太多的通訊。如果發生這種情況，那檢視通訊的原因是有必要的。如果所有通訊都與相同問題有關，那這也許是單執行緒的關鍵責任，且應該從參照它的所有執行緒中抽取出來。又或者，如果兩個執行緒間的通訊很多，但與其他執行緒的很少，那也許應將它們合併為一個執行緒。

在依任務型式在執行緒間劃分工作時，不需要將自己侷限在完全隔絕的情況。如果多組輸入資料需要應用相同的操作*序列*，則可以劃分工作讓每個執行緒從整體序列中執行其中一個階段。

在執行緒間劃分一序列工作

如果你的工作包括在許多獨立資料項目上應用相同的操作序列，則可以使用管線來利用系統可用的併發性。這類似於實體的管線：資料從一端流入，經過一系列的操作（管線），然後從另一端流出。

為了用這種方式劃分工作，你為管線中的每個階段建立一個單獨的執行緒，即序列中每一個操作一個執行緒。當操作完成，資料元素會被放入佇列中，讓下一個執行緒拾取。這讓執行序列中第一個操作的執行緒，在管線中第二個執行緒處理第一個元素時，開始處理下一個資料元素。

如 8.1.1 節所描述的，這是在執行緒間劃分資料的替代方法，並且適用於在操作開始時對於輸入資料本身還無法完全知道的情況。例如，資料可能會來自於網絡，或者為了辨識要處理的檔案，序列中的第一個操作是掃描檔案系統。

當序列中的每個操作都很耗時，管線也能運作得很好。藉由在執行緒間劃分工作而不是資料，會改變性能的概況。假設你有 20 個資料項目要在 4 個核心上處理，且每個資料項需要 4 個步驟，每個步驟需要費時 3 秒。如果將資料在四個執行緒間劃分，則每個執行緒會有 5 個項目要處理。假設沒有其他的處理會影響時間，則 12 秒後你將完成 4 個項目處理，24 秒後將完成 8 個，依此類推；所有 20 個項目將在 1 分鐘後完成。使用管線，事情進行就有所不同。4 個步驟中的每一個都可以指定給一個處理核心。現在，第一項必須被每個核心處理，因此它仍然需要花費整整 12 秒。實際上，在 12 秒後只會完成 1 個項目處埋，這不如依資料劃分的好。但是一旦管線準備好，事情就會有所不同。第一個核心完成第一項處理後，它會移至第二個項目，因此一旦最後一個核心完成第一項的處理，它就可以在第二項執行它的步驟。現在，你每 3 秒可以完成一個項目處理，而不再是分批每 12 秒處理 4 個項目。

處理所有批次所花的總時間會比較長，因為在最後一個核心開始處理第一個項目之前，必須等待 9 秒。但是在某些情況下，較流暢、更常規的處理可能會有些好處。例如，考慮一個觀看高清晰度數位視訊的系統；為了能夠觀看視訊，通常需要每秒至少播放 25 幀且越多越好。而且，觀眾需要它們播放速度均勻才會有連續動作的感覺；一個每秒可以解碼 100 幀的應用程式，如果會暫停一秒，然後顯示 100 幀，然後再暫停一秒後再顯示 100 幀，那這程式仍然沒有用。在另一方面，觀眾在開始觀看視訊時，可能會樂意接受幾秒

鐘的延遲。在這種情況下，使用管線的平行化輸出較高穩定度的影幀率可能更受歡迎。

在檢視了執行緒間劃分工作的不同技術之後，讓我們看一下影響多執行緒系統性能的因素，以及它們會如何影響你對技術的選擇。

8.2　影響併發程式性能的因素

如果你用併發改善在多處理器系統上程式的性能，那就必須知道哪些因素會影響性能。縱使使用多個執行緒來分離關注點，也需要確定這不會對性能有不利的影響。如果你的應用程式在嶄新的 16 核心機器上運行的速度比在舊的單核心機器上還要慢，客戶是絕對不會感激你的。

很快的你將看到，許多因素會影響多執行緒程式的性能，即使是簡單的像是改變每個執行緒處理的資料元素（同時保持其他的不變），也會對性能有巨大影響。無需再多費周折，讓我們看一下其中的一些因素，從最明顯的一個開始：你的目標系統有多少個處理器？

8.2.1　多少個處理器？

處理器的數量（和架構）是影響多執行緒應用程式性能最大因素之一，也是關鍵的一個。在某些情況下，你可以確實知道目標硬體是什麼，並在設計時將目標系統或真實複製物的量測納入考慮。如果真是這樣，那麼你很幸運；一般來說，不要有那種奢望。你可能在類似的系統上開發，但其中的差異可能相當重要。例如，你可能在雙核或四核心系統上開發，但是客戶的系統可能是多核心處理器（有任意數量的核心），或是多個單核心的處理器，或甚至是多個多核心處理器；在這些不同的環境下，併發程式的行為和性能特性可能會有很大的變化，因此你需要仔細思考可能會有什麼樣的影響並盡可能地測試。

近似的，一個 16 核心處理器和 4 個四核心處理器或 16 個單核心處理器相同：在每種情況下，系統都可以併發執行 16 個執行緒。如果要利用這個優勢，那應用程式至少需要有 16 個執行緒。如果少於 16 個，則你是將一些處理器的能力留而不用（除非系統也在執行其他應用程式，但目前先忽略這種可能）。另一方面，如果你有超過 16 個執行緒準備執行（且不會被阻擋或等待某些東西），那程式會因在執行緒之間切換而浪費處理器時間，如第 1 章所描述的。當發生這情況，稱之為**超額認購**。

為了允許應用程式依據硬體可以併發執行的執行緒數目來縮放執行緒數量，C++11 標準執行緒庫提供有 `std::thread::hardware_concurrency()` 可以使用；你在前面早已經看過如何用它縮放硬體的執行緒數量。

直接使用 `std::thread::hardware_concurrency()` 需要小心些；除非你明確地共享訊息，否則你的程式將不會考慮到系統上正在執行的其他執行緒。在最壞的情況下，如果多個執行緒同時呼叫一個使用 `std::thread::hardware_concurrency()` 縮放執行緒數量的函式，則將造成巨大的超額認購。因為 `std::async()` 會注意到所有呼叫並且可以適當地排程，因此可以避免這個問題；謹慎地使用執行緒池也可以避免這問題。

但是，即使考慮到應用程式中執行的所有執行緒，仍然會受到其他應用程式在相同時間執行的影響。雖然同時使用多個 CPU 密集的應用程式很少出現在單使用者系統上，但是在某些領域中這會很常見。設計處理這種情況的系統一般會提供讓每個應用程式選擇適當執行緒數量的機制，這些機制已經超出 C++ 標準函式庫的範圍。其中一種選擇是讓像 `std::async()` 這樣的工具在選擇執行緒數量時，一併考慮所有應用程式執行的非同步工作的總數；另一種選擇是限制指定的應用程式可以使用的處理核心數量。雖然無法獲得保證，但我仍期望這限制會反映在這些平台上 `std::thread::hardware_concurrency()` 回傳的值中。如果需要處理這種情況，請查閱系統的文件找到你可以使用的選項。

這種情況的一個變形是，一個問題的理想演算法可以取決於這問題的大小與處理單元數量的比值。如果你有一個有許多處理單元的大規模平行系統，因為每個處理器只執行少數操作，所以執行更多操作的演算法整體完成可能會比執行較少操作的演算法更快。

隨著處理器數量的增加，另一個問題的可能性和對性能影響也隨之增加：多個處理器嘗試存取相同的資料。

8.2.2　資料競爭和快取乒乓

如果兩個執行緒在不同的處理器上併發執行，而且它們都**讀取**相同的資料，這通常不會造成問題；資料將被複製到各自的快取中，而且兩個處理器都可以進行。但是，如果其中一個執行緒**修改**了資料，那這修改必須傳播到另一個核心的快取，這需要時間。依據兩個執行緒上操作的性質，以及這操作使用的記憶體排序，這修改可能造成第二個處理器在它路徑上停止，並等待這

經由記憶體硬體傳播的修改。就 CPU 指令而言，這可能是**非常慢的操作**，雖然確實的時序主要由硬體實際架構決定，但可能相當於執行數百條單獨指令的時間。

考慮以下簡單的程式片段：

```
std::atomic<unsigned long> counter(0);
void processing_loop()
{
    while(counter.fetch_add(1,std::memory_order_relaxed)<100000000)
    {
        do_something();
    }
}
```

counter 是全域的，所以任何呼叫 processing_loop() 的執行緒都修改同一個變數。因此，對每一個增量，處理器都必須確定在它快取內有 counter 最新的複製，修改這個值並將它發佈給其他處理器。縱然你使用 std::memory_order_relaxed，編譯器也不必和其他資料同步，fetch_add 是讀取 - 修改 - 寫入操作，因此需要取得這變數最新的值。如果另一個處理器上的執行緒在執行相同的程式，counter 的資料必須在兩個處理器及其對應的快取之間來回傳遞，使得遞增時每個處理器都有 counter 的最新值。如果 do_something() 執行的時間夠短，或有太多執行緒執行這程式，那這些處理器可能會發現自己在彼此等待；一個處理器已準備要更新值，但是另一個處理器目前卻正在更新，因此它必須等第二個處理器完成更新且已傳播這更新。這種情況稱為**高度競爭**；如果處理器很少需要彼此等待，則稱為**低度競爭**。

在類似這樣的迴圈中，counter 的資料會在快取之間來回傳遞很多次，這稱為**快取乒乓**，且它會嚴重影響應用程式的性能。如果處理器因為必須等待快取的傳輸而停滯，那麼即使有些有用的工作在等待其他執行緒執行，它也無法執行**任何**工作，因此對於整個應用程式來說這是個壞消息。

你可能會認為這不會發生在你身上，畢竟你沒有像這樣的迴圈；但你能確定嗎？互斥鎖的上鎖又如何呢？如果你要在迴圈中取得互斥鎖，那從資料存取的角度來看，你的程式與之前的程式就類似。為了上鎖互斥鎖，另一個執行緒必須將組成互斥鎖的資料傳給它的處理器並修改；完成後，會再次修改互斥鎖以解鎖它，且互斥鎖的資料必須傳到下一個執行緒以取得互斥鎖。這傳遞的時間是第二個執行緒必須等待第一個釋放互斥鎖時間外的額外時間：

```
std::mutex m;
my_data data;
void processing_loop_with_mutex()
{
    while(true)
    {
        std::lock_guard<std::mutex> lk(m);
        if(done_processing(data)) break;
    }
}
```

現在,這是最糟糕的部分:如果資料和互斥鎖被一個以上的執行緒存取,當你在系統中增加更多的核心和處理器,那有高度競爭及一個處理器必須等待另一個的可能性就變得越大。如果你使用多個執行緒更快的處理相同的資料,則這些執行緒會爭奪這資料,因此爭奪同一個互斥鎖。執行緒越多,它們嘗試在相同時間取得互斥鎖,或相同時間存取原子變數等等的可能性就越大。

競爭互斥鎖的效果通常與競爭原子操作的效果不同的原因很簡單,因為使用互斥鎖會在作業系統層級自然的序列化執行緒而不是在處理器層級。如果你有夠多的執行緒準備執行,那作業系統可以在一個執行緒等待互斥鎖的時候安排執行另一個執行緒,而處理器的停滯則會阻止這處理器上任何執行緒的執行。但是它仍然會影響那些在爭奪互斥鎖的執行緒性能;畢竟他們一次只能執行一個。

在第 3 章中,你看到如何用單寫入器、多讀取器的互斥鎖保護很少更新的資料結構(請參閱第 3.3.2 節)。如果工作的負荷不利,那快取乒乓的效應會抵銷這互斥鎖的好處,因為所有存取這資料的執行緒(甚至是讀取器執行緒)仍必須修改互斥鎖本身。在互斥鎖本身上的競爭會隨著存取資料的處理器數量增加而增加,且持有互斥鎖的快取塊必須在核心之間傳輸,這也可能會將取得以及釋放上鎖的時間增加到不好的水平。有一些藉由將互斥鎖分散在多個快取塊的技術可以改善這問題,但是除非你實作自己的互斥鎖,否則你只能使用系統所提供的方式。

如果快取乒乓不好,那要如何避免呢?在本章後面你將看到,答案與改善併發可能的一般指引緊密地聯繫在一起:盡可能減少兩個執行緒競爭同一個記憶體位置的可能性。

但事情並沒有那麼簡單，也永遠不會那麼簡單。即使一個特定的記憶體位置只被一個執行緒存取，但由於所謂的**虛偽共享**的影響，你**仍然**可能得到快取乒乓。

8.2.3 虛偽共享

處理器的快取一般不會處理個別的記憶體位置；反而，它們處理稱為**快取塊**的記憶體區塊。這些記憶體區塊的大小通常是 32 或 64 個位元組，但具體大小由所使用的特定處理器模型決定。因為快取硬體只處理快取塊大小的記憶體區塊，因此相鄰記憶體位置中小的資料項將位於同一個快取塊內。有時這很好：如果執行緒存取的一組資料在同一個快取塊，對程式的性能會好過同一組資料散佈在多個快取塊。但是如果在快取塊中的資料項不相關且需要被不同的執行緒存取，那這可能就是導致性能問題的主要原因了。

假設你有一個 int 值的陣列，和一組會重複存取也包括更新陣列中自己項目的一組執行緒。因為通常 int 比快取塊小很多，所以陣列中有相當多數量的項目會在相同的快取塊內。因此，縱然每個執行緒只存取自己的陣列項目，快取硬體**仍然**必須進行快取乒乓。每次有執行緒存取項目 0 以便更新，都需要將快取塊的所有權轉移給執行這執行緒的處理器，而只有在存取項次 1 的執行緒需要更新它的值時，才將快取所有權轉移給執行這執行緒的處理器。即使沒有資料共享，快取塊也是共享的，因此被稱為**虛偽共享**。解決的方法是結構化資料，使要被相同執行緒存取的資料項在記憶體中緊靠在一起（因此更可能在同一個快取塊內），而那些被其他執行緒存取的資料項則在記憶體內較遠的位置，因此比較可能在別的快取塊內。你在本章的後面會看到這對程式和資料設計的影響。C++17 標準在 <new> 標頭中定義了 std::hardware_destructive_interference_size，它指定對目前編譯目標可能遭受到虛偽共享的最大連續位元組數量。如果確定你的資料至少相隔這個位元組數，那就不會有虛偽共享。

如果讓多個執行緒從同一個快取塊存取資料是不好的，那麼單個執行緒存取資料的記憶體佈局又會有什麼樣的影響？

8.2.4 你的資料有多接近？

雖然虛偽共享是由一個執行緒存取的資料太靠近另一個執行緒存取的資料所造成，但另一個與資料佈局相關的陷阱會直接影響單執行緒本身的性能。這問題是資料接近性：如果一個執行緒存取的資料散佈在記憶體中，它可能也會散佈在不同的快取塊內。反過來說，如果被單執行緒存取的資料很密集的

在記憶體內，那也很可能處於相同的快取塊內。因此，如果資料散佈得很廣，必須有多個快取塊從記憶體加載到處理器的快取，這會比資料密集在一起增加記憶體存取的延遲時間並降低性能。

而且，如果資料散佈得很廣，對於包含目前執行緒資料指定的快取塊，包含**不屬於**目前執行緒的機會也會增加。在極端的情況下，在快取塊中你不在乎的資料會比你在乎的還多。這會浪費珍貴的快取空間，並增加處理器經歷快取錯失的機會，而且即使快取曾經一度持有需要的資料項，也可能因為要騰出空間改放其他資料而將這些資料項移除，造成必須從主記憶體取得這些資料項。

這在單執行緒程式上很重要，但我為什麼要在這裡提出呢？理由是**工作切換**；如果執行緒數量比系統核心數還多，那每一個核心必須執行多個執行緒。當為了避免虛偽共享而嘗試確定不同的執行緒會存取不同的快取塊時，這會增加快取的壓力。因此當處理器切換執行緒時，如果每個執行緒使用的資料散佈在多個快取塊，那它必須重新加載快取塊的可能性會大於每個執行緒的資料是密集在相同快取塊內。C++17 標準也在 <new> 標頭指定 std::hardware_constructive_interference_size 常數，表示保證在相同快取塊內的最大連續位元組數量（如果適當的對齊）。如果可以讓需要在一起的資料適合這位元組數，這將可能減少快取錯失次數。

如果執行緒數量比核心或處理器數量多，作業系統可能會在一個時間片段在一核心上選擇排程一個執行緒，然後在下一個時間片段對另一個核心排程。因此這需要將那執行緒資料的快取塊，從第一個核心的快取傳遞到第二個核心的快取；需要傳遞的快取塊愈多，所耗的時間就愈多。雖然作業系統一般會盡可能地避免這情形，但這確實會發生也會影響性能。

當多個執行緒準備執行而不是等待的情況下，工作切換問題特別普遍，這問題我們早已經接觸過：超額認購。

8.2.5　超額認購及過多的工作切換

在多執行緒系統中，除非你在**大規模平行**的硬體上執行，否則通常執行緒數量會多於處理器。但是執行緒經常花時間在等待外部的 I／O 完成、在互斥鎖上被阻擋、等待條件變數等等，因此這不是問題。擁有額外的執行緒讓應用程式能夠執行有用的工作，而不是讓處理器在執行緒等待的期間無所事事。

這並不一定是好事；如果你有太多的額外執行緒，那將有比可用的處理器還多的執行緒準備執行，而為了確保這些執行緒都能分配到公平的時間片段，作業系統將必須啟動大量的工作切換。就如你在第 1 章中所看到的，這可能會增加工作切換的代價，並使因為缺乏鄰近性而產生的任何快取問題混在一起。當有一個工作像第 4 章遞迴快速排序般無限制的重複產生新的執行緒，或者當依工作型態劃分時自然的執行緒數量大於處理器數量，而且工作是自然的 CPU 受限而不是 I／O 受限，超額認購就可能出現。

如果因為資料劃分而產生太多的執行緒，則可以像 8.1.2 節般限制工作者執行緒的數量。如果超額認購是由自然的工作劃分所引起的，那麼除了選擇不同的劃分方法以外，要改善這問題你也沒什麼可做的。在這種情況下，選擇適當的劃分對目標平台可能需要比你已經使用還要多的知識，而且只有在性能是無法接受並且可以證明改變工作劃分確實可以改善性能的情況下，才值得這樣做。

其他的因素也可能會影響多執行緒程式的性能。例如，就算兩個單核心處理器和有相同 CPU 型式和時脈速度的一個雙核心處理器之間，快取乒乓的代價也可能有很大的差異，這些都是會有明顯影響的主要因素。現在，讓我們檢視一下這些如何影響程式和資料結構的設計。

8.3　為多執行緒性能而設計資料結構

在 8.1 節中，我們檢視了在執行緒之間劃分工作的各種方式，在 8.2 節中，我們則檢視了可能影響程式性能的各種因素。當為了多執行緒性能而設計資料結構時，該如何使用這些資訊呢？這和第 6 章與第 7 章中定位的問題不一樣，那兩章是關於併發存取安全的資料結構設計。就如同你在 8.2 節中所看到的，即使資料不和其他執行緒共享，單執行緒使用的資料佈局對性能也會產生影響。

在為多執行緒性能設計資料結構時，要記住的關鍵事情是**競爭**、**虛偽共享**和**資料接近**。這三個因素對性能都會有很大的影響，並且你通常可以藉由改變資料佈局或改變將哪些資料元素指派給哪個執行緒來改善性能。首先，讓我們檢視一個簡單的成功案例：在執行緒之間劃分陣列元素。

8.3.1　為複雜操作劃分陣列元素

假設你要執行一些繁重的數學運算，需要相乘兩個大的方陣。要執行矩陣的乘積，須將第一個矩陣第一**列**的每個元素與第二個矩陣第一行相對應的元素相乘，然後將這些乘積相加得到結果矩陣左上角的元素；然後，對第一個矩陣第二列和第二個矩陣第一行重複這運算得到結果矩陣第一行的第二個元素；再對第一個矩陣第一列和第二個矩陣第二行重複這運算得到結果矩陣第二行的第一個元素，其餘依此類推。運算方式如圖 8.3 所示；高亮區域顯示第一個矩陣的第二列與第二個矩陣的第三行配對，得到結果矩陣的第二列第三行的項目。

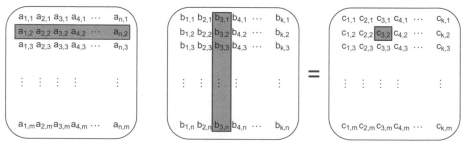

圖 8.3　矩陣相乘

現在，我們假設它們是有數千列和數千行的**大型**矩陣，以使它值得使用多個執行緒來優化這乘法。通常，非稀疏矩陣會由記憶體內一個大的陣列表示，第一列的所有元素之後接著是第二列的所有元素，餘依此類推。要執行矩陣相乘，你必須要有三個巨大的陣列。為了得到最好的性能，你必須仔細留意資料存取的模式，尤其是對第三個陣列的寫入。

要在執行緒之間劃分工作可以有許多種方式。假設列 / 行的數量多於可以使用的處理器，那可以讓每一個執行緒計算結果矩陣中多個行的值，或讓每一個執行緒計算結果矩陣中多個列的結果，甚至讓每一個執行緒計算結果矩陣中一個矩形的子集合。

回到 8.2.3 和 8.2.4 節，在那裡你看到了從陣列存取連續元素比遍歷整個位置的值要好，因為這減少了快取的使用率和虛偽共享的機會。如果讓每個執行緒計算一些行，那它需要從第一個矩陣中讀取每個值，及第二個矩陣中讀取對應行中的值，但是你只需要寫入行的值。已知矩陣是依據列連續儲存的，這表示你從第一列存取 N 個元素，從第二列存取 N 個元素，依此類推（其中 N 是你要處理的行數）。因為其他執行緒將會存取每一列的其他元素，因此

很明顯地你應該存取相鄰的行，所以每一列的 N 個元素都是相鄰的，且減少了虛偽共享。如果被這 N 個元素佔用的空間恰好是快取塊的數目，則因為執行緒將在不同的快取塊上工作，那就不會有虛偽共享了。

在另一方面，如果讓每個執行緒計算一些**列**，則需要從**第二個**矩陣讀取每個值，及從**第一個**矩陣讀取對應列的值，但只需要寫入列的值。因為矩陣是依據列連續儲存的，因此你現在是存取 N 個列的所有元素。如果再次選擇相鄰的列，這意味著此執行緒現在是寫入這 N 列的唯　執行緒。它有一個其他執行緒都不會碰觸到的連續記憶體區塊；這可能是每個執行緒計算一些行的一種改善，因為唯一可能的虛偽共享是一個區塊的最後幾個元素與下一個區塊的前幾個元素，但這值得在目標架構上計時以確認。

那麼你的第三個選擇——分割成矩形區塊呢？這可以看成分為幾行，然後再分成幾列。因此，它與依行劃分有相同虛偽共享的可能。如果你可以選擇區塊中的行數來避免這種可能，那從讀取端來看矩形的分割就有好處：你無需讀取任何一個來源矩陣的全部內容。你只需要讀取目標矩形對應的列和行的值。要具體地檢視，考慮兩個各有 1,000 列、1,000 行的矩陣相乘；這是一百萬個元素。如果你有 100 個處理器，每一輪可以計算 10 列、10,000 個元素。但是要計算這 10,000 個元素的結果，它們需要存取第二個矩陣的所有元素（100 萬個元素），以及第一個矩陣對應列的 10,000 個元素，總共需要 1,010,000 個元素。在另一方面，如果它們各自計算一個 100 個元素乘 100 個元素的區塊（合起來仍為 10,000 個元素），它們需要存取第一個矩陣 100 列的值（100 x 1,000 = 100,000 個元素）和第二個矩陣 100 行的值（另一個 100,000）。這只有 200,000 個元素，這在讀取元素的數量上打了五折。如果你讀取更少的元素，那快取錯失的機會會變小，較佳性能的可能性也較大。

因此，將結果矩陣分割成小的、方形或幾乎方形的區塊，會比讓每個執行緒計算少量列的全部元素要好。你可以在執行期間，依據矩陣的大小和可以使用的處理器數量調整每個區塊的大小。與以往一樣，如果性能很重要，那麼在目標架構上分析不同的選項並檢視與這領域相關的文獻就相當重要——如果你要執行矩陣乘法，我並不認為這些是唯一或最好的選擇。

也許你不會執行矩陣的乘法，那麼這對你有什麼用呢？同樣的原理可以應用於有大量資料要在執行緒間分割的任何情況；仔細檢視資料存取模式的所有面向，並辨識出衝擊性能的可能原因。在你問題的領域中可能會有類似的情況，不需要對基本演算法做任何改變，只要改變工作的劃分就可以改善性能了。

好了，我們已經檢視了在陣列中的存取模式會如何影響性能，那關於其他型式的資料結構又會如何呢？

8.3.2　其他資料結構的資料存取模式

基本上，當嘗試最佳化其他資料結構的資料存取模式時，可以應用與最佳化陣列存取相同的考慮：

- 嘗試調整執行緒之間的資料分佈，使得密集在一起的資料會工作在相同的執行緒。

- 嘗試最小化任何指定執行緒需要的資料。

- 嘗 試 用 `std::hardware_destructive_interference_size` 作 為 指引，確定由不同執行緒存取的資料距離夠遠，以避免虛偽的共享。

要應用到其他資料結構上並不容易；例如，二元樹在本質上就很難再細分為子樹以外的任何單元，這是否有用要依賴樹有多平衡以及需要將它劃分為多少個部分而定。而且，依樹的性質表示節點很可能是動態配置的，因此最終會在堆積的不同位置上。

現在，資料最終會在堆積的不同位置本身並不是一個特別的問題，但它確實表示處理器必須在快取中保持更多的東西。這也可能是好事；如果多執行緒需要遍歷這二元樹，那麼它們都需要存取樹的節點，但是如果樹的節點只包含指向這節點保存的實質資料的指標，那處理器只需要在有需求的時候從記憶體中加載這資料就可以了。如果資料被需要它的執行緒修改了，那這可以避免在節點資料本身與提供給樹結構的資料之間的虛偽共享而對性能造成打擊。

用互斥鎖保護資料也有類似的問題。假設你有一個包含一些資料項和一個用來保護來自多個執行緒存取互斥鎖的簡單類別，如果互斥鎖和資料項在記憶體內緊密靠再一起，那這對於取得這互斥鎖的執行緒來說很理想；它需要的資料因為要修改互斥鎖而已經被加載，所以也許早已經在處理器的快取中了。但是也有一個缺點：如果其他執行緒嘗試上鎖被第一個執行緒持有的互斥鎖，那它們都需要存取那個記憶體。互斥鎖上鎖一般實作為在互斥鎖內記憶體位置嘗試取得這互斥鎖的讀取 - 修改 - 寫入原子操作，如果互斥鎖早已被上鎖，則會呼叫作業系統的核心。這讀取 - 修改 - 寫入操作可能會造成擁有這互斥鎖的執行緒快取所持有的資料無效。就互斥鎖而言，這不是問題；執行緒在解鎖互斥鎖之前不會接觸這個互斥鎖。但是，如果互斥鎖與這執行

緒使用的資料共享一個快取塊，那擁有互斥鎖的執行緒可能會因為其他執行緒嘗試上鎖這個互斥鎖，而對性能產生衝擊！

測試這種虛偽共享是否是問題的一種方法是，在可以被不同執行緒併發存取的資料元素之間添加巨大的填充區塊。例如，你可以使用

```
struct protected_data
{
    std::mutex m;
    char padding[std::hardware_destructive_interference_size];
    my_data data_to_protect;
};
```

> 如果你的編譯器不能使用 std∷hardware_destructive_interference_size，那可以使用類似 65536 的位元組，它的大小可能會比快取大幾個等級

來測試互斥鎖競爭問題或

```
struct my_data
{
    data_item1 d1;
    data_item2 d2;
    char padding[std::hardware_destructive_interference_size];
};
my_data some_array[256];
```

來測試陣列資料的虛偽共享。如果這可以改善性能，你就會知道虛偽共享是一個問題，那可以保留填充，或是利用重新安排資料存取的方式消除虛偽共享。

當設計併發性的時候，要考慮的就會比資料存取的模式還要多，因此讓我們檢視這些其他的注意事項。

8.4　設計併發時的其他注意事項

本章到目前為止，我們已經檢視了在執行緒之間劃分工作的方式、影響性能的因素以及這些因素如何影響資料存取模式和資料結構的選擇等。但併發程式設計要考慮的還不止這些，你也需要考慮像是例外安全和可擴展性等事情。如果當系統中增加更多處理核心而可以提升性能（無論是降低執行速度或是提高吞吐量），則程式被稱為**可擴展**。理想的情況下，性能提升是線性的，因此有 100 個處理器的系統執行得會比只有一個處理器的系統好 100 倍。

雖然程式就算無法擴展也可以工作，例如，單執行緒應用程式就不能擴展，但是例外安全性是正確性的問題。如果你的程式不是例外安全的，則最終可能會破壞不變性或有競爭條件，或者你的應用程式可能會因為操作拋出例外而意外終止。考慮到這一點，我們將先檢視例外安全性。

8.4.1　平行演算法中的例外安全性

例外安全性是好的 C++ 程式基本面向，而使用併發的程式也不例外。事實上，在平行演算法通常會比常規的循序演算法對例外更在意。如果循序演算法中的一個操作拋出例外，這演算法只需要關心在這操作之後能確實進行過整理，以避免資源洩漏及破壞不變性；它可以樂意地允許例外傳播到呼叫者讓它們處理。相反地，在平行演算法中許多操作會在不同的執行緒上執行；在這情況下，因為例外是在錯誤的呼叫堆疊內，因此將無法傳播。如果在新執行緒上產生的函式因例外而退出，那應用程式將終止。

讓我們重新看一下程式列表 2.9 中的 parallel_accumulate 函式，作為一個具體範例並重新撰寫如下。

程式列表 8.2　std::accumulate 幼稚的平行版本（來自程式列表 2.9）

```
template<typename Iterator,typename T>
struct accumulate_block
{
    void operator()(Iterator first,Iterator last,T& result)
    {
        result=std::accumulate(first,last,result);    ←———❶
    }
};
template<typename Iterator,typename T>
T parallel_accumulate(Iterator first,Iterator last,T init)
{
    unsigned long const length-std::distance(first,last);    ←———❷
    if(!length)
        return init;
    unsigned long const min_per_thread=25;
    unsigned long const max_threads=
        (length+min_per_thread-1)/min_per_thread;
    unsigned long const hardware_threads=
        std::thread::hardware_concurrency();
    unsigned long const num_threads=
        std::min(hardware_threads!=0?hardware_threads:2,max_threads);
    unsigned long const block_size=length/num_threads;
    std::vector<T> results(num_threads);    ←———❸
```

```
std::vector<std::thread>  threads(num_threads-1);  ◄──④
Iterator block_start=first;  ◄──⑤
for(unsigned long i=0;i<(num_threads-1);++i)
{
    Iterator block_end=block_start;  ◄──⑥
    std::advance(block_end,block_size);
    threads[i]=std::thread(  ◄──⑦
        accumulate_block<Iterator,T>(),
        block_start,block_end,std::ref(results[i]));
    block_start=block_end;  ◄──⑧
}
accumulate_block<Iterator,T>()(
    block_start,last,results[num_threads-1]);  ◄──⑨
std::for_each(threads.begin(),threads.end(),
    std::mem_fn(&std::thread::join));
return std::accumulate(results.begin(),results.end(),init);  ◄──⑩
}
```

現在，讓我們遍歷一次並找出可能拋出例外的位置：在任何呼叫的函式中都可能拋出例外，或者在使用者定義型態上的操作也可能拋出例外。

首先，呼叫了 distance ②，它在使用者提供的迭代器型態上執行操作。因為沒有做任何工作，而且是在呼叫的執行緒上，所以沒問題。接下來，必須配置 results 向量③及 threads 向量④，再一次這些都在呼叫的執行緒上，且沒有做任何工作或產生任何執行緒，所以也不會有問題。如果建構 threads 拋出例外，那 results 的記憶體配置必須清除，但解構函式會為你處理這些事情。

跳過 block_start 的初始化⑤，因為這大致安全，你來到執行緒生成迴圈的操作⑥、⑦、⑧。當通過在⑦建立的第一個執行緒後，如果拋出任何例外那就有麻煩了；新的 std::thread 物件的解構函式會呼叫 std::terminate 並中止程式，這不是一個安全的地方。

對 accumulate_block 的呼叫⑨，也可能會拋出例外並產生類似的結果。你的執行緒物件將被銷毀，並呼叫 std::terminate。在另一方面，對 std::accumulate 最後的呼叫⑩可能會拋出例外，但不會造成任何困難，因為到這一點時所有的執行緒都已經加入了。

主執行緒就是如此了，但是其他的還有更多：在新執行緒上呼叫 accumulate_block 可能會在①的地方拋出例外。因為沒有任何 catch 程式區塊，所以這例外不會被處理並造成函式庫呼叫 std::terminate() 以中止應用程式。

如果不是很明顯的話，這程式也不是例外安全的。

增加例外安全性

好了，我們已經辨識出所有可能的 `throw` 點以及例外的討厭後果。對於這個你能做些什麼？讓我們從解決新執行緒拋出例外的問題開始。

你在第 4 章中曾碰過對這問題所使用的工具；如果仔細檢視你嘗試用新執行緒完成什麼目標，很明顯地，你嘗試計算要回傳的結果，同時允許程式會拋出例外的可能性。這恰好是 `std::packaged_task` 和 `std::future` 組合設計的目的。如果用 `std::packaged_task` 改寫程式，最後會得到以下的程式。

程式列表 8.3 用 `std::packaged_task` 的 `std::accumulate` 平行版本

```
template<typename Iterator,typename T>
struct accumulate_block
{
    T operator()(Iterator first,Iterator last)    ◀━❶
    {
        return std::accumulate(first,last,T());    ◀━❷
    }
};
template<typename Iterator,typename T>
T parallel_accumulate(Iterator first,Iterator last,T init)
{
    unsigned long const length=std::distance(first,last);
    if(!length)
        return init;
    unsigned long const min_per_thread=25;
    unsigned long const max_threads=
        (length+min_per_thread-1)/min_per_thread;
    unsigned long const hardware_threads=
        std::thread::hardware_concurrency();
    unsigned long const num_threads=
        std::min(hardware_threads!=0?hardware_threads:2,max_threads);
    unsigned long const block_size=length/num_threads;
    std::vector<std::future<T> > futures(num_threads-1);    ◀━❸
    std::vector<std::thread> threads(num_threads-1);
    Iterator block_start=first;
    for(unsigned long i=0;i<(num_threads-1);++i)
    {
        Iterator block_end=block_start;
        std::advance(block_end,block_size);
        std::packaged_task<T(Iterator,Iterator)> task(    ◀━❹
```

```
                accumulate_block<Iterator,T>());
        futures[i]=task.get_future();        ◄─❺
❻► threads[i]=std::thread(std::move(task),block_start,block_end);
        block_start=block_end;
    }
    T last_result=accumulate_block<Iterator,T>()(block_start,last); ◄─❼
    std::for_each(threads.begin(),threads.end(),
        std::mem_fn(&std::thread::join));
    T result=init;  ◄─❽
    for(unsigncd long i=0;i<(num_threads-1);++i)
    {
        result+=futures[i].get();  ◄─❾
    }
    result += last_result;  ◄─❿
    return result;
}
```

第一個改變是 accumulate_block 的函式呼叫運算子現在直接回傳結果，而不是儲存它位置的參照❶。你為了例外安全而使用 std::packaged_task 和 std::future，因此也可以用它來傳遞結果。這確實需要你在呼叫 std::accumulate 時明確地傳遞一個預設建構的 T❷，而不是再次使用提供的結果值，但這是一個很小的改變。

下一個改變是不再用結果向量，而是以 futures 向量❸為每個產生的執行緒儲存一個 std::future<T>。在執行緒生成迴圈中，你先為 accumulate_block 建立一個工作❹。std::packaged_task<T(Iterator,Iterator)> 宣告一個接受兩個 Iterator 並回傳一個 T 的工作，這就是你的函式所要做的。然後，你取得這工作的期約❺，並在新執行緒上執行這工作，傳入要處理區塊的開始和結束❻。當執行工作時，將在期約中捕獲結果，以及任何拋出的例外。

因為你已經使用期約，所以不會有結果陣列，因此必須從最後區塊將結果儲存到變數中❼，而不是儲存在陣列的項目中。另外，因為必須從期約中取得結果值，因此不必用 std::accumulate，而改用更簡單的從提供的初始值❽開始的基本 for 迴圈，並在迴圈中將每個期約累加到結果中❾。如果對應的工作拋出例外，這例外將在期約內捕獲，並透過呼叫 get() 而再次拋出。最後，在將整個結果回傳給呼叫者之前，要先從最後一個區塊將期約累加到結果中❿。

因此這移除了一個潛在的問題：在工作者執行緒中拋出的例外在主執行緒中會被重新拋出。如果一個以上的工作者執行緒拋出例外，則只有一個會

被傳播，但這沒什麼大不了的。它如果重要的話，可以用像 std::nested_
exception 之類的方式捕獲所有的例外並將它們再拋出。

剩下的問題是，如果在你生成第一個執行緒時以及在將所有執行緒都加入之
間拋出例外，就會造成執行緒遺漏。最簡單的解決方法是捕捉所有例外，與
仍然是 joinable() 的執行緒連接，然後重新拋出這例外：

```cpp
try
{
    for(unsigned long i=0;i<(num_threads-1);++i)
    {
        // ... 如之前的程式碼內容
    }
    T last_result=accumulate_block<Iterator,T>()(block_start,last);
    std::for_each(threads.begin(),threads.end(),
        std::mem_fn(&std::thread::join));
}
catch(...)
{
    for(unsigned long i=0;i<(num_thread-1);++i)
    {
        if(threads[i].joinable())
            thread[i].join();
    }
    throw;
}
```

現在這有作用。無論程式如何離開這區塊，所有的執行緒都將被加入。但是
try-catch 區塊很難看，並且也存有重複的程式碼。你在「正常」控制流程
以及 catch 區塊中加入執行緒；重複的程式碼很少是件好事，因為它表示要
改變很多地方。相反地，讓我們將它抽出到一物件的解構函式中；畢竟，這
是 C++ 清理資源的慣用方法。以下是你的類別：

```cpp
class join_threads
{
    std::vector<std::thread>& threads;
public:
    explicit join_threads(std::vector<std::thread>& threads_):
        threads(threads_)
    {}
    ~join_threads()
    {
        for(unsigned long i=0;i<threads.size();++i)
        {
            if(threads[i].joinable())
```

```
            threads[i].join();
        }
    }
};
```

除了它已經擴展到整個執行緒向量以外，這類似於程式列表 2.3 中的
thread_guard 類別。現在可以將程式簡化如下。

程式列表 8.4　例外安全平行版本的 std::accumulate

```
template<typename Iterator,typename T>
T parallel_accumulate(Iterator first,Iterator last,T init)
{
    unsigned long const length=std::distance(first,last);
    if(!length)
        return init;
    unsigned long const min_per_thread=25;
    unsigned long const max_threads=
        (length+min_per_thread-1)/min_per_thread;
    unsigned long const hardware_threads=
        std::thread::hardware_concurrency();
    unsigned long const num_threads=
        std::min(hardware_threads!=0?hardware_threads:2,max_threads);
    unsigned long const block_size=length/num_threads;
    std::vector<std::future<T> > futures(num_threads-1);
    std::vector<std::thread> threads(num_threads-1);
    join_threads joiner(threads);       ◀━❶
    Iterator block_start=first;
    for(unsigned long i=0;i<(num_threads-1);++i)
    {
        Iterator block_end=block_start;
        std::advance(block_end,block_size);
        std::packaged_task<T(Iterator,Iterator)> task(
            accumulate_block<Iterator,T>());
        futures[i]=task.get_future();
        threads[i]=std::thread(std::move(task),block_start,block_end);
        block_start=block_end;
    }
    T last_result=accumulate_block<Iterator,T>()(block_start,last);
    T result=init;
    for(unsigned long i=0;i<(num_threads-1);++i)
    {
        result+=futures[i].get();       ◀━❷
    }
    result += last_result;
    return result;
}
```

當建立了執行緒容器之後，你建立新類別的實體❶並在離開時與所有執行緒一起加入。然後在知道無論函式如何退出，執行緒都會被加入，因此可以安全的移除明確的加入迴圈。注意對 `futures[i].get()` 的呼叫❷將被阻擋到結果備妥為止，因此在這時候你不必明確的加入執行緒。這與程式列表 8.2 中的原始程式不一樣，在程式列表 8.2 中，你需要加入執行緒以確保 results 向量已經正確的填充。你不只是得到了例外安全的程式，而且因為已經將加入程式碼提出到新的（可重複使用的）類別中，所以函式也更簡短。

STD:: ASYNC() 的例外安全

現在你已經看到當明確地管理執行緒時例外安全需要些什麼，讓我們檢視一下用 std::async() 來做相同的事情。就像你曾經看過的，在這種情況下函式庫會為你管理執行緒，並且在期約準備好時所有新產生的執行緒也都會完成。例外安全性要注意的關鍵是，如果在未等待期約準備好的情況下就銷毀它，那解構函式將會等待執行緒完成。這樣可以避免遺漏仍在執行的執行緒問題並保留對資料的參照。下一個程式列表顯示了使用 std::async() 的例外安全實作。

程式列表 8.5　使用 `std::async` 的 `std::accumulate` 例外安全平行版本

```
template<typename Iterator,typename T>
T parallel_accumulate(Iterator first,Iterator last,T init)
{
    unsigned long const length=std::distance(first,last);    ◀──❶
    unsigned long const max_chunk_sizc=25;
    if(length<=max_chunk_size)
    {
        return std::accumulate(first,last,init);    ◀──❷
    }
    else
    {
    Iterator mid_point=first;
        std::advance(mid_point,length/2);    ◀──❸
        std::future<T> first_half_result=
            std::async(parallel_accumulate<Iterator,T>,    ◀──❹
                       first,mid_point,init);
❺──▶    T second_half_result=parallel_accumulate(mid_point,last,T());
        return first_half_result.get()+second_half_result;    ◀──❻
    }
}
```

這版本採用的是遞迴劃分資料，而不是經由預先計算再將資料劃分為資料塊，但它整體上要比之前的版本簡單得多，並且仍然是例外安全的。與之前一樣，你先找到序列的長度❶，如果長度小於最大資料塊的大小，就可以直接呼叫 std::accumulate ❷。如果元素多於資料塊大小，則找出中間點❸，然後產生一個非同步工作來處理前半部❹。後半部則直接利用遞迴呼叫處理❺，然後將兩個資料塊的結果加在一起❻。這函式庫確保 std::async 的呼叫會使用可以用的硬體執行緒，而不會建立過多的執行緒。有一些「非同步」呼叫將在對 get() 的呼叫❻中同步執行。

這樣做的好處不只是使用了硬體的併發性，而且也是例外安全。如果遞迴呼叫❺拋出例外，則在例外傳播時，從呼叫 std::async ❹所建立的期約將被銷毀。這將依序等待非同步工作完成，避免執行緒閒蕩。另一方面，如果非同步呼叫拋出例外，這例外會被期約捕捉到，且對 get() 的呼叫❻會將這例外再拋出來。

當設計併發程式時，還需要考慮哪些事情呢？讓我們看一下**可擴展性**。如果將程式移到有更多處理器的系統上，性能會改善多少呢？

8.4.2　可擴展性和 Amdahl 定律

可擴展性就是確定你的應用程式可以使用它所運行系統上其他處理器的優點。在極端的情形下，即使在系統中增加了 100 個處理器，但完全不可擴展的單執行緒應用程式性能也將保持不變。在另一個極端情形，你有類似 SETI@Home（http://setiathome.ssl.berkeley.edu/）的專案，這專案設計為當可以使用時，它可以使用上千個額外處理器的優點（以由使用者將個別計算機加到網路的形式）。

對任何指定的多執行緒程式，執行有用工作的執行緒數量在程式執行期間會改變。就算每個執行緒在它存在的期間都在執行有用的工作，應用程式最初也可能只有一個執行緒，然後才有可以產生其他執行緒的工作。但這是非常不可能的情況；執行緒經常在互相等待或等待完成 I / O 的操作下耗費時間。

每當一個執行緒必須等待某件事（無論是什麼事）的時候，除非有另一個執行緒準備在處理器上佔用它的位置，否則你就有了一個原本可以執行有用工作的閒置處理器。

對這情形一種簡單的檢視方式是，將程式分割成只有一個執行緒在做任何有用工作的「序列」部分，和所有可以用的處理器都在做有用工作的「平行」

部分。如果在有多個處理器的系統上執行應用程式,理論上「平行」部分因為工作可以在多個處理器之間分割,應該能夠更快地完成;而「序列」部分將保持序列。在這樣簡單的一組假設下,你可以估計透過增加處理器數量而可能達到的性能增益:如果「序列」部分佔程式的比率為 *fs*,則使用 *N* 個處理器的性能增益 *P* 可以估計為

$$P = \frac{1}{f_s + \frac{1-f_s}{N}}$$

這是 *Amdahl 定律*,當談到併發程式的性能時經常會引用它。如果所有事情都能夠平行化,因此序列的比率是 0,那性能增益就是 *N*;或如果序列比率為三分之一,那就算有無限多個處理器,性能增益也不會超過 3。

但這描繪了一個較為幼稚的圖像,因為工作很少是像上面方程式所需要的無限可分,而且也很少會出現所有事情都像假設那樣的受 CPU 約束。就如你所看到的,執行緒在執行時可能會等待許多的事情。

Amdahl 定律很清楚地表明一件事是,當你為了性能而使用併發,檢視整個應用程式的設計,以使併發的可能性最大化,並確定總是會有有用的工作讓處理器做,這絕對是值得的。如果可以減少「序列」部分的大小或減少執行緒等待的可能性,那就可以用更多處理器的系統改善可能的性能增益;或可以提供更多資料讓系統處理,因此使「平行」部分保持工作,那也可以減少序列比率並增加性能增益 *P*。

可擴展性是關於當加入更多的處理器時,**在指定時間內,減少花在執行一個動作的時間或增加可以被處理的資料量**。有時它們是相等的(如果每個元素處理得更快,那就可以處理更多的資料),但並非一定是如此。在選擇於執行緒之間劃分工作所使用的技術之前,辨識出這些面向中哪些是可擴展的對你很重要。

我在本節開頭提到過執行緒並非總是有有用的工作可以做。有時候它們必須等待其他的執行緒,或等待完成 I/O 或其他事情。如果你在等待的期間提供系統一些有用的事去做,你就可以有效地將等待「隱藏」起來。

8.4.3　隱藏多執行緒的延遲

對於多執行緒程式性能的大多數討論，都一再假設執行緒是「扁平」的執行，且當在處理器上執行時總是有有用的工作可做。但這不是真的；在應用程式的程式碼中，執行緒經常因等待而被阻擋。例如，他們可能在等待某個 I/O 完成、等待取得互斥鎖、等待另一個執行緒完成某些操作並通知條件變數或填入期約、或甚至休止一段時間。

不管等待的原因是什麼，如果你只有和系統中實體處理單元一樣多的執行緒，那阻擋執行緒就表示在浪費 CPU 時間；否則就是要執行被阻擋執行緒的處理器什麼也不做。因此，如果你知道其中一個執行緒可能要花費相當多的時間等待，你可以使用這空閒的 CPU 時間執行一個或多個其他執行緒。

想像一個病毒掃描程式，它用管線方式在執行緒之間劃分工作。第一個執行緒在檔案系統中搜尋要檢查的檔案，搜尋到後將它放入佇列中。同時，另一個執行緒從佇列中提取檔案名稱，用這名稱加載檔案，然後掃描它們是否含有病毒。你知道，在檔案系統搜尋要掃描檔案的執行緒一定會受到 I/O 限制，因此你可以透過執行額外的掃描執行緒來利用這「空閒」的 CPU 時間。這樣，你將有一個檔案搜尋執行緒和與系統中實體核心或處理器一樣多的掃描執行緒。因為掃描執行緒為了掃描檔案可能也必須從磁碟中讀取檔案的重要部分，所以有更多的掃描執行緒是有意義的。但是在某些時候執行緒卻太多了，當系統要花越來越多的時間切換工作，系統將再次變慢，如 8.2.5 節所描述的。

與之前一樣，這是一種優化，因此在改變執行緒數量的前後量測性能就很重要；最佳的執行緒數量將高度與要執行工作的性質以及執行緒花在等待時間的百分比有關。

依據應用程式而定，也有可能在不執行其他執行緒的情況下用完這空閒的 CPU 時間。例如，如果一個執行緒因為在等待 I/O 操作完成而被阻擋，如果可以的話，也許它使用非同步 I/O 會有些作用，然後在以後台執行 I/O 時，此執行緒可以執行其他有用的工作。在其他情況下，如果一個執行緒是在等待另一個執行緒執行某個操作而不是被阻擋，這等待的執行緒本身也許就能夠執行這個操作，如你在第 7 章中無鎖佇列所看到的。在極端的情況下，如果執行緒在等待一個工作完成，而這工作還沒被任何執行緒啟動，那這等待的執行緒可能會完全執行這個工作或另一個還未完成的工作。你在程式列表 8.1 中看過這樣的範例，其中 sort 函式反覆嘗試對顯著的資料塊進行排序，只要那些它需要的資料塊還未排序就可以了。

增加執行緒不再只是確定所有可用的處理器都已經被使用，有時候也值得用增加執行緒來確保能即時的處理外部事件以增加系統的**反應性**。

8.4.4　用併發改善反應性

大多數現代的圖形化使用者介面的框架都是**事件驅動**。使用者透過按下按鍵或移動滑鼠在使用者介面上執行動作，這些動作會產生稍後要由應用程式處理的一系列事件或訊息；系統本身也可以產生訊息或事件。為了確保所有事件和訊息被正確地處理，通常應用程式會有一個事件迴圈，如下所示：

```
while(true)
{
    event_data event=get_event();
    if(event.type==quit)
        break;
    process(event);
}
```

很明顯地，API 的細節會有所不同，但是架構大致是一樣的：等待一個事件，執行處理這事件所需的處理，然後等待下一個事件。如果是單執行緒應用程式，則這可能會使長時期執行的工作難以撰寫，如 8.1.3 節中所描述的。為了確保使用者的輸入被即時處理，無論應用程式在做什麼，都必須以合理的頻率呼叫 get_event() 和 process()。這表示工作必須週期性自己暫停並將控制權回傳給事件迴圈，或者必須在程式內合適的位置呼叫 get_event()/process() 程式碼。任何一種選擇都會讓工作的實作複雜化。

藉由用併發來分離關注點，你可以將冗長的工作放在一個全新的執行緒上，並留下一個專用的 GUI 執行緒來處理事件。然後執行緒可以利用簡單的機制來通訊，而不必再以某種方式將事件處理的程式碼與工作程式碼混合在一起。以下的程式列表顯示了這種分離的簡單輪廓。

程式列表 8.6　將 GUI 執行緒從工作執行緒中分開

```
std::thread task_thread;
std::atomic<bool> task_cancelled(false);
void gui_thread()
{
    while(true)
    {
        event_data event=get_event();
        if(event.type==quit)
            break;
        process(event);
```

```cpp
    }
}
void task()
{
    while(!task_complete() && !task_cancelled)
    {
        do_next_operation();
    }
    if(task_cancelled)
    {
        perform_cleanup();
    }
    else
    {
        post_gui_event(task_complete);
    }
}
void process(event_data const& event)
{
    switch(event.type)
    {
    case start_task:
        task_cancelled=false;
        task_thread=std::thread(task);
        break;
    case stop_task:
        task_cancelled=true;
        task_thread.join();
        break;
    case task_complete:
        task_thread.join();
        display_results();
        break;
    default:
        //...
    }
}
```

透過以這種方式分離關注點，就算工作耗時很長，使用者執行緒也總是能夠以即時的方式對事件回應。反應性通常是使用者使用應用程式時的關鍵體驗；無論何時如果執行特定的操作（無論什麼樣的操作）會完全鎖定應用程式，這對使用都將很不方便。透過提供專用的事件處理執行緒，GUI 可以處理 GUI 特定的訊息（例如調整視窗大小或重新繪製視窗），而不會中斷執行耗時的處理，同時仍然會傳遞**確實**會影響長期執行工作的相關訊息。

到目前為止，在本章你已經徹底檢視了在設計併發程式時需要考慮的問題。從總體上看，這些可能會相當令人不知所措，但是當你習慣於在你「多執行緒程式環境」上工作時，它們當中的大多數都將成為第二個本能。如果這些考慮對你很陌生，當你檢視它們如何影響某些多執行緒程式具體範例時，希望它們會變得更為清晰。

8.5　實踐併發程式設計

當為特定工作設計併發程式時，前面描述的每個問題你需要考慮的程度將與工作有關。要展示如何應用它們，我們將檢視三個來自 C++ 標準函式庫函式平行版本的實作。這除了為你提供一個熟悉的基礎，並提供一個檢視這些問題的平台。我們也同時獲得了這些函式可以使用的實作，而這些函式可以用來幫助較大工作的平行化，這也是一個獎勵。

我選擇這些實作主要是要展示特定的技術，而不是為了最先進的實作；可以更好應用可用硬體併發的進階實作，可以在平行演算法的學術文獻中或在像 是 Intel 的「Threading Building Blocks」（http://threadingbuildingblocks. org/）專業多執行緒庫中找到。

從概念上說，最簡單的平行演算法是 std::for_each 的平行版本，因此我們就從它開始。

8.5.1　std::for_each 的平行實作

std::for_each 在概念上很簡單；它依序在值域內的每個元素上呼叫使用者提供的函式。平行實作和循序的 std::for_each 間最大的差別是函式呼叫順序。std::for_each 是用值域內第一個元素，然後第二個等順序呼叫這函式；而平行的實作無法保證元素處理的順序，而且它們可能會（事實上，我們也希望它們會）被併發處理。

要實作這個平行版本，你必須將值域分割成要在每個執行緒上處理的元素集合。你事先已經知道元素的數量，所以可以在處理開始之前分割資料（8.1.1節）。我們假設這是唯一執行的平行工作，因此可以使用 std::thread:: hardware_concurrency() 決定執行緒的數量。你也知道元素可以完全獨立的處理，因此可以使用連續的區塊來避免虛偽共享（8.2.3 節）。

這演算法在概念上與 8.4.1 節中描述的 std::accumulate 平行版本類似,但不是計算每個元素的和,而只是要應用這個指定的函式。雖然你可能會想因為沒有結果要回傳,這應該會很大的簡化程式;但如果要將例外傳遞給呼叫者,那仍然需要用 std::packaged_task 和 std::future 機制在執行緒間傳遞例外。樣本的實作顯示如下。

程式列表 8.7　std::for_each 的平行版本

```
template<typename Iterator,typename Func>
void parallel_for_each(Iterator first,Iterator last,Func f)
{
    unsigned long const length=std::distance(first,last);
    if(!length)
        return;
    unsigned long const min_per_thread=25;
    unsigned long const max_threads=
        (length+min_per_thread-1)/min_per_thread;
    unsigned long const hardware_threads=
        std::thread::hardware_concurrency();
    unsigned long const num_threads=
        std::min(hardware_threads!=0?hardware_threads:2,max_threads);
    unsigned long const block_size=length/num_threads;
    std::vector<std::future<void> > futures(num_threads-1);    ◄── ❶
    std::vector<std::thread> threads(num_threads-1);
    join_threads joiner(threads);
    Iterator block_start=first;
    for(unsigned long i=0;i<(num_threads-1);++i)
    {
        Iterator block_end=block_start;
        std::advance(block_end,block_size);
        std::packaged_task<void(void) > task(    ◄── ❷
            [-]()
            {
                std::for_each(block_start,block_end,f);
            });
        futures[i]=task.get_future();
        threads[i]=std::thread(std::move(task));    ◄── ❸
        block_start=block_end;
    }
    std::for_each(block_start,last,f);
    for(unsigned long i=0;i<(num_threads-1);++i)
    {
        futures[i].get();    ◄── ❹
    }
}
```

程式的基本架構與程式列表 8.4 相同，這並不奇怪。主要的差異是，儲存 std::future<void> 的期約向量❶，因為工作者執行緒不回傳值，以及一個簡單的 lambda 函式在從 block_start 到 block_end 的值域內為這工作呼叫函式 f ❷；這樣就避免了必須將值域傳遞給執行緒的建構函式❸。因為工作者執行緒不回傳值，因此對 futures[i].get() 的呼叫❹提供了一種方法可以取得在工作者執行緒上鎖拋出的任何例外；如果不想傳遞例外，那可以忽略它。

就像可以用 std::async 簡化 std::accumulate 的平行實作一樣，也可以簡化 parallel_for_each。這實作顯示如下。

程式列表 8.8　使用 std::async 的 std::for_each 平行版本

```
template<typename Iterator,typename Func>
void parallel_for_each(Iterator first,Iterator last,Func f)
{
    unsigned long const length=std::distance(first,last);
    if(!length)
        return;
    unsigned long const min_per_thread=25;
    if(length<(2*min_per_thread))
    {
        std::for_each(first,last,f);    ◀━❶
    }
    else
    {
        Iterator const mid_point=first+length/2;
        std::future<void> first_half=    ◀━❷
            std::async(&parallel_for_each<Iterator,Func>,
                        first,mid_point,f);
        parallel_for_each(mid_point,last,f);    ◀━❸
        first_half.get();    ◀━❹
    }
}
```

與程式列表 8.5 中基於 std::async 的 parallel_accumulate 一樣，因為不知道函式庫將使用多少個執行緒，因此不是在執行前分割資料，而是改以遞迴方式分割。和之前一樣，將在每個階段將資料分成兩半，對前一半採非同步的執行❷而後一半採直接執行❸，直到剩餘的資料太小而不值得再分割為止，在這情況下你將遵從 std::for_each ❶。再一次，使用 std::async 和 std::future 的成員函式 get() ❹提供了例外傳播的語法。

讓我們從在每個元素上必須執行相同操作的演算法（其中有幾個，如 `std::count` 和 `std::replace`，初學者應銘記在心），移到 `std::find` 形式稍微複雜的範例。

8.5.2 std :: find 的平行實作

`std::find` 是下一步要考慮的有用演算法，因為它是可以不必處理每個元素而完成的幾種演算法之一。例如，如果值域中第一個元素符合搜尋的條件，那就不需要再檢查其他的元素。你很快就會看到，這對性能是個很重要的屬性，它對平行實作的設計也有直接的影響。這是一個資料存取模式會如何影響程式設計的特殊範例（8.3.2 節）。這類的其他演算法還包括 `std::equal` 和 `std::any_of`。

如果你和你的伙伴在閣樓中紀念品盒裡尋找舊的照片，如果你已經找到就不會讓他們繼續尋找。反而，你會讓他們知道你已經找到照片（也許是大喊「找到了！」），以讓他們停止尋找並改做其他事情。許多演算法的性質要求它們處理每個元素，因此它們沒有等同大喊「找到了！」的機制。對於像是 `std::find` 的演算法，「提早」完成的能力是個重要的屬性，而不是什麼揮霍的東西。因此，你需要設計程式來利用它——當知道答案時用某種方式中斷其他工作，使得程式不必等待其他工作者執行緒處理其餘的元素。

如果你不中斷其他的執行緒，因為循序演算法在找到符合的後可以停止搜尋並回傳，所以循序的版本也許會比平行實作更為出色。例如，系統可以支援四個併發執行緒，則每個執行緒必須檢查值域四分之一的元素，且你幼稚的平行實作大約會用單執行緒檢查每個元素所需時間的四分之一。如果符合的元素位於值域的前四分之一，則循序演算法因為不需要檢查其餘的元素因此將會先回傳。

一種可以中斷其他執行緒的方法是，使用原子變數作為標記，並在處理每一個元素後檢查標記。如果標記被設定了，表示其他執行緒之一已經找到了符合項，因此可以中止處理並回傳。透過用這種方式中斷執行緒，你保留不需要處理所有值的屬性，並且在更多情況下會比循序性能更好。不好的一面是原子加載是緩慢的操作，因此這可能會阻礙每個執行緒的進度。

現在，對於如何回傳值以及如何傳播任何例外，你有兩個選擇。你可以使用 `std::packaged_task` 期約陣列來傳送值和例外，然後回到主執行緒處理這結果；或者可以使用 `std::promise` 直接在工作者執行緒中設定最後結果。

這完全取決於你要如何處理來自工作者執行緒中的例外。如果你想在第一個例外上停止（即使你還沒有處理完所有元素），也可以使用 std::promise 設定值和例外。另一方面，如果想要允許其他的工作者繼續搜尋，則可以用 std::packaged_task 儲存所有的例外，而且如果沒找到符合項，可以重新拋出這些例外中的一個。

在這種情況下，我選擇使用 std::promise，因為它的行為更接近 std::find。這裡要注意的是，要搜尋的元素不在所提供值域內的情形，因此在從期約中取得結果之前，必須等待所有的執行緒都完成。如果在期約上被阻擋，要是值不存在的話，你將永遠等待。結果顯示在以下程式列表。

程式列表 8.9　平行搜尋演算法的實作

```
template<typename Iterator,typename MatchType>
Iterator parallel_find(Iterator first,Iterator last,MatchType match)
{
    struct find_element    ←❶
    {
        void operator()(Iterator begin,Iterator end,
                        MatchType match,
                        std::promise<Iterator>* result,
                        std::atomic<bool>* done_flag)
        {
            try
            {
                for(;(begin!=end) && !done_flag->load();++begin)    ←❷
                {
                    if(*begin==match)
                    {
                        result->set_value(begin);      ←❸
                        done_flag->store(true);      ←❹
                        return;
                    }
                }
            }
            catch(...)    ←❺
            {
                try
                {
                    result->set_exception(std::current_exception());  ←❻
                    done_flag->store(true);
                }
                catch(...)    ←❼
                {}
            }
        }
```

```
        }
    };
    unsigned long const length=std::distance(first,last);
    if(!length)
        return last;
    unsigned long const min_per_thread=25;
    unsigned long const max_threads=
        (length+min_per_thread-1)/min_per_thread;
    unsigned long const hardware_threads=
        std::thread::hardware_concurrency();
    unsigned long const num_threads=
        std::min(hardware_threads!=0?hardware_threads:2,max_threads);
    unsigned long const block_size=length/num_threads;
    std::promise<Iterator> result;        ◀── ❽
    std::atomic<bool> done_flag(false);   ◀── ❾
    std::vector<std::thread> threads(num_threads-1);
    {  ◀── ❿
        join_threads joiner(threads);
        Iterator block_start=first;
        for(unsigned long i=0;i<(num_threads-1);++i)
        {
            Iterator block_end=block_start;
            std::advance(block_end,block_size);
            threads[i]=std::thread(find_element(),  ◀── ⓫
                                   block_start,block_end,match,
                                   &result,&done_flag);
            block_start=block_end;
        }
        find_element()(block_start,last,match,&result,&done_flag);  ◀── ⓬
    }
    if(!done_flag.load())  ◀── ⓭
    {
        return last;
    }
    return result.get_future().get();  ◀── ⓮
}
```

程式列表 8.9 的主體類似於前面的範例。這次，工作是在區域 find_
element 類別❶的函式呼叫運算子中完成。遍歷指定區塊中的元素，並在
每個步驟中檢查標記❷。如果找到了符合項，它將在期約中設定最後結果值
❸，然後在回傳之前設定 done_flag ❹。

如果拋出了例外，則由總管處理程序捕捉❺，並嘗試在設定 done_flag 之
前將例外儲存在期約中❻。如果期約早已經被設定了，那再於期約上設定值
可能也會拋出例外，因此可以捕捉並丟棄這裡發生的任何例外。

這表示如果呼叫 find_element 的執行緒找到符合項或拋出例外，所有其他的執行緒將看到 done_flag 被設定並停止運作。如果多個執行緒同時找到一個符合項或拋出例外，它們將競爭在期約中設定結果。但這是一個良性的競爭條件；成功的那個是名義上的「最先」，因此是可以接受的結果。

回到主要的 parallel_find 函式本身，你可以用期約❽和標記❾來停止搜尋，這兩個都會與搜尋的值域⓫一起傳給新的執行緒。主執行緒也使用 find_element 搜尋剩下的元素⓬。如同前面提到的，在檢查結果之前你必須等待所有執行緒完成，因為可能沒有符合的元素。你利用將執行緒的啟動和加入程式碼包括在一個區塊內❿來做這件事，所以在檢查標記了解是否找到符合的元素時⓭，所有的執行緒都已經加入執行緒向量內了。如果找到了符合項，則可以從約定取得的 std::future<Iterator> 上呼叫 get() 來獲取結果或拋出儲存的例外⓮。

再一次，這實作假設你將使用所有可以用的硬體執行緒，或你有其他機制可以決定用於執行緒間前期工作劃分的執行緒數量。和以前一樣，你可以使用 std::async 和遞迴資料劃分以簡化實作，同時使用 C++ 標準函式庫的自動縮放功能。使用 std::async 的 parallel_find 實作顯示於以下的程式列表。

程式列表 8.10　使用 std::async 的平行搜尋演算法實作

```
template<typename Iterator,typename MatchType>    ◀━━❶
Iterator parallel_find_impl(Iterator first,Iterator last,MatchType match,
                            std::atomic<bool>& done)
{
    try
    {
        unsigned long const length=std::distance(first,last);
        unsigned long const min_per_thread=25;    ◀━━❷
        if(length<(2*min_per_thread))    ◀━━❸
        {
            for(;(first!=last) && !done.load();++first)    ◀━━❹
            {
                if(*first==match)
                {
                    done=true;    ◀━━❺
                    return first;
                }
            }
            return last;    ◀━━❻
        }
```

```
        else
        {
            Iterator const mid_point=first+(length/2);    ←―❼
            std::future<Iterator> async_result=
                std::async(&parallel_find_impl<Iterator,MatchType>,    ←―❽
                            mid_point,last,match,std::ref(done));
            Iterator const direct_result=
                    parallel_find_impl(first,mid_point,match,done);    ←―❾
            return (direct_result==mid_point)?
                async_result.get():direct_result;    ←―❿
        }
    }
    catch(...)
    {
        done=true;    ←―⓫
        throw;
    }
}
template<typename Iterator,typename MatchType>
Iterator parallel_find(Iterator first,Iterator last,MatchType match)
{
    std::atomic<bool> done(false);
    return parallel_find_impl(first,last,match,done);    ←―⓬
}
```

如果找到符合項則希望能提早完成，表示需要引入一個為所有執行緒所共享指示已找到符合項的標記，並將它傳給所有的遞迴呼叫。完成這件事的最簡單方法是委派給一個實作函式❶，這函式有一個對 done 標記參照的額外參數，這參數從主進入點傳入⓬。

核心的實作隨著熟悉的路線前進。與這裡的許多實作相同，你設定了要在單一執行緒上處理的最少項目數❷；如果你不能將資料乾淨地分成至少這大小的兩半，那可在目前執行緒上執行這一切❸。這演算法是遍歷指定值域的簡單迴圈，迴圈執行到達值域的尾端或 done 標記被設定為止❹。如果找到了符合項，done 標記會在回傳前設定❺。不論是因為到達序列的尾端，或是因為另一個執行緒設定了 done 標記而停止搜尋，則回傳 last 指示在這裡找不到符合項❻。

如果可以分割值域，則先找到中間點❼，然後用 std::async 在值域的後半部執行搜尋❽，請小心地使用 std::ref 傳遞對 done 標記的參照。在這期間，你可以利用遞迴直接呼叫搜尋值域的前半部❾。如果原來的值域夠大，那非同步呼叫和直接遞迴都可能造成值域進一步的細分。

如果直接搜尋回傳 mid_point，則表示找不到符合項，因此你需要取得非同步搜尋的結果。如果在那半部也沒找到結果，表示結果將是 last，這是表示沒找到的正確回傳值❿。如果「非同步」呼叫是因為延遲造成而不是真正的非同步，它將在對 get() 的呼叫中執行；在這種情況下，如果後半部的搜尋成功了，那將略過對值域前半部的搜尋。如果是由另一個執行緒執行非同步搜尋，async_result 變數的解構函式會等待這個執行緒完成，因此不會有任何遺漏的執行緒。

和以前一樣，使用 std::async 可以提供例外安全和例外傳播的功能。如果直接遞迴拋出一個例外，期約的解構函式會確定執行非同步呼叫的執行緒會在函式回傳之前終止；如果是非同步呼叫拋出例外，這例外將經由 get() 的呼叫❿傳播。在這整個事情中，只有在例外上設定 done 標記，並確定如果拋出例外所有執行緒會很快終止，才會使用 try/catch 區塊⓫。沒有這區塊，實作仍然可以正確執行，但要一直檢查元素，直到所有執行緒都完成為止。

這演算法的兩種實作和你已經看過的其他平行演算法共有的一個關鍵功能是，不再保證項目以從 std::find 取得的順序處理。如果要將演算法平行化，這是很基本的條件。如果順序很重要，那就不能併發處理這些元素。如果元素是各自獨立，則對於像是 parallel_for_each 之類的就不再重要，但這表示即使符合項接近值域開始位置，parallel_find 也可能回傳接近值域尾端的元素；如果你沒預期到的話，可能會感到驚訝。

好了，你已經設法將 std::find 平行化。像我在這節開始時所說的，還有其他類似的演算法可以在不用處理每個資料元素的情況下完成，而且可以對它們使用相同的技術。我們將在第 9 章中進一步檢視中斷執行緒的問題。

為了完成我們三個範例，我們將轉到另一個方向檢視 std::partial_sum。這個演算法並沒有得到太多的注意，但是在平行化以及突顯某些額外設計的選擇上，它是一個很有趣的演算法。

8.5.3　std::partial_sum 的平行實作

std::partial_sum 計算在某個範圍內的累加和，因此每個元素都將被這元素與原始序列中這元素之前的所有元素的和所取代。因此序列 1、2、3、4、5 變成 1、（1+2）=3、（1+2+3）=6、（1+2+3+4）=10、（1+2+3+4+5）=15。因為你不能將值域分成多個資料塊並獨立地計算每個資料塊，所以

它的平行化會很有趣。例如,第一個元素的初始值需要增加到每個其他元素中。

決定值域部分和的一種方法是計算各個資料塊的部分和,然後將第一個資料塊的最後一個元素的結果值加到下一個資料塊的元素上,餘依此類推。如果你有元素 1、2、3、4、5、6、7、8、9,而且將它們分成三個資料塊,一開始會得到 {1、3、6}、{4、9、15}、{ 7、15、24}。然後,如果將 6(第一個資料塊中最後一個元素的和)加到第二個資料塊的元素上,則得到 {1、3、6}、{10、15、21}、{7、15、24}。接下來,將第二個資料塊的最後一個元素(21)加到第三個也是最後一個資料塊的元素上,得到最後的結果:{1、3、6}、{10、15、21}、{28、36、55}。

除了將原始資料分割成三個資料塊以外,和前一個資料塊部分和的加法也能夠平行化。如果先更新每個資料塊的最後一個元素,那資料塊中剩下的元素可以用一個執行緒更新,而用第二個執行緒更新下一個資料塊,其餘的依此類推。當序列中的元素數量超過處理核心的時候,這方法效果很好,因為每個核心在每個階段都能有合理數量的元素處理。

如果你有很多處理核心(和元素的數量一樣或更多),那效果就不太好了。如果你在處理器之間分割工作,最後會在第一步成對的元素上工作。在這些條件下,順向的傳遞結果表示會有很多處理器處於等待中,所以需要找一些工作讓它們做。對於這個問題也可以採取不同的方法;不再是將和從一個資料塊傳到下一個資料塊的完全順向傳遞,而改成部分傳遞:首先除了第一個元素保留外,以順向方式計算相鄰二個元素的和;之後以順向方式將下一組結果與它後二個結果的結果相加,接下來再將下一組結果與它後四個結果的結果相加,依此類推。如果你從與前面相同的 9 個元素開始,在第一輪之後你將得到 1、3、5、7、9、11、13、15、17,這給你最後結果的前兩個元素。在第二輪之後,你得到 1、3、6、10、14、18、22、26、30,其中前四個元素是正確的。第三輪之後,你得到 1、3、6、10、15、21、28、36、44,其中前八個元素是正確的;最後在第四輪你得到 1、3、6、10、15、21、28、36、45,這是最後的答案。雖然這方法的總步驟比第一種方法多,但是如果你有夠多的處理器,那平行處理的範圍會更大;每個處理器在每個步驟中可以更新一個項目。

總體而言,第二種方法在大約 N 個操作時(一個處理器一個操作)將需要 $\log_2(N)$ 個步驟,其中 N 是序列中元素的數量。在第一個演算法中,每個執行緒必須對分配給它的資料塊的初始部分和執行 N/k 個操作,然後再 N/k 個

操作以進行順向傳播，其中 k 是執行緒的數目。因此，以總操作數而言，第一種方法是 $O(N)$，而第二種方法為 $O(N\log(N))$。但是，如果你有與序列元素一樣多的處理器，那第二種方法每個處理器只需要 $\log(N)$ 個操作，且因為順向傳播的原故，當 k 變大時首先會將這些操作序列化。對於少量的處理單元，第一種方法會完成得比較快；但對於大規模的平行系統，第二種方法將更快完成。這是 8.2.1 節中討論問題的一個極端範例。

無論如何，先不管效率的問題，我們先檢視一些程式碼。以下的程式列表顯示了第一種方法。

程式列表 8.11　藉由分割問題來平行的計算部分和

```
template<typename Iterator>
void parallel_partial_sum(Iterator first,Iterator last)
{
    typedef typename Iterator::value_type value_type;

    struct process_chunk    ◄── ❶
    {
        void operator()(Iterator begin,Iterator last,
                        std::future<value_type>* previous_end_value,
                        std::promise<value_type>* end_value)
        {
            try
            {
                Iterator end=last;
                ++end;
                std::partial_sum(begin,end,begin);    ◄── ❷
                if(previous_end_value)    ◄── ❸
                {
                    value_type& addend=previous_end_value->get();    ◄── ❹
                    *last+=addend;    ◄── ❺
                    if(end_value)
                    {
                        end_value->set_value(*last);    ◄── ❻
                    }
        ❼►          std::for_each(begin,last,[addend](value_type& item)
                                 {
                                     item+=addend;
                                 });
                }
                else if(end_value)
                {
                    end_value->set_value(*last);    ◄── ❽
                }
```

```
        }
        catch(...)    ◄── ❾
        {
            if(end_value)
            {
❿─►             end_value->set_exception(std::current_exception());
            }
            else
            {
                throw;   ◄── ⓫
            }
        }
    }
};
unsigned long const length=std::distance(first,last);
if(!length)
    return;
unsigned long const min_per_thread=25;    ◄── ⓬
unsigned long const max_threads=
    (length+min_per_thread-1)/min_per_thread;
unsigned long const hardware_threads=
    std::thread::hardware_concurrency();
unsigned long const num_threads=
    std::min(hardware_threads!=0?hardware_threads:2,max_threads);
unsigned long const block_size=length/num_threads;
typedef typename Iterator::value_type value_type;
std::vector<std::thread> threads(num_threads-1);    ◄── ⓭
std::vector<std::promise<value_type> >
    end_values(num_threads-1);    ◄── ⓮
std::vector<std::future<value_type> >
    previous_end_values;    ◄── ⓯
previous_end_values.reserve(num_threads-1);    ◄── ⓰
join_threads joiner(threads);
Iterator block_start=first;
for(unsigned long i=0;i<(num_threads-1);++i)
{
    Iterator block_last=block_start;
    std::advance(block_last,block_size-1);    ◄── ⓱
    threads[i]=std::thread(process_chunk(),    ◄── ⓲
                           block_start,block_last,
                           (i!=0)?&previous_end_values[i-1]:0,
                           &end_values[i]);
    block_start=block_last;
    ++block_start;    ◄── ⓳
    previous_end_values.push_back(end_values[i].get_future());    ◄── ⓴
}
Iterator final_element=block_start;
```

```
        std::advance(final_element,std::distance(block_start,last)-1);  ←㉑
        process_chunk()(block_start,final_element,  ←㉒
                     (num_threads>1)?&previous_end_values.back():0,
                     0);
}
```

在這種情況下，這一般的架構與以前的演算法相同，將問題分割為多個區塊，每個執行緒有一個最小區塊的大小為⓬。在這種情況下，除了執行緒的向量⓭之外，還有一個用來儲存這區塊中最後一個元素值的約定向量⓮，和一個用來從前一個區塊取得最後值的期約向量⓯。因為你知道將會有多少個執行緒，所以你可以為期約保留空間⓰，以避免在產生執行緒時重新配置。

主迴圈與之前相同，但是這次你要迭代器**指向**每個區塊中的最後一個元素，而不是通常在結束時的那一點⓱，因此可以順向傳遞每個範圍中的最後一個元素。這處理在 process_chunk 函式物件中執行，我們稍後再看它；這區塊的開始和結束迭代器將以引數方式，伴隨前一個範圍結束值的期約（如果有的話）以及持有這範圍結束值的約定⓲一起傳遞。

在產生執行緒之後，可以更新區塊的起點，但要記得使它超越最後一個元素⓳，然後將目前區塊最後一個值的期約儲存到期約向量，以便下一次繞過迴圈時可以取得它⓴。

在處理最後一個區塊之前，你需要為最後一個元素取得一個迭代器㉑，以便將它傳遞給 process_chunk ㉒。std::partial_sum 不回傳任何值，因此當最後一個區塊被處理後，你不需要做任何事。　一旦所有執行緒都完成，這操作也就完成了。

好了，現在是時候檢視一下做所有工作的 process_chunk 函式物件了❶。從為整個區塊（也包括最後一個元素）呼叫 std::partial_sum 開始❷，但你需要知道你是否是第一個區塊❸。如果你**不是**第一個區塊，那從前一個區塊中可以取得一個 previous_end_value，因此你需要等待它❹。為了讓這演算法能有最大程度的平行化，你先更新最後一個元素❺，然後才能將這個值（如果有的話）傳遞給下一個區塊❻。當完成之後，就可以用 std::for_each 和一個簡單的 lambda 函式❼更新範圍內所有剩下的元素。

如果**沒有** previous_end_value，那你就是第一個區塊，因此可以為下一個區塊（再一次，如果有的話，當然你也可能是唯一的區塊）更新 end_value ❽。

最後，如果有任何操作拋出例外，那就捕捉它❾並將它儲存到約定中❿，因此當它嘗試取得前一個結束值的時候❹，它會傳播到下一個區塊。因為你知道自己在主執行緒上執行，因此這樣會將所有例外都傳播到最後一個區塊再重新拋出⓫。

因為執行緒之間的同步，所以這程式不容易用 std::async 重寫。這些工作會在執行其他工作的過程中等待可以使用的結果，因此所有工作都必須併發執行。

在避開基於區塊、順向傳播的方法下，讓我們檢視計算範圍部分和的第二種方法。

實作部分和的增量成對演算法

這第二種通過增加逐漸遠離的元素來計算部分和的方法，在能夠同步執行加法的處理器效果最好。在這種情況下，因為所有的中間結果都可以直接傳遞到需要它們的下一個處理器，因此不需要進一步的同步。但是實際上，除了那些單個處理器，可以透過所謂單指令／多資料（SIMD）指令在少數資料元素上同時執行同一指令的情況以外，幾乎沒有這樣的系統可以使用。因此，你必須為一般的情況自行設計程式，並在每個步驟中明確地同步執行緒。

一種可以做到這樣的方法是使用屏障──一種同步的機制，會讓執行緒等待到所需要數量的執行緒到達屏障為止。當所有執行緒都到達屏障，它們將全部解禁，並可以繼續進行。C++11 執行緒庫不直接支援這功能，因此你必須自己設計一個。

想像一下遊樂場上的雲霄飛車。如果有足夠多的人在等著坐，那遊樂場員工將在雲霄飛車離開平台之前，確定每個座位都已經坐滿。屏障以相同的方式工作：你預先指定了「座位」數量，而且執行緒必須等到所有「座位」坐滿。一旦有足夠的等待執行緒，它們就都可以繼續進行了；然後屏障被重置，並開始等待下一批執行緒。通常，這種結構是用於循環中，相同的執行緒繞回來並等到下一次。這個想法是為了保持執行緒的步調一致，所以一個執行緒不會在其他執行緒面前跑掉，也不會脫節。對於像這樣的演算法，因為失控的執行緒可能會修改其他執行緒仍在使用的資料，或使用還沒有正確更新的資料，所以這將會是個災難。

以下程式列表顯示了屏障的簡單實作。

程式列表 8.12 一個簡單的屏障類別

```
class barrier
{
    unsigned const count;
    std::atomic<unsigned> spaces;
    std::atomic<unsigned> generation;
public:
    explicit barrier(unsigned count_):          ❶
        count(count_),spaces(count),generation(0)
    {}
    void wait()
    {
        unsigned const my_generation=generation;     ❷
        if(!--spaces)          ❸
        {
            spaces=count;          ❹
            ++generation;          ❺
        }
        else
        {
            while(generation==my_generation)          ❻
                std::this_thread::yield();          ❼
        }
    }
};
```

透過這個實作，你可以用儲存在 count 變數內的「座位」數量建構一個屏障❶。最初，屏障的 spaces 數等於這個 count。隨著每個執行緒的等待，spaces 數量逐漸減少❸；當它達到零時，spaces 的數量重新設回count❹，且 generation 增加以告知其他執行緒它們可以繼續❺。如果自由的 spaces 數量不是零，那就必須等待。這個實作使用了簡單的自旋互斥鎖❻，用從 wait() 開始位置取得的值❷來檢查 generation。因為只有在所有執行緒都到達屏障時才會更新 generation❺，因此在等待時會執行yield()❼，所以等待的執行緒不會在繁忙的等待中佔用 CPU。

當我說這個實作很簡單時，我的意思是：它使用了自旋式的等待，因此對於執行緒可能要等待很長時間的情況這並不是很理想，而且在任意時間可能會呼叫 wait() 的執行緒數量超過 count 的話它也不起作用。如果你需要處理上述這兩種情況中的任何一種，則必須改用更強健（但更複雜）的實作。我還堅持對原子變數進行順序一致的操作，因為這使一切都更容易推論，但你可能會放鬆一些排序的約束。在大規模的平行架構上，這種全域同步很昂貴，因為保存屏障狀態的快取塊必須在所有參與的處理器之間穿梭（請參閱

8.2.2 節中關於快取乒乓的討論），所以必須格外小心地確保這是這裡最好的選擇。如果你的 C++ 標準函式庫支援 Concurrency TS 中的功能，那可以在這裡使用 std::experimental::barrier；細節請參閱第 4 章。

這就是你所需要的；你有固定數量的執行緒需要在步調一致的循環中執行。好吧，幾乎是固定數量的執行緒。你可能還記得，在序列開始位置的項目經過幾個步驟後就得到了最後值；這表示要麼必須讓這些執行緒保持在迴圈中直到處理完整個範圍，要麼必須讓你的屏障處理執行緒退出和減少 count。我會選擇後者，是因為它避免讓執行緒做不必要的工作，直到最後一步執行完為止。

這表示你必須將 count 改成一個原子變數，因此你可以從多個執行緒更新它，而不需要外部的同步：

```
std::atomic<unsigned> count;
```

初始化仍然保持不變，但是當你重置 spaces 數時，你必須從 count 明確地load()：

```
spaces=count.load();
```

這些就是需要在 wait() 前面進行的所有改變；現在你需要一個新的成員函式來減少 count。讓我們稱它為 done_waiting()，因為執行緒宣告它是在等待時完成的：

```
void done_waiting()
{
    --count;            ◀━❶
    if(!--spaces)       ◀━❷
    {
        spaces=count.load();    ◀━❸
        ++generation;
    }
}
```

你要做的第一件事是減少 count ❶，使得下次 spaces 重置時它可以反映新較少的等待執行緒數。然後，你需要減少自由的 spaces 數量 ❷；如果你不這樣做，那其他執行緒會一直等待，因為 spaces 已經被初始化為較大的舊值。如果你是這批的最後一個執行緒，則需要像在 wait() 中所做的，重置計數器並增加 generation ❸。這裡的主要差異是，如果你是這批的最後一個執行緒，你就不必等待。

現在已經準備好撰寫第二個部分和的實作了。在每個步驟中,每個執行緒都會在屏障處呼叫 wait() 以確保執行緒會一起通過,並且一旦每個執行緒完成,它會在屏障處呼叫 done_waiting() 來減少 count。如果伴隨原來的範圍使用第二個緩衝區,那屏障將提供所需要的所有同步。在每個步驟中,執行緒從原來的範圍或緩衝區讀取,並將新值寫入另一個緩衝區對應元素中。如果執行緒在一個步驟中從原來的範圍讀取,那下一個步驟中就會從緩衝區讀取,反之亦然。這樣可以確保在不同執行緒的讀取和寫入之間不會有競爭條件。執行緒完成迴圈之後,它必須確保已經正確的將最後值寫入原來的範圍。以下程式列表將這一切匯總在一起。

程式列表 8.13　透過成對更新 partial_sum 的平行實作

```cpp
struct barrier
{
    std::atomic<unsigned> count;
    std::atomic<unsigned> spaces;
    std::atomic<unsigned> generation;
    barrier(unsigned count_):
        count(count_),spaces(count_),generation(0)
    {}
    void wait()
    {
        unsigned const gen=generation.load();
        if(!--spaces)
        {
            spaces=count.load();
            ++generation;
        }
        else
        {
            while(generation.load()==gen)
            {
                std::this_thread::yield();
            }
        }
    }
    void done_waiting()
    {
        --count;
        if(!--spaces)
        {
            spaces=count.load();
            ++generation;
        }
    }
```

```
};
template<typename Iterator>
void parallel_partial_sum(Iterator first,Iterator last)
{
    typedef typename Iterator::value_type value_type;
    struct process_element    ◀──❶
    {
        void operator()(Iterator first,Iterator last,
                        std::vector<value_type>& buffer,
                        unsigned i,barrier& b)
        {
            value_type& ith_element=*(first+i);
            bool update_source=false;

            for(unsigned step=0,stride=1;stride<=i;++step,stride*=2)
            {
                value_type const& source=(step%2)?    ◀──❷
                    buffer[i]:ith_element;
                value_type& dest=(step%2)?
                    ith_element:buffer[i];
                value_type const& addend=(step%2)?  ◀──❸
                    buffer[i-stride]:*(first+i-stride);
                dest=source+addend;    ◀──❹
                update_source=!(step%2);
                b.wait();    ◀──❺
            }
            if(update_source)    ◀──❻
            {
                ith_element=buffer[i];
            }
            b.done_waiting();    ◀──❼
        }
    };
    unsigned long const length=std::distance(first,last);
    if(length<=1)
        return;
    std::vector<value_type> buffer(length);
    barrier b(length);
    std::vector<std::thread> threads(length-1);    ◀──❽
    join_threads joiner(threads);
    Iterator block_start=first;
    for(unsigned long i=0;i<(length-1);++i)
    {
        threads[i]=std::thread(process_element(),first,last,    ◀──❾
                               std::ref(buffer),i,std::ref(b));
    }
    process_element()(first,last,buffer,length-1,b);    ◀──❿
}
```

323

這段程式的整體結構現在可能已經變得相當熟悉了。你有一個具有用於執行工作的函式呼叫運算子（process_element）的類別 ❶，這類別在儲存於向量 ❽ 中的一堆執行緒 ❾ 上執行，而且也從主執行緒中呼叫它 ❿。這次主要的差異是執行緒的數量取決於序列中項目的數量，而不是 std::thread::hardware_concurrency。正如我已經說過的，除非你用的是執行緒很便宜的大型平行計算機，否則這可能是一個壞主意，但是它可以顯示整體的架構。可能會有比較少的執行緒，每個執行緒處理來源範圍中的一些值，但是有一點會出現，那就是執行緒非常少，因此會比順向傳播演算法的效率低。

關鍵工作在 process_element 的函式呼叫運算子中完成。在每個步驟中，你要麼從原來範圍中取得第 i 個元素，不然就是從緩衝區中取得第 i 個元素 ❷，然後將它加到之前 stride 元素的值上 ❸，如果是從原來範圍開始的話就將它存到緩衝區中，若是從緩衝區開始的話就回傳到原來範圍 ❹。然後在開始下一步之前先在屏障處等待 ❺。當 stride 將你帶離範圍的起點，你就完成了，在這種情況下，如果最後結果是存在緩衝區中，就需要更新原來範圍中的元素 ❻。最後，告訴屏障你已經 done_waiting() ❼。

要注意的是，這個解決方法並不是例外安全的。如果在其中一個工作的執行緒上 process_element 拋出例外，它將終止應用程式的執行。你可以利用 std::promise 儲存例外的方式處理，像在程式列表 8.9 中 parallel_find 實作那樣，甚至用互斥鎖保護的 std::exception_ptr 來處理這例外。

結束了我們的三個範例，希望這些範例能幫助澄清第 8.1、8.2、8.3 和 8.4 節中強調的一些設計考慮因素，並展示如何將這些技術應用到實際的程式中。

本章小結

在這一章中，我們涵蓋了相當多的基本知識。我們從在執行緒之間劃分工作的各種技術開始，例如預先劃分資料或用多個執行緒形成管線。然後我們從低層次的角度檢視圍繞在多執行緒程式性能上的問題，在轉向資料存取模式如何影響某些程式之前，先談了虛偽共享和資料競爭。然後，我們研究了併發程式設計中的其他考慮因素，像是例外安全性以及可擴展性等。最後，我們用平行演算法實作的一些範例作為結束，每個範例都強調了在設計多執行緒程式時可能會發生的特定問題。

在本章中多次出現的一個項目是執行緒池的概念,即預先配置好的執行緒組,執行指定給這執行緒池的工作。一個好的執行緒池設計需要花費很多心思,因此我們將在下一章中檢視一些相關的問題,以及進階執行緒管理的其他面向。

進階執行緒管理

- 執行緒池
- 處理執行緒池工作間的相依性
- 執行緒池的工作竊取
- 中斷執行緒

在前面的章節中，你透過為每個執行緒建立 std::thread 物件來明確地管理執行緒。某些地方，因為你以後必須管理執行緒物件的壽命、決定適合問題和目前硬體的執行緒數量等，因此這樣做並不是很好。理想的情況是，你可以將程式分成可以併發執行的最小片段，將它們傳遞給編譯器和函式庫，然後說：「平行執行這些操作以得到最佳的性能」。如我們將在第 10 章中看到，在某些情況下確實可以做到這樣：如果需要平行化的程式碼可以表示為對標準函式庫演算法的呼叫，那麼在大多數的情況下，可以要求函式庫為你執行平行化。

在一些範例中會重複出現的另一個主題是，你可能會使用一些執行緒來解決問題，但是如果滿足某些條件時會要求它們提早結束；這可能是因為結果已經確定、發生了錯誤、或是因為使用者明確地要求中止這操作。不管是什麼原因，都需要向執行緒送出「請停止」的請求，以便執行緒可以放棄它們被賦予的工作，整理後儘快結束。

在這一章，我們將檢視管理執行緒和工作的機制，並從自動管理執行緒數量以及在執行緒之間劃分工作開始。

9.1　執行緒池

在許多公司中，通常會花時間在辦公室裡的員工偶而會被要求拜訪客戶或供應商，或是參加貿易展覽或會議等。雖然這些行程可能是必要的，而且在任何指定日期中可能會有幾個人有這行程，但是對於任何特定員工而言，這些行程可能相隔數月甚至數年。因此，將公司車配發給每個員工不但非常昂貴而且不切實際，因此公司通常會改為提供**共乘車**；只有有限的汽車可以提供所有員工使用。當員工需要進行異地旅行時，他們在適當的時間預定一輛共乘車，並在返回辦公室時將車歸還讓其他人可以使用。如果在指定的日期沒有共乘車有空，員工將必須將行程重新安排到後續的日期。

除了共享的是**執行緒**而不是汽車外，**執行緒池**的想法也類似。在大多數系統上，為每個可以和其他工作平行執行的工作配置單獨的執行緒並不太切實際，但是你仍然希望能盡可能地利用可用的併發性。執行緒池讓你可以達到這目的。可以併發執行的工作將提交給執行緒池，執行緒池會將它們置於待處理工作的佇列中。然後每個工作被**工作者執行緒**之一從佇列中取出，並在這工作者執行緒繞回去從佇列中取出另一個工作之前執行這個工作。

當建立執行緒池時，有幾個關鍵性的設計問題，例如要使用多少個執行緒、將工作分配給執行緒的最有效方法、及是否可以等待工作完成等。在這一節，我們將從最簡單的執行緒池開始，定位於解決這些設計問題的一些執行緒池的實作。

9.1.1　最簡單的執行緒池

簡單的說，執行緒池是處理工作的固定數量**工作者執行緒**（數量通常與 `std::thread::hardware_concurrency()` 回傳的值相同）。當你有工作要做，你呼叫一個函式將工作放入待處理的工作佇列中。每個工作者執行緒將工作從佇列中取出，執行這指定的工作，然後回到佇列處理更多工作。在最簡單的情況下無法等待工作完成；如果需要等待的話，那必須自己管理同步。

以下程式列表顯示了這種執行緒池樣本的實作。

程式列表 9.1　簡單的執行緒池

```
class thread_pool
{
    std::atomic_bool done;
    threadsafe_queue<std::function<void()> > work_queue;        ←──❶
    std::vector<std::thread> threads;      ←──❷
    join_threads joiner;       ←──❸
    void worker_thread()
    {
        while(!done)        ←──❹
        {
            std::function<void()> task;
            if(work_queue.try_pop(task))        ←──❺
            {
                task();        ←──❻
            }
            else
            {
                std::this_thread::yield();       ←──❼
            }
        }
    }
public:
    thread_pool():
        done(false),joiner(threads)
    {
❽──►    unsigned const thread_count=std::thread::hardware_concurrency();
        try
        {
            for(unsigned i=0;i<thread_count;++i)
            {
                threads.push_back(
❾──►            std::thread(&thread_pool::worker_thread,this));
            }
        }
        catch(...)
        {
            done=true;       ←──❿
            throw;
        }
    }
    ~thread_pool()
    {
        done=true;      ←──⓫
    }
    template<typename FunctionType>
    void submit(FunctionType f)
```

```
    {
        work_queue.push(std::function<void()>(f));  ◀── ⓬
    }
};
```

這實作有工作者執行緒的向量❷，並使用第 6 章中執行緒安全佇列中的一個
❶來管理工作佇列。在這種情況下，使用者無法等待工作，也不能回傳任何
值，因此可以使用 std::function<void()> 封裝工作。然後 submit() 函
式將提供的任何函式或可呼叫物件包裝在 std::function<void()> 實體
內，並將它推入佇列中⓬。

執行緒從建構函式啟動：利用 std::thread::hardware_concurrency()
告訴你硬體可以支援多少個併發執行緒❽，並建立這些執行緒執行 worker_
thread() 成員函式❾。

啟動執行緒可能會因拋出例外而失敗，因此你需要確定在這種情況下已經啟
動的所有執行緒都會被停止並很好地清除。這是利用 try-catch 區塊完成，
並在有例外被拋出時設定 done 標記❿，同時來自第 8 章的 join_threads
類別實體❸會將所有執行緒加入。這也適用於解構函式：你可以設定 done
標記⓫，而且在銷毀執行緒池之前 join_threads 實體會確認所有執行緒都
已完成。注意成員宣告的順序很重要：done 標記和 worker_queue 都必須
在 threads 向量之前宣告，而 threads 向量又必須在 joiner 之前宣告。
這樣可以確保以正確的順序銷毀成員；例如，在所有執行緒停止之前，你無
法安全地銷毀佇列。

worker_thread 函式本身非常簡單：它在迴圈內等待到 done 標記被設定為
止❹，然後從佇列中取出工作❺同時執行它們❻。如果佇列中沒有工作，這
函式會呼叫 std::this_thread::yield() 暫時休止，並在下一回合再次嘗
試取出工作之前讓另一個執行緒有機會將一些工作放入佇列中。

這個簡單的執行緒池對於許多目的已經足夠，尤其是對工作完全獨立且不
回傳任何值或執行任何阻擋操作的情況。但是也有很多情況，這簡單的執
行緒池可能無法滿足你的需要，而也可能在某些情況下，它可能會造成像
是僵局等問題。另外，在簡單的情況下，最好像第 8 章中許多範例般採用
std::async 的服務。在本章，我們將檢視具有滿足使用者需求或減少可能問
題等額外功能的更複雜執行緒池的實作；首先是：等待我們所提交的工作。

9.1.2　等待工作提交給執行緒池

在第 8 章中明確產生執行緒的範例中，在執行緒之間劃分工作以後，主執行緒總是等待新產生的執行緒結束，以確保在回傳呼叫者之前整個工作已經完成。使用執行緒池時，你需要等待將工作提交給執行緒池去完成，而不是等待工作者執行緒本身。這類似於第 8 章中基於 std::async 範例等待期約的方式。使用程式列表 9.1 的簡單執行緒池，你必須用第 4 章的技術：條件變數和期約，手動地做這件事。這增加了程式的複雜性；如果可以直接等待工作，那將會更好。

透過將這複雜性轉移到執行緒池本身，你就可以直接等待工作。你可以讓 submit() 函式回傳某個描述的工作控制碼，然後用它來等待工作完成。這個工作控制碼將包裝著條件變數或期約的使用，簡化了使用執行緒池的程式碼。

當主執行緒需要工作計算的結果時，是發生必須等待產生的工作完成的特殊情況。這些你都已經在這本書的範例中看過了，例如第 2 章的 parallel_accumulate() 函式。在這種情況下，你可以藉由使用期約將等待與結果傳遞結合起來。程式列表 9.2 顯示了對簡單執行緒池所需要的更改，這些更改讓你可以等待工作完成，然後將工作回傳的值傳遞給等待的執行緒。因為 std::packaged_task<> 實體只是**可移動**而不是**可複製**，而 std::function<> 要求儲存的函式物件必須是可複製建構的，所以不能再對佇列項目使用 std::function<>。替代的，你必須使用可以處理只能移動型態的客製化函式包裝器。這是一個有函式呼叫運算了的簡單型態拭除類別。你只需要處理沒有參數且回傳 void 的函式，因此這是實作中直接地虛擬呼叫。

程式列表 9.2　有可等待工作的執行緒池

```
class function_wrapper
{
    struct impl_base {
        virtual void call()=0;
        virtual ~impl_base() {}
    };
    std::unique_ptr<impl_base> impl;
    template<typename F>
    struct impl_type: impl_base
    {
        F f;
```

```
            impl_type(F&& f_): f(std::move(f_)) {}
            void call() { f(); }
        };
    public:
        template<typename F>
        function_wrapper(F&& f):
            impl(new impl_type<F>(std::move(f)))
        {}
        void operator()() { impl->call(); }
        function_wrapper() = default;
        function_wrapper(function_wrapper&& other):
            impl(std::move(other.impl))
        {}
        function_wrapper& operator=(function_wrapper&& other)
        {
            impl=std::move(other.impl);
            return *this;
        }
        function_wrapper(const function_wrapper&)=delete;
        function_wrapper(function_wrapper&)=delete;
        function_wrapper& operator=(const function_wrapper&)=delete;
    };
    class thread_pool
    {
        thread_safe_queue<function_wrapper> work_queue;    ◄─────┐
        void worker_thread()                                     │
        {                               使用 function_wrapper     │
            while(!done)                而不是 std::function       │
            {                                                ◄────┘
                function_wrapper task;
                if(work_queue.try_pop(task))
                {
                    task();
                }
                else
                {
                    std::this_thread::yield();
                }
            }
        }
    public:
        template<typename FunctionType>
        std::future<typename std::result_of<FunctionType()>::type>  ◄──❶
            submit(FunctionType f)
        {
            typedef typename std::result_of<FunctionType()>::type
                result_type;    ◄──❷
```

```
            std::packaged_task<result_type()> task(std::move(f));  ◄─❸
            std::future<result_type> res(task.get_future());  ◄─❹
            work_queue.push(std::move(task));  ◄─❺
            return res;  ◄─❻
    }
    //  其餘程式碼與之前相同
};
```

首先，修改後的 submit() 函式 ❶ 回傳 std::future<> 來保存工作
的回傳值，並讓呼叫者等待工作完成。因此你必須知道提供的函式 f
所回傳的型態，這是 std::result_of<> 的由來：std::result_
of<FunctionType()>::type 是呼叫沒有引數的 FunctionType 型態實體
（如同 f）結果的型態。你對函式內部的 result_type typedef ❷使用相
同的 std::result_of<> 表示式。

然後，將函式 f 包裝在 std::packaged_task<result_type()> 內 ❸，
因為如我們所推斷的，f 是沒有參數並回傳 result_type 型態實體的函
式或可呼叫物件。現在你可以在將工作推入佇列 ❺並回傳期約 ❻之前，從
std::packaged_task<> 取得期約 ❹。注意將工作推送到佇列時必須使用
std::move()，因為 std::packaged_task<> 不是可複製的。現在佇列
儲存的是 function_wrapper 物件，而不是 std::function<void()> 物
件，以便處理這個問題。

這執行緒池讓你等待你的工作並讓它們回傳結果。以下的程式列表用這個執
行緒池展示 parallel_accumulate 函式的樣子。

程式列表 9.3　使用有可等待工作的執行緒池的 parallel_accumulate

```
template<typename Iterator,typename T>
T parallel_accumulate(Iterator first,Iterator last,T init)
{
    unsigned long const length=std::distance(first,last);
    if(!length)
        return init;
    unsigned long const block_size=25;
    unsigned long const num_blocks=(length+block_size-1)/block_size;  ◄─❶
    std::vector<std::future<T> > futures(num_blocks-1);
    thread_pool pool;
    Iterator block_start=first;
    for(unsigned long i=0;i<(num_blocks-1);++i)
    {
        Iterator block_end=block_start;
        std::advance(block_end,block_size);
```

```
        futures[i]=pool.submit([=]{
            accumulate_block<Iterator,T>()(block_start,block_end);
        }); ◄─── ❷
        block_start=block_end;
    }
    T last_result=accumulate_block<Iterator,T>()(block_start,last);
    T result=init;
    for(unsigned long i=0;i<(num_blocks-1);++i)
    {
        result+=futures[i].get();
    }
    result += last_result;
    return result;
}
```

當你與程式列表 8.4 比較，有一些事情需要注意。首先，你工作在用 (num_blocks) 宣告的資料塊數量上❶，而不再是執行緒的數量。為了能充分利用執行緒池的擴展性，必須將工作劃分為值得併發作業的最小資料塊。當執行緒池中只有少數幾個執行緒時，每個執行緒將處理多個資料塊，但是當執行緒數量隨著硬體而增加時，平行處理的資料塊數量也會增加。

當選擇「值得併發作業的最小資料塊」時需要小心，將工作提交給執行緒池，讓工作者執行緒執行它，並透過 std::future<> 傳遞回傳值時，會有固有的代價，且這對於小型的工作，並不一定划算。如果選擇的工作大小太小，那用執行緒池的程式執行速度可能會比用單一執行緒還慢。

假設資料塊的大小合理，就不需要擔心工作的封包，取得期約或儲存 std::thread 物件，以便後續可以加入執行緒；執行緒池會負責這些事。你所需要做的只是在你的工作中呼叫 submit()❷。

執行緒池也負責處理例外安全性。工作所拋出的任何例外都會經由 submit() 回傳的期約傳播，而且如果因例外而退出函式，執行緒池的解析函式會放棄所有還未完成的工作，並等待池中的執行緒結束。

這對於像獨立工作這樣簡單的情況作用得很好；但對於提交給執行緒池的工作彼此相關的情況，效果就不是那麼好。

9.1.3　等待其他工作的工作

Quicksort 演算法是整本書都會使用的範例，它的概念很簡單：將要排序的資料依排序分割成在樞紐項之前和之後的項目。這兩組項目會遞迴地排序，然後再結合在一起形成完整排序的集合。當將這演算法平行化時，需要確定這些遞迴呼叫利用了可以使用的併發性。

回到第 4 章，當我首次介紹這個範例時，你在每個階段用 std::async 執行一個遞迴呼叫，讓函式庫選擇是在新執行緒上執行或是當呼叫相關的 get() 時同步執行。這作用得很好，因為每個工作要麼在自己的執行緒上執行，要麼當需要時被呼叫。

當我們在第 8 章中重新討論這個實作時，你看到了一種使用與可用的硬體併發相關的固定數量執行緒替代架構。在這種情況下，你使用了需要排序的待處理資料塊堆疊。當每個執行緒將它要排序的資料分割時，它會將一組資料以新資料塊加入堆疊，然後直接對另一組排序。這時候，直接等待另一個資料塊排序完成可能會造成僵局，因為你耗費了有限執行緒中的一個在等待。當所有執行緒都在等待資料塊完成排序且沒有執行緒在做任何排序的情形下，很容易會出現這種情況。我們利用讓執行緒從堆疊中取出資料塊，並在它們所等待的特定資料塊尚未排序下排序它們來解決這個問題。

如果你改用本章到目前為止所看到的簡單執行緒池，而不是用第 4 章範例中的 std::async，那會遇到相同的問題。現在只有有限數量的執行緒，並且因為沒有空閒的執行緒，它們可能最終都會在等待還未被排程的工作。因此你需要使用類似於第 8 章中所用的解決方法：當等待資料塊完成時處理未完成的資料塊。如果你用執行緒池來管理工作序列以及相關聯的執行緒（這畢竟是使用執行緒池的全部要點），那你不需要存取工作序列來做這件事；你所需要做的是修改執行緒池讓它自動執行這件事。

做這件事最簡單的方法是，在 thread_pool 上增加一個新函式執行佇列中的工作並自己管理迴圈，因此我們就用這個方法。進階的執行緒池實作可以在等待函式中增加邏輯或額外的等待函式來處理這種情況，可能會對被等待的工作進行優先排序。以下程式列表顯示了新的 run_pending_task() 函式，程式列表 9.5 顯示了為使用它而修改後的 Quicksort。

程式列表 9.4　**run_pending_task()** 的實作

```
void thread_pool::run_pending_task()
{
    function_wrapper task;
    if(work_queue.try_pop(task))
    {
        task();
    }
    else
    {
        std::this_thread::yield();
    }
}
```

這個 run_pending_task() 的實作是直接從 worker_thread() 函式的主迴圈中抽出，現在可以將它修改成呼叫被提取的 run_pending_task()。如果佇列中有工作的話，它會嘗試從佇列中取出一項工作並執行；否則，它會讓 OS 重新為執行緒排程。程式列表 9.5 中的 Quicksort 實作比程式列表 8.1 中的對應版本簡單，因為所有執行緒管理的邏輯都已經移給執行緒池了。

程式列表 9.5　基於執行緒池的 Quicksort 實作

```
template<typename T>
struct sorter    ◀── ❶
{
    thread_pool pool;    ◀── ❷

    std::list<T> do_sort(std::list<T>& chunk_data)
    {
        if(chunk_data.empty())
        {
            return chunk_data;
        }
        std::list<T> result;
        result.splice(result.begin(),chunk_data,chunk_data.begin());
        T const& partition_val=*result.begin();
        typename std::list<T>::iterator divide_point=
            std::partition(chunk_data.begin(),chunk_data.end(),
                           [&](T const& val){return val<partition_
val;});
        std::list<T> new_lower_chunk;
        new_lower_chunk.splice(new_lower_chunk.end(),
                               chunk_data,chunk_data.begin(),
                               divide_point);
        std::future<std::list<T> > new_lower=    ◀── ❸
```

```
                    pool.submit(std::bind(&sorter::do_sort,this,
                                          std::move(new_lower_chunk)));
            std::list<T> new_higher(do_sort(chunk_data));
            result.splice(result.end(),new_higher);
            while(new_lower.wait_for(std::chrono::seconds(0)) ==
                std::future_status::timeout)
            {
                pool.run_pending_task();    ◄── ❹
            }
            result.splice(result.begin(),new_lower.get());
            return result;
        }
    };
    template<typename T>
    std::list<T> parallel_quick_sort(std::list<T> input)
    {
        if(input.empty())
        {
            return input;
        }
        sorter<T> s;
        return s.do_sort(input);
    }
```

如同程式列表 8.1，你將實際工作委派給 sorter 類別樣板❶的 do_sort()
成員函式，雖然在這情況下，這類別只用於包裝 thread_pool 實體❷。

現在，執行緒和工作管理減化成將工作提交給執行緒池❸並在等待時執行
待處理的工作❹。這比程式列表 8.1 的還要簡單，在程式列表 8.1 必須明確
的管理執行緒和要排序的資料塊堆疊。將工作提交給執行緒池時，可以用
std::bind() 將 this 指標繫結到 do_sort() 並提供資料塊排序。在這種
情況下，你在傳入 new_lower_chunk 時呼叫 std::move()，以確認資料是
移動而不是複製。

雖然這已經解決了由等待其他工作的工作所引起的嚴重僵局問題，但這個
執行緒池離理想仍然還有一大段距離。對初學者而言，每次呼叫 submit()
和 run_pending_task() 都存取相同的佇列；在第 8 章中，你看到過利用
多個執行緒修改單一組資料對性能會產生不利的影響，因此你需要解決這個
問題。

9.1.4　在工作佇列上避免競爭

每次在執行緒池的特定實體上執行緒呼叫 submit() 時，都必須將新項目推入到共享的單一工作佇列中。同樣地，工作者執行緒為了執行工作會不斷的從佇列中彈出項目。這表示隨著處理器數量的增加，在佇列中的競爭也會增加。這可能是真正的性能消耗；即使你使用不會有明顯等待的無鎖佇列，快取乒乓也可能會實質的耗用時間。

避免快取乒乓的一種方法是對每個執行緒使用單獨的工作佇列，然後每個執行緒將新項目放入自己的佇列中，而且只有在其自己個別的佇列中沒有工作時才會從全域工作佇列中取出工作。以下的程式列表顯示一個用 thread_local 變數確定每個執行緒都有自己的工作佇列，以及全域佇列的實作。

程式列表 9.6　有執行緒區域工作佇列的執行緒池

```
class thread_pool
{
    threadsafe_queue<function_wrapper> pool_work_queue;
    typedef std::queue<function_wrapper> local_queue_type;    ← ❶
    static thread_local std::unique_ptr<local_queue_type>
        local_work_queue;    ← ❷
    void worker_thread()
    {
        local_work_queue.reset(new local_queue_type);    ← ❸

        while(!done)
        {
            run_pending_task();
        }
    }
public:
    template<typename FunctionType>
    std::future<typename std::result_of<FunctionType()>::type>
        submit(FunctionType f)
    {
        typedef typename std::result_of<FunctionType()>::type result_
type;
        std::packaged_task<result_type()> task(f);
        std::future<result_type> res(task.get_future());
        if(local_work_queue)    ← ❹
        {
            local_work_queue->push(std::move(task));
        }
        else
        {
```

```
            pool_work_queue.push(std::move(task));   ◄───❺
        }
        return res;
    }
    void run_pending_task()
    {
        function_wrapper task;
        if(local_work_queue && !local_work_queue->empty())   ◄───❻
        {
            task=std::move(local_work_queue->front());
            local_work_queue->pop();
            task();
        }
        else if(pool_work_queue.try_pop(task))   ◄───❼
        {
            task();
        }
        else
        {
            std::this_thread::yield();
        }
    }
    // rest as before
};
```

你已經用 std::unique_ptr<> 保存執行緒區域工作佇列❷，因為你不希望
其他不屬於你的執行緒池的執行緒也擁有一個；這是在處理迴圈之前❸在
worker_thread() 函式中初始化的。std::unique_ptr<> 的解構函式將確
保在執行緒都退出時銷毀工作佇列。

submit() 接著會檢查目前的執行緒是否有工作佇列❹。如果有的話，那就
是一個執行緒池的執行緒，你可以將工作放入區域佇列中；否則，你需要像
以前一樣將工作放到執行緒池的佇列❺。

在 run_pending_task() 中也有類似的檢查❻，但這次你還需要檢查在區
域佇列內是否存有任何項目。如果有的話，你可以取出位於前面的項目並進
行處理；要注意區域佇列可以是普通的 std::queue<> ❶，因為它只能被一
個執行緒存取。如果區域佇列內沒有任何工作，就要像以前一樣嘗試執行緒
池佇列❼。

這對於減少競爭效果很好，但是當工作分佈不均勻的時候，很容易造成一個
執行緒在它的佇列中有很多工作，而其他執行緒卻沒有工作可做。例如，在
Quicksort 範例中，只有最前面的資料塊才會被放入執行緒池佇列，因為其餘

的資料塊最終會在處理它的工作者執行緒的區域佇列中；這違反了使用執行緒池的目的。

還好，對於這個問題有解決的方法：如果執行緒在自己的佇列以及全域佇列中都沒有工作，那讓它可以從其他的佇列中竊取工作。

9.1.5 竊取工作

為了讓沒有工作的執行緒可以從另一個佇列已滿的執行緒處取得工作，這佇列對從 run_pending_tasks() 進行竊取的執行緒而言必須是可存取的。這需要每個執行緒透過執行緒池註冊它的佇列，或者由執行緒池中取得一個。而且，你還必須確定工作佇列中的資料適合同步化和得到保護，這樣你的不變性也才能得到保護。

可以撰寫一個無鎖佇列，讓佇列所有者的執行緒從佇列的一端推入和彈出，而其他執行緒可以從另一端竊取項目，但是這佇列的實作已經超出本書的範圍。為了展示這想法，我們將堅持用互斥鎖保護佇列的資料。我們希望工作竊取是一種罕見的事情，所以在互斥鎖上應該不會有什麼競爭，因此這個簡單的佇列應該只需很小的代價。以下展示了一個簡單的基於上鎖的實作。

程式列表 9.7　為工作竊取的基於上鎖的佇列

```
class work_stealing_queue
{
private:
    typedef function_wrapper data_type;
    std::deque<data_type> the_queue;    ◄── ❶
    mutable std::mutex the_mutex;
public:
    work_stealing_queue()
    {}
    work_stealing_queue(const work_stealing_queue& other)=delete;
    work_stealing_queue& operator=(
        const work_stealing_queue& other)=delete;
    void push(data_type data)    ◄── ❷
    {
        std::lock_guard<std::mutex> lock(the_mutex);
        the_queue.push_front(std::move(data));
    }
    bool empty() const
    {
        std::lock_guard<std::mutex> lock(the_mutex);
        return the_queue.empty();
```

```
        }
    bool try_pop(data_type& res)  ◄── ❸
    {
        std::lock_guard<std::mutex> lock(the_mutex);
        if(the_queue.empty())
        {
            return false;
        }
        res=std::move(the_queue.front());
        the_queue.pop_front();
        return true;
    }
    bool try_steal(data_type& res)  ◄── ❹
    {
        std::lock_guard<std::mutex> lock(the_mutex);
        if(the_queue.empty())
        {
            return false;
        }
        res=std::move(the_queue.back());
        the_queue.pop_back();
        return true;
    }
};
```

這個佇列是對 `std::deque<function_wrapper>` 簡單的包裝❶，它用互斥鎖保護所有的存取。`push()` ❷和 `try_pop()` ❸都在佇列的前面工作，而 `try_steal()` 則在後面❹。

這表示這個「佇列」對它自己的執行緒是後進先出堆疊；最近推入的工作會是再次離開的第一個。從快取的角度來看這可以幫助提高性能，因為與這工作相關的資料會比先前推入佇列中工作相關的資料更有可能仍然存在快取中。而且，它能很好地映射到像是 Quicksort 之類的演算法。在以前的實作中，每次呼叫 `do_sort()` 都會將一個項目推入堆疊然後等待它。透過先處理最新的項目，可以確保在其他分支所需要的資料塊之前先完成目前呼叫所需要的資料塊處理，因此減少活動工作的數量和整個堆疊的使用量。為了使競爭最少化，`try_steal()` 將項目從佇列的另一端移至 `try_pop()`；你可以使用第 6 章和第 7 章中討論的技術來啟動對 `try_pop()` 和 `try_steal()` 的併發呼叫。

好了，你有了允許偷竊的漂亮工作佇列；那你要如何在你的執行緒池中使用它呢？這裡有一個可能的實作。

程式列表 9.8　使用工作竊取的執行緒池

```
class thread_pool
{
    typedef function_wrapper task_type;
    std::atomic_bool done;
    threadsafe_queue<task_type> pool_work_queue;
    std::vector<std::unique_ptr<work_stealing_queue> > queues;    ←❶
    std::vector<std::thread> threads;
    join_threads joiner;
    static thread_local work_stealing_queue* local_work_queue;    ←❷
    static thread_local unsigned my_index;
    void worker_thread(unsigned my_index_)
    {
        my_index=my_index_;
        local_work_queue=queues[my_index].get();    ←❸
        while(!done)
        {
            run_pending_task();
        }
    }
    bool pop_task_from_local_queue(task_type& task)
    {
        return local_work_queue && local_work_queue->try_pop(task);
    }
    bool pop_task_from_pool_queue(task_type& task)
    {
        return pool_work_queue.try_pop(task);
    }
    bool pop_task_from_other_thread_queue(task_type& task)    ←❹
    {
        for(unsigned i=0;i<queues.size();++i)
        {
            unsigned const index=(my_index+i+1)%queues.size();    ←❺
            if(queues[index]->try_steal(task))
            {
                return true;
            }
        }
        return false;
    }
public:
    thread_pool():
        done(false),joiner(threads)
    {
        unsigned const thread_count=std::thread::hardware_
concurrency();
        try
```

341

```
        {
            for(unsigned i=0;i<thread_count;++i)
            {
❻→          queues.push_back(std::unique_ptr<work_stealing_queue>(
                                   new work_stealing_queue));
            }
            for(unsigned i=0;i<thread_count;++i)
            {
                threads.push_back(
                    std::thread(&thread_pool::worker_thread,this,i));
            }
        }
        catch(...)
        {
            done=true;
            throw;
        }
    }
    ~thread_pool()
    {
        done=true;
    }
    template<typename FunctionType>
    std::future<typename std::result_of<FunctionType()>::type> submit(
        FunctionType f)
    {
        typedef typename std::result_of<FunctionType()>::type result_
type;
        std::packaged_task<result_type()> task(f);
        std::future<result_type> res(task.get_future());
        if(local_work_queue)
        {
            local_work_queue->push(std::move(task));
        }
        else
        {
            pool_work_queue.push(std::move(task));
        }
        return res;
    }
    void run_pending_task()
    {
        task_type task;
        if(pop_task_from_local_queue(task) ||   ←❼
            pop_task_from_pool_queue(task) ||   ←❽
            pop_task_from_other_thread_queue(task))   ←❾
        {
```

```
            task();
        }
        else
        {
            std::this_thread::yield();
        }
    }
};
```

這程式與程式列表 9.6 類似。第一個差異是每個執行緒都有一個 work_stealing_queue，而不是普通的 std::queue<> ❷。每個執行緒建立的時候，不是配置它自己的工作佇列，而是從執行緒池的建構函式配置一個 ❻，然後儲存在執行緒池的工作佇列序列內 ❶。接著將這佇列在序列的索引傳給執行緒函式並用以取得指向這佇列的指標 ❸。這表示當嘗試為沒有工作可做的執行緒竊取工作時，執行緒池可以存取這個佇列。run_pending_task() 現在將嘗試從執行緒自己的佇列中取得工作 ❼、從執行緒池佇列中取得工作 ❽、或從另一個執行緒的佇列中取得工作 ❾。

pop_task_from_other_thread_queue() ❹迭代的遍歷執行緒池中所有執行緒的佇列，嘗試依序從每個執行緒中竊取工作。為了避免每個執行緒都試圖從序列的第一個執行緒中竊取，每個執行緒都將透過佇列索引的偏移，從序列的下一個執行緒開始，用自己的索引來檢查 ❺。

現在，你有一個對許多用途都很適合的工作執行緒池；而對於特殊的用途，仍然有無數種方法可以改善它，但這是留給讀者的練習。還沒有探討的一個面向是動態調整執行緒池大小，以確保就算執行緒受到像是等待 I/O 或互斥鎖上鎖等阻擋時，也會有最佳 CPU 使用率的想法。

在「進階」執行緒管理技術序列中，接下來的是中斷執行緒。

9.2 中斷執行緒

在許多情況下，希望能夠向長時間執行的執行緒發送信號，告訴它是該停止的時候了。這可能是因為它是執行緒池的工作者執行緒，而這執行緒池現在正被銷毀，或是因為這執行緒所執行的工作已經被使用者明確地取消，又或是其他無數的原因。無論是什麼原因，想法是一樣的：你需要從一個執行緒發出信號，在另一個執行緒到達它處理的自然終點之前，告訴它應該停止了，而且你需要以一種讓這個執行緒平順地結束而不是很唐突終止的方式來做這件事。

你可能會對需要這樣做的每種情況都設計一個單獨的機制，但這似乎有些矯枉過正。一個共同的機制不僅能使在以後的情況下撰寫程式更容易，而且還能讓你撰寫可以被中斷的程式，而不必擔心這程式要被用在哪裡。C++11 標準並不支援這種機制（雖然有積極的提議在將來的 C++ 標準中增加對中斷的支援[1]），但是建構它也還算簡單。不是從被中斷執行緒的角度，而是從啟動和中斷執行緒介面的角度出發，讓我們看看如何能做到這一點。

9.2.1　啟動和中斷另一個執行緒

首先，讓我們看一下外部的介面。從可以中斷的執行緒中什麼是你需要的？在基本層面上，你所需要的只是與 std::thread 相同的介面，並有一個額外的 interrupt() 函式：

```
class interruptible_thread
{
public:
    template<typename FunctionType>
    interruptible_thread(FunctionType f);
    void join();
    void detach();
    bool joinable() const;
    void interrupt();
};
```

在內部，你可以用 std::thread 管理執行緒本身，並使用一些客製化資料結構來處理中斷。現在，從執行緒本身的角度來看呢？在最基本的層面上，你希望能夠說「我可以在這裡被中斷」——你想要一個中斷點。為了在不需要傳遞額外資料下這中斷點可以使用，它必須是一個不需要任何參數就可以呼叫的簡單函式：interrupt_point()。這意味著需要經由啟動執行緒時設定的 thread_local 變數來存取特定的中斷資料結構，因此當一個執行緒呼叫你的 interrupt_point() 函式時，它會檢查目前執行中執行緒的資料結構。我們稍後將檢視 interrupt_point() 的實作。

thread_local 標記是你不能夠用普通 std::thread 管理執行緒的主要原因；它必須以 interruptible_thread 實體以及新啟動的執行緒可以存取的方式來配置。你可以藉由將提供的函式包裝起來，然後將它傳給 std::thread，以便在建構函式中啟動執行緒，如以下程式列表所示。

1　P0660: A Cooperatively Interruptible Joining Thread, Rev 3, Nicolai Josuttis, Herb Sutter, Anthony Williams http://www.open-std.org/jtc1/sc22/wg21/docs/papers/2018/p0660r3.pdf.

```
class interrupt_flag
{
public:
    void set();
    bool is_set() const;
};
thread_local interrupt_flag this_thread_interrupt_flag;   ◀━❶
class interruptible_thread
{
    std::thread internal_thread;
    interrupt_flag* flag;
public:
    template<typename FunctionType>
    interruptible_thread(FunctionType f)
    {
        std::promise<interrupt_flag*> p;   ◀━❷
        internal_thread=std::thread([f,&p]{   ◀━❸
                p.set_value(&this_thread_interrupt_flag);
                f();   ◀━❹
            });
        flag=p.get_future().get();   ◀━❺
    }
    void interrupt()
    {
        if(flag)
        {
            flag->set();   ◀━❻
        }
    }
};
```

提供的函式 f 被包裝在 lambda 函式中❸，該函式持有 f 的複製以及對區域
約定 p 的參照❷。在呼叫提供的函式複製物❹之前，lambda 將約定的值設
定為新執行緒的 this_thread_interrupt_flag（它被宣告為 thread_
local ❶）的位址。然後，呼叫的執行緒等待與約定相關聯的期約準備就
緒，並將結果存在 flag 成員變數中❺。注意即使 lambda 是在新執行緒上執
行並且對區域變數 p 有懸置指標，但因為 interruptible_thread 建構函
式會等到新執行緒不再參照 p 時才回傳，所以這沒問題。也注意這實作並沒
有考慮處理執行緒加入或分離的問題；你需要確認當執行緒退出或分離時清
除 flag 變數，以避免懸置指標。

interrupt() 函式就相對簡單了：如果你有一個指向中斷標記的有效指標，那你就有一個要中斷的執行緒，所以可以設定標記❻。然後由被中斷的執行緒決定它如何處理這個中斷，接下來讓我們探討一下這個問題。

9.2.2　偵測執行緒已經被中斷

現在你可以設定中斷標記，但是如果執行緒不檢查它是否已經被中斷，那對你不會有任何好處。在最簡單的情況下，你可以利用 interrupt_point() 函式做這件事；你可以在能安全中斷的位置上呼叫這個函式，如果已經設定了標記，它將拋出 thread_interrupted 例外：

```
void interruption_point()
{
    if(this_thread_interrupt_flag.is_set())
    {
        throw thread_interrupted();
    }
}
```

你可以在程式中方便的位置呼叫這函式：

```
void foo()
{
    while(!done)
    {
        interruption_point();
        process_next_item();
    }
}
```

雖然可以這樣做，但並不理想。一些中斷執行緒的最好位置是它在等待某些東西而被阻擋之處，這意味著執行緒呼叫 interruption_point() 時並不在執行中！在這裡你需要的是一種以可中斷的方式等待某些東西的方法。

9.2.3　中斷一個條件變數的等待

好了，因此你可以用明確的呼叫 interruption_point() 來偵測程式中謹慎選擇位置的中斷，但是當你想要做像是等待一個條件變數的通知之類的阻擋性等待時，這並沒有什麼幫助。你需要一個新的函式 interruptible_wait()，然後可以為你可能要等待的各種事情多載它，並且可以弄清楚如何中斷等待。我之前已經提到過你可能要等待的一件事就是條件變數，因此讓我們就從這裡開始：為了能夠中斷對條件變數的等待，你需要做些什麼？所能做的最簡單的事就是在設定了中斷標記後通知條件變數，並且在等待後立

即安置一個中斷點。但是要做到這一點，你必須通知所有在條件變數等待的執行緒，以確保你感興趣的執行緒會被喚醒。服務員無論如何都必須處理虛假的喚醒，因此其他執行緒也要如同處理虛假喚醒般處理這個操作，它們無法分辨出其中的差別。interrupt_flag 的結構需要能夠儲存對一個條件變數的指標，以便可以在呼叫 set() 時通知它。條件變數的 interruptible_wait() 的一個實作可能類似於以下程式列表。

程式列表 9.10　std::condition_variable 的一個有問題版本的 interruptible_wait

```
void interruptible_wait(std::condition_variable& cv,
                        std::unique_lock<std::mutex>& lk)
{
    interruption_point();
    this_thread_interrupt_flag.set_condition_variable(cv);  ◀━❶
    cv.wait(lk);  ◀━❷
    this_thread_interrupt_flag.clear_condition_variable();  ◀━❸
    interruption_point();
}
```

假設存在一些函式可以設定和清除條件變數與中斷標記之間的關聯，那這程式就很好而且簡單。它檢查中斷，建立條件變數與目前執行緒 interrupt_flag 的關聯❶，等待條件變數❷，清除與條件變數的關聯❸，然後再次檢查中斷。如果執行緒在等待條件變數的期間被中斷，則中斷的執行緒將廣播條件變數並將你從等待中喚醒，因此你可以檢查是否中斷。不幸的是，這段程式碼有兩個問題。第一個問題比較明顯，如果你戴上了例外安全的帽子：std::condition_variable::wait() 可以拋出一個例外，因此你可能在沒有移除中斷標記和條件變數的關聯下退出函式。這很容易可以利用一個在解構函式中有可以移除這個關聯的結構來解決。

第二個比較不明顯的問題是存有競爭條件。如果執行緒最初在呼叫 interruption_point() 之後但在呼叫 wait() 之前被中斷，那條件變數是否已經和中斷標記關聯就沒什麼關係，因為這**執行緒不在等待中，所以也不能被條件變數的通知喚醒**。你需要確定在上一次檢查中斷和呼叫 wait() 之間不會通知這執行緒。在不深入研究 std::condition_variable 內部的情況下，你只有一種方法：使用 lk 持有的互斥鎖保護它，這需要在呼叫 set_condition_variable() 時將它傳入。不幸的是這會產生它自己的問題：你將一個你不知道它壽命的互斥鎖的參照傳給另一個執行緒（進行中斷的執行緒），讓那執行緒上鎖（在呼叫 interrupt() 中），而在進行呼叫時

並不知道那執行緒是否早已經上鎖了互斥鎖。這會有僵局的可能，並且有可能在互斥鎖已經被銷毀後還要存取這互斥鎖，所以這是一個不可能的事情。如果你不能可靠地中斷條件變數的等待，那將是非常嚴格的限制——不需要特殊的 interruptible_wait() 也可以做得差不多——那麼你還有什麼其他選擇嗎？一種選擇是等待超時；不再使用 wait()，而改用有很小超時值（如 1 毫秒）的 wait_for()。這為執行緒在看到中斷之前必須等待的時間設定了上限（受制於時鐘滴答的細緻度）。如果這樣做，那等待的執行緒會看到更多來自於超時造成的「虛假」喚醒，但無法輕鬆地獲得幫助。以下程式列表顯示了這個實作以及對應的 interrupt_flag 實作。

程式列表 9.11 為 std::condition_variable 在 interruptible_wait 中使用超時

```cpp
class interrupt_flag
{
    std::atomic<bool> flag;
    std::condition_variable* thread_cond;
    std::mutex set_clear_mutex;
public:
    interrupt_flag():
        thread_cond(0)
    {}
    void set()
    {
        flag.store(true,std::memory_order_relaxed);
        std::lock_guard<std::mutex> lk(set_clear_mutex);
        if(thread_cond)
        {
            thread_cond->notify_all();
        }
    }
    bool is_set() const
    {
        return flag.load(std::memory_order_relaxed);
    }
    void set_condition_variable(std::condition_variable& cv)
    {
        std::lock_guard<std::mutex> lk(set_clear_mutex);
        thread_cond=&cv;
    }
    void clear_condition_variable()
    {
        std::lock_guard<std::mutex> lk(set_clear_mutex);
        thread_cond=0;
```

```
    }
    struct clear_cv_on_destruct
    {
        ~clear_cv_on_destruct()
        {
            this_thread_interrupt_flag.clear_condition_variable();
        }
    };
};
void interruptible_wait(std::condition_variable& cv,
                        std::unique_lock<std::mutex>& lk)
{
    interruption_point();
    this_thread_interrupt_flag.set_condition_variable(cv);
    interrupt_flag::clear_cv_on_destruct guard;
    interruption_point();
    cv.wait_for(lk,std::chrono::milliseconds(1));
    interruption_point();
}
```

如果你有被等待的謂詞，那麼 1 毫秒的超時可以完全隱藏在謂詞的迴圈內：

```
template<typename Predicate>
void interruptible_wait(std::condition_variable& cv,
                        std::unique_lock<std::mutex>& lk,
                        Predicate pred)
{
    interruption_point();
    this_thread_interrupt_flag.set_condition_variable(cv);
    interrupt_flag::clear_cv_on_destruct guard;
    while(!this_thread_interrupt_flag.is_set() && !pred())
    {
        cv.wait_for(lk,std::chrono::milliseconds(1));
    }
    interruption_point();
}
```

這會造成對謂詞檢查的次數比在其他情況下要頻繁得多，但可以很容易地用它取代對 wait() 的簡單呼叫。有超時的變數很容易實作：等待指定的時間或 1 毫秒，看哪一個先達到。好了，現在 std::condition_variable 等待已經解決了；那麼 std::condition_variable_any 呢？是以相同的方式，或是可以做得更好？

349

9.2.4 中斷在 std :: condition_variable_any 上的等待

std::condition_variable_any 因 為 不 只 是 使 用 於 std::unique_lock<std::mutex>，而 是 可 以 用 於 任 何 上 鎖 的 型 態，因 此 和 std::condition_variable 不太一樣。事實證明，這讓事情變得簡單，而且用 std::condition_variable_any 會比用 std::condition_variable 做得更好。因為它可以使用於任何上鎖的型態，因此你可以建構自己的上鎖型態，同時上鎖 / 解鎖 interrupt_flag 中內部的 set_clear_mutex，並且提供給等待呼叫的上鎖，如下所示。

程式列表 9.12 std::condition_variable_any 的 interruptible_wait

```cpp
class interrupt_flag
{
    std::atomic<bool> flag;
    std::condition_variable* thread_cond;
    std::condition_variable_any* thread_cond_any;
    std::mutex set_clear_mutex;
public:
    interrupt_flag():
        thread_cond(0),thread_cond_any(0)
    {}
    void set()
    {
        flag.store(true,std::memory_order_relaxed);
        std::lock_guard<std::mutex> lk(set_clear_mutex);
        if(thread_cond)
        {
            thread_cond->notify_all();
        }
        else if(thread_cond_any)
        {
            thread_cond_any->notify_all();
        }
    }
    template<typename Lockable>
    void wait(std::condition_variable_any& cv,Lockable& lk)
    {
        struct custom_lock
        {
            interrupt_flag* self;
            Lockable& lk;
            custom_lock(interrupt_flag* self_,
                        std::condition_variable_any& cond,
                        Lockable& lk_):
```

```
                self(self_),lk(lk_)
            {
                self->set_clear_mutex.lock();      ◀━❶
                self->thread_cond_any=&cond;       ◀━❷
            }
            void unlock()     ◀━❸
            {
                lk.unlock();
                self->set_clear_mutex.unlock();
            }
            void lock()
            {
                std::lock(self->set_clear_mutex,lk);    ◀━❹
            }
            ~custom_lock()
            {
                self->thread_cond_any=0;    ◀━❺
                self->set_clear_mutex.unlock();
            }
        };
        custom_lock cl(this,cv,lk);
        interruption_point();
        cv.wait(cl);
        interruption_point();
    }
    // rest as before
};
template<typename Lockable>
void interruptible_wait(std::condition_variable_any& cv,
                        Lockable& lk)
{
    this_thread_interrupt_flag.wait(cv,lk);
}
```

你客製化的上鎖型態在建構時取得內部 set_clear_mutex 的上鎖❶，然後
設定 thread_cond_any 指標為對傳給自己建構函式的 std::condition_
variable_any 參照。Lockable 參照被儲存以備後用；這必須是已經被
上鎖。現在可以在不需要擔心競爭下檢查中斷。如果這時候設定了中斷標
記，那它會是在 set_clear_mutex 上取得上鎖之前設定的。當條件變數在
wait() 內呼叫你的 unlock() 函式時，你將 Lockable 物件及內部 set_
clear_mutex 解鎖❸。這使那些試圖中斷你的執行緒在 set_clear_mutex
上取得上鎖，並在進入 wait() 呼叫時檢查 thread_cond_any 指標，而不
是之前。這正是你使用 std::condition_variable 所追求的（但無法管
理）。一旦 wait() 完成等待（無論是因為被通知或是因為虛假喚醒），它將

呼叫你的 lock() 函式，這函式會再次取得內部 set_clear_mutex 的上鎖和 Lockable 物件的上鎖❹。現在，你可以在 custom_lock 解構函式清除 thread_cond_any 指標❺之前，再次檢查發生在 wait() 呼叫期間的中斷，並在其中解鎖 set_clear_mutex。

9.2.5　中斷其他阻擋的呼叫

這樣就可以中斷條件變數的等待，但是其他阻擋的等待又如何呢：互斥鎖、等待期約等等？通常，你必須使用在 std::condition_variable 的超時選項，因為如果不存取互斥鎖或期約的內部，就無法在不滿足等待的條件下中斷等待。但是對於那些其他的事情，因為你確實知道自己在等待什麼，所以可以在 interruptible_wait() 函式內循環。例如，以下是 std::future<> 的 interruptible_wait() 的多載：

```
template<typename T>
void interruptible_wait(std::future<T>& uf)
{
    while(!this_thread_interrupt_flag.is_set())
    {
        if(uf.wait_for(lk,std::chrono::milliseconds(1))==
            std::future_status::ready)
            break;
    }
    interruption_point();
}
```

這會一直等待到設定了中斷標記或期約已經準備好為止，但每次都會對期約有 1 毫秒阻擋等待。這表示，假設使用高解析度的時鐘，在中斷請求被確認之前，平均大約需要 0.5 毫秒。wait_for 通常至少會等待整個時鐘滴答，因此如果你的時鐘是每 15 毫秒滴答一次，你最後將等待 15 毫秒左右而不是 1 毫秒。這能否被接受，要依據情況而定。如果有必要（而且時鐘支援的話），你隨時可以減少超時時間。減少超時的缺點是執行緒將更頻繁地被喚醒以檢查標記，而這會增加工作切換的代價。

好了，我們已經檢視了如何使用 interruption_point() 和 interruptible_wait() 函式偵測中斷，但是要如何處理呢？

9.2.6　處理中斷

從被中斷執行緒的角度來看，中斷是 thread_interrupted 例外，因此可以像處理其他例外一樣的處理。尤其是，你可以在標準的 catch 區塊捕獲它：

```
try
{
    do_something();
}
catch(thread_interrupted&)
{
    handle_interruption();
}
```

這表示你可以捕獲中斷，以某種方式處理它，然後不管結果如何繼續執行。如果這樣做了，而另一個執行緒再次呼叫 interrupt()，則下一次它呼叫中斷點時你的執行緒將再次被中斷。如果你的執行緒正在執行一系列獨立的工作時，你可能想要這樣做；中斷一個工作將造成這工作被放棄，然後執行緒可以繼續執行序列中的下一個工作。

因為 thread_interrupted 是一個例外，因此在呼叫可以被中斷的程式時也必須採取所有常用的例外安全預防措施，以確保資源不會遺漏，而且資料結構保持一致的狀態。通常，讓中斷終止執行緒是可取的，因此你可以讓例外向上傳播。但是，如果讓例外從傳給 std::thread 建構函式的執行緒函式中傳播出去，那將會呼叫 std::terminate()，且整個程式都會終止。為了避免必須記住在每一個傳遞給 interruptible_thread 的函式中都應該放置一個 catch(thread_interrupted) 處理程式，你可以替代的將這個 catch 區塊放在用來初始化 interrupt_flag 的包裝器內。這樣可以讓中斷例外安全地在未處理的情況下傳播，因為它將終止那個單獨的執行緒。在 interruptible_thread 建構函式中的執行緒初始化，現在看起來應該像以下的樣子：

```
internal_thread=std::thread([f,&p]{
        p.set_value(&this_thread_interrupt_flag);
        try
        {
            f();
        }
        catch(thread_interrupted const&)
        {}
    });
```

現在，讓我們看一個具體的例子，其中中斷是有用的。

9.2.7　在應用程式退出時中斷後台工作

考慮一下桌面搜尋應用程式；除了與使用者互動之外，應用程式還需要監視檔案系統的狀態，辨識任何更改並更新它的索引。為了避免影響 GUI 的反應速度，這個處理過程通常會留給後台的執行緒。這個後台執行緒需要在應用程式的整個生命週期中運行；它會作為應用程式初始化的一部分被啟動，並保持運行到應用程式結束。對於這樣的應用程式，通常只有在計算機本身被關閉時才會結束，因為為了維持最新的索引，應用程式需要一直運行。在任何情況下，當結束應用程式的時候，你必須有順序地關閉後台執行緒；其中一種方法是透過中斷它們。

以下程式列表顯示了這種系統執行緒管理部分的樣本實作。

程式列表 9.13　在後台監控檔案系統

```
std::mutex config_mutex;
std::vector<interruptible_thread> background_threads;
void background_thread(int disk_id)
{
    while(true)
    {
        interruption_point();            ◆——❶
        fs_change fsc=get_fs_changes(disk_id);    ◆——❷
        if(fsc.has_changes())
        {
            update_index(fsc);          ◆——❸
        }
    }
}
void start_background_processing()
{
    background_threads.push_back(
        interruptible_thread(background_thread,disk_1));
    background_threads.push_back(
        interruptible_thread(background_thread,disk_2));
}
int main()
{
    start_background_processing();      ◆——❹
    process_gui_until_exit();        ◆——❺
    std::unique_lock<std::mutex> lk(config_mutex);
    for(unsigned i=0;i<background_threads.size();++i)
    {
        background_threads[i].interrupt();    ◆——❻
    }
```

```
    for(unsigned i=0;i<background_threads.size();++i)
    {
        background_threads[i].join();    ←——❼
    }
}
```

在應用程式啟動時，會啟動後台的執行緒❸；然後主執行緒繼續處理 GUI ❹。當使用者要求結束應用程式時，後台的執行緒將被中斷❺，然後主執行緒在結束之前會先等待每個後台執行緒結束❻。後台執行緒位於迴圈中，檢查磁碟的改變❼並更新索引❷。每繞一次迴圈，後台執行緒會呼叫 interruption_point() ❶檢查是否中斷。

為什麼在等待任何執行緒之前要先中斷所有執行緒？為什麼不先中斷每一個執行緒？主要原因是**併發**。執行緒在被中斷時可能不會立即結束，因為它們必須前進到下一個中斷點，然後在退出之前執行所有必要的解構函式呼叫和例外處理程式碼。透過立即加入每一個執行緒，雖然被中斷的執行緒仍有像是中斷其他執行緒等有用的工作可以做，但也造成這被中斷的執行緒等待。只有當你沒有更多的工作要做時（所有執行緒都已經中斷），你才會等待。這也允許所有被中斷的執行緒平行處理它們的中斷，並可能會更快的結束。

這種中斷機制可以輕易擴展，以加入更多可中斷的呼叫或在特定程式碼區塊中禁用中斷，但這留給讀者練習。

本章小結

在本章中，我們研究了各種進階執行緒管理技術：執行緒池及中斷執行緒。你已經看到使用區域工作佇列和工作竊取可以如何減少同步的代價並可能提高執行緒池的吞吐率，以及在等待子工作完成的同時從佇列中執行其他工作，可以如何消除可能的僵局。

我們也檢視了允許一個執行緒中斷另一個執行緒處理的各種方法，例如使用特定的中斷點與函式，將原本是阻擋的等待以一種可以被中斷的方式執行。

平行演算法

10

本章涵蓋以下內容
- 使用 C++17 平行演算法

上一章我們研究了進階執行緒管理和執行緒池，在第 8 章我們使用某些演算法的平行版本當作範例研究了併發程式的設計。在這一章，我們將檢視 C++17 標準所提供的平行演算法，因此讓我們不要再多費周折開始吧。

10.1 平行化標準函式庫演算法

C++17 標準將平行演算法的概念添加到 C++ 標準函式庫；這些是許多對範圍操作函式的額外多載，例如 std::find、std::transform 及 std::reduce。除了增加了一個用以指定所要使用執行策略的新第一個參數以外，平行版本與「普通」單執行緒版本有相同的簽章。例如：

```
std::vector<int> my_data;
std::sort(std::execution::par,my_data.begin(),my_data.end());
```

這個 std::execution::par 執行策略向標準 c 函式庫表示，它被允許使用多個執行緒當作平行演算法執行這呼叫。注意這是**允許**而不是**要求**；如果希望的話，函式庫仍然可以在單個執行緒上執行這程式碼。另外這也很重要必須注意，藉由指定執行的策略，對演算法複雜度的要求也已經改變，且通常會比一般循序演算法的要求寬鬆。這是因為為了獲得系統平行化的好處，平行演算法通常會做更多的整體工作，即如果你可以將工作分配給 100 個處理器，那麼縱使實作的整體工作是兩倍，你仍然可以提升整體速度到 50。

在我們進到演算法本身之前,讓我們先看一下執行的策略。

10.2 執行策略

這個標準指定了三種執行策略:

- std::execution::sequenced_policy
- std::execution::parallel_policy
- std::execution::parallel_unsequenced_policy

這些是定義在 <execution> 標頭內的類別。這標頭也定義了三個相對應的策略物件用以傳遞給演算法:

- std::execution::seq
- std::execution::par
- std::execution::par_unseq

除了複製這三個物件以外,因為它們可能會有特殊的初始化要求,所以你不能期望自己能夠從這些策略類別中建構物件。實作也可以定義有特定實作行為的額外執行策略;但你不能定義自己的執行策略。

這些策略對演算法行為的影響將在第 10.2.1 節中說明。任何指定的實作也允許用它們所要的語義提供額外的執行策略。現在,讓我們看一下使用一個標準執行策略的影響,從對採用例外策略所有演算法多載的一般變化開始。

10.2.1 指定執行策略的一般影響

如果傳遞一個執行策略給標準函式庫的一個演算法,那這個演算法的行為將被這個執行策略所控制。這會影響行為的幾個面向:

- 演算法的複雜度
- 當拋出例外時的行為
- 演算法執行步驟的位置、方式和時間

對演算法複雜度的影響

如果提供一個執行策略給演算法,這演算法的複雜度可能會被改變:除了管理平行執行的排程代價以外,許多平行演算法將執行這演算法更多的核心操

作（無論是**交換**、**比較**或是*所提供函式物件的應用*等），目的是在總耗時方面提供整體性能的改善。

複雜度變化的確切細節將隨每種演算法而不同，但是一般的策略是，如果一個演算法指定某件事將恰好發生在*一些表示式時間*或至多*一些表示式時間*，那麼有執行策略的多載將把要求放寬到 O（*某個表示式*）。此表示有執行策略的多載，可能執行沒有執行策略相對應操作所需要執行操作數的好幾倍，而這倍數將取決於函式庫和平台的內部，而不是取決於提供給演算法的資料。

例外的行為

如果在執行有執行策略的演算法期間拋出例外，則結果會由執行策略來決定。如果有任何未捕獲的例外，則所有標準所提供的執行策略都將呼叫 `std::terminate`。由呼叫有標準執行策略的標準函式庫演算法可能拋出的唯一例外是 `std::bad_alloc`，這例外是如果函式庫無法為它內部操作獲得足夠的記憶體資源而拋出。例如，以下沒有執行策略的呼叫 `std::for_each` 將傳播這個例外

```
std::for_each(v.begin(),v.end(),[](auto x){ throw my_exception(); });
```

而有執行策略的對應呼叫將終止程式：

```
std::for_each(
    std::execution::seq,v.begin(),v.end(),
    [](auto x){ throw my_exception(); });
```

這是使用 `std::execution::seq` 和不提供執行策略之間的主要差別之一。

演算法步驟在何處及何時執行

這是執行策略的基本面向，而且是標準執行策略之間唯一不同的面向。這策略指定哪些執行代理被用來執行演算法的步驟，無論是「普通」執行緒、向量串流、GPU 執行緒或是任何其他的等等。執行策略也指定對演算法步驟的執行方式是否有任何排序限制：它們是否以任何特定的順序執行，單獨演算法步驟的各個部分彼此之間是否可以相互交錯或平行執行等等。

每個標準執行策略的細節將在第 10.2.2、10.2.3 和 10.2.4 節提出，從最基本的策略：`std::execution::sequenced_policy` 開始。

10.2.2 std::execution::sequenced_policy

排序策略不是平行化的策略：使用它以強制實作在呼叫這函式的執行緒上執行所有操作，因此不存在平行化。但它仍然是一個執行策略，因此在演算法複雜度和例外影響上與其他標準策略有相同的結果。

不只是所有操作都必須在相同執行緒上執行，而且必須以某種確定的順序執行，所以它們不會交錯。確切的順序並沒有指定，而且在函式的不同呼叫之間可能會有所不同。特別是，操作的執行順序不保證和沒有執行策略對應的多載相同。例如，以下對 std::for_each 的呼叫將以不指定順序的方式用 1-1,000 的數字填入向量。這是對照於沒有執行策略的多載，後者將依順序儲存數字：

```
std::vector<int> v(1000);
int count=0;
std::for_each(std::execution::seq,v.begin(),v.end(),
    [&](int& x){ x=++count; });
```

數字也許是依順序儲存，但是不能依賴它。

這表示排序策略對與這演算法一起使用的迭代器、值和可呼叫物件的要求很少：它們可以自由地使用同步機制，而且雖然它們不能依賴於這些操作的順序，但可以依賴在同一個執行緒上呼叫所有操作。

10.2.3 std::execution::parallel_policy

平行策略提供了跨多個執行緒的基本平行執行。操作可以在呼叫這演算法的執行緒上執行，或在函式庫所建立的執行緒上執行。在指定執行緒上執行的操作必須以確定的順序執行，而且不能交錯，但是並沒有指定確切的順序，且在呼叫之間可能會改變。指定的操作在它整個執行期間都會在固定的執行緒上執行。

這對與演算法一起使用的迭代器、值及可呼叫物件所施加的額外要求，超過了排序策略：如果平行的呼叫，它們必須不會造成資料競爭；而且不能依賴與其他操作在相同執行緒上執行，或者確實依賴與其他操作不在相同執行緒上執行。

你可以在使用沒有執行策略的標準函式庫演算法的絕大多數情況下，使用平行執行策略。這只在需要的元素之間有特定排序的地方，或對共享資料的非同步存取才會有問題。向量中所有值的遞增可以平行執行：

```
std::for_each(std::execution::par,v.begin(),v.end(),[](auto& x){++x;});
```

如果使用平行執行策略，那前面向量填充的範例並不適合；具體來說，它是
未定義的行為：

```
std::for_each(std::execution::par,v.begin(),v.end(),
    [&](int& x){ x=++count; });
```

在這裡，每次呼叫 lambda 函式都會修改 count 變數，因此，如果函式庫要
跨多個執行緒執行 lambda 函式，就可能會有資料競爭，因此是未定義的行
為。std::execution::parallel_policy 的要求優先於此：即使函式庫在
這個呼叫上沒有使用多個執行緒，執行前面的呼叫也是未定義的行為。某件
事是否表現出未定義行為是呼叫的靜態屬性，而不是依賴於函式庫實作的細
節。但是，函式呼叫之間的同步是被允許的，因此你可以透過使 count 成為
std::atomic<int> 而不是普通的 int，或使用互斥鎖來再次進行這個已經
定義的行為。在這種情況下，這可能違背了使用平行執行策略的意義，因為
這將序列化所有呼叫，但是在一般情況下，它將允許同步存取共享狀態。

10.2.4　std::execution::parallel_unsequenced_policy

平行非排序策略為函式庫演算法提供了最大範圍的平行化，以換取對與演算
法一起使用的迭代器、值和可呼叫物件施加最嚴格的要求。

用平行非排序策略呼叫的演算法可以在執行的、未排序的以及彼此之間是非
排序的未指定執行緒上執行演算法的步驟。這意味著操作現在可以在單個執
行緒上相互交錯，使得在第一個操作結束前，第二個操作可以在同一個執行
緒上開始，而且可以在執行緒之間遷移，所以指定的操作可以在一個執行緒
上開始，在第二個執行緒上進一步執行，並在第三個執行緒上完成。

如果使用平行非排序策略，則在提供給演算法的迭代器、值和可呼叫物件上
呼叫的操作不能使用任何形式的同步化，也不能呼叫與另一個函式同步的任
何函式，或任何使其他程式碼和它同步的函式。

這表示這些操作只能在相關的元素，或可以被以這元素為基礎存取的任何資
料上操作，而且不能修改執行緒之間或元素之間任何共享的狀態。

稍後我們將利用一些範例來充實這些內容。現在，讓我們先看一下平行演算
法的本身。

10.3　C++ 標準函式庫的平行演算法

<algorithm> 和 <numeric> 標頭中大多數的演算法都採用執行策略的多載，包 括 有：all_of、any_of、none_of、for_each、for_each_n、find、find_if、find_end、find_first_of、adjacent_find、count、count_if、mismatch、equal、search、search_n、copy、copy_n、copy_if、move、swap_ranges、transform、replace、replace_if、replace_copy、replace_copy_if、fill、fill_n、generate、generate_n、remove、remove_if、remove_copy、remove_copy_if、unique、unique_copy、reverse、reverse_copy、rotate、rotate_copy、is_partitioned、partition、stable_partition、partition_copy、sort、stable_sort、partial_sort、partial_sort_copy、is_sorted、is_sorted_until、nth_element、merge、inplace_merge、include、set_union、set_intersection、set_difference、set_symmetric_difference、is_heap、is_heap_until、min_element、max_element、minmax_element、lexicographical_compare、reduce、transform_reduce、exclusive_scan、inclusive_scan、transform_exclusive_scan、transform_inclusive_scan 及 adjacent_difference。

這是一個相當大的序列；幾乎 C++ 標準庫中所有可以平行化的演算法都在這個序列中。值得注意的例外是像 std::accumulate，嚴格的說它是循序累加，但它在 std::reduce 中廣義的對應物也出現在這序列中 —— 如果還原操作不是關聯和交換的，標準中會有適當的警告，那因為未指定操作順序，所以結果可能會不確定。

對於序列中的每個演算法，每個「正常」的多載都有一個以執行策略為第一個引數的新變體，而「正常」多載的對應引數則在這執行策略之後。例如，std::sort 有兩個沒有執行策略的「正常」多載：

```
template<class RandomAccessIterator>
void sort(RandomAccessIterator first, RandomAccessIterator last);

template<class RandomAccessIterator, class Compare>
void sort(
    RandomAccessIterator first, RandomAccessIterator last, Compare comp);
```

因此它也有兩個有執行策略的多載：

```
template<class ExecutionPolicy, class RandomAccessIterator>
void sort(
    ExecutionPolicy&& exec,
    RandomAccessIterator first, RandomAccessIterator last);

template<class ExecutionPolicy, class RandomAccessIterator, class Compare>
void sort(
    ExecutionPolicy&& exec,
    RandomAccessIterator first, RandomAccessIterator last, Compare comp);
```

有及沒有執行策略引數的簽章間有一個只會影響某些演算法的重要差異：如果「正常」演算法允許輸入迭代器或輸出迭代器，那有執行策略的多載則需要順向迭代器；這是因為輸入迭代器基本上是單通的，即你只能存取目前元素，而不能將迭代器儲存到前面的元素。同樣地，輸出迭代器只允許寫入目前元素，你不能使它們前進以寫入後面的元素，然後回頭再寫入前面的元素。

C++ 標準函式庫中的迭代器類別

C++ 標準函式庫定義了五種迭代器類別：輸入迭代器、輸出迭代器、順向迭代器、雙向迭代器和隨機存取迭代器。

輸入迭代器是用於獲取值的單遍迭代器。它們通常用於諸如從控制台或網絡輸入或生成的序列之類的事情。推進輸入迭代器會使這迭代器的所有複製無效。

輸出迭代器是用於寫入值的單遍迭代器。它們通常用於對檔案的輸出或在容器內添加值。推進輸出迭代器會使這迭代器的任何複製無效。

順向迭代器是單向遍歷持久性資料的多遍迭代器。雖然你不能使迭代器退回到之前的元素，但是你可以儲存複製物並使用它們來參照到較早的元素。順向迭代器回傳對元素的實際參照，因此可用於讀取和寫入（如果目標不是常數）。

雙向迭代器類似順向迭代器也是多遍迭代器，但也可以使它們退後存取先前的元素。

> **隨機存取迭代器**類似雙向迭代器,是可以前進和後退的多遍迭代器,但是它們前進和後退的步輻可以超過一個元素,並且可以用陣列索引運算子以偏移量直接存取元素。

因此,指定 `std::copy` 的「正常」簽章

```
template<class InputIterator, class OutputIterator>
OutputIterator copy(
    InputIterator first, InputIterator last, OutputIterator result);
```

有執行策略的多載是

```
template<class ExecutionPolicy,
    class ForwardIterator1, class ForwardIterator2>
ForwardIterator2 copy(
    ExecutionPolicy&& policy,
    ForwardIterator1 first, ForwardIterator1 last,
    ForwardIterator2 result);
```

儘管從編譯器的角度來看樣板參數的命名並不會有任何直接的影響,但是從 C++ 標準的角度來看則會有:標準函式庫演算法樣板參數的名稱表示對型態語義的約束,並且演算法將依賴於這些現存約束所隱含轉換操作,並有指定的語義。在輸入迭代器對順向迭代器的情況下,前者允許取消對迭代器的參照,回傳可轉換為迭代器值型態的代理型態,而後者則要求取消對迭代器的參照,回傳對值實際的參照,而且所有相等的迭代器都回傳對相同值的參照。

這對於平行化很重要:它表示迭代器可以被自由複製,並等效的使用它們。另外,增加一個順向迭代器不會使其他複製物無效的要求也很重要,因為這表示個別的執行緒可以在自己的迭代器複製物上操作,在需要時增加它們,而不用擔心會使其他執行緒所持有的迭代器無效。如果有執行策略的多載允許使用輸入迭代器,這將迫使任何執行緒對用於從來源序列讀取的唯一迭代器序列化的存取,這很明顯的限制了平行化的可能性。

接下來讓我們看一些具體的例子。

10.3.1　使用平行演算法的範例

最簡單的例子肯定是平行循環：對容器內的每個元素做一些事情。這是一個令人尷尬平行場景的典型範例：每個項目都是獨立的，因此你具有最大平行化的可能性。使用支援 OpenMP 的編譯器，你可以寫出

```
#pragma omp parallel for
for(unsigned i=0;i<v.size();++i){
    do_stuff(v[i]);
}
```

使用 C++ 標準函式庫演算法，你可以改寫為

```
std::for_each(std::execution::par,v.begin(),v.end(),do_stuff);
```

這將在函式庫建立的內部執行緒之間分割範圍內的元素，並在範圍內的每個元素 x 上呼叫 do_stuff(x)。如何在執行緒之間分割這些元素是實作的細節。

選擇執行策略

除非你的實作提供了更適合你需要的非標準策略，否則 std::execution::par 是最常被使用的策略。如果你的程式適合平行化，那它應該與 std::execution::par 一起使用。在某些情況下，你也許可以改用 std::execution::par_unseq。這可能什麼都不會做（沒有一個標準執行策略會保證可以達到的平行化程度），但是它在對程式碼有更嚴格的要求下，透過重新排序及交錯工作等方式，提供函式庫額外的範圍改善程式性能。這些更嚴格要求中最值得注意的是，在存取元素或在元素上執行操作時不使用同步。這表示你不能使用互斥鎖或原子變數，或前面章節中所描述的任何其他機制確保來自多個執行緒的存取是安全的；相反地，你必須依賴演算法本身不會從多個執行緒存取相同元素，並且在呼叫平行演算法之外使用外部同步，以避免其他執行緒存取資料。

程式列表 10.1 的範例顯示了可以用於 std::execution::par 的一些程式碼，但不適用於 std::execution::par_unseq。要為同步而使用內部互斥鎖，表示嘗試使用 std::execution::par_unseq 將是未定義的行為。

程式列表 10.1　有內部同步類別上的平行演算法

```
class X{
    mutable std::mutex m;
    int data;
```

```
public:
    X():data(0){}
    int get_value() const{
        std::lock_guard guard(m);
        return data;
    }
    void increment(){
        std::lock_guard guard(m);
        ++data;
    }
};
void increment_all(std::vector<X>& v){
    std::for_each(std::execution::par,v.begin(),v.end(),
        [](X& x){
            x.increment();
        });
}
```

下一個程式列表顯示了可用於 std::execution::par_unseq 的替代方法。
在這種情況下，內部各元素的互斥鎖已經被整個容器的互斥鎖取代。

程式列表 10.2　沒有內部同步類別上的平行演算法

```
class Y{
    int data;
public:
    Y():data(0){}
    int get_value() const{
        return data;
    }
    void increment(){
        ++data;
    }
};
class ProtectedY{
    std::mutex m;
    std::vector<Y> v;
public:
    void lock(){
        m.lock();
    }
    void unlock(){
        m.unlock();
    }
    std::vector<Y>& get_vec(){
        return v;
    }
```

```
};
void increment_all(ProtectedY& data){
    std::lock_guard guard(data);
    auto& v=data.get_vec();
    std::for_each(std::execution::par_unseq,v.begin(),v.end(),
        [](Y& y){
            y.increment();
        });
}
```

現在程式列表 10.2 中元素的存取已經不同步，而且可以安全地使用 std::execution::par_unseq。缺點是，在調用平行演算法以外其他執行緒的併發存取，現在必須等待整個操作完成，而不是如程式列表 10.1 中的每個元素粒化。

現在，讓我們看一個如何使用平行演算法更實際的範例：計算一個網站到訪的次數。

10.3.2 計算到訪量

假設你經營一個繁忙的網站，這樣日誌中會包含數百萬條紀錄，而且你想要處理這些日誌以查看彙總的資料：每頁有多少次到訪、這些到訪者來自何處、使用哪些瀏覽器存取這網站等等。分析這些日誌包括兩個部分：處理每一行以抽取出相關資訊，以及將結果彙總在一起。這是使用平行演算法的理想情況，因為每一行的處理和其他完全無關，並且只要最後提供的總數正確，彙總結果就可以分散執行。

特別是，這就是 transform_reduce 被設計的那種工作。以下程式列表顯示如何將它用於這個工作上。

程式列表 10.3　用 transform_reduce 計算網站頁面的到訪量

```cpp
#include <vector>
#include <string>
#include <unordered_map>
#include <numeric>

struct log_info {
    std::string page;
    time_t visit_time;
    std::string browser;
    // 任何其他欄位
};
```

```
extern log_info parse_log_line(std::string const &line);    ←───❶

using visit_map_type= std::unordered_map<std::string, unsigned long long>;

visit_map_type
count_visits_per_page(std::vector<std::string> const &log_lines) {

    struct combine_visits {
        visit_map_type
        operator()(visit_map_type lhs, visit_map_type rhs) const {    ←───❸
            if(lhs.size() < rhs.size())
                std::swap(lhs, rhs);
            for(auto const &entry : rhs) {
                lhs[entry.first]+= entry.second;
            }
            return lhs;
        }

❹───►   visit_map_type operator()(log_info log,visit_map_type map) const{
            ++map[log.page];
            return map;
        }
❺───►   visit_map_type operator()(visit_map_type map,log_info log) const{
            ++map[log.page];
            return map;
        }
❻───►   visit_map_type operator()(log_info log1,log_info log2) const{
            visit_map_type map;
            ++map[log1.page];
            ++map[log2.page];
            return map;
        }
    };

    return std::transform_reduce(    ←───❷
        std::execution::par, log_lines.begin(), log_lines.end(),
        visit_map_type(), combine_visits(), parse_log_line);
}
```

假設你有某些 parse_log_line 函式從日誌紀錄中抽取出相關資訊❶,那麼 count_visits_per_page 函式就是對 std::transform_reduce 呼叫❷的 簡單包裝。複雜性來自於還原操作:你需要能夠結合兩個 log_info 結構來 產生一個映射、一個 log_info 結構和一個映射(無論以哪種方式)以及兩 個映射。因此,這表示你的 combine_visits 函式物件需要函式呼叫運算子

的四個多載（❸、❹、❺、❻），縱使這四個多載的實作很簡單，也無法藉由簡單的 lambda 來完成。

因此 std::transform_reduce 的實作將使用可以用的硬體來平行執行這個計算（因為你傳遞了 std::execution::par）。如同前一章所看到的，手動撰寫這個演算法並不容易，所以你可以將這平行化實作的困難工作委託給標準函式庫實作者，這樣你就可以專注在所需要的結果上。

本章小結

在本章中，我們檢視了 C++ 標準函式庫中可以使用的平行演算法以及如何使用它們。我們也研究了各種執行策略，選擇的執行策略對演算法行為的影響，以及對程式施加的限制等。最後，我們還看了這演算法如何用在實際程式碼中的一個例子。

執行緒應用程式的
測試與除錯

本章涵蓋以下內容

- 併發相關的錯誤
- 經由測試和程式碼檢查來找出錯誤
- 設計多執行緒的測試
- 測試多執行緒程式的性能

到目前為止，我的焦點都放在撰寫併發程式所涉及的內容，包括可以使用的工具、如何使用它們以及程式的整體設計和架構。但是，我還未談到軟體開發中的一個關鍵部分：測試和除錯。如果你閱讀本章是希望找到一種簡單的方法來測試併發程式，那麼你將非常失望。併發程式的測試和除錯很困難；我所要提供給你的是一些能使事情變得較容易的技術，以及一些需要思考的重要問題。

測試和除錯就像硬幣的兩面一樣，你對程式進行測試以發現可能存在的錯誤，且對它進行除錯以移除這些錯誤。運氣好的話，你只需要移除自己測試中發現的錯誤，而不是應用程式最終使用者發現的錯誤。在我們探討測試或除錯之前，了解可能出現的問題很重要，因此讓我們先看看這方面。

11.1　併發相關錯誤的類型

在併發程式中可能遇到任何類型的錯誤；它在這方面並不特別。但是有些錯誤類型直接與使用併發有關，因此與本書特別相關。通常，這些與併發相關的錯誤可以分為兩類：

- 不想要的阻擋

- 競爭條件

這些都是大的類別，因此讓我們將它們細分一些。首先，讓我們看一下不想要的阻擋。

11.1.1 不想要的阻擋

不想要的阻擋是什麼意思？當執行緒因為等待某事而無法繼續執行時，它就被*阻擋*了。通常等的是互斥鎖、條件變數或期約之類的東西，但它也可能是等待 I/O。這是多執行緒程式自然的部分，但這並非總是希望有的現象，因此是不想要的阻擋問題。這就引出了下一個問題：為什麼這種阻擋是不想要的？一般而言，這是因為其他執行緒也在等待被阻擋的執行緒執行某些動作，因此那個執行緒也被阻擋了。這個主題有幾種變化：

- *僵局*——如在第 3 章所看到的，在僵局的情況下，一個執行緒等待另一個執行緒，而那個執行緒又在等待第一個執行緒。如果你的執行緒陷入僵局，他們應該執行的工作就無法完成。在最明顯的情況下，涉及的執行緒之一是負責使用者介面的執行緒，而在這情形下，介面將停止回應。在其他情形下，介面將保持回應，但是某些必需的工作將無法完成，例如搜尋不會回傳或文件不會列印等。

- *活鎖*——活鎖與僵局類似，一個執行緒在等待另一個執行緒，而後者又在等待前者。主要的差別在於，等待不是一個阻擋等待，而是一個活躍的檢查迴圈，例如自旋互斥鎖。在嚴重的情況下，症狀與僵局相同（應用程式沒有任何進展），除了因為執行緒仍在執行但相互阻擋，因此 CPU 使用率很高；在不太嚴重的情況下，由於隨機的排程，活鎖最終將解決，但是遇到活鎖的工作會有很長的延遲，而且在這延遲期間 CPU 使用率會很高。

- *在 I/O 或其他外部輸入上的阻擋*——如果你的執行緒因等待外部輸入而被阻擋，即使等待的輸入永遠不會出現，這執行緒也不能繼續進行。因此，一個執行緒也在執行其他執行緒可能在等待的工作時，那在外部輸入上的阻擋是不希望出現的。

簡要介紹了不想要的阻擋，那關於競爭條件呢？

11.1.2 競爭條件

競爭條件是多執行緒程式中最常見的問題原因,許多僵局和活鎖只是因為競爭條件而表現出來。並非所有競爭條件都是有問題的——只要行為依賴於個別執行緒中操作的相對排程,競爭條件隨時都會發生。有很多競爭條件是良性的;例如,哪個工作者執行緒處理工作佇列中的下一個工作基本上沒有什麼關係。但是也有許多併發錯誤是由於競爭條件造成的;尤其是,競爭條件經常會導致以下類型的問題:

- **資料競爭**——資料競爭是特定的競爭條件類型,因為非同步的併發存取共用記憶體位置而導致未定義的行為。我們在第 5 章研究 C++ 記憶體模型時介紹過資料競爭。資料競爭通常是由於不正確地使用原子操作來同步執行緒,或是在未上鎖適當的互斥鎖下存取共用資料而造成的。

- **破壞不變性**——這些可以表現為懸置的指標(因為另一個執行緒刪除了正在存取的資料)、隨機記憶體損壞(由於執行緒讀取了部分更新導致值不一致)、和雙重釋放(例如,當兩個執行緒從佇列彈出相同的值,因此都將相關的資料刪除)等等。被破壞的不變性可以是時間性的,也可以是基於值的。如果個別執行緒上的操作需要以特定的順序執行,而不正確的同步可能會導致競爭條件,在這種情況下有時候會違反所需要的順序。

- **壽命問題**——雖然可以將這些問題和破壞不變性綁在一起,但這是一個單獨的類別。這類別中錯誤的基本問題在於,執行緒的壽命超過了它所存取的資料,因此它所存取的資料已經被刪除或以其他方式毀壞,甚至有可能它的儲存位置已被另一個物件使用。通常會在執行緒參照的區域變數,在執行緒完成工作之前就已經超出範圍下,遇到壽命問題,但並不局限於只有這種情況。只要執行緒的壽命以及它所操作的資料沒有以某種方式綁在一起,就有可能在執行緒完成之前破壞資料,而且執行緒函式也可能會停止對它的支援。如果你為了等待執行緒完成而手動呼叫 join(),則需要確定在有例外被拋出時不會跳過對 join() 的呼叫。這是應用於執行緒的基本例外安全。

有問題的競爭條件才是致命的。出現僵局和活鎖,應用程式似乎被掛在那,變得完全沒有反應,或要花很長的時間才能完成工作。通常,你可以將除錯器附加到運行中的程序,辨識出哪些執行緒涉入了僵局或活鎖,以及它們在爭奪哪些同步物件。對於資料競爭、破壞不變性、及壽命問題,問題的可見徵候(例如隨機崩潰或不正確的輸出)可能會出現在程式中任何的地方——

程式可能會覆蓋系統中另一部分使用的記憶體，而這部分要到以後才會被觸及。然後可能在程式執行很久以後，故障會在程式中與錯誤程式碼位置完全無關的地方出現。這是共用記憶體系統的真正詛咒——無論你如何嘗試限制哪些資料可以被哪個執行緒存取，並嘗試確認使用正確的同步，任何執行緒都有可能覆蓋應用程式中其他執行緒正在使用的資料。

現在我們已經簡要地確定了我們要尋找的問題種類，讓我們看一下可以如何在程式碼中找到任何問題的實體，以便可以修復它們。

11.2　找出與併發相關錯誤的技術

在上一節，我們研究了你可能會看到的與併發相關錯誤的類型，以及它們在程式中出現的方式。有了這些資訊，你可以檢查你的程式，看哪些位置可能出現錯誤，以及如何嘗試在特定部分中確定是否存有任何錯誤。

也許最明顯、最直接的方法就是**檢查程式碼**。雖然這似乎很明顯，但是很難做得徹底。當閱讀自己撰寫的程式時，很容易成為讀的是意圖要寫的內容而不是寫在那的內容。同樣地，在檢查其他人寫的程式時，也傾向於很快地讀過，依據當地編碼標準檢查，並強調任何明顯的問題。真正需要的是花時間仔細檢查程式，思考併發相關和非併發的問題（也可以在執行時這樣做；畢竟，錯誤就是錯誤）。我們很快就會說明檢查程式時需要考慮的具體事項。

縱使徹底檢查過程式，仍然有可能會遺漏一些錯誤，而且無論如何，你都需要確認它確實有效，如果沒有其他的事也能讓你放心。因此，我們將從檢查程式到測試多執行緒程式時所採用的一些技術繼續下去。

11.2.1　檢查程式以找出潛在的錯誤

如我曾經提過的，在檢視多執行緒程式以檢查併發相關的錯誤時，徹底地檢查是很重要的。如果可能，請其他人幫忙檢查。因為程式不是他們寫的，他們必須要思考程式是如何工作，而這將有助於發現任何可能存在的錯誤。讓檢查者有時間正確地檢查，不是用兩分鐘隨意瀏覽，而是適當、深思熟慮的檢查。多數併發錯誤都需要比快速瀏覽更仔細才能發現，它們通常依賴於細微的時序問題來顯現。

如果你請同事檢查程式，這程式對他們將是全新的，因此他們會從不同觀點看事情，並可能發現你看不到的事物。如果沒有同事可以找，那可以找朋

友，甚至將程式貼到網路上（注意不要惹惱公司的律師）。如果你找不到任何人幫你檢查程式，或他們找不到任何問題，也不要擔心——還是有很多可以做的事情。對於初學者來說，把程式擱置一段時間可能是值得的 - 先處理程式的其他部分、看看書、或散散步。如果你稍微休息一下，當你有意識地專注在其他事情的時候，你的潛意識可能會在背景中處理這問題。而且，當你再回到程式上面時它可能比較沒那麼熟悉——你可能會設法從自己不同的角度來檢視它。

讓其他人檢查你程式的替代方法是自己檢查。一個有用的技巧是嘗試向其他人詳細說明它如何工作。他們甚至不必在現場，許多團隊為此目的都有愛追根究底或難以說服的人，而我個人發現寫詳細的註釋會很有幫助。當你解釋的時候，考慮每一行程式碼、可能發生什麼事、存取哪些資料等等。問自己有關程式碼的問題，並說明問題的答案。我發現這是一種非常強大的技巧——透過問自己這些問題並仔細考慮問題的答案，通常問題會自己出現。這些問題不只在檢查自己程式時有用，而是對任何程式的檢查都很有幫助。

檢查多執行緒程式碼需要思考的問題

如我已經提到的，思考與被檢查程式碼有關的具體問題，對於檢查者（無論是程式開發者或是其他人）非常有用。這些問題可以讓檢查者專注在程式的相關細節上，並有助於辨識出潛在的問題。我喜歡問的問題包括以下的內容，雖然這絕不是一個詳盡的清單；你也可能會發現有其他問題可以幫助你更加專注。以下是我的問題：

- 需要從併發存取中保護哪些資料？

- 你如何確認資料已經受到保護？

- 在這個時間點，其他執行緒可能在程式的什麼位置？

- 這個執行緒持有哪些互斥鎖？

- 其他執行緒可能持有哪些互斥鎖？

- 在這個執行緒和其他執行緒所要執行的操作之間是否有任何排序的要求？如何強制執行這些要求？

- 這執行緒所加載的資料是否仍然有效？是否曾經被其他執行緒修改過？

- 如果你假設另一個執行緒可能在修改資料，這表示什麼？如何能確保這種情況永遠不會發生？

最後一個問題是我最喜歡的，因為它讓我考慮到了執行緒之間的關係。藉由假設存在與特定幾行程式碼相關的錯誤，你可以充當偵探並追蹤原因。為了說服自己沒有錯誤，你必須考慮每個極端的情況和可能的排序。當資料在其生命週期內受到多個互斥鎖保護的時候，這特別有用，例如在第 6 章中執行緒安全佇列，你為佇列的頭部和尾部設置了個別的互斥鎖：當持有一個互斥鎖時為了確保存取是安全的，必須確定持有**其他**互斥鎖的執行緒也不能存取同一個元素。對公共的資料或其他程式可以輕易獲得指標或參照的資料，必須受到特別檢查也很明顯。

清單中倒數第二個問題也很重要，因為它解決了一個容易犯的錯誤：如果釋放然後再重新取得一個互斥鎖，必須假設其他執行緒可能已經修改了共享資料。雖然這很明顯，但是如果互斥鎖上鎖不是立即可見，也許因為它們在物件內部，那麼你可能會在不知不覺中做了這件事。在第 6 章中，你看到在一個執行緒安全資料結構上提供的函式太精細的情況下，這可能會導致的競爭條件和錯誤。對於非執行緒安全的堆疊，有個別的 `top()` 和 `pop()` 操作是有意義的，而對於可以被多個執行緒併發存取的堆疊，就不再是這種情況了，因為內部互斥鎖的上鎖會在兩個呼叫之間釋放，因此另一個執行緒可以修改這堆疊。如你在第 6 章中看到的，解決方法是結合這兩個操作，所以它們都在同一個**互斥鎖**上鎖的保護下執行，因此消除了潛在的競爭條件。

好了，你已經檢查了你的程式（或請其他人檢查了），你確定沒有錯誤。俗話說，要證明布丁就在吃的過程中——你要如何測試你的程式以確認或反駁你對沒有錯誤的信念？

11.2.2 利用測試找出與併發相關的錯誤

在開發單執行緒應用程式的時候，在耗時方面，測試應用程式相對比較簡單。原則上，你可以識別所有可能的輸入資料集合（或至少所有感興趣的案例），然後在應用程式中執行它們。如果應用程式產生了正確的行為和輸出，那麼你就知道對指定的這組資料它有效。對於測試像是處理磁碟已滿錯誤這樣的錯誤狀態要比這更複雜，但想法是相同的：設定初始的條件並讓應用程式執行。

測試多執行緒程式屬於較困難的等級，因為執行緒精確的排程是不確定的，而且可能會因不同的執行而改變。因此，即使你用相同的輸入資料執行這個應用程式，在某些時候它可能可以正常工作，而如果程式中存有潛伏的競爭

條件時,則在其他時候可能會失敗。有潛在的競爭條件並不表示程式**總是會失敗**,只是它有時候可能會失敗。

有鑑於要重現併發相關錯誤有固有的難度,因此仔細設計你的測試是值得的。你希望每個可能顯示問題的測試都能在最少量的程式碼上執行,因此在測試失敗時可以很好地隔離出有問題的程式碼——直接測試併發佇列以驗證併發推入和彈出有效,會比藉由使用整個佇列程式區塊的測試要好。如果你在設計程式時考慮該如何測試,那這會有所幫助——請參考本章稍後可測試性設計的部分。

為了驗證問題是與併發有關,從測試中移除併發也是值得的。當所有內容都在單執行緒中執行時如果出現問題,那它是常見或非常普通的錯誤,而不是併發相關的錯誤。當嘗試追蹤一個發生在「自然場景」的錯誤,而不是測試框架中檢測到的錯誤時,這一點尤其重要。只因為錯誤發生在應用程式的多執行緒部分並不表示它自動地與併發相關。如果你使用執行緒池來管理併發層級,通常會有一個配置參數可以設定來指定工作者執行緒的數量。如果你手動管理執行緒,則必須修改程式以使用單執行緒進行測試。無論哪種方式,如果可以將應用程式簡化為單執行緒,就可以移除併發的原因。反過來說,如果問題在**單核心**系統(即使有多個執行緒在執行)上消失了,但在**多核心**或**多處理器**系統上仍然出現,那就存有競爭條件,而且可能有同步或記憶體排序問題。

測試併發程式不只是被測試程式的架構,測試的架構同樣重要,測試環境也一樣。如果繼續以測試併發佇列為例子,則必須思考各種情況:

- 一個執行緒自己呼叫 push() 或 pop() 驗證佇列在基本程度上的工作

- 一個執行緒在空佇列上呼叫 push(),同時另一個執行緒呼叫 pop()

- 多個執行緒在空佇列上呼叫 push()

- 多個執行緒在填滿的佇列上呼叫 push()

- 多個執行緒在空佇列上呼叫 pop()

- 多個執行緒在填滿的佇列上呼叫 pop()

- 多個執行緒在對所有執行緒項目均不足的部分填入佇列上呼叫 pop()

- 多個執行緒呼叫 push(),同時一個執行緒在空佇列上呼叫 pop()

- 多個執行緒呼叫 push()，同時一個執行緒在填滿的佇列上呼叫 pop()

- 多個執行緒呼叫 push()，同時多個執行緒在空佇列上呼叫 pop()

- 多個執行緒呼叫 push()，同時多個執行緒在填滿的佇列上呼叫 pop()

在考慮了所有這些以及更多的情況之後，你需要考慮關於測試環境的其他
因素：

- 在每種情況下，你所說的「多個執行緒」是什麼意思（3、4 或 1,024？）

- 系統中是否有足夠的處理核心，使每個執行緒都能在自己的核心上執行

- 測試應在哪種處理器架構上執行

- 對測試的「同時」部分如何確保有適當的排程

對於你的特別情況還有一些額外因素需要考慮。在這四個環境因素的考慮
中，第一個和最後一個會影響測試本身的結構（包括在 11.2.5 節中），而其
他兩個則與所使用的實體測試系統有關。要使用的執行緒數量與被測試的特
定程式有關，但是有多種方法可以建構測試以獲得適當的排程。在研究這些
技術之前，讓我們先看看如何設計應用程式讓它更容易測試。

11.2.3 為可測試性而設計

測試多執行緒程式很困難，因此你想盡你所能的讓它容易一些。你可以做的
最重要事情之一就是為了可測試性而**設計**程式。有關設計單執行緒程式的可
測試性文章很多，許多建議仍然適用。一般而言，如果滿足以下條件，程式
會更容易測試：

- 每個函式和類別的責任都很清楚

- 函式簡短而直接

- 你的測試可以完全控制被測試程式周圍的環境

- 執行被測試特定操作的程式緊密地結合在一起，而不是散佈在整個
  系統中

- 在你撰寫程式前就考慮過要如何測試程式

所有這些對於多執行緒程式仍然適用。實際上，我認為關注多執行緒程式的
可測試性，甚至比單執行緒更重要，因為它本質上就更難測試。最後一點很
重要：即使不在設計程式之前盡所能地撰寫你的測試，也值得在撰寫程式之

前考慮要如何測試——使用什麼輸入、哪些條件可能有問題、如何以可能有問題的方式刺激程式等等。

設計用於測試的併發程式最好的方法之一是移除併發性。如果你可以將程式分解為負責執行緒之間通訊路徑的部分，和在單執行緒內通訊資料上操作的部分，則可以大大減化問題。應用程式中那些只被一個執行緒存取資料進行操作的部分，就可以用正常的單執行緒技術測試。難以測試的併發程式碼處理執行緒間通訊，並確保每次只有一個執行緒在存取特定資料塊，這些程式碼現在就小多了，而且也更容易測試。

例如，如果你的應用程式被設計為多執行緒狀態機，則可以將它分成幾個部分。每個執行緒的狀態邏輯可以確保每個可能輸入事件集的轉換和操作都是正確的，可以使用單執行緒技術單獨測試，並用測試線束提供來自其他執行緒的輸入事件。然後，核心狀態機和確保事件以正確的順序傳遞給正確執行緒的訊息路由程式碼，可以獨立進行測試，但要有多個併發執行緒和專門為測試設計的簡單狀態邏輯。

另外，如果你可以把程式分成**讀取共享資料／轉換資料／更新共享資料**的多個區塊，就可以用所有常用的單執行緒技術測試轉換資料的部分，因為目前這是單執行緒程式。測試多執行緒轉換的困難將簡化為測試共享資料的讀取和更新，這就簡單多了。

需要注意的一件事是，函式庫呼叫可以用內部變數來儲存狀態，如果多個執行緒使用相同一組函式庫呼叫，這些狀態將變為共用。這可能是個問題，因為程式無法立即明顯地存取共享資料。但是隨著時間的推移，你會知道這些函式庫呼叫的是什麼，而且它們會非常明顯。然後，你可以增加適當的保護和同步，或使用可以安全地從多個執行緒併發存取的替代函式。

為了可測試性而設計多執行緒程式，除了在結構上應盡量減少需要處理併發相關問題的程式碼，以及注意使用非執行緒安全的函式庫呼叫以外，還有更多的內容。牢記第 11.2.1 節中你在檢查程式碼時問自己的同一組問題也很有幫助。雖然這些問題不是直接與測試和可測試性有關，但如果你以測試為首要思考的問題並考慮如何測試程式，這將影響你對設計的選擇，並使測試更為容易。

現在，我們已經研究了如何設計程式讓測試更容易，並可能修改程式將「併發」的部分（例如執行緒安全容器或狀態機事件邏輯）從「單執行緒」部分

（仍然可以透過併發塊與其他執行緒互動）分離出來，讓我們接著看看測試併發感知程式的技術。

11.2.4 多執行緒測試技術

所以，你已經想好了要測試的場景，並撰寫了少量程式碼來測試要被測試的函式。那你要如何確保執行任何可能有問題的排程順序以將錯誤顯現出來？

好吧，有幾種方法可以處理這個問題，先從蠻力測試或壓力測試開始。

蠻力測試

蠻力測試背後的想法是對程式施壓以看它是否會毀壞。這通常表示需要多次執行程式，可能一次用多個執行緒執行。如果只有以特定方式排程執行緒時才出現錯誤，則程式執行的次數越多，這錯誤就越可能出現。如果你執行測試一次且它通過，你可能會對程式有效有一點信心；如果你連續執行了十次且它每次都通過，那麼你會感到更有信心；如果你執行了十億次測試且它每次都通過，那麼你就會感到更加的有信心。

你對結果的信心取決於每個測試所測試的程式碼數量。如果你的測試非常精細，例如前面概述的對執行緒安全佇列測試，這種蠻力測試可以讓你對程式有高度的信心。另一方面，如果被測試的程式相當大，那可能排程的排列組合數量將非常巨大，甚至使得執行超過十億次的測試，都只能產生低程度的信心。

蠻力測試的缺點是，它可能會給你錯誤的信心。如果你撰寫測試的方式不會出現有問題的情況，你也可以根據需要多次執行測試且它不會失敗，即使它每次都會在稍微不同的情況下失敗。最糟糕的例子是，因為你測試的特定系統執行方式，使有問題的情況不會在測試系統上發生。那除非你的程式只在與這測試系統相同的系統上執行，否則特定的硬體和操作系統組合可能个允許出現會造成問題的情況。

這裡經典的範例是在單處理器系統上測試多執行緒應用程式。因為每個執行緒必須在同一個處理器上執行，所以所有東西都會自動序列化，而且你在真的多處理器系統可能會遇到的許多競爭條件和快取乒乓問題也都消失了。但這不是唯一的變數，不同的處理器架構提供不同的同步和排序功能。例如，在 x86 和 x86-64 架構上，無論標記為 `memory_order_relaxed` 或 `memory_order_seq_cst`，原子加載操作都是一樣的（請參閱第 5.3.3 節）。這表示用

寬鬆記憶體排序撰寫的程式可能在 x86 架構的系統上能作用，但在像 SPARC 這樣有更細緻記憶體排序指令集的系統上，這程式可能會失敗。

如果你需要應用程式在一些目標系統中具有可攜性，那在這些系統的代表性實體上測試它是很重要的。這就是為什麼我在 11.2.2 節中將用於測試的處理器架構列為考慮的因素。

避免潛在錯誤的信心是蠻力測試成功的關鍵。這需要仔細地思考測試設計，不只是關於選擇要測試的程式單元，還要考慮測試線束的設計和選擇測試環境。你需要確保在盡可能多可行的程式路徑和可能的執行緒交互下測試。不僅如此，你還需要知道涵蓋了哪些選項以及哪些還未測試。

雖然蠻力測試確實讓你對程式有一定程度的信心，但它不保證會找出所有問題。如果你有時間將一種技術應用到程式和適當的軟體上，那它可以確保能找出問題；我稱這技術為**組合模擬測試**。

組合模擬測試

這有一點拗口，因此我將說明一下我的意思。這個想法是，你用**模擬被測程式真實執行環境**的特殊軟體執行被測程式。你可能知道有些軟體讓你在一台實體計算機上執行多個虛擬機，其中虛擬機及它硬體的特徵由監管軟體模擬。除了不是模擬系統以外，這裡的想法是類似的，模擬軟件會記錄每個執行緒資料存取、上鎖和原子操作的順序。然後，它用 C++ 記憶體模型的規則，在每個允許的操作**組合**下重複執行，並辨識出競爭條件和僵局。

雖然這種詳盡的組合測試保證可以找到被測系統設計的所有問題，但除了最瑣碎的程式外，它將耗費大量時間，因為組合的數量會隨著執行緒數量和每個執行緒執行的操作數成指數成長。這技術最好留給個別程式片段的細緻測試，而不是用於整個程式。另一個明顯的缺點是，它過於依賴可以處理你程式碼中所用操作的模擬軟體的可用性。

因此，你已經有了一種在正常條件下多次執行測試但可能會錯失問題的技術，以及一種在特殊條件下多次執行測試但比較可能會發現任何存在問題的技術。還有其他的選擇嗎？

第三種選擇是使用可以偵測到在執行測試時所發生問題的函式庫。

由使用特殊函式庫測試所暴露的偵測問題

雖然這個選項無法提供如組合模擬測試般的詳盡檢查，但透過使用函式庫中像是互斥鎖、上鎖和條件變數等基本同步方式的特殊實作來辨識許多問題。例如，通常會要求所有對一塊共享資料的存取都必須在特定互斥鎖上鎖下執行。當資料被存取時如果可以檢查哪些互斥鎖上鎖，則可以驗證當存取資料時呼叫的執行緒確實上鎖了適當的互斥鎖，如果不是的話就報告失效。透過以某種方式標記共享資料，就可以讓函式庫為你檢查。

如果特定執行緒同時持有多個互斥鎖，則這個函式庫的實作也會記錄上鎖的順序。如果另一個執行緒以不同的順序上鎖了相同的互斥鎖，縱使測試在執行時未出現僵局，也可能會被記錄為*潛在的僵局*。

當測試多執行緒程式時另一種可以用的特殊函式庫，是像互斥鎖和條件變數等基本執行緒方法的實作，讓測試撰寫者可以控制當多個執行緒在等待時由哪個執行緒取得上鎖，或是哪個執行緒被條件變數上的 notify_one() 呼叫所通知。這將允許你設置特定的場景並驗證你的程式在這些場景中可以如預期的作用。

其中一些測試工具必須作為 C++ 標準函式庫實作的一部分來提供，而其他的則可以建立在標準函式庫之上作為測試線束的一部分。

在看過了執行測試程式的各種方法之後，現在讓我們看看建構程式以達到你想要排程的方法。

11.2.5　建構多執行緒測試程式

在 11.2.2 節中，我說過你需要找到為測試「 while 」部分提供適當排程的方法。現在是看一下其中所涉及問題的時候了。

基本的問題是你需要安排一組執行緒，每個執行緒在你指定的時間執行一段選擇的程式碼。在最基本的情況下會有兩個執行緒，但是這很容易可以擴展到更多的執行緒。第一步，你需要確定每個測試的不同部分：

- 一般的設置程式碼必須在其他程式碼之前執行
- 執行緒特定的設置程式必須在每個執行緒上執行
- 每個執行緒你所要併發執行的程式碼
- 併發執行完成後要執行的程式碼，可能包括對程式狀態的斷言

為了進一步說明，讓我們考慮 11.2.2 節中測試序列中的一個具體範例：一個執行緒在空佇列上呼叫 push()，同時在另一個執行緒上呼叫 pop()。

一般設置程式碼都很簡單：你必須建立佇列。執行 pop() 的執行緒沒有執行緒特定的設置程式；對執行 push() 的執行緒特定的設置程式碼與佇列的介面和要儲存物件的型態有關。如果要儲存物件的建構成本很高或必須配置堆積，你將希望它成為執行緒特定設置的一部分，這樣它就不會影響測試。另一方面，如果佇列只是儲存普通的 int，那麼在設置程式碼中建構一個 int 也沒什麼好處。被測試的程式是相對直接的，從一個執行緒呼叫 push() 並從另一個呼叫 pop()，但是關於「完成後」的程式碼呢？

在這種情況下，它取決於你要 pop() 做什麼。如果應該阻擋到有資料為止，那麼顯然你希望看到回傳的資料是提供給 push() 呼叫的資料，而且之後佇列會是空的。如果 pop() **沒有**阻擋而且就算佇列是空的也能完成，那需要對兩種可能性測試：pop() 回傳提供給 push() 的資料項而且佇列是空的，或 pop() 通知沒有資料而佇列中有一個元素。這兩者之一必須成立；你要避免的是 pop() 通知「沒有資料」但佇列是空的情況，或 pop() 回傳了值而佇列**仍然**不是空的情況。為了簡化測試，可以假設你有一個阻擋的 pop()。因此最後的程式是一個斷言，即彈出的值是推入的值而且佇列是空的。

現在，在確定了各個程式塊之後，你需要盡你所能地確保一切都會依計劃執行。其中一種方法是當一切就緒時用一組 std::promise 來表示。每個執行緒都會設定一個約定表示它已經準備就緒，然後等待從第三個 std::promise 得到的 std::shared_future（備份）；主執行緒會等待所有執行緒的約定都被設定，然後觸發執行緒 go。這樣可以確保每個執行緒都已啟動，並且在應該併發執行的程式區塊之前啟動；任何執行緒特定的設置應該在設定執行緒的約定之前完成。最後，主執行緒等待其他執行緒完成並檢查最後的狀態。你也需要注意例外情況，並確認當 go 信號不會發生時，不會有任何執行緒等待它。以下程式列表顯示建構這測試的一種方法。

程式列表 11.1　佇列上併發 push() 和 pop() 呼叫測試範例

```
void test_concurrent_push_and_pop_on_empty_queue()
{
    threadsafe_queue<int> q;    ◀━━❶
    std::promise<void> go,push_ready,pop_ready;    ◀━━❷
    std::shared_future<void> ready(go.get_future());    ◀━━❸
    std::future<void> push_done;    ◀━━❹
    std::future<int> pop_done;
```

```
    try
    {
        push_done=std::async(std::launch::async,        ◄─────❺
                             [&q,ready,&push_ready]()
                             {
                                 push_ready.set_value();
                                 ready.wait();
                                 q.push(42);
                             }
        );
        pop_done=std::async(std::launch::async,        ◄─────❻
                            [&q,ready,&pop_ready]()
                            {
                                pop_ready.set_value();
                                ready.wait();
                                return q.pop();        ◄─────❼
                            }
        );
        push_ready.get_future().wait();        ◄─────❽
        pop_ready.get_future().wait();
        go.set_value();        ◄─────❾
        push_done.get();        ◄─────❿
        assert(pop_done.get()==42);        ◄─────⓫
        assert(q.empty());
    }
    catch(...)
    {
        go.set_value();        ◄─────⓬
        throw;
    }
}
```

這架構與前面描述的幾乎一樣。首先，將建立空佇列當成一般設置的
一部分❶。接著，為「就緒」信號建立所有約定❷，並為 go 信號取得
std::shared_future❸。然後，建立用來表示執行緒已完成的期約❹。這
些都必須放在 try 區塊以外，因此可以在例外上設定 go 信號而不需要等待
測試執行緒完成（這將導致僵局──測試程式中的僵局不太理想）。

在 try 區塊內你可以啟動執行緒❺、❻ ── 你用 std::launch::async 保
證每個工作都在自己的執行緒上執行。注意，用 std::async 會使你的例外
安全工作比用普通的 std::thread 更容易，因為期約的解構函式會與執行
緒結合。為了通知已經準備就緒，lambda 捕獲指定每個工作將參照的佇列和
相關的約定，同時複製你從 go 約定中獲得的 ready 期約。

如前面所描述的，每個工作設定自己的 ready 信號，然後在執行測試程式之前等待共同的 ready 信號。主執行緒則做相反的事——它在通知兩個執行緒開始實際測試❾之前，等待來自它們的信號❽。

最後，主執行緒在來自非同步呼叫的期約上呼叫 get() 以等待工作完成❿、⓫，並檢查結果。請注意，*pop* 工作回傳經由期約取得的值❼，因此你可以用它來獲得斷言的結果⓫。

如果拋出例外，可以設定 go 信號避免有任何懸置執行緒的機會，然後將例外重新拋出⓬。與工作對應的期約最後才宣告❹，因此將首先被銷毀；而且如果有未完成的工作，期約的解構函式將等待工作完成。

雖然這看起來像是用很多樣板測試兩個簡單的呼叫，但為了有最好的機會測試你想要測試的東西，還是必須使用類似的方式。例如，啟動執行緒可能是一個非常耗時的過程，因此如果你不想讓執行緒等待 go 信號，那麼推入的執行緒甚至可能在彈出的執行緒啟動之前就已經完成，這將完全違背了測試的重點。以這種方式使用期約，可以確保兩個執行緒在同一個期約上執行和阻擋；暢通無阻的期約允許兩個執行緒都執行。當熟悉了這個架構後，以相同樣板建立新的測試應該相對的簡單。對於需要測試兩個以上的執行緒，這個樣板可以輕易擴展成有額外執行緒的情況。

到目前為止，我們一直在檢視多執行緒程式的**正確性**。雖然這是最重要的問題，但並不是你測試唯一的原因：測試多執行緒程式的**性能**也很重要，因此接下來讓我們研究這個面向。

11.2.6 測試多執行緒程式的性能

你選擇在應用程式中使用併發的主要原因之一，是利用日益普及的多核心處理器提高應用程式的性能。因此，就像其他任何優化的嘗試一樣，測試你的程式以確認性能的確獲得了改善非常重要。

為了性能而使用併發的一個特殊問題是**可擴展性**——在其他條件相同下，你希望程式在 24 核心計算機上執行的速度比單核心計算機快約 24 倍，或處理 24 倍的資料量。你不會希望程式在雙核心計算機上執行的速度快兩倍，但在 24 核心計算機上執行速度卻比較慢。如在 8.4.2 節中所看到的，如果程式有相當大的部分只在一個執行緒上執行，這會限制潛在的性能提升。

因此在開始測試之前，先檢視程式的整體設計是值得的，這樣你就會知道是希望有 24 倍的改善，或是程式的循序部分意味著你被限制最多只有 3 倍。

正如你在前幾章中已經看過的，處理器之間為了存取資料結構的競爭對性能會有很大的影響。當處理器數量少時，某些能夠很好地隨著處理器數量增加而擴展的事情，在處理器數量大的時候，因為競爭的大幅增加而表現得就會比較糟。

因此，在測試多執行緒程式的性能時，最好在盡可能多的不同系統配置下檢查性能，這樣就能得到一個擴展性圖表。至少，你應該在單處理器系統**以及**有盡可能多處理核心的系統上進行測試。

本章小結

在本章中，我們研究了你可能會遇到併發相關的各種類型錯誤，從僵局和活鎖到資料競爭和其他有問題的競爭條件。隨後，我們介紹了找出錯誤的技術，包括在程式檢查期間要思考的問題、撰寫可測試程式的指引、以及如何為併發程式建構測試等。最後，我們檢視了一些有助於測試的實用元件。

C++11 語言特點的
簡要參考

新的 C++ 標準帶來的不只是對併發的支援，還有大量其他語言的特點以及新的函式庫。在這個附錄中，我簡要概述了用於執行緒庫和本書其餘部分的新語言特點。雖然它們對多執行緒程式很重要且有用，但除了 thread_local（在 A.8 節中介紹）之外，它們都與併發沒有直接的關係。我把這個序列限制為必要的（例如右值參照），或使程式更簡單或更容易了解的範圍。使用這些特點的程式一開始可能會因為不太熟悉而難以理解，但是漸漸熟悉它們之後，它們通常應該會使程式碼更容易了解。隨著 C++11 的使用越來越廣泛，使用這些特點的程式碼會變得更普遍。

不需要再多費唇舌，我們先看一下**右值參照**，它被執行緒庫廣泛地用於促進物件之間（執行緒、上鎖或其他）所有權轉移。

A.1 右值參照

如果你已經用 C++ 撰寫程式一段時間了，那對參照應該蠻熟悉。C++ 的參照允許你為現有的物件建一個新的名字，透過新參照的所有存取和修改都會影響原來的物件；例如：

```
int var=42;
int& ref=var;      ◄—————  建立對 var 的參照
ref=99;                                        因為設定給參照，所以
assert(var==99);   ◄—————————————  原物件也更新了
```

在 C++11 之前唯一存在的參照是**左值參照**，即對左值的參照。**左值**這術語來自 C，指的是可以位於指定表示式左側的事物，如命名物件、在堆疊或堆積上分配的物件、或其他物件的成員等，所有已定義儲存位置的事物。**右值**術語也來自 C，表示只能出現在指定表示式右側的事物，例如，文數字和臨

時存儲單元。左值參照只能繫結到左值，不能繫結到右值。例如，你不能寫

```
int& i=42;    ←──  不能編譯
```

因為 42 是一個右值。好吧，那並不完全正確；你總是可以將右值繫結到 const 左值參照上：

```
int const& i=42;
```

但這是標準在有右值參照之前所引入的一個特例，目的是為了允許你傳遞暫時存儲單元給有參照的函式。這允許了隱含轉換，因此你可以撰寫如下內容：

```
void print(std::string const& s);      ←──  建立臨時的
print("hello");                               std::string 物件
```

C++11 標準引入了**右值參照**，它只繫結到右值，而不繫結到左值，並且宣告是用兩個「&」而不是一個：

```
int&& i=42;
int j=42;
int&& k=j;    ←──  不能編譯
```

藉由讓函式的一個多載取左值參照，另一個多載取右值參照的方式，讓函式的多載決定參數是左值或右值；這是**移動語義**的基石。

A.1.1　移動語義

右值通常是臨時的，所以可以自由修改；如果你知道函式的參數是右值，則可以將它當成臨時的存儲，或在不影響程式正確性的情況下「竊取」它的內容。這表示你可以**移動**右值參數的內容而不是**複製**它。對於大型動態結構，這可以節省大量的記憶體分配，並提供了很大優化的空間。考慮一個以 std::vector<int> 為參數的函式，它為了不要碰觸原來的內容，而需要內部的複製以便修改。這樣做的舊方法是將參數當成 const 左值參照，並在內部進行複製：

```
void process_copy(std::vector<int> const& vec_)
{
    std::vector<int> vec(vec_);
    vec.push_back(42);
}
```

這讓函式可以使用左值和右值，但在每種情況下都強制進行複製。如果你用右值參照的版本多載這個函式，那因為你知道可以自由地修改原始值，所以可以避免在右值情況下的複製：

```
void process_copy(std::vector<int> && vec)
{
    vec.push_back(42);
}
```

現在，如果所討論的函式是類別的建構函式，則可以竊取右值的內部並將它用於新的實體。考慮以下程式列表中的類別，在預設的建構函式中，它配置了一大塊記憶體，並在解構函式中釋放。

程式列表 A.1　有移動建構函式的類別

```
class X
{
private:
    int* data;
public:
    X():
        data(new int[1000000])
    {}
    ~X()
    {
        delete [] data;
    }
    X(const X& other):    ◄———❶
        data(new int[1000000])
    {
        std::copy(other.data,other.data+1000000,data);
    }
    X(X&& other):    ◄———❷
        data(other.data)
    {
        other.data=nullptr;
    }
};
```

複製建構函式❶的定義就如你所預期的：配置新的一塊記憶體並複製資料。但是你也有一個利用右值參照取得舊值❷的新建構函式；這就是**移動建構函式**。在這種情況下，你複製了對資料的**指標**，並留給另一個實體一個空指標，當從右值建立變數時為自己節省了大量的記憶體和時間。

對類別 X，移動建構函式是一種優化，但是在某些情況下，即使提供複製建構函式也沒意義，而提供移動建構函式卻是有意義的。例如，std::unique_ptr<> 的整個重點是，每個非空的實體都是對它物件的唯一指標，因此複製建構函式沒有意義；但是移動建構函式允許指標的所有權在實體間轉移，並允許 std::unique_ptr<> 用作函式的回傳值，即指標是被**移動**而不是**複製**。

如果要從一個已知不會再使用的命名物件中明確地移動，你可以用 static_cast<X&&> 或呼叫 std::move()，將它強制轉換成右值：

```
X x1;
X x2=std::move(x1);
X x3=static_cast<X&&>(x2);
```

當你想將參數值移到區域變數或成員變數而不是複製時，這可能會很有用，因為右值參照的參數雖然可以繫結到右值，但在函式內仍然將它當成左值處理：

```
void do_stuff(X&& x_)
{
    X a(x_);   ←——— 複製
    X b(std::move(x_));   ←——— 移動
}
do_stuff(X());   ←——— 可以；右值繫結到右值參照
X x;
do_stuff(x);   ←——— 錯誤；左值不能繫結到右值參照
```

移動語義在執行緒庫中被廣泛使用於以下兩種情況，即複製沒有語義上的意義但資源可以傳輸，以及因為無論如何來源都會被銷毀因此可以作為避免昂貴複製的一種優化。在 2.2 節中你看過這樣的範例，其中使用 std::move() 將 std::unique_ptr<> 實體傳輸到新建構的執行緒，然後在第 2.3 節中再次看到，在 std::thread 實體間傳輸執行緒的所有權。

std::thread、std::unique_lock<>、std::future<>、std::promise<> 和 std::packaged_task<> 不能被複製，但是它們都有移動建構函式以允許相關聯的資源在實體之間傳輸，並支持將它們當成函式的回傳值。std::string 和 std::vector<> 都可以一如既往的複製，但它們也有移動建構函式和移動指定運算子，以避免從右值複製大量的資料。

C++ 標準函式庫永遠不會對已經被明確移動到另一個物件中的物件執行任何操作，除非銷毀它或將值指定給它（無論是複製，或更可能的是移動）。但

最好的做法是確保類別的不變性包含了移出的狀態。例如，一個被用作移動來源的 std::thread 實體相當於預設建構的 std::thread 實體，以及一個被用作移動來源的 std::string 實體，仍然有有效的狀態，儘管不能保證這個狀態是什麼（就字串有多長或含有那些字元而言）。

A.1.2 右值參照及函式樣板

常用右值參照作為函式樣板的參數時，會有最後的細微差別：如果函式參數是對樣板參數的右值參照，則自動樣板引數型態的推導，會在提供左值時推導為左值參照的型態，如果提供的是右值，則推導為普通的無修飾型態。這有點拗口，所以讓我們看一個例子；考慮以下函式：

```
template<typename T>
void foo(T&& t)
{}
```

如果你像下面顯示的用右值呼叫它，則 T 會被推導為值的型態：

```
foo(42);          ◄──── 呼叫 fool<int>(42)
foo(3.14159);     ◄──── 呼叫 fool<double>(3.14159)
foo(std::string()); ◄──── 呼叫 fool<std::string>(std::string())
```

但是，如果用左值呼叫 foo，則 T 被推導為左值參照：

```
int i=42;
foo(i);   ◄──── 呼叫 fool<int&>(i)
```

因為函式參數宣告為 T&&，因此是對參照的參照，它會被視為是原來的參照型態。foo<int&>() 的簽章是

```
void foo<int&>(int& t);
```

這讓單函式樣板同時接受左值和右值參數，並透過 std::thread 建構函式使用（2.1 和 2.2 節），所以如果參數是右值，提供的可呼叫物件可以被移到內部儲存，而不是複製。

A.2 已刪除的函式

有時候，允許類別被複製並沒有意義。std::mutex 就是一個典型的例子──如果你確實複製了互斥鎖，這表示什麼？ std::unique_lock<> 是另一個例子──一個實體是它持有上鎖的唯一所有者。要真正複製它將意味著這複製物也持有這個上鎖，這沒有任何意義。如 A.1.2 節所描述的，在實體之間移動所有權是有意義的，但不是複製。我確定你已經看過其他的例子。

為了防止類別複製的標準習慣用法，是將複製建構函式和複製指定運算子宣告為私有，而且不提供實作。如果任何這類別以外的程式碼嘗試複製它的實體，則將導致編譯錯誤；且如果這類的任何成員函式或友誼函式嘗試複製它的實例，則將導致鏈結期錯誤（因為缺少實作）：

```cpp
class no_copies
{
public:
    no_copies(){}
private:
    no_copies(no_copies const&);
    no_copies& operator=(no_copies const&);
};
no_copies a;
no_copies b(a);
```

沒有實作

不能編譯

在 C++11 中，委員會意識到這是一個常見的習慣用法，但也意識到這有點駭人聽聞。因此，委員會提供了一種更通用的機制，它也可以應用於其他情況：可以透過在函式宣告中添加 =delete 將函式宣告為**刪除**。no_copies 可以寫成

```cpp
class no_copies
{
public:
    no_copies(){}
    no_copies(no_copies const&) = delete;
    no_copies& operator=(no_copies const&) = delete;
};
```

這比原來的程式碼更具描述性，且清楚地表達了意圖。如果你嘗試在類別的成員函式中執行複製，它也允許編譯器提供更具描述性的錯誤訊息，並將錯誤從鏈結期轉移到編譯期。

除了刪除複製建構函式和複製指定運算子以外，如果你也明確地撰寫了移動建構函式和移動指定運算子，那你的類別就變成只能移動，與 std::thread 和 std::unique_lock<> 相同。以下程式列表顯示一個只能移動型態的範例。

程式列表 A.2　簡單的只能移動型態

```cpp
class move_only
{
    std::unique_ptr<my_class> data;
public:
```

```
    move_only(const move_only&) = delete;
    move_only(move_only&& other):
        data(std::move(other.data))
    {}
    move_only& operator=(const move_only&) = delete;
    move_only& operator=(move_only&& other)
    {
        data=std::move(other.data);
        return *this;
    }
};
move_only m1;
move_only m2(m1);          ◄────     錯誤；複製建構函式
                                     宣告為已刪除
move_only m3(std::move(m1));  ◄────   可以，發現移動建構函式
```

只能移動的物件可以作為函式參數傳遞並從函式回傳，但是如果要從左值移動，則必須明確地使用 std::move() 或 static_cast<T&&> 移動。

你可以將 = delete 說明符應用到任何函式，而不只是複製建構函式和指定運算子。這清楚表明這個函式不能使用。但是，它的作用並不止如此；刪除的函式將以正常方式參與多載解析，並且只有在被選中才會造成編譯錯誤。這可以被用來移除特定的多載；例如，如果你的函式需要 short 參數，則可以透過撰寫用 int 作為參數的多載並將它宣告為刪除來防止 int 值縮小：

```
void foo(short);
void foo(int) = delete;
```

現在，任何試圖用 int 呼叫 foo 都會遇到編譯錯誤，而且呼叫者必須將所提供的值顯式轉換為 short：

```
foo(42);         ◄────   錯誤，int 多載宣告已刪除
foo((short)42);  ◄────   可以
```

A.3   預設函式

刪除的函式允許你明確地宣告一個函式沒有被實作，而預設函式則是反向的極端：它們允許你指定編譯器應為你編寫函式，並以這函式為「預設」的實作。你只能對編譯器可以自動生成的函式這樣做：預設建構函式、解構函式、複製建構函式、移動建構函式、複製指定運算子和移動指定運算子等。

你為什麼要這麼做呢？可能有以下幾個原因：

- **為了改變函式的可存取性** —— 預設情況下，編譯器生成的函式是 `public`。如果要使它們成為 `protected` 甚至 `private`，你必須自己撰寫。透過將它們宣告為預設的，可以讓編譯器撰寫這函式並更改存取等級。

- **作為文檔** —— 如果編譯器生成的版本已經足夠，可能值得將它明確宣告為這樣，以便當你或其他人稍後查看程式碼時，能很清楚這是有意的。

- **為了迫使編譯器在不這樣做的情況下生成函式，它將會這樣做** —— 這通常用於預設的建構函式，如果沒有使用者定義的建構函式，通常才會由編譯器生成。例如，如果你需要定義一個客製化複製建構函式，透過將它宣告為預設，你仍然可以得到一個由編譯器生成的預設建構函式。

- **為了使解構函式虛擬化，同時將它保留為編譯器生成的。**

- **強制複製建構函式的特定宣告**，例如讓它透過非 const 參照而不是 const 參照接受來源參數。

- **為了利用如果你提供了實作就會失去編譯器生成函式的特殊屬性** —— 這點稍後再說明。

就像刪除函式透過在宣告後面加上 `= delete` 一樣，預設函式的宣告也是藉由在原宣告中加上 `= default` 而形成；例如：

```
class Y
{
private:
    Y() = default;        ◀──── 改變存取
public:
    Y(Y&) = default;                        採用非 const 參照
    T& operator=(const Y&) = default;  ◀──── 宣告為預設的文檔
protected:
    virtual ~Y() = default;  ◀──── 改變存取等級並增加虛擬
};
```

前面我提到過，編譯器生成的函式可以具有你無法從客製化版本獲得的特殊屬性。最大的差異在於，編譯器生成的函式可能是**平凡的**。這會包括以下的後果：

- 有平凡的複製建構函式、平凡的指定運算子及平凡的解構函式的物件可以使用 `memcpy` 或 `memmove` 複製。

- 用於 constexpr 函式的文數字型態（請參閱第 A.4 節）必須具有平凡的建構函式、複製建構函式和解構函式。

- 具有平凡的預設建構函式、複製建構函式、複製指定運算子和解構函式的類別可以與客製化建構函式和解構函式聯合使用。

- 具有平凡的複製指定運算子的類別可以與 std::atomic<> 類別樣板一起使用（請參閱第 5.2.6 節），以便提供有原子操作型態的值。

只是將函式宣告為 = default 並不會使它變得平凡──只有在這類別也支援使對應函式成為平凡的所有其他標準時，它才會成為平凡──但在使用者程式碼中明確地撰寫這個函式確實會**避免**它成為平凡。

在具有編譯器生成函式與使用者提供的等效函式的類別間的第二個差異是，沒有使用者提供的建構函式的類別可以是**彙總的**，因此可以使用彙總的初始化器進行初始化：

```
struct aggregate
{
    aggregate() = default;
    aggregate(aggregate const&) = default;
    int a;
    double b;
};
aggregate x={42,3.141};
```

在這種情況下，x.a 初始化為 42，x.b 初始化為 3.141。

在編譯器生成函式與使用者提供的等效函式之間的第三個差異相當深奧，只適用於預設建構函式，而且只適用於符合某些標準類別的預設建構函式。考慮以下的類別：

```
struct X
{
    int a;
};
```

如果你建立一個沒有初始化器的 X 類別實體，則包含的 int(a) 是**預設的初始化器**。如果物件有靜態的儲存期間，它會被初始化為零；否則，它的值將不確定，而且如果在指定新值之前存取它，那可能會導致未定義的行為：

X x1; ◄─── **x1.a 的值不確定**

另一方面，如果藉由明顯的呼叫預設建構函式初始化 X 的實體，則 a 會被初始化為零：

```
X x2=X();  ◄————    x2.a==0
```

這個奇異的屬性也延伸到基礎類別和成員。如果你的類別具有編譯器生成的預設建構函式，而且你任何的資料成員和基礎類別也具有編譯器生成的預設建構函式，則這些基礎類別的資料成員和內建型態的成員，依賴於外部類別是否明確地呼叫它的預設建構函式，也將留下不確定的值或初始化為零。

雖然這個規則令人困惑且比較容易出錯，但它確實有它的用途，而且如果你自己撰寫預設建構函式，你就會失去這個屬性；要麼像 a 這樣的資料成員總是被初始化（因為你指定了值或明確的預設建構），要麼總是未被初始化（因為你沒有指定值或明確的預設建構）：

```
X::X():a(){}   ◄————    總是 a==0
X::X():a(42){}
X::X(){}  ◄———❶           總是 a==42
```

如果像第三個式子般從 X 的建構函式中省略了 a 的初始化❶，那麼對於 X 的非靜態實體，a 將保持未初始化狀態，而對於有靜態儲存期間的 X 實體，則將初始化為零。

在正常情況下，如果你手動撰寫任何其他建構函式，那編譯器將不再為你生成預設的建構函式，所以如果你要一個預設的建構函式就必須自己撰寫它，這表示你就沒有了這個奇異的初始化屬性。但是透過明確地將建構函式宣告為預設，可以強迫編譯器為你生成預設的建構函式，而且保留這個奇異的屬性：

```
X::X() = default;  ◄————    對一個申請的預設初始化規則
```

這屬性用於原子型態（請參閱第 5.2 節），它們預設已經有明確的預設建構函式。除非（1）它們有靜態儲存期間（因此被靜態地初始化為零），（2）你明確地呼叫預設建構函式要求初始化為 0，或（3）你明確地指定一個值，否則它們的初始值始終是未定義的。注意在原子型態的情況下，為了允許靜態的初始化，用值初始化的建構函式被宣告為 constexpr（請參閱第 A.4 節）。

A.4 constexpr 函式

像 42 這樣的整數文數字是**常數表示式**，像 23*2-4 般簡單的算術表示式也是。你甚至可以使用整數型態的 const 變數，它們本身用常數表示式作為新常數表示式的一部分來初始化：

```
const int i=23;
const int two_i=i*2;
const int four=4;
const int forty_two=two_i-four;
```

除了用常數表示式建立可以用在其他常數表示式中的變數以外，也有一些事情你**只**能用常數表示式做：

- 指定陣列的邊界：

```
int bounds=99;          ◄─── 錯誤，bounds 不是
int array[bounds];            常數表示式
const int bounds2=99;
int array2[bounds2];    ◄─── 正確，bounds2 是常數表示式
```

- 指定非型態樣板參數的值：

```
template<unsigned size>
struct test              ◄─── 錯誤，bounds 不是
{};                           常數表示式
test<bounds> ia;
test<bounds2> ia2;       ◄─── 正確，bounds2 是常數表示式
```

- 在類別定義中為整數型態 static const 類別資料成員的靜態 const 類別提供初始化器：

```
class X
{
    static const int the_answer=forty_two;
};
```

- 為內建型態或彙總提供可以用於靜態初始化的初始化器：

```
struct my_aggregate
{
    int a;
    int b;
};
static my_aggregate ma1={forty_two,123};   ◄─── 靜態初始化
int dummy=257;
static my_aggregate ma2={dummy,dummy};     ◄─── 動態初始化
```

- 類似這樣的靜態初始化可用於避免初始化排序問題和競爭條件。

這些都不是新的東西——用 1998 年版的 C++ 標準你也可以做到。在 C++11 標準中,因為引入了 constexpr 關鍵字,構成**常數表示式**的內容得到了擴展。C++14 和 C++17 標準進一步擴展了 constexpr 的功能;完整的入門知識已經超出了本附錄的範圍。

constexpr 關鍵字主要是一個函式的修飾符。如果函式的參數和回傳型態滿足某些要求,而且函式主體足夠簡單,則可以將函式宣告為 constexpr,在這種情況下它可以被用在常數表示式中;例如:

```cpp
constexpr int square(int x)
{
    return x*x;
}
int array[square(5)];
```

在這種情況下,因為 square 被宣告為 constexpr,所以 array 將有 25 個元素。只是因為這函式**可以**用在常數表示式,並不表示所有的使用都自動會成為常數表示式:

```cpp
int dummy=4;
int array[square(dummy)];    ◀━━❶ 錯誤,dummy 不是常數表示式
```

在這個例子中,dummy 不是常數表示式 ❶,因此 square(dummy) 也不是——這是一個普通的函式呼叫,不能用來指定 array 的邊界。

A.4.1 constexpr 和使用者定義的型態

到目前為止,所有例子都使用像是 int 的內建型態;但是新的 C++ 標準允許常數表示式可以是滿足**文數字型態**要求的任何型態。要將一個類別的型態歸類為文數字型態,以下條件必須全都成立:

- 它必須有平凡的複製建構函式。
- 它必須有平凡的解構函式。
- 所有非 static 資料成員和基礎類別必須是平凡的型態。
- 除了複製建構函式以外,它必須有平凡的預設建構函式或 constexpr 建構函式。

我們很快就會看到 constexpr 建構函式。現在，我們將專注在有平凡預設
建構函式的類別，例如以下程式列表中的 CX 類別。

```
class CX
{
private:
    int a;
    int b;
public:
    CX() = default;     ◄── ❶
    CX(int a_, int b_):  ◄── ❷
        a(a_),b(b_)
    {}
    int get_a() const
    {
        return a;
    }
    int get_b() const
    {
        return b;
    }
    int foo() const
    {
        return a+b;
    }
};
```

注意我們已經明確地將預設建構函式宣告為**預設的**❶（請參閱第 A.3 節），
以便在面對使用者定義的建構函式❷時保留它的平凡。因此這個型態符合成
為文數字型態的所有資格，所以你可以在常數表示式中使用它。例如，你可
以提供一個建立新實體的 constexpr 函式：

```
constexpr CX create_cx()
{
    return CX();
}
```

你也可以建立一個複製它參數的簡單 constexpr 函式：

```
constexpr CX clone(CX val)
{
    return val;
}
```

但這就是在 C++11 中你所能做的一切 —— constexpr 函式只能呼叫其他的 constexpr 函式。在 C++14 中這限制被解除了，只要它不修改非區域範圍的任何物件，你在 constexpr 函式中幾乎可以做任何的事情。即使在 C++11 中，你也**可以**將 constexpr 應用到 CX 的成員函式及建構函式：

```
class CX
{
private:
    int a;
    int b;
public:
    CX() = default;
    constexpr CX(int a_, int b_):
        a(a_),b(b_)
    {}
    constexpr int get_a() const    ←❶
    {
        return a;
    }
    constexpr int get_b()    ←❷
    {
        return b;
    }
    constexpr int foo()
    {
        return a+b;
    }
};
```

在 C++11 中，get_a() 上的 const 限定❶現在是多餘的，因為它已經被使用 constexpr 所暗示了，因此就算省略了 const 限定❷ get_b() 也是const。在 C++14，這也已經改變（由於 constexpr 函式的擴展功能），因此 get_b() 不再是隱含轉換 const。現在允許更複雜的 constexpr 函式，如下所示：

```
constexpr CX make_cx(int a)
{
    return CX(a,1);
}
constexpr CX half_double(CX old)
{
    return CX(old.get_a()/2,old.get_b()*2);
}
constexpr int foo_squared(CX val)
{
```

```
        return square(val.foo());
}
int array[foo_squared(half_double(make_cx(10)))];  ◄──── 49 個元素
```

雖然這很有趣,但是如果你得到的只是一種計算某些陣列邊界或整數常數的花俏方法,那就付出太多的努力了。涉及使用者定義型態的常數表示式和 constexpr 函式的主要好處是,用常數表示式初始化的文數字型態物件是靜態初始化的,因此它們的初始化不會有競爭條件和初始化排序問題:

```
CX si=half_double(CX(42,19));  ◄──── 靜態初始化
```

這也涵蓋了建構函式。如果建構函式被宣告為 constexpr 且建構函式的參數是常數表示式,那初始化就是**常數初始化**,並且發生在靜態初始化階段的一部分。就併發而言,這是 C++11 中最重要的改變之一:透過允許使用者定義的建構函式仍然可以進行靜態初始化,而且因為它們被保證在執行任何程式碼之前初始化,所以可以避免在初始化時有任何的競爭條件。

這對像是 std::mutex(請參閱第 3.2.1 節)或 std::atomic<>(請參閱第 5.2.6 節)之類的事情特別有關,其中你可能希望使用全域實體同步存取其他變數並在*那個*存取中避免競爭條件。如果互斥鎖的建構函式遭受到競爭條件影響,這就不可能了,因此把 std::mutex 預設建構函式宣告為 constexpr,以確保互斥鎖的初始化總是作為靜態初始化階段的一部分完成。

A.4.2　constexpr 物件

到目前為止,我們已經檢視了將 constexpr 應用在函式上。constexpr 也可以應用於物件,這主要是為了診斷的目的;它驗證物件是否使用常數表示式、constexpr 建構函式或由常數表示式組成的彙總初始化器進行初始化。它也將物件宣告為 const:

```
constexpr int i=45;  ◄── 正確
constexpr std::string s("hello");  ◄── 錯誤,std::string 不是文數字型態
int foo();
constexpr int j=foo();  ◄── 錯誤,foo() 不是宣告為 constexpr
```

A.4.3　constexpr 函式的要求

為了將一個函式宣告為 constexpr,它必須符合一些要求。如果不符合這些要求,將其宣告為 constexpr 會造成編譯錯誤。在 C++11 中,對 constexpr 函式的要求如下:

- 所有參數都必須是文數字型態。

- 回傳型態必須是文數字型態。

- 函式主體必須由單一回傳敘述構成。

- return 敘述中的表示式必須符合常數表示式的條件。

- 用於建構從表示式回傳值的任何建構函式或轉換運算子都必須為 constexpr。

這很直截了當；你必須能夠將函式變成一個常數表示式中的行內函式，但它仍然是一個常數表示式，並且你不得修改任何內容。constexpr 函式是沒有副作用的**純函式**。

在 C++14 中，這些要求被大大地放寬了。雖然保留了沒有副作用純函式的整體思想，但允許主體可以包含更多的東西：

- 允許多個回傳敘述。

- 可以修改函式內建立的物件。

- 允許迴圈、條件和 switch 敘述。

對於 constexpr 類別的成員函式還有其他要求：

- constexpr 成員函式不能是虛擬的。

- 以這函式為成員的類別必須是文數字型態。

這些規則對於 constexpr 建構函式是不同的：

- 對於 C++11 編譯器，建構函式的主體必須是空的；對於 C++14 或更高版本的編譯器，它必須滿足 constexpr 函式的要求。

- 每個基礎類別都必須初始化。

- 每個非 static 資料成員都必須初始化。

- 成員初始化序列中使用的任何表示式都必須符合常數表示式的條件。

- 為了初始化資料成員和基礎類別，所選擇的建構函式必須是 constexpr 建構函式。

- 任何用於資料成員及基礎類別對應的初始化表示式，建構它們的建構函式或轉換運算子必須是 constexpr。

除了沒有回傳值，因此沒有 return 敘述以外，這對函式是同樣的一組規則。相反地，建構函式將成員初始化序列中所有基礎和資料成員都初始化了。平凡的複製建構函式是隱含轉換 constexpr。

A.4.4　constexpr 和樣板

當 constexpr 應用到函式樣板或類別樣板的成員函式時，如果樣板特定實體的參數和回傳不是文數字型態時會被忽略。如果樣板參數的型態合適，這允許你撰寫 constexpr 的函式樣板，否則撰寫普通行內函式，例如：

```
template<typename T>
constexpr T sum(T a,T b)
{
    return a+b;
}
constexpr int i=sum(3,42);    ◄── 可以，sum<int> 是 constexpr
std::string s=
    sum(std::string("hello"),
        std::string(" world"));  ◄── 可以，但是 sum<std::string> 不是 constexpr
```

這個函式必須滿足 constexpr 函式的所有其他要求。你不能只因為它是一個函式樣板就宣告有多個敘述的函式是 constexpr；這仍然會是一個編譯錯誤。

A.5　Lambda 函式

lambda 函式是 C++11 標準最令人興奮的功能之一，因為它們有大幅度簡化程式碼、並消除與撰寫可呼叫物件相關的大部分樣板的可能。C++11 的 lambda 函式語法允許在另一個表示式中需要的位置定義一個函式。這對於像是提供給 std::condition_variable 等待函式的謂詞（如第 4.1.1 節的範例）作用很好，因為它允許用可存取變數快速地表達語義，而不是用函式呼叫運算子捕捉類別成員變數中必要的狀態。

簡單的說，*lambda 表示式*定義了一個自我包含的函式，它沒有參數且只依賴於全域變數和函式，它甚至不需要回傳值。lambda 表示式是一系列用大括號包圍的敘述，並有前綴的方括號（*lambda 導引器*）：

```
[]{                    ◄── 用 [] 開始 lambda 表示式
    do_stuff();
    do_more_stuff();
}();                   ◄──── 結束 lambda 並呼叫它
```

在這個例子中，lambda 表示式透過在它後面加上括號來呼叫它，但這並不是尋常的方式。一方面，如果要直接呼叫它，通常可以省去 lambda 並將敘述直接寫在程式碼中。更常用的方式是將它當成參數傳遞給以可呼叫物件為參數之一的函式樣板，在這種情況下，它可能需要採用參數或回傳值或兩者都要。如果需要採用參數，則可以類似普通函式般透過在 lambda 導引器後面增加一個參數序列來完成。例如，以下程式碼將向量的所有元素寫入 std::cout，並以換行符號分隔：

```
std::vector<int> data=make_data();
std::for_each(data.begin(),data.end(),[](int i){std::cout<<i<<"\n";});
```

回傳值幾乎一樣容易。如果你的 lambda 函式主體由單個 return 敘述組成，則 lambda 的回傳型態就是被回傳表示式的型態。例如，你可以用像這樣簡單的 lambda 來等待一個用 std::condition_variable 設定的標誌（請參閱第 4.1.1 節），如以下程式列表。

程式列表 A.4　具有推導的回傳型態的簡單 lambda

```
std::condition_variable cond;
bool data_ready;
std::mutex m;
void wait_for_data()
{
    std::unique_lock<std::mutex> lk(m);
    cond.wait(lk,[]{return data_ready;});    ◄── ❶
}
```

傳給 cond.wait() 的 lambda 回傳型態❶，是從 data_ready 型態推導出，因此是 bool。每當條件變數從等待中被喚醒時，它就會在互斥鎖處於上鎖時呼叫 lambda，並且只有在 data_ready 為 true 時才從對 wait() 的呼叫回傳。

如果你不能將 lambda 主體寫成單一 return 敘述怎麼辦？在這種情形下，你必須明確地指定回傳型態。就算主體是單一 return 敘述也可以這樣做，但是如果你的 lambda 主體更複雜的話，那就**必須**這樣做。回傳的型態是透過在 lambda 參數序列後接著箭頭（->）和回傳型態而指定。如果你的 lambda 沒有任何參數，你仍然必須包括（空）參數序列，以便明確地指定回傳值。你的條件變數謂詞可以寫成

```
cond.wait(lk,[]()->bool{return data_ready;});
```

透過指定回傳型態，你可以擴展 lambda 來記錄訊息或做某些更複雜的處理：

```
cond.wait(lk,[]()->bool{
    if(data_ready)
    {
        std::cout<<"Data ready"<<std::endl;
        return true;
    }
    else
    {
        std::cout<<"Data not ready, resuming wait"<<std::endl;
        return false;
    }
});
```

雖然像這樣簡單的 lambda 很強大，並且可以將程式碼簡化很多，但是 lambda 真正的威力是來自於它們捕獲區域變數的時候。

A.5.1　參照區域變數的 lambda 函式

有 [] *lambda* 導引器的 lambda 函式不能參照到所包含範圍內的任何區域變數；它們只能使用全域變數和任何傳入的參數。如果要存取區域變數，則需要捕獲它。最簡單的捕獲方式是使用 [=] 的 lambda 導引器來捕獲區域範圍內的整組變數。就是這麼多，你的 lambda 現在可以在建立的時候存取區域變數的複製。

要看到實際的效果，請考慮以下簡單的函數：

```
std::function<int(int)> make_offseter(int offset)
{
    return [=](int j){return offset+j;};
}
```

每次呼叫 make_offseter 都會經由 std::function<> 函式包裝器回傳一個新的 lambda 函式物件。這個回傳的函式將提供的偏移量增加到所提供的任何參數上。例如

```
int main()
{
    std::function<int(int)> offset_42=make_offseter(42);
    std::function<int(int)> offset_123=make_offseter(123);
    std::cout<<offset_42(12)<<","<<offset_123(12)<<std::endl;
    std::cout<<offset_42(12)<<","<<offset_123(12)<<std::endl;
}
```

這會寫出 54,135 兩次，因為從第一次呼叫 make_offseter 回傳的函式總是將 42 加到所提供的引數上，而從第二次呼叫 make_offseter 回傳的函式總是將 123 加到所提供的引數上。

這是區域變數捕獲最安全的形式；所有東西都會被複製，因此你可以回傳 lambda 並在原始函式範圍外呼叫它。但這不是唯一的選擇；你也可以選擇利用參照捕獲所有的東西。在這種情況下，一旦所參照的變數因為離開它們所屬函式或區塊範圍而被銷毀，那對 lambda 的呼叫會是一種未定義行為，就像參照一個已經在任何其他情況下被銷毀的變數一樣是未定義的行為。

透過參照可以捕獲所有區域變數的 lambda 函式是用 [&] 導引，如以下的例子：

```
int main()
{
    int offset=42;    ←❶
    std::function<int(int)> offset_a=[&](int j){return offset+j;};  ←❷
    offset=123;    ←❸
    std::function<int(int)> offset_b=[&](int j){return offset+j;};  ←❹
    std::cout<<offset_a(12)<<","<<offset_b(12)<<std::endl;  ←❺
    offset=99;  ←❻
    std::cout<<offset_a(12)<<","<<offset_b(12)<<std::endl;  ←❼
}
```

在前一個例子的 make_offseter 函式中，你使用了 [=] lambda 導引器捕獲偏移量的複製，在這個例子，offset_a 函式則使用 [&] lambda 導引器透過參照捕獲偏移量❷。偏移量的初始值是 42 ❶並不重要；呼叫 offset_a(12) 的結果將總是取決於 offset 目前的值。即使在生成第二個（相同的）lambda 函式 offset_b❹之前，將 offset 的值改變成 123 ❸，這第二個 lambda 仍然會透過參照捕獲它，因此結果取決於 offset 目前的值。

現在，當你印出輸出的第一行❺，offset 仍然是 123，因此輸出是 135,135。但是在輸出的第二行❼，offset 已經被改成 99 ❻，因此這次的輸出是 111,111。offset_a 和 offset_b 都將目前的 offset（99）加到所提供的引數（12）上。

C++ 就是 C++，你不必拘泥於這些全有或全無的選項。你可以選擇透過複製捕獲某些變數並透過參照捕獲另一些變數，而且也可以選擇只捕獲那些你已經透過調整 lambda 導引器明確地選擇的變數。如果要複製除了一兩個以外所有已使用過的變數，則可以使用 [=] 形式的 lambda 導引器，但在等號後

面接著一個要透過在參照前加上 & 符號捕獲的變數序列。以下的例子將印出 1239，因為 i 被複製到 lambda 中，但是 j 和 k 是被參照捕獲：

```
int main()
{
    int i=1234,j=5678,k=9;
    std::function<int()> f=[=,&j,&k]{return i+j+k;};
    i=1;
    j=2;
    k=3;
    std::cout<<f()<<std::endl;
}
```

或者，你也可以預設透過參照捕獲，但同時也透過複製捕獲特定的變數子集。在這種情況下，你使用 [&] 形式的 lambda 導引器，但在 & 符號後接著要透過複製捕獲的變數序列。以下的例子會印出 5688，因為 i 被參照捕獲，但是 j 和 k 被複製捕獲：

```
int main()
{
    int i=1234,j=5678,k=9;
    std::function<int()> f=[&,j,k]{return i+j+k;};
    i=1;
    j=2;
    k=3;
    std::cout<<f()<<std::endl;
}
```

如果只要捕獲命名的變數，可以省略前導的 = 或 & 而只列出要捕獲的變數，並在它們前面加上 & 前綴以指示透過參照而不是複製捕獲。以下程式碼將印出 5682，因為 i 和 k 是由參照捕獲，但 j 是由複製捕獲：

```
int main()
{
    int i=1234,j=5678,k=9;
    std::function<int()> f=[&i,j,&k]{return i+j+k;};
    i=1;
    j=2;
    k=3;
    std::cout<<f()<<std::endl;
}
```

最後的變體讓你可以確保只捕獲所要的變數，因為任何參照到不在捕獲序列中的區域變數都會造成編譯錯誤。如果選擇了這個選項，當存取成員函式包含有 lambda 函式的類別時必須要小心。類別成員不能直接被捕獲；如果要

從 lambda 存取類別成員，則必須透過將 this 指標加到捕獲序列中來捕獲這個指標。在以下的例子中，lambda 捕獲了 this 以允許存取 some_data 類別成員：

```
struct X
{
    int some_data;
    void foo(std::vector<int>& vec)
    {
        std::for_each(vec.begin(),vec.end(),
            [this](int& i){i+=some_data;});
    }
};
```

在併發的文意中，lambda 非常適合作為 std::condition_variable::wait()（4.1.1 節）的謂詞，以及用於封包小型工作的 std::packaged_task<>（4.2.1 節）或執行緒池。它們也可以當成執行緒函式傳給 std::thread 建構函式（2.1.1 節），以及當使用平行演算法時作為像是 parallel_for_each()（8.5.1 節）般的函式。

從 C++14 開始，lambda 也可以是 *泛型 lambda*，其中參數型態被宣告為 auto 而不是指定的型態。在這種情況下，函式呼叫運算子隱含轉換是樣板，且在呼叫 lambda 時，參數型態將從提供的引數中推導出。例如：

```
auto f=[](auto x){ std::cout<<"x="<<x<<std::endl;};
f(42); // X 型態為 int，輸出 "x=42"
f("hello"); // X 型態為 const char*，輸出 "x=hello"
```

C++14 也增加了 **廣義捕獲** 的概念，因此你可以捕獲表示式的結果，而不是直接複製或參照區域變數。最常見的情形是，可以用來透過移動它們而捕獲只能移動的型態，而不必透過參照來捕獲。例如：

```
std::future<int> spawn_async_task(){
    std::promise<int> p;
    auto f=p.get_future();
    std::thread t([p=std::move(p)](){ p.set_value(find_the_
answer());});
    t.detach();
    return f;
}
```

在這裡，約定透過 p=std::move(p) 廣義捕獲移到 lambda 中，因此分離執行緒是安全的，不用擔心有對已經被銷毀區域變數的懸置參照。在建構 lambda 之後，原來的 p 現在會處於移出狀態，這就是為什麼你必須事前取得期約的原因。

A.6　可變參數樣板

可變參數樣板是有可變數量參數的樣板。就像您總是可以有像 printf 採用可以改變參數數量的可變參數函式一樣，現在您可以擁有具有可變**樣板**參數數量的可變參數樣板。可變參數樣板使用於整個 C++ 執行緒庫；例如，啟動執行緒的 std::thread 建構函式（2.1.1 節）是一個可變參數函式樣板，以及 std::packaged_task<>（4.2.2 節）是一個可變參數類別樣板。從使用者的角度看，知道樣板採用無限數量的參數就足夠了，但是如果你想撰寫樣板，或者你對它的工作原理有興趣，那你就需要了解它的細節了。

正如可變參數函式宣告時在函式參數序列中用省略號（...）一樣，可變參數樣板宣告時在樣板參數序列中也是使用省略號：

```
template<typename ... ParameterPack>
class my_template
{};
```

即使主樣板不是可變參數，您也可以將可變參數樣板用於樣板的部分特殊化。例如，std::packaged_task<>（4.2.1 節）的主樣板是一個單樣板參數的簡單樣板：

```
template<typename FunctionType>
class packaged_task;
```

但是這個主樣板從來沒有在任何地方定義過；它只是為了部分特殊化的一個佔位符：

```
template<typename ReturnType,typename ... Args>
class packaged_task<ReturnType(Args...)>;
```

正是這種部分特殊化包含了類別的真正定義；你在第 4 章中看到過，可以撰寫 std::packaged_task<int(std::string,double)> 宣告一個呼叫時以 std::string 和 double 為參數的工作，並透過 std::future<int> 提供結果。

這個宣告顯示了可變參數樣板的兩個額外特點。第一個特點相對簡單：在同一個宣告中可以有一般的樣板參數（如 ReturnType）和可變參數（Args）。展示中的第二個特點是，在特殊化的樣板引數序列中使用 Args... 以顯示當樣板被實體化時構成 Args 的型態會在這裡列出。因為這是一個部分特殊化，所以它可以作為模式匹配；出現在實體化文意中的型態被捕獲為 Args。可變參數 Args 被稱為**參數包**，而 Args... 的使用稱為**包的擴展**。

類似可變參數函式，可變參數的部分可能是一個空的序列或有很多項目。例如，在 std::packaged_task<my_class()> 中，ReturnType 參數是 my_class，而 Args 參數包是空的；而在 std::packaged_task<void(int,double,my_class&,std::string*)> 中 ReturnType 是 void，而 Args 是 int、double、my_class&、std::string* 序列。

A.6.1　擴展參數包

可變參數樣板的能力來自於你可以用包的擴展做什麼：你並不被局限於依原來的型態擴展序列。首先，您可以在型態序列任何需要的地方直接使用包的擴展，例如在另一個樣板的引數序列中：

```
template<typename ... Params>
struct dummy
{
    std::tuple<Params...> data;
};
```

在這情況下，單一成員變數 data 是包含所有指定型態 std::tuple<> 的實體，因此 dummy<int,double,char> 有 std::tuple<int,double,char> 型態的成員。你也可以將包的擴展與普通的型態結合起來：

```
template<typename ... Params>
struct dummy2
{
    std::tuple<std::string,Params...> data;
};
```

這一次，元組有一個型態為 std::string 的額外成員（第一個）。漂亮的部分是，你可以用包的擴展建立一個模式，然後對擴展中的每個元素進行複製。你可以透過將包的擴展標記 ... 放到模式尾部來做到這一點。例如，不只是建立參數包中提供元素的元組，而是建立對元素的指標元組，或甚至是對元素的 std::unique_ptr<> 元組：

```
template<typename ... Params>
struct dummy3
{
    std::tuple<Params* ...> pointers;
    std::tuple<std::unique_ptr<Params> ...> unique_pointers;
};
```

如果參數包出現在型態表示式中，並且在表示式後面接著擴展的標記 ...，那型態表示式可以隨你喜歡的複雜。當參數包被擴展時，包中每一個項目的型態被替換到型態表示式中，以產生結果序列中對應的項目。如果你的參數包 Params 包含型態 int,int,char，則 std::tuple<std::pair<std::unique_ptr<Params>,double>...> 的展開會是 std::tuple<std::pair<std::unique_ptr<int>,double>, std::pair<std::unique_ptr<int>,double>, std::pair<std::unique_ptr<char>,double>>。如果包的擴展被用作樣板引數序列，則這樣板不必有可變參數；但如果沒有，那包的大小必須與所需要的樣板參數數量完全匹配：

```
template<typename ... Types>
struct dummy4
{
    std::pair<Types...> data;           ◄──── 可以，data 是
};                                             std::<int,char>
dummy4<int,char> a;
dummy4<int> b;        ◄──── 錯誤，缺少第二個型態
dummy4<int,int,int> c;   ◄──── 錯誤，型態太多
```

用包的擴展你可以做的第二件事是用它宣告一個函式參數序列：

```
template<typename ... Args>
void foo(Args ... args);
```

這會建立一個新的參數包 args，它不是型態序列而是函式參數序列，你可以像以前一樣用 ... 擴展它。現在你可以用包的擴展模式宣告函式參數，就像在其他地方擴展包時可以用的模式一樣。例如，這被 std::thread 建構函數用來透過右值參照取得所有函式引數（請參閱第 A.1 節）：

```
template<typename CallableType,typename ... Args>
thread::thread(CallableType&& func,Args&& ... args);
```

然後，透過在被呼叫函式引數序列中指定包的擴展，函式參數包就可以用來呼叫另一個函式。就如同型態擴展一樣，你可以在結果引數序列中為每個表示式使用一個模式。例如，一種右值參照的慣用方法是用 std::forward<> 來保留所提供函式引數的右值性：

```
template<typename...ArgTypes>
void bar(ArgTypes&&...args)
{
    foo(std::forward<ArgTypes>(args)...);
}
```

注意在這種情況下，包的擴展包含有型態包 ArgTypes 和函式的參數包 args，以及接在整個表示式後面的省略號。如果你像下面那樣呼叫 bar：

```
int i;
bar(i,3.141,std::string("hello "));
```

那表示式會變成

```
template<>
void bar<int&,double,std::string>(
    int& args_1,
    double&& args_2,
    std::string&& args_3)
{
    foo(std::forward<int&>(args_1),
        std::forward<double>(args_2),
        std::forward<std::string>(args_3));
}
```

它正確地將第一個引數當成左值參照傳遞給 foo，同時將其他引數當成右值參照傳遞。

你可以用參數包做的最後一件事是使用 sizeof... 運算子找到它的大小，這非常簡單：sizeof...(p) 是參數包 p 中元素的數量。至於這是型態參數包或是函數引數的參數包並不重要；結果是一樣的。這可能是你可以使用參數包而不需要用省略號跟隨它的唯一情況；省略號早已經是 sizeof... 運算子的一部分。以下函式回傳提供給它的引數數量：

```
template<typename ... Args>
unsigned count_args(Args ... args)
{
    return sizeof... (Args);
}
```

就像是一般的 sizeof 運算子，sizeof... 的結果是一個常數表示式，因此它可以被用來指定陣列邊界等等。

A.7 自動推導變數的型態

C++ 是一種靜態型態的語言：每個變數的型態在編譯時都已經確定。不只是這樣，作為程式開發者，你還必須指定每個變數的型態。在某些情形下，這可能會造成非常笨拙的名稱；例如：

```
std::map<std::string,std::unique_ptr<some_data>> m;
std::map<std::string,std::unique_ptr<some_data>>::iterator
    iter=m.find("my key");
```

傳統上，解決方法是用 typedef 減少型態識別字的長度，而且可能會消除因為型態不一致而造成的問題。這在 C++11 中仍然有效，但現在有一種新的方法：如果變數在宣告時用相同型態的值初始化，那麼你可以將它的型態指定為 auto。在這情形下，編譯器將會自動推導這變數的型態和初始化器相同。上面迭代器的例子可以改寫成

```
auto iter=m.find("my key");
```

現在，你並不局限在一般的 auto；你也可以用它作為 const 變數、指標或參照變數等宣告的修飾。以下是一些用 auto 宣告變數以及變數的對應型態：

```
auto i=42;        // int
auto& j=i;        // int&
auto const k=i;   // int const
auto* const p=&i; // int * const
```

推導變數型態的規則，是以語言中其他可以唯一推導型態地方的規則為基礎：函式樣板的參數。在以下形式的宣告中

```
some-type-expression-involving-auto var=some-expression;
```

除了用樣板型態參數的名稱取代 auto 以外，var 的型態與用相同型態表示式宣告的函式樣板參數所推導出的型態相同：

```
template<typename T>
void f(type-expression var);
f(some-expression);
```

這表示陣列型態會衰減成指標，而且除非型態表示式明確地將變數宣告為參照，否則參照將被丟棄；例如：

```
int some_array[45];
auto p=some_array;    // int*
int& r=*p;
```

```
auto x=r;              // int
auto& y=r;             // int&
```

這可以將變數宣告大為簡化，特別是在完整的型態識別字很長或甚至可能不
知道的情形下（例如，在樣板中函式呼叫結果的型態）。

A.8　執行緒區域變數

執行緒區域變數允許程式中的每個執行緒都有各自變數的實體，你可以透過
用 `thread_local` 關鍵字將變數宣告為執行緒的區域變數。命名空間範圍內
的變數、類別的靜態資料成員和區域變數都可以宣告為執行緒的區域變數，
並具有**執行緒儲存期間**：

```
thread_local int x;  ◀─────────   命名空間範圍內的
class X                            執行緒區域變數
{
    static thread_local std::string s;  ◀──────   執行緒區域靜態類別資料成員
};
static thread_local std::string X::s;  ◀──────   需要有 X::s 的定義
void foo()
{                                           執行緒區域的區域變數
    thread_local std::vector<int> v;  ◀───
}
```

在命名空間範圍內的執行緒區域變數和執行緒區域靜態類別資料成員，是在
第一次使用來自相同轉換單元的執行緒區域變數之前建構的，但並沒有規定
在**多久**以前。某些實作也許會在執行緒啟動時建構執行緒區域變數；其他實
作也許會在每個執行緒上第一次使用它們之前立即建構，而另一些實作也許
會在其他時間建構，或者根據它們使用的文意以某種組合方式建構它們。事
實上，如果沒有使用來自指定轉換單元的執行緒區域變數，那根本不能保證
它們會被建構。這允許動態加載包含執行緒區域變數的模組── 這些變數可
以在指定的執行緒第一次參照來自動態加載模組的執行緒區域變數時建構。

在函式內宣告的執行緒區域變數，在控制流第一次經過它們在指定執行緒上
的宣告時被初始化。如果指定的執行緒沒有呼叫這函式，那在這函式內宣告
的任何執行緒區域變數就不會被建構。除了執行緒區域變數是個別應用於每
個執行緒以外，它和區域靜態變數的行為相同。

執行緒區域變數與靜態變數共享其他的屬性——它們在任何進一步初始化（如動態初始化）之前都被初始化為零，而且如果執行緒區域變數的建構拋出例外，則會呼叫 std::terminate() 中止應用程式。

已經在指定執行緒上建構的所有執行緒區域變數的解構函式會在執行緒函式回傳時，以與建構相反的順序執行。因為並未指定初始化的順序，確認這些變數的解構函式之間沒有相互依賴是很重要的。如果執行緒區域變數的解構函式因為例外而退出，則會像建構一樣呼叫 std::terminate()。

如果執行緒呼叫 std::exit() 或從 main() 回傳（這等同於用 main() 的回傳值呼叫 std::exit()），則此執行緒的執行緒區域變數也會被銷毀。如果當應用程式退出時仍然有執行中的其他執行緒存在，則不會呼叫這些執行緒區域變數的解構函式。

雖然執行緒區域變數在每個執行緒上有不同的位址，你仍然可以得到指向這些變數的一般指標。然後指標會參照執行緒中取得這位址的物件，並可以被用來讓其他執行緒存取這個物件。當物件被銷毀後再存取它是未定義的行為（和往常一樣），因此如果將指向執行緒區域變數的指標傳給另一個執行緒，那需要確認一旦擁有這指標的執行緒結束後不會取消對它的參照。

A.9　類別樣板引數推導

C++17 將自動推導型態的想法擴展到樣本參數：如果你宣告一個樣板型態的物件，那在很多情形下這樣板參數的型態可以從物件初始化器推導出來。

具體來說，如果是用類別樣板的名稱宣告物件，而未指定樣板引數序列，則類別樣板中指定的建構函式，會被用來從物件的初始化器推導出樣板引數，就像函式樣板通常的型態推導規則一樣。

例如，std::lock_guard 有單一互斥鎖型態的樣板參數，而建構函式也有對這個型態參照的單一參數。如果你宣告一個物件是 std::lock_guard 型態，則可以從提供的互斥鎖型態推導出參數的型態：

```
std::mutex m;
std::lock_guard guard(m); // 推導出 std::lock_guard<std::mutex>
```

這同樣可以應用到 std::scoped_lock，只是它有多個樣板參數，可以從多個互斥鎖引數中推導出：

```
std::mutex m1;
std::shared_mutex m2;
std::scoped_lock guard(m1,m2);
// 推導出 std::scoped_lock<std::mutex,std::shared_mutex>
```

對於建構函式會導致推導出錯誤型態的那些樣板，樣板設計者可以撰寫明確的推導指引以確保推導出正確的型態，但這已經超出了本書的範圍。

本章小結

本附錄只觸及了 C++11 標準所引入新語言特點的表面，因為我們只檢視了會積極影響執行緒庫使用的那些特點。其他新語言的特點還包括靜態斷言、強型態列舉、委派建構函式、Unicode 支援、樣板別名和新的統一初始化序列，以及許多較小的改變等。所有新特點的詳細描述超出了本書的範圍；它本身可能需要專書介紹。C++14 和 C++17 也增加了相當多的改變，但這些也都超出本書範圍。雖然普及的 C++ 參考書將在適當的時候修訂以涵蓋標準完整改變，但在寫這本書的時候，對這些改變最佳的概述可能是 cppreference.com[1] 上的文檔，以及 Bjarne Stroustrup 的 C++11 FAQ[2]。

希望在這附錄中所涵蓋的新特點簡要介紹，提供了足夠的深度來展示它們與執行緒庫的關係，並使你能夠撰寫以及了解使用這些新特點的多執行緒程式碼。雖然本附錄應該為簡單使用所涵蓋的特點提供了足夠深度，但這仍然只是簡要的介紹，而不是使用這些特點的完整參考或教程。如果您打算廣泛的使用這些特點，為了能從它們獲得最大受益，我建議你應取得一份完整參考資料或是教程。

1　http://www.cppreference.com

2　http://www.research.att.com/~bs/C++0xFAQ.html

併發函式庫的
簡要比較

雖然在 C++ 標準上對併發和多執行緒的支援是新增加的，但程式語言及函式庫對它們的支援並不是什麼新鮮事。例如，Java 從第一個釋出的版本就支援多執行緒，符合 POSIX 標準的平台提供了多執行緒 C 的介面，Erlang 提供對併發訊息傳遞的支援。甚至還有像是 Boost 的 C++ 類別庫，它們包裝了任何指定平台上使用的多執行緒基礎程式設計介面（無論是 POSIX 的 C 介面或是其他的），以提供跨平台支援的可攜式介面。

對於那些已經有撰寫多執行緒應用程式經驗，並希望用這些經驗來使用新的 C++ 多執行緒功能撰寫程式的人，本附錄提供了 Java、POSIX C、擁有 Boost 執行緒庫的 C++ 以及 C++11 中可以使用功能的比較，以及與本書相關章節的交叉參考。

特點	Java	POSIX C
啟動執行緒	`java.lang.thread` 類別	`pthread_t` 型態及相關聯 API 函式：`pthread_create()`、`pthread_detach()` 及 `pthread_join()`
相互排斥	同步區塊	`pthread_mutex_t` 型態及相關聯 API 函式：`pthread_mutex_lock()`、`pthread_mutex_unlock()` 等
監控 / 等待謂詞	用於同步區塊內 `java.lang.Object` 類別的 `wait()` 及 `notify()` 方法	`pthread_cond_t` 型態及相關聯 API 函式：`pthread_cond_wait()`、`pthread_cond_timed_wait()` 等
原子操作及併發感知記憶體模型	`volatile` 變數，在 `java.util.concurrent.atomic` 封包中的型態	N/A
執行緒安全容器	在 `java.util.concurrent` 封包中的容器	N/A
期約	`java.util.concurrent.future` 介面及相關聯類別	N/A
執行緒池	`java.util.concurrent.ThreadPoolExecutor` 類別	N/A
執行緒中斷	`java.lang.Thread` 的 `interrupt()` 方法	`pthread_cancel()`

Boost 執行緒	C++11	參考章節
`boost::thread` 類別及成員函式	`std::thread` 類別及成員函式	第 2 章
`boost::mutex` 類別及成員函式，`boost::lock_guard<>` 及 `boost::unique_lock<>` 樣板	`std::mutex` 類別及成員函式，`std::lock_guard<>` 及 `std::unique_lock<>` 樣板	第 3 章
`boost::condition_variable` 及 `boost::condition_variable_any` 類別及成員函式	`std::condition_variable` 及 `std::condition_variable_any` 類別及成員函式	第 4 章
N/A	`std::atomic_xxx` 型態，`std::atomic<>` 類別樣板，`std::atomic_thread_fence()` 函式	第 5 章
N/A	N/A	第 6、7 章
`boost::unique_future<>` 及 `boost::shared_future<>` 類別樣板	`std::future<>`、`std::shared_future<>` 及 `std::atomic_future<>` 類別樣板	第 4 章
N/A	N/A	第 9 章
`boost::thread` 類別的 `interrupt()` 成員函式	N/A	第 9 章

一個訊息傳遞框架
和完整的 ATM 範例

在第 4 章，我介紹過用訊息傳遞框架在執行緒之間發送訊息的範例，並以 ATM 程式的簡單實作為例。以下是這個例子的完整程式，也包括訊息傳遞框架。

程式列表 C.1 顯示了訊息佇列。它將訊息序列儲存為對基礎類別的指標；特定的訊息型態使用從基礎類別衍生的樣板類別處理。推入一個項目會建構一個適當的包裝類別實體並儲存一個對它的指標；彈出一個項目會回傳那個指標。因為 message_base 類別沒有任何成員函式，所以彈出執行緒在可以存取儲存的訊息之前需要將指標轉換為適當的 wrapper_message<T> 指標。

程式列表 C.1　簡單的訊息佇列

```
#include <mutex>
#include <condition_variable>
#include <queue>
#include <memory>
namespace messaging
{
    struct message_base          ◄──── 佇列項目的
    {                                   基礎類別
        virtual ~message_base()
        {}
    };
    template<typename Msg>
    struct wrapped_message:      ◄──── 每個訊息型態
        message_base                    都具體化
    {
        Msg contents;
        explicit wrapped_message(Msg const& contents_):
            contents(contents_)
```

```
        {}
    };
    class queue     ◄───     你的訊息佇列
    {
        std::mutex m;                                          儲存對
        std::condition_variable c;                            message_base
        std::queue<std::shared_ptr<message_base> > q;  ◄      指標的內部佇列
    public:
        template<typename T>                                  包裝發送的訊
        void push(T const& msg)                               息並儲存指標
        {
            std::lock_guard<std::mutex> lk(m);
            q.push(std::make_shared<wrapped_message<T> >(msg));  ◄
            c.notify_all();
        }
        std::shared_ptr<message_base> wait_and_pop()
        {
            std::unique_lock<std::mutex> lk(m);
            c.wait(lk,[&]{return !q.empty();});  ◄            阻擋到佇列
            auto res=q.front();                               不是空的為止
            q.pop();
            return res;
        }
    };
}
```

發送訊息是透過程式列表 C.2 中的 sender 類別的實體處理,這是一個圍繞
訊息佇列只允許推送訊息的薄包裝器。複製 sender 的實體是複製指向佇列
的指標而不是佇列本身。

程式列表 C.2　sender 類別

```
namespace messaging
{
    class sender             sender 是圍繞佇列
    {                        指標的包裝器
        queue*q;    ◄
    public:                                              預設建構的 sender
        sender():                                        沒有佇列
            q(nullptr)                          ◄
        {}
        explicit sender(queue*q_):  ◄
            q(q_)                                         允許從對佇列的
        {}                                                指標建構
        template<typename Message>
        void send(Message const& msg)
        {
```

```
            if(q)
            {
                q->push(msg);  ◄────   在佇列上發送出
            }                          推入的訊息
        }
    };
}
```

接收訊息就有點複雜。你不只是必須等待來自佇列的訊息，而且還必須檢查型態是否與被等待的任何訊息型態匹配，並呼叫適當的處理函式。這一切都從 receiver 類別開始，如以下程式列表所示。

程式列表 C.3　receiver 類別

```
namespace messaging
{
    class receiver
    {
        queue q;  ◄────  receiver 擁有佇列
    public:
        operator sender()  ◄────
        {                          允許隱含轉換為參照
            return sender(&q);     佇列的 sender
        }
        dispatcher wait()  ◄────
        {                          等待佇列建立
            return dispatcher(&q); dispatcher
        }
    };
}
```

sender 參照訊息佇列，而 receiver 擁有它。你可以用隱含轉換取得參照佇列的 sender。進行訊息分派的複雜性起於對 wait() 的呼叫。這會建立一個從 receiver 參照佇列的 dispatcher 物件。dispatcher 類別顯示在下一個程式列表；你可以看到，工作是在解構函式中完成的。在這種情況下，這工作包括等待訊息並分發它。

程式列表 C.4　dispatcher 類別

```
namespace messaging
{
    class close_queue  ◄────
    {};                        關閉佇列的
    class dispatcher           訊息
    {
```

```
queue* q;
bool chained;
dispatcher(dispatcher const&)=delete;
dispatcher& operator=(dispatcher const&)=delete;
template<
    typename Dispatcher,
    typename Msg,
    typename Func>
friend class TemplateDispatcher;
void wait_and_dispatch()
{
    for(;;)
    {
        auto msg=q->wait_and_pop();
        dispatch(msg);
    }
}
bool dispatch(
    std::shared_ptr<message_base> const& msg)
{
    if(dynamic_cast<wrapped_message<close_queue>*>(msg.get()))
    {
        throw close_queue();
    }
    return false;
}
public:
dispatcher(dispatcher&& other):
    q(other.q),chained(other.chained)
{
    other.chained=true;
}
explicit dispatcher(queue* q_):
    q(q_),chained(false)
{}
template<typename Message,typename Func>
TemplateDispatcher<dispatcher,Message,Func>
handle(Func&& f)
{
    return TemplateDispatcher<dispatcher,Message,Func>(
        q,this,std::forward<Func>(f));
}
~dispatcher() noexcept(false)
{
    if(!chained)
    {
        wait_and_dispatch();
```

dispatcher 實體
不能被複製

允許 TemplateDispatcher
實體存取內部

❶ 迴圈、等待、和分派訊息

❷ dispatch() 檢查並
拋出 close_queue
訊息

dispatcher 實體
可以被移動

來源不應該
等待訊息

❸ 用 TemplateDispatcher 處理特定型態的訊息

❹ 解構函式可能
會拋出例外

421

```
                }
            }
        };
    }
```

從 wait() 回傳的 dispatcher 實體將立即被銷毀，因為它是臨時的，且像前面提到的，解構函式會做這項工作。解構函式呼叫等待訊息的迴圈 wait_and_dispatch() ❶，並將訊息傳遞給 dispatch()。dispatch() 本身 ❷ 相當簡單，它檢查訊息是否為 close_queue 訊息，如果是就拋出例外；否則，它回傳 false 表示訊息未被處理。這個 close_queue 例外就是解構函式被標記為 noexcept(false) 的原因；如果沒有這個注解，解構函式的預設例外規格將是 noexcept(true) ❹，表示沒有例外可以被拋出，而且 close_queue 例外將終止程式。

不過，你通常不會自己呼叫 wait()；大多數的時候你會想要處理一個訊息。這就是 handle() 成員函式 ❸ 的用處；它是一個樣板，而且訊息型態無法推導，因此你必須指定要處理的訊息型態並傳入一個函式（或可呼叫物件）來處理它。handle() 本身將佇列、目前的 dispatcher 物件、及處理器函式傳給 TemplateDispatcher 類別樣板的新實體，以處理指定型態的訊息，如程式列表 C.5 所示。這就是為什麼在等待訊息之前要在解構函式中測試 chained 值的原因；它不只是要避免移出的物件等待訊息，而且讓你將等待的責任轉移到 TemplateDispatcher 新實體上。

程式列表 C.5 TemplateDispatcher 類別樣板

```
namespace messaging
{
    template<typename PreviousDispatcher,typename Msg,typename Func>
    class TemplateDispatcher
    {
        queue* q;
        PreviousDispatcher* prev;
        Func f;
        bool chained;
        TemplateDispatcher(TemplateDispatcher const&)=delete;
        TemplateDispatcher& operator=(TemplateDispatcher const&)=delete;
        template<typename Dispatcher,typename OtherMsg,typename OtherFunc>
        friend class TemplateDispatcher;    ◀── TemplateDispatcher
                                                 的實體化互為友誼
        void wait_and_dispatch()
        {
            for(;;)
            {
```

```
                auto msg=q->wait_and_pop();
                if(dispatch(msg))
                    break;
            }
        }
        bool dispatch(std::shared_ptr<message_base> const& msg)
        {
            if(wrapped_message<Msg>* wrapper=
                dynamic_cast<wrapped_message<Msg>*>(msg.get()))
            {
                f(wrapper->contents);
                return true;
            }
            else
            {
                return prev->dispatch(msg);
            }
        }
    public:
        TemplateDispatcher(TemplateDispatcher&& other):
            q(other.q),prev(other.prev),f(std::move(other.f)),
            chained(other.chained)
        {
            other.chained=true;
        }
        TemplateDispatcher(queue* q_,PreviousDispatcher* prev_,Func&& f_):
            q(q_),prev(prev_),f(std::forward<Func>(f_)),chained(false)
        {
            prev_->chained=true;
        }
        template<typename OtherMsg,typename OtherFunc>
        TemplateDispatcher<TemplateDispatcher,OtherMsg,OtherFunc>
        handle(OtherFunc&& of)
        {
            return TemplateDispatcher<
                TemplateDispatcher,OtherMsg,OtherFunc>(
                    q,this,std::forward<OtherFunc>(of));
        }
        ~TemplateDispatcher() noexcept(false)
        {
            if(!chained)
            {
                wait_and_dispatch();
            }
        }
    };
}
```

① 如果處理這訊息，跳出迴圈

② 檢查訊息型態並呼叫這函式

③ 鏈結到前一個 dispatcher

④ 可以鏈結其他處理器

⑤ 解構函式再次是 noexcept(false)

TemplateDispatcher<> 類別樣板以 dispatcher 類別為模型，而且二者幾乎完全一樣。特別是，解構函式仍然呼叫 wait_and_dispatch() 來等待訊息。

因為如果你處理訊息就不會拋出例外，所以現在需要檢查是否在訊息迴圈中處理了訊息❶。當你已經成功處理了訊息，訊息處理會停止，因此你可以等待下次不同的一組訊息。如果你確實獲得了匹配的指定訊息型態，則呼叫所提供的函式❷而不是拋出例外（雖然處理器函式本身可能會拋出例外）。如果沒有得到匹配，則鏈結到前一個分派器❸。在第一個實體中，這將是一個 dispatcher；但是如果你將呼叫鏈結到 handle() ❹以允許處理多種型態的訊息，那這可能會是 TemplateDispatcher<> 先前的實體化，如果訊息不匹配，它將反過來鏈結到前一個處理器。因為任何處理器都可能會拋出例外（包括 dispatcher 為 close_queue 訊息的預設處理器），因此解構函式必須再次被宣告為 noexcept(false) ❺。

這個簡單的框架允許你將任何型態的訊息推入佇列，然後再選擇性地匹配你在接收端可以處理的訊息。它也允許你傳遞對佇列的參照以推送訊息，同時保持接收端的私密性。

為了完成第 4 章的範例，訊息是由程式列表 C.6 提供，程式列表 C.7、C.8 和 C.9 為各種狀態機，而程式列表 C.10 則為驅動程式。

程式列表 C.6　ATM 訊息

```cpp
struct withdraw
{
    std::string account;
    unsigned amount;
    mutable messaging::sender atm_queue;
    withdraw(std::string const& account_,
            unsigned amount_,
            messaging::sender atm_queue_):
        account(account_),amount(amount_),
        atm_queue(atm_queue_)
    {}
};
struct withdraw_ok
{};
struct withdraw_denied
{};
struct cancel_withdrawal
{
```

```cpp
    std::string account;
    unsigned amount;
    cancel_withdrawal(std::string const& account_,
                      unsigned amount_):
        account(account_),amount(amount_)
    {}
};
struct withdrawal_processed
{
    std::string account;
    unsigned amount;
    withdrawal_processed(std::string const& account_,
                         unsigned amount_):
        account(account_),amount(amount_)
    {}
};
struct card_inserted
{
    std::string account;
    explicit card_inserted(std::string const& account_):
        account(account_)
    {}

};
struct digit_pressed
{
    char digit;
    explicit digit_pressed(char digit_):
        digit(digit_)
    {}

};
struct clear_last_pressed
{};
struct eject_card
{};
struct withdraw_pressed
{
    unsigned amount;
    explicit withdraw_pressed(unsigned amount_):
        amount(amount_)
    {}

};
struct cancel_pressed
{};
struct issue_money
```

```cpp
{
    unsigned amount;
    issue_money(unsigned amount_):
        amount(amount_)
    {}
};
struct verify_pin
{
    std::string account;
    std::string pin;
    mutable messaging::sender atm_queue;
    verify_pin(std::string const& account_,std::string const& pin_,
                messaging::sender atm_queue_):
        account(account_),pin(pin_),atm_queue(atm_queue_)
    {}
};
struct pin_verified
{};
struct pin_incorrect
{};
struct display_enter_pin
{};
struct display_enter_card
{};
struct display_insufficient_funds
{};
struct display_withdrawal_cancelled
{};
struct display_pin_incorrect_message
{};
struct display_withdrawal_options
{};
struct get_balance
{
    std::string account;
    mutable messaging::sender atm_queue;
    get_balance(std::string const& account_,messaging::sender atm_queue_):
        account(account_),atm_queue(atm_queue_)
    {}
};
struct balance
{
    unsigned amount;

    explicit balance(unsigned amount_):
        amount(amount_)
    {}
```

```cpp
};
struct display_balance
{
    unsigned amount;
    explicit display_balance(unsigned amount_):
        amount(amount_)
    {}
};
struct balance_pressed
{};
```

程式列表 C.7 ATM 狀態機

```cpp
class atm
{
    messaging::receiver incoming;
    messaging::sender bank;
    messaging::sender interface_hardware;
    void (atm::*state)();
    std::string account;
    unsigned withdrawal_amount;
    std::string pin;
    void process_withdrawal()
    {
        incoming.wait()
            .handle<withdraw_ok>(
                [&](withdraw_ok const& msg)
                {
                    interface_hardware.send(
                        issue_money(withdrawal_amount));
                    bank.send(
                        withdrawal_processed(account,withdrawal_amount));
                    state=&atm::done_processing;
                }
                )
            .handle<withdraw_denied>(
                [&](withdraw_denied const& msg)
                {
                    interface_hardware.send(display_insufficient_funds());
                    state=&atm::done_processing;
                }
                )
            .handle<cancel_pressed>(
                [&](cancel_pressed const& msg)
                {
                    bank.send(
                        cancel_withdrawal(account,withdrawal_amount));
```

```cpp
                    interface_hardware.send(
                        display_withdrawal_cancelled());
                    state=&atm::done_processing;
                }
                );
    }
    void process_balance()
    {
        incoming.wait()
            .handle<balance>(
                [&](balance const& msg)
                {
                    interface_hardware.send(display_balance(msg.amount));
                    state=&atm::wait_for_action;
                }
                )
            .handle<cancel_pressed>(
                [&](cancel_pressed const& msg)
                {
                    state=&atm::done_processing;
                }
                );
    }
    void wait_for_action()
    {
        interface_hardware.send(display_withdrawal_options());
        incoming.wait()
            .handle<withdraw_pressed>(
                [&](withdraw_pressed const& msg)
                {
                    withdrawal_amount=msg.amount;
                    bank.send(withdraw(account,msg.amount,incoming));
                    state=&atm::process_withdrawal;
                }
                )
            .handle<balance_pressed>(
                [&](balance_pressed const& msg)
                {
                    bank.send(get_balance(account,incoming));
                    state=&atm::process_balance;
                }
                )
            .handle<cancel_pressed>(
                [&](cancel_pressed const& msg)
                {
                    state=&atm::done_processing;
                }
```

```
                );
    }
    void verifying_pin()
    {
        incoming.wait()
            .handle<pin_verified>(
                [&](pin_verified const& msg)
                {
                    state=&atm::wait_for_action;
                }
                )
            .handle<pin_incorrect>(
                [&](pin_incorrect const& msg)
                {
                    interface_hardware.send(
                        display_pin_incorrect_message());
                    state=&atm::done_processing;
                }
                )
            .handle<cancel_pressed>(
                [&](cancel_pressed const& msg)
                {
                    state=&atm::done_processing;
                }
                );
    }
    void getting_pin()
    {
        incoming.wait()
            .handle<digit_pressed>(
                [&](digit_pressed const& msg)
                {
                    unsigned const pin_length=4;
                    pin+=msg.digit;
                    if(pin.length()==pin_length)
                    {
                        bank.send(verify_pin(account,pin,incoming));
                        state=&atm::verifying_pin;
                    }
                }
                )
            .handle<clear_last_pressed>(
                [&](clear_last_pressed const& msg)
                {
                    if(!pin.empty())
                    {
                        pin.pop_back();
```

```
                                }
                        }
                    )
                .handle<cancel_pressed>(
                    [&](cancel_pressed const& msg)
                    {
                        state=&atm::done_processing;
                    }
                    );
    }
    void waiting_for_card()
    {
        interface_hardware.send(display_enter_card());
        incoming.wait()
            .handle<card_inserted>(
                [&](card_inserted const& msg)
                {
                    account=msg.account;
                    pin="";
                    interface_hardware.send(display_enter_pin());
                    state=&atm::getting_pin;
                }
                );
    }
    void done_processing()
    {
        interface_hardware.send(eject_card());
        state=&atm::waiting_for_card;
    }
    atm(atm const&)=delete;
    atm& operator=(atm const&)=delete;
public:
    atm(messaging::sender bank_,
        messaging::sender interface_hardware_):
        bank(bank_),interface_hardware(interface_hardware_)
    {}
    void done()
    {
        get_sender().send(messaging::close_queue());
    }
    void run()
    {
        state=&atm::waiting_for_card;
        try
        {
            for(;;)
            {
```

```
                    (this->*state)();
                }
            }
        catch(messaging::close_queue const&)
            {
            }
        }
    messaging::sender get_sender()
    {
        return incoming;
    }
};
```

程式列表 C.8　銀行狀態機

```
class bank_machine
{
    messaging::receiver incoming;
    unsigned balance;
public:
    bank_machine():
        balance(199)
    {}
    void done()
    {
        get_sender().send(messaging::close_queue());
    }
    void run()
    {
        try
        {
            for(;;)
            {
                incoming.wait()
                    .handle<verify_pin>(
                        [&](verify_pin const& msg)
                        {
                            if(msg.pin=="1937")
                            {
                                msg.atm_queue.send(pin_verified());
                            }
                            else
                            {
                                msg.atm_queue.send(pin_incorrect());
                            }
                        }
                    )
```

```cpp
                    .handle<withdraw>(
                        [&](withdraw const& msg)
                        {
                            if(balance>=msg.amount)
                            {
                                msg.atm_queue.send(withdraw_ok());
                                balance-=msg.amount;
                            }
                            else
                            {
                                msg.atm_queue.send(withdraw_denied());
                            }
                        }
                        )
                    .handle<get_balance>(
                        [&](get_balance const& msg)
                        {
                            msg.atm_queue.send(::balance(balance));
                        }
                        )
                    .handle<withdrawal_processed>(
                        [&](withdrawal_processed const& msg)
                        {
                        }
                        )
                    .handle<cancel_withdrawal>(
                        [&](cancel_withdrawal const& msg)
                        {
                        }
                        );
                }
            }
            catch(messaging::close_queue const&)
            {
            }
        }

        messaging::sender get_sender()
        {
            return incoming;
        }
    };
```

程式列表 C.9　使用者介面狀態機

```cpp
class interface_machine
{
    messaging::receiver incoming;
public:
    void done()
    {
        get_sender().send(messaging::close_queue());
    }
    void run()
    {
        try
        {
            for(;;)
            {
                incoming.wait()
                    .handle<issue_money>(
                        [&](issue_money const& msg)
                        {
                            {
                                std::lock_guard<std::mutex> lk(iom);
                                std::cout<<"Issuing "
                                        <<msg.amount<<std::endl;
                            }
                        }
                    )
                    .handle<display_insufficient_funds>(
                        [&](display_insufficient_funds const& msg)
                        {
                            {
                                std::lock_guard<std::mutex> lk(iom);
                                std::cout<<"Insufficient funds"<<std::endl;
                            }
                        }
                    )
                    .handle<display_enter_pin>(
                        [&](display_enter_pin const& msg)
                        {
                            {
                                std::lock_guard<std::mutex> lk(iom);
                                std::cout
                                    <<"Please enter your PIN (0-9)"
                                    <<std::endl;
                            }
                        }
                    )
                    .handle<display_enter_card>(
```

```cpp
                                    [&](display_enter_card const& msg)
                                    {
                                        {
                                            std::lock_guard<std::mutex> lk(iom);
                                            std::cout<<"Please enter your card (I)"
                                                    <<std::endl;
                                        }
                                    }
                                    )
                            .handle<display_balance>(
                                    [&](display_balance const& msg)
                                    {
                                        {
                                            std::lock_guard<std::mutex> lk(iom);
                                            std::cout
                                                <<"The balance of your account is "
                                                <<msg.amount<<std::endl;
                                        }
                                    }
                                    )
                            .handle<display_withdrawal_options>(
                                    [&](display_withdrawal_options const& msg)
                                    {
                                        {
                                            std::lock_guard<std::mutex> lk(iom);
                                            std::cout<<"Withdraw 50? (w)"<<std::endl;
                                            std::cout<<"Display Balance? (b)"
                                                    <<std::endl;
                                            std::cout<<"Cancel? (c)"<<std::endl;
                                        }
                                    }
                                    )
                            .handle<display_withdrawal_cancelled>(
                                    [&](display_withdrawal_cancelled const& msg)
                                    {
                                        {
                                            std::lock_guard<std::mutex> lk(iom);
                                            std::cout<<"Withdrawal cancelled"
                                                    <<std::endl;
                                        }
                                    }
                                    )
                            .handle<display_pin_incorrect_message>(
                                    [&](display_pin_incorrect_message const& msg)
                                    {
                                        {
                                            std::lock_guard<std::mutex> lk(iom);
```

```
                            std::cout<<"PIN incorrect"<<std::endl;
                        }
                    }
                )
                .handle<eject_card>(
                    [&](eject_card const& msg)
                    {
                        {
                            std::lock_guard<std::mutex> lk(iom);
                            std::cout<<"Ejecting card"<<std::endl;
                        }
                    }
                );
            }
        }
        catch(messaging::close_queue&)
        {
        }
    }
    messaging::sender get_sender()
    {
        return incoming;
    }
};
```

程式列表 C.10　驅動程式碼

```
int main()
{
    bank_machine bank;
    interface_machine interface_hardware;
    atm machine(bank.get_sender(),interface_hardware.get_sender());
    std::thread bank_thread(&bank_machine::run,&bank);
    std::thread if_thread(&interface_machine::run,&interface_hardware);
    std::thread atm_thread(&atm::run,&machine);
    messaging::sender atmqueue(machine.get_sender());
    bool quit_pressed=false;
    while(!quit_pressed)
    {
        char c=getchar();
        switch(c)
        {
        case '0':
        case '1':
        case '2':
        case '3':
        case '4':
```

```
            case '5':
            case '6':
            case '7':
            case '8':
            case '9':
                atmqueue.send(digit_pressed(c));
                break;
            case 'b':
                atmqueue.send(balance_pressed());
                break;
            case 'w':
                atmqueue.send(withdraw_pressed(50));
                break;
            case 'c':
                atmqueue.send(cancel_pressed());
                break;
            case 'q':
                quit_pressed=true;
                break;
            case 'i':
                atmqueue.send(card_inserted("acc1234"));
                break;
            }
        }
        bank.done();
        machine.done();
        interface_hardware.done();
        atm_thread.join();
        bank_thread.join();
        if_thread.join();
    }
```

C++ 執行緒庫參考

D.1　<chrono> 標頭

<chrono> 標頭提供了用於表示時間點、duration、及時鐘類的類別，作為 time_point 的來源。每個時鐘都有一個 is_steady 靜態資料成員，用以表示它是否是一個以均勻速率前進（且不能調整）的**穩定**時鐘。std::chrono::steady_clock 類別是唯一保證為穩定的時鐘。

標頭內容

```
namespace std
{
    namespace chrono
    {
        template<typename Rep,typename Period = ratio<1>>
        class duration;
        template<
            typename Clock,
            typename Duration = typename Clock::duration>
        class time_point;
        class system_clock;
        class steady_clock;
        typedef unspecified-clock-type high_resolution_clock;
    }
}
```

D.1.1　std::chrono::duration 類別樣板

std::chrono::duration 類別樣板提供了表示期間的工具。樣板參數 Rep 和 Period 分別是儲存期間值的資料型態，以及表示連續「滴答」間時間長度（以秒的分數表示）的 std::ratio 類別樣板實體。因此 std::chrono::duration<int, std::milli> 是以 int 型態值儲存的毫秒

數，std::chrono::duration<short, std::ratio<1,50>> 是 以 short 型態值儲存的五十分之一秒數，而 std::chrono::duration<long long, std::ratio<60,1>> 是以 long long 型態值儲存的分鐘數。

類別定義

```cpp
template <class Rep, class Period=ratio<1> >
class duration
{
public:
    typedef Rep rep;
    typedef Period period;

    constexpr duration() = default;
    ~duration() = default;

    duration(const duration&) = default;
    duration& operator=(const duration&) = default;

    template <class Rep2>
    constexpr explicit duration(const Rep2& r);

    template <class Rep2, class Period2>
    constexpr duration(const duration<Rep2, Period2>& d);

    constexpr rep count() const;
    constexpr duration operator+() const;
    constexpr duration operator-() const;
    duration& operator++();
    duration operator++(int);
    duration& operator--();
    duration operator--(int);
    duration& operator+=(const duration& d);
    duration& operator-=(const duration& d);
    duration& operator*=(const rep& rhs);
    duration& operator/=(const rep& rhs);
    duration& operator%=(const rep& rhs);
    duration& operator%=(const duration& rhs);
    static constexpr duration zero();
    static constexpr duration min();
    static constexpr duration max();
};
template <class Rep1, class Period1, class Rep2, class Period2>
constexpr bool operator==(
    const duration<Rep1, Period1>& lhs,
    const duration<Rep2, Period2>& rhs);

template <class Rep1, class Period1, class Rep2, class Period2>
```

```
constexpr bool operator!=(
    const duration<Rep1, Period1>& lhs,
    const duration<Rep2, Period2>& rhs);

template <class Rep1, class Period1, class Rep2, class Period2>
constexpr bool operator<(
    const duration<Rep1, Period1>& lhs,
    const duration<Rep2, Period2>& rhs);

template <class Rep1, class Period1, class Rep2, class Period2>
constexpr bool operator<=(
    const duration<Rep1, Period1>& lhs,
    const duration<Rep2, Period2>& rhs);

template <class Rep1, class Period1, class Rep2, class Period2>
constexpr bool operator>(
    const duration<Rep1, Period1>& lhs,
    const duration<Rep2, Period2>& rhs);

template <class Rep1, class Period1, class Rep2, class Period2>
constexpr bool operator>=(
    const duration<Rep1, Period1>& lhs,
    const duration<Rep2, Period2>& rhs);

template <class ToDuration, class Rep, class Period>
constexpr ToDuration duration_cast(const duration<Rep, Period>& d);
```

要求

Rep 必須是內建數字型態，或類似數字的使用者定義型態；Period 必須是 std::ratio\<\> 的實體。

STD::CHRONO::DURATION::REP TYPEDEF

這是用於在 duration 中持有滴答數型態的型態定義。

宣告

```
typedef Rep rep;
```

rep 是用於 duration 物件內部表示值的型態。

STD::CHRONO::DURATION::PERIOD TYPEDEF

這是用於以指定期間計數表示幾分之幾秒的 std::ratio 類別樣板實體的型態定義；例如，如果 period 為 std::ratio\<1,50\>，則 N count() 的 duration 值表示五十分之 N 秒。

宣告

```
typedef Period period;
```

STD::CHRONO::DURATION 預設建構函式

用預設值建構 std::chrono::duration 實體。

宣告
```
constexpr duration() = default;
```

效果
duration 的內部值（rep 型態）是預設初始化的。

STD::CHRONO::DURATION 從計數值轉換建構函式

用指定的 count 建構 std::chrono::duration 實體。

宣告
```
template <class Rep2>
constexpr explicit duration(const Rep2& r);
```

效果
duration 物件的內部值用 static_cast<rep>(r) 初始化。

要求
如果 Rep2 可以隱含轉換為 Rep，而且 Rep 是浮點型態或 Rep2 不是浮點型態，這個建構函式才參與多載解析。

後置條件
```
this->count()==static_cast<rep>(r)
```

STD::CHRONO::DURATION 從另一個 STD::CHRONO::DURATION 的值轉換建構函式

透過縮放另一個 std::chrono::duration 物件的計數值建構 std::chrono::duration 實體。

宣告
```
template <class Rep2, class Period2>
constexpr duration(const duration<Rep2,Period2>& d);
```

效果
用 duration_cast<duration<Rep,Period>>(d).count() 初始化 duration 物件的內部值。

要求

這建構函式只有在 Rep 是浮點型態，或 Rep2 不是浮點型態且 Period2 是 Period 的整數倍（即 ratio_divide<Period2,Period>::den==1）時才參與多載解析。這避免了將一個小週期的期間儲存在表示較長週期期間變數的意外截斷（相當於損失精度）。

後置條件

```
this->count()==duration_cast<duration<Rep,Period>>(d).count()
```

範例

```
duration<int,ratio<1,1000>> ms(5);      ◀—— 5 毫秒
duration<int,ratio<1,1>> s(ms);         ◀—— 錯誤，ms 不能存為整數的秒
duration<double,ratio<1,1>> s2(ms);     ◀—— 可以，s2.count()==0.005
duration<int,ratio<1,1000000>> us(ms);  ◀—— 可以，us.count()==5000
```

STD::CHRONO::DURATION::COUNT 成員函式

取得期間的值。

宣告

```
constexpr rep count() const;
```

回傳

型態為 rep 的 duration 物件內部值。

STD::CHRONO::DURATION::OPERATOR+ 一元加號運算子

這是一個不作業指令：它只回傳 *this 的複製。

宣告

```
constexpr duration operator+() const;
```

回傳

```
*this
```

STD::CHRONO::DURATION::OPERATOR- 一元減號運算子

回傳一個期間，使得 count() 值是 this->count() 的負值。

宣告

```
constexpr duration operator-() const;
```

回傳

```
duration(-this->count());
```

STD::CHRONO::DURATION::OPERATOR++ 前置遞增運算子

遞增內部計數。

宣告
```
duration& operator++();
```

效果
```
++this->internal_count;
```

回傳
```
*this
```

STD::CHRONO::DURATION::OPERATOR++ 後置遞增運算子

遞增內部計數並回傳遞增前的 *this 值。

宣告
```
duration operator++(int);
```

效果
```
duration temp(*this);
++(*this);
return temp;
```

STD::CHRONO::DURATION::OPERATOR-- 前置遞減運算子

遞減內部計數。

宣告
```
duration& operator--();
```

效果
```
--this->internal_count;
```

回傳
```
*this
```

STD::CHRONO::DURATION::OPERATOR-- 後置遞減運算子

遞減內部計數並回傳遞減前的 *this 值。

宣告
```
duration operator--(int);
```

效果
```
duration temp(*this);
--(*this);
return temp;
```

STD::CHRONO::DURATION::OPERATOR+= 複合指定運算子

將另一個 duration 物件的計數加到 *this 的內部計數上。

宣告
```
duration& operator+=(duration const& other);
```

效果
```
internal_count+=other.count();
```

回傳
```
*this
```

STD::CHRONO::DURATION::OPERATOR-= 複合指定運算子

從 *this 的內部計數上減掉另一個 duration 物件的計數。

宣告
```
duration& operator-=(duration const& other);
```

效果
```
internal_count-=other.count();
```

回傳
```
*this
```

STD::CHRONO::DURATION::OPERATOR*= 複合指定運算子

將 *this 的內部計數乘以指定值。

宣告
```
duration& operator*=(rep const& rhs);
```

效果
```
internal_count*=rhs;
```

回傳
```
*this
```

STD::CHRONO::DURATION::OPERATOR/= 複合指定運算子

將 *this 的內部計數除以指定值。

宣告
```
duration& operator/=(rep const& rhs);
```

效果
```
internal_count/=rhs;
```

回傳
```
*this
```

STD::CHRONO::DURATION::OPERATOR%= 複合指定運算子

將 *this 的內部計數調整為除以指定值後的餘數。

宣告
```
duration& operator%=(rep const& rhs);
```

效果
```
internal_count%=rhs;
```

回傳
```
*this
```

STD::CHRONO::DURATION::OPERATOR%= 複合指定運算子

將 *this 的內部計數調整為除以另一個 duration 物件計數後的餘數。

宣告
```
duration& operator%=(duration const& rhs);
```

效果
```
internal_count%=rhs.count();
```

回傳
```
*this
```

STD::CHRONO::DURATION::ZERO 靜態成員函式

回傳表示零值的 duration 物件。

宣告
```
constexpr duration zero();
```

回傳
```
duration(duration_values<rep>::zero());
```

STD::CHRONO::DURATION::MIN 靜態成員函式

回傳持有指定實體最小可能值的 duration 物件。

宣告
```
constexpr duration min();
```

回傳
```
duration(duration_values<rep>::min());
```

STD::CHRONO::DURATION::MAX 靜態成員函式

回傳持有指定實體最大可能值的 duration 物件。

宣告
```
constexpr duration max();
```

回傳
```
duration(duration_values<rep>::max());
```

STD::CHRONO::DURATION 相等比較運算子

縱使表示的形式或週期不同，比較兩個 duration 物件的相等性。

宣告
```
template <class Rep1, class Period1, class Rep2, class Period2>
constexpr bool operator==(
    const duration<Rep1, Period1>& lhs,
    const duration<Rep2, Period2>& rhs);
```

要求
lhs 必須可以隱含轉換為 rhs，或反之亦然。如果兩個都不能隱含轉換成另一個，或它們是不同的 duration 實體但每個都可以隱含轉換成另一個，那這表示式是有瑕疵的。

效果
如果 CommonDuration 是 std::common_type< duration< Rep1, Period1>, duration< Rep2, Period2>>::type 的同義詞，則 lhs==rhs 回傳 CommonDuration(lhs).count()==CommonDuration(rhs).count()。

STD::CHRONO::DURATION 不相等比較運算子

縱使表示的形式或週期不同，比較兩個 duration 物件的不相等性。

宣告

```
template <class Rep1, class Period1, class Rep2, class Period2>
constexpr bool operator!=(
    const duration<Rep1, Period1>& lhs,
    const duration<Rep2, Period2>& rhs);
```

要求

lhs 必須可以隱含轉換為 rhs，或反之亦然。如果兩個都不能隱含轉換成另一個，或它們是不同的 duration 實體但每個都可以隱含轉換成另一個，那這表示式是有瑕疵的。

回傳

```
!(lhs==rhs)
```

STD::CHRONO::DURATION 小於比較運算子

縱使表示的形式或週期不同，比較兩個 duration 物件看一個是否小於另一個。

宣告

```
template <class Rep1, class Period1, class Rep2, class Period2>
constexpr bool operator<(
    const duration<Rep1, Period1>& lhs,
    const duration<Rep2, Period2>& rhs);
```

要求

lhs 必須可以隱含轉換為 rhs，或反之亦然。如果兩個都不隱含轉換成另一個，或它們是不同的 duration 實體但每個都可以隱含轉換成另一個，那這表示式是有瑕疵的。

效果

如果 CommonDuration 是 std::common_type< duration< Rep1, Period1>, duration< Rep2, Period2>>::type 的同義詞，則 lhs<rhs 回傳 CommonDuration(lhs).count()<CommonDuration(rhs).count()。

STD::CHRONO::DURATION 大於比較運算子

縱使表示的形式或週期不同，比較兩個 duration 物件看一個是否大於另一個。

宣告
```
template <class Rep1, class Period1, class Rep2, class Period2>
constexpr bool operator>(
    const duration<Rep1, Period1>& lhs,
    const duration<Rep2, Period2>& rhs);
```

要求
lhs 必須可以隱含轉換為 rhs，或反之亦然。如果兩個都不能隱含轉換成另一個，或它們是不同的 duration 實體但每個都可以隱含轉換成另一個，那這表示式是有瑕疵的。

回傳
```
rhs<lhs
```

STD::CHRONO::DURATION 小於或等於比較運算子

縱使表示的形式或週期不同，比較兩個 duration 物件看一個是否小於或等於另一個。

宣告
```
template <class Rep1, class Period1, class Rep2, class Period2>
constexpr bool operator<=(
    const duration<Rep1, Period1>& lhs,
    const duration<Rep2, Period2>& rhs);
```

要求
lhs 必須可以隱含轉換為 rhs，或反之亦然。如果兩個都不能隱含轉換成另一個，或它們是不同的 duration 實體但每個都可以隱含轉換成另一個，那這表示式是有瑕疵的。

回傳
```
!(rhs<lhs)
```

STD::CHRONO::DURATION 大於或等於比較運算子

縱使表示的形式或週期不同，比較兩個 duration 物件看一個是否大於或等於另一個。

宣告

```
template <class Rep1, class Period1, class Rep2, class Period2>
constexpr bool operator>=(
    const duration<Rep1, Period1>& lhs,
    const duration<Rep2, Period2>& rhs);
```

要求

lhs 必須可以隱含轉換為 rhs，或反之亦然。如果兩個都不能隱含轉換成另一個，或它們是不同的 duration 實體但每個都可以隱含轉換成另一個，那這表示式是有瑕疵的。

回傳

`!(lhs<rhs)`

STD::CHRONO::DURATION_CAST 非成員函式

明確地將 std::chrono::duration 物件轉換為指定的 std::chrono::duration 實體。

宣告

```
template <class ToDuration, class Rep, class Period>
constexpr ToDuration duration_cast(const duration<Rep, Period>& d);
```

要求

ToDuration 必須是 std::chrono::duration 的實體。

回傳

期間 d 轉換為 ToDuration 指定的期間型態；這樣做是為了將不同尺度和表示型態之間因轉換而造成的任何精度損失最小化。

D.1.2　std::chrono::time_point 類別樣板

std::chrono::time_point 類別樣板表示由特定時鐘量測的時間點；它被指定為從這個特定時鐘紀元以來的期間。樣板參數 Clock 用以識別時鐘（每個不同的時鐘必須有唯一的型態），而 Duration 樣板參數則用於測量從紀元已來的期間型態，且必須是 std::chrono::duration 類別樣板的實體。Duration 預設為時鐘預設的期間型態。

類別定義

```
template <class Clock,class Duration = typename Clock::duration>
class time_point
{
public:
```

```
typedef Clock clock;
typedef Duration duration;
typedef typename duration::rep rep;
typedef typename duration::period period;

time_point();
explicit time_point(const duration& d);

template <class Duration2>
time_point(const time_point<clock, Duration2>& t);

duration time_since_epoch() const;

time_point& operator+=(const duration& d);
time_point& operator-=(const duration& d);

static constexpr time_point min();
static constexpr time_point max();
};
```

STD::CHRONO::TIME_POINT 預設建構函式

建構一個 time_point 表示相關聯 Clock 的紀元；其內部的期間用 Duration::zero() 初始化。

宣告
```
time_point();
```

後置條件
對於新預設建構的 time_point 物件 tp，tp.time_since_epoch() ==tp::duration::zero()。

STD::CHRONO::TIME_POINT 期間建構函式

建構一個 time_point 表示自相關聯時鐘紀元以來的指定期間。

宣告
```
explicit time_point(const duration& d);
```

後置條件
對於用某個期間 d 以 tp(d) 建構的 time_point 物件 tp，tp.time_since_epoch()==d。

STD::CHRONO::TIME_POINT 轉換建構函式

從有相同 Clock 但不同 Duration 的另一個 time_point 物件建構一個 time_point 物件。

宣告
```
template <class Duration2>
time_point(const time_point<clock, Duration2>& t);
```

要求
Duration2 應該可以隱含轉換成 Duration。

效果
如同 time_point(t.time_since_epoch())

從 t.time_since_epoch() 回傳的值會被隱含轉換成 Duration 型態的物件，而且這個值會儲存在新建構的 time_point 物件中。

STD::CHRONO::TIME_POINT::TIME_SINCE_EPOCH 成員函式

取得從特定 time_point 物件時鐘紀元以來的期間。

宣告
```
duration time_since_epoch() const;
```

回傳
儲存在 *this 的 duration 值。

STD::CHRONO::TIME_POINT::OPERATOR+= 複合指定運算子

將指定的 duration 加到儲存在指定的 time_point 物件的值上。

宣告
```
time_point& operator+=(const duration& d);
```

效果
將 d 加到 *this 內部的 duration 物件，就像

```
this->internal_duration += d;
```

回傳
```
*this
```

STD::CHRONO::TIME_POINT::OPERATOR-= 複合指定運算子

從儲存在指定 time_point 物件的值減掉指定的 duration。

宣告
```
time_point& operator-=(const duration& d);
```

效果

從 *this 內部的 duration 物件減掉 d，就像

```
this->internal_duration -= d;
```

回傳

*this

STD::CHRONO::TIME_POINT::MIN 靜態成員函式

獲得表示它型態最小可能值的 time_point 物件。

宣告

```
static constexpr time_point min();
```

回傳

```
time_point(time_point::duration::min()) (see 11.1.1.15)
```

STD::CHRONO::TIME_POINT::MAX 靜態成員函式

獲得表示它型態最大可能值的 time_point 物件。

宣告

```
static constexpr time_point max();
```

回傳

```
time_point(time_point::duration::max()) (see 11.1.1.16)
```

D.1.3　std::chrono::system_clock 類別

std::chrono::system_clock 類別提供了一種從全系統即時時鐘獲得目前掛鐘時間的方法；目前時間可以透過呼叫 std::chrono::system_clock::now() 得到。std::chrono::system_clock::time_point 實體可以用 std::chrono::system_clock::to_time_t() 和 std::chrono::system_clock::to_time_point() 函式與 time_t 相互轉換。系統時鐘並不穩定，因此後續對 std::chrono::system_clock::now() 的呼叫可能會回傳比先前呼叫更早的時間（例如，如果作業系統的時鐘被手動調整或與外部時鐘同步）。

類別定義

```
class system_clock
{
public:
    typedef unspecified-integral-type rep;
```

```
        typedef std::ratio<unspecified,unspecified> period;
        typedef std::chrono::duration<rep,period> duration;
        typedef std::chrono::time_point<system_clock> time_point;
        static const bool is_steady=unspecified;

        static time_point now() noexcept;

        static time_t to_time_t(const time_point& t) noexcept;
        static time_point from_time_t(time_t t) noexcept;
    };
```

STD::CHRONO::SYSTEM_CLOCK::REP TYPEDEF

用以持有 duration 值滴答數整數型態的 typedef。

宣告

```
typedef unspecified-integral-type rep;
```

STD::CHRONO::SYSTEM_CLOCK::PERIOD TYPEDEF

對指定 duration 或 time_point 不同值之間最小秒數（或幾分之一秒）的
std::ratio 類別樣板實體化的 typedef。period 指定時鐘的精度，而不是
滴答的頻率。

宣告

```
typedef std::ratio<unspecified,unspecified> period;
```

STD::CHRONO::SYSTEM_CLOCK::DURATION TYPEDEF

可以持有全系統即時時鐘回傳任意兩個時間點之間差值的
std::chrono::duration 類別樣板的實體化。

宣告

```
typedef std::chrono::duration<
    std::chrono::system_clock::rep,
    std::chrono::system_clock::period> duration;
```

STD::CHRONO::SYSTEM_CLOCK::TIME_POINT TYPEDEF

可以持有全系統即時時鐘回傳時間點的 std::chrono::time_point 類別樣
板的實體化。

宣告

```
typedef std::chrono::time_point<std::chrono::system_clock> time_point;
```

STD::CHRONO::SYSTEM_CLOCK::NOW 靜態成員函式

從全系統即時時鐘獲得目前掛鐘時間。

宣告

```
time_point now() noexcept;
```

回傳

表示全系統即時時鐘目前時間的 time_point。

拋出

如果發生錯誤，則拋出 std::system_error 型態的例外。

STD::CHRONO::SYSTEM_CLOCK::TO_TIME_T 靜態成員函式

將 time_point 實體轉換成 time_t。

宣告

```
time_t to_time_t(time_point const& t) noexcept;
```

回傳

一個表示與 t 相同的時間點，四捨五入或截斷到秒精度的 time_t 值。

拋出

如果發生錯誤，則拋出 std::system_error 型態的例外。

STD::CHRONO::SYSTEM_CLOCK::FROM_TIME_T 靜態成員函式

將 time_t 實體轉換成 time_point。

宣告

```
time_point from_time_t(time_t const& t) noexcept;
```

回傳

一個表示與 t 相同的時間點的 time_point 值。

拋出

如果發生錯誤，則拋出 std::system_error 型態的例外。

D.1.4　std::chrono::steady_clock 類別

std::chrono::steady_clock 類別支援對全系統穩定時鐘的存取；利用呼叫 std::chrono::steady_clock::now() 可以得到目前的時間。std::chrono::steady_clock::now() 回傳的值與掛鐘時間之間沒有固定的關係。穩定的時鐘不能倒退，因此如果對 std::chrono::steady_

453

clock::now() 的呼叫發生在對它另一次呼叫之前,那第二次呼叫回傳的時間點一定等於或晚於第一次呼叫所回傳的時間點。時鐘會盡可能地以均勻速率前進。

類別定義

```
class steady_clock
{
public:
    typedef unspecified-integral-type rep;
    typedef std::ratio<
        unspecified,unspecified> period;
    typedef std::chrono::duration<rep,period> duration;
    typedef std::chrono::time_point<steady_clock>
        time_point;
    static const bool is_steady=true;

    static time_point now() noexcept;
};
```

STD::CHRONO::STEADY_CLOCK::REP TYPEDEF

用以持有 duration 值滴答數的整數型態的 typedef。

宣告

```
typedef unspecified-integral-type rep;
```

STD::CHRONO::STEADY_CLOCK::PERIOD TYPEDEF

對指定 duration 或 time_point 不同值之間最小秒數(或幾分之一秒)的 std::ratio 類別樣板實體化的 typedef。period 指定時鐘的精度,而不是滴答的頻率。

宣告

```
typedef std::ratio<unspecified,unspecified> period;
```

STD::CHRONO::STEADY_CLOCK::DURATION TYPEDEF

可以持有全系統穩定時鐘回傳的任意兩個時間點之間差值的 std::chrono::duration 類別樣板的實體化。

宣告

```
typedef std::chrono::duration<
    std::chrono::steady_clock::rep,
    std::chrono::steady_clock::period> duration;
```

STD::CHRONO::STEADY_CLOCK::TIME_POINT TYPEDEF

可以持有全系統穩定時鐘回傳時間點的 std::chrono::time_point 類別樣
板的實體化。

宣告
```
typedef std::chrono::time_point<std::chrono::steady_clock> time_
point;
```

STD::CHRONO::STEADY_CLOCK::NOW 靜態成員函式

從全系統穩定時鐘獲得目前時間。

宣告
```
time_point now() noexcept;
```

回傳
表示全系統穩定時鐘目前時間的 time_point。

拋出
如果發生錯誤，則拋出 std::system_error 型態的例外。

同步
如果對 std::chrono::steady_clock::now() 的呼叫發生在另一次之
前，第一次呼叫回傳的 time_point 應該比第二次呼叫回傳的 time_
point 小或相等。

D.1.5 std::chrono::high_resolution_clock typedef

std::chrono::high_resolution_clock 類別支援以高解析度存取全系
統時鐘。對於所有時鐘，可以由呼叫 std::chrono::high_resolution_
clock::now() 獲得目前時間。std::chrono::high_resolution_clock 可
能 是 std::chrono::system_clock 類 別 或 std::chrono::steady_clock
類別的 typedef，但也可能是一個別的型態。

雖然 std::chrono::high_resolution_clock 在所有函式庫支援的時鐘
中有最高的解析度，但 std::chrono::high_resolution_clock::now()
仍然是有限的時間量。當對很短操作計時的時候，你必須仔細考慮呼叫
std::chrono::high_resolution_clock::now() 的代價。

類別定義
```
class high_resolution_clock
{
```

```
public:
    typedef unspecified-integral-type rep;
    typedef std::ratio<
        unspecified,unspecified> period;
    typedef std::chrono::duration<rep,period> duration;
    typedef std::chrono::time_point<
        unspecified> time_point;
    static const bool is_steady=unspecified;

    static time_point now() noexcept;
};
```

D.2　<condition_variable> 標頭

<condition_variable> 標頭提供了條件變數。這些是基本層次的同步化機制，它允許執行緒被阻擋到獲通知某條件成立或超時時間已過為止。

標頭內容
```
namespace std
{
    enum class cv_status { timeout, no_timeout };

    class condition_variable;
    class condition_variable_any;
}
```

D.2.1　std::condition_variable 類別

std::condition_variable 類別允許執行緒等待一個條件變成 true。std::condition_variable 的實體不是 CopyAssignable、CopyConstructible、MoveAssignable 或 MoveConstructible。

類別定義
```
class condition_variable
{
public:
    condition_variable();
    ~condition_variable();

    condition_variable(condition_variable const& ) = delete;
    condition_variable& operator=(condition_variable const& ) = delete;

    void notify_one() noexcept;
    void notify_all() noexcept;

    void wait(std::unique_lock<std::mutex>& lock);
```

```
template <typename Predicate>
void wait(std::unique_lock<std::mutex>& lock,Predicate pred);

template <typename Clock, typename Duration>
cv_status wait_until(
    std::unique_lock<std::mutex>& lock,
    const std::chrono::time_point<Clock, Duration>& absolute_time);

template <typename Clock, typename Duration, typename Predicate>
bool wait_until(
    std::unique_lock<std::mutex>& lock,
    const std::chrono::time_point<Clock, Duration>& absolute_time,
    Predicate pred);

template <typename Rep, typename Period>
cv_status wait_for(
    std::unique_lock<std::mutex>& lock,
    const std::chrono::duration<Rep, Period>& relative_time);

template <typename Rep, typename Period, typename Predicate>
bool wait_for(
    std::unique_lock<std::mutex>& lock,
    const std::chrono::duration<Rep, Period>& relative_time,
    Predicate pred);
};

void notify_all_at_thread_exit(condition_variable&,unique_lock<mutex>);
```

STD::CONDITION_VARIABLE 預設建構函式

建構 std::condition_variable 物件。

宣告
```
condition_variable();
```

效果
建構新的 std::condition_variable 實體。

拋出
如果不能建構條件變數，則拋出 std::system_error 型態的例外。

STD::CONDITION_VARIABLE 解構函式

銷毀 std::condition_variable 物件。

宣告
```
~condition_variable();
```

457

前置條件

在呼叫 wait()、wait_for() 或 wait_until() 中，沒有執行緒在 *this 上被阻擋。

效果

銷毀 *this。

拋出

沒有。

STD::CONDITION_VARIABLE::NOTIFY_ONE 成員函式

喚醒目前等待 std::condition_variable 的執行緒中的一個。

宣告

```
void notify_one() noexcept;
```

效果

在呼叫的點上喚醒等待 *this 的執行緒中的一個；如果沒有執行緒在等待，則呼叫無效。

拋出

如果無法達到效果，則拋出 std::system_error 例外。

同步

在單一 std::condition_variable 實體上對 notify_one()、notify_all()、wait()、wait_for() 及 wait_until() 的呼叫會被序列化。對 notify_one() 或 notify_all() 的呼叫將只會喚醒在這呼叫之前已經開始等待的執行緒。

STD::CONDITION_VARIABLE::NOTIFY_ALL 成員函式

喚醒目前等待 std::condition_variable 的所有執行緒。

宣告

```
void notify_all() noexcept;
```

效果

在呼叫的點上喚醒等待 *this 的所有執行緒；如果沒有執行緒在等待，則呼叫無效。

拋出

如果無法達到效果，則拋出 std::system_error 例外。

同步

在單一 std::condition_variable 實體上對 notify_one()、notify_
all()、wait()、wait_for() 及 wait_until() 的呼叫會被序列化。對
notify_one() 或 notify_all() 的呼叫將只會喚醒在這呼叫之前已經開
始等待的執行緒。

STD::CONDITION_VARIABLE::WAIT 成員函式

一直等到 std::condition_variable 被對 notify_one()、notify_all()
的呼叫或虛假喚醒為止。

宣告

```
void wait(std::unique_lock<std::mutex>& lock);
```

前置條件

lock.owns_lock() 為 true，且呼叫的執行緒擁有上鎖。

效果

原子化地解鎖所提供的 lock 物件，並阻擋到執行緒被另一個執行緒呼
叫 notify_one() 或 notify_all() 所喚醒，或被虛假喚醒為止。在對
wait() 的呼叫回傳之前，lock 物件會被再次上鎖。

拋出

如果無法達到效果，則拋出 std::system_error 例外。如果在呼叫
wait() 期間 lock 物件解鎖，它會在退出時再次上鎖，就算函式是因例
外而退出也是如此。

注意 虛假喚醒表示即使沒有執行緒曾經呼叫過 notify_one() 或
notify_all()，呼叫 wait() 的執行緒也可能會被喚醒。因此，建議在
可能的情況下優先使用有謂詞的 wait() 多載；否則，建議在測試與條件
變數相關聯的謂詞迴圈中呼叫 wait()。

同步

在單一 std::condition_variable 實體上對 notify_one()、notify_
all()、wait()、wait_for() 及 wait_until() 的呼叫會被序列化。對
notify_one() 或 notify_all() 的呼叫將只會喚醒在這呼叫之前已經開
始等待的執行緒。

STD::CONDITION_VARIABLE::WAIT 採用謂詞多載的成員函式

等待到 std::condition_variable 被呼叫 notify_one() 或 notify_all() 所喚醒且謂詞為 true 為止。

宣告

```
template<typename Predicate>
void wait(std::unique_lock<std::mutex>& lock,Predicate pred);
```

前置條件

表示式 pred() 應該有效並回傳可以轉換成 bool 的值。lock.owns_lock() 應該是 true，且呼叫 wait() 的執行緒應該擁有上鎖。

效果

如同

```
while(!pred())
{
    wait(lock);
}
```

拋出

對 pred 的呼叫可以拋出任何的例外；或如果無法達到效果，則拋出 std::system_error 例外。

注意　虛假喚醒的可能性表示未指定 pred 將被呼叫多少次。pred 將始終用上鎖的 lock 所參照的互斥鎖調用，且如果（也只是如果）對 (bool)pred() 的評估回傳 true 時，這函式應該回傳。

同步

在單一 std::condition_variable 實體上對 notify_one()、notify_all()、wait()、wait_for() 及 wait_until() 的呼叫會被序列化。對 notify_one() 或 notify_all() 的呼叫將只會喚醒在這呼叫之前已經開始等待的執行緒。

STD::CONDITION_VARIABLE::WAIT_FOR 成員函式

等待直到 std::condition_variable 被對 notify_one() 或 notify_all() 的呼叫通知，或指定的時間期間已經超過或執行緒被虛假喚醒為止。

宣告

```
template<typename Rep,typename Period>
cv_status wait_for(
    std::unique_lock<std::mutex>& lock,
    std::chrono::duration<Rep,Period> const& relative_time);
```

前置條件

lock.owns_lock() 為 true，且呼叫的執行緒擁有上鎖。

效果

原子化地解鎖所提供的 lock 物件，並阻擋到執行緒被另一個執行緒呼叫 notify_one() 或 notify_all() 所喚醒，或由 relative_time 指定的時間期間已經過了，或被虛假喚醒為止。在對 wait_for() 的呼叫回傳之前，lock 物件會被再次上鎖。

回傳

如果執行緒被對 notify_one()、notify_all() 的呼叫或虛假的喚醒所喚醒，則回傳 std::cv_status::no_timeout，否則回傳 std::cv_status::timeout。

拋出

如果無法達到效果，則拋出 std::system_error 例外。如果在呼叫 wait_for() 期間 lock 物件解鎖，它會在退出時再次上鎖，就算函式是因例外而退出也是如此。

注意　虛假喚醒表示即使沒有執行緒曾經呼叫過 notify_one() 或 notify_all()，呼叫 wait_for() 的執行緒也可能會被喚醒。因此，建議在可能的情況下優先使用有謂詞的 wait_for() 多載；否則，建議在測試與條件變數相關聯的謂詞迴圈中呼叫 wait_for()。當這樣做時必須小心地確認超時仍然有效；在許多情況下也許 wait_until() 更合適。執行緒可能被阻擋超過指定的期間長度。在可能的情況下，所經過的時間是由一個穩定的時鐘確定。

同步

仕單一 std::condition_variable 實體上對 notify_one()、notify_all()、wait()、wait_for() 及 wait_until() 的呼叫會被序列化。對 notify_one() 或 notify_all() 的呼叫將只會喚醒在這呼叫之前已經開始等待的執行緒。

STD::CONDITION_VARIABLE::WAIT_FOR 成員函式採用謂詞的多載

等待到 std::condition_variable 被呼叫 notify_one() 或 notify_all() 所喚醒且謂詞為 true，或是已經超過指定的時間期間為止。

宣告

```
template<typename Rep,typename Period,typename Predicate>
bool wait_for(
    std::unique_lock<std::mutex>& lock,
    std::chrono::duration<Rep,Period> const& relative_time,
    Predicate pred);
```

前置條件

表示式 pred() 應該有效並回傳可以轉換成 bool 的值。lock.owns_lock() 應該是 true，且呼叫 wait() 的執行緒應該擁有上鎖。

效果

如同

```
internal_clock::time_point end=internal_clock::now()+relative_time;
while(!pred())
{
    std::chrono::duration<Rep,Period> remaining_time=
        end-internal_clock::now();
    if(wait_for(lock,remaining_time)==std::cv_status::timeout)
        return pred();
}
return true;
```

回傳

如果最近對 pred() 的呼叫回傳 true，則回傳 true；如果由 relative_time 指定的時間期間已經超過且 pred() 回傳 false，則回傳 false。

注意　虛假喚醒的可能性表示未指定 pred 將被呼叫多少次。pred 將始終用上鎖的 lock 參照的互斥鎖調用，且如果（也只是如果）對 (bool) pred() 的評估回傳 true 時，或已經過了由 relative_time 指定的時間期間，這函式就應該回傳。執行緒可能被阻擋超過指定的期間長度。在可能的情況下，所經過的時間是由一個穩定的時鐘確定。

拋出

對 pred 的呼叫可以拋出任何的例外；或如果無法達到效果，則拋出 std::system_error 例外。

同步

在單一 std::condition_variable 實體上對 notify_one()、notify_all()、wait()、wait_for() 及 wait_until() 的呼叫會被序列化。對 notify_one() 或 notify_all() 的呼叫將只會喚醒在這呼叫**之前**已經開始等待的執行緒。

STD::CONDITION_VARIABLE::WAIT_UNTIL 成員函式

等待直到 std::condition_variable 被對 notify_one() 或 notify_all() 的呼叫通知，或已經達到指定的時間，或執行緒被虛假喚醒為止。

宣告

```
template<typename Clock,typename Duration>
cv_status wait_until(
    std::unique_lock<std::mutex>& lock,
    std::chrono::time_point<Clock,Duration> const& absolute_time);
```

前置條件

lock.owns_lock() 為 true，且呼叫的執行緒擁有上鎖。

效果

原子化地解鎖所提供的 lock 物件，並阻擋到執行緒被另一個執行緒呼叫 notify_one() 或 notify_all() 所喚醒、Clock::now() 回傳的時間等於或晚於 absolute_time、或被虛假喚醒為止。在對 wait_until() 的呼叫回傳之前，lock 物件會被再次上鎖。

回傳

如果執行緒被對 notify_one()、notify_all() 的呼叫或虛假的喚醒，則回傳 std::cv_status::no_timeout，否則回傳 std::cv_status::timeout。

拋出

如果無法達到效果，則拋出 std::system_error 例外。如果在呼叫 wait_until() 期間 lock 物件解鎖，它會在退出時再次上鎖，就算函式是因例外而退出也是如此。

注意 虛假喚醒表示即使沒有執行緒曾經呼叫過 notify_one() 或 notify_all()，呼叫 wait_until() 的執行緒也可能會被喚醒。因此，建議在可能的情況下優先使用有謂詞的 wait_until() 多載；否則，建議在測試與條件變數相關聯的謂詞迴圈中呼叫 wait_until()。無法保證呼叫的執行緒會被阻擋多久，只有當函式回傳 false 時，Clock::now() 回傳等於或晚於執行緒變成非阻擋時間點時 absolute_time 的時間。

同步

在單一 std::condition_variable 實體上對 notify_one()、notify_all()、wait()、wait_for() 及 wait_until() 的呼叫會被序列化。對 notify_one() 或 notify_all() 的呼叫將只會喚醒在這呼叫之前已經開始等待的執行緒。

STD::CONDITION_VARIABLE::WAIT_UNTIL 採用謂詞多載的成員函式

等待到 std::condition_variable 被呼叫 notify_one() 或 notify_all() 所喚醒且謂詞為 true，或已經達到指定的時間為止。

宣告

```
template<typename Clock,typename Duration,typename Predicate>
bool wait_until(
    std::unique_lock<std::mutex>& lock,
    std::chrono::time_point<Clock,Duration> const& absolute_time,
    Predicate pred);
```

前置條件

表示式 pred() 應該有效並回傳可以轉換成 bool 的值。lock.owns_lock() 應該是 true，且呼叫 wait() 的執行緒應該擁有上鎖。

效果

如同

```
while(!pred())
{
    if(wait_until(lock,absolute_time)==std::cv_status::timeout)
        return pred();
}
return true;
```

回傳

如果最近對 pred() 的呼叫回傳 true，則回傳 true；如果呼叫 Clock::now() 回傳的時間等於或晚於 absolute_time 指定時間，且 pred() 回傳 false，則回傳 false。

注意　虛假喚醒的可能性表示未指定 pred 將被呼叫多少次。pred 將始終用上鎖的 lock 參照的互斥鎖調用，且如果（也只是如果）對 (bool) pred() 的評估回傳 true 時，或 Clock::now() 回傳的時間等於或晚於 absolute_time，函式應該回傳。無法保證呼叫的執行緒會被阻擋多久，只有當函式回傳 false 時，Clock::now() 回傳等於或晚於執行緒變成非阻擋時間點時 absolute_time 的時間。

拋出

對 pred 的呼叫可以拋出任何的例外；或如果無法達到效果，則拋出 std::system_error 例外。

同步

在單一 std::condition_variable 實體上對 notify_one()、notify_all()、wait()、wait_for() 及 wait_until() 的呼叫會被序列化。對 notify_one() 或 notify_all() 的呼叫將只會喚醒在這呼叫之前已經開始等待的執行緒。

STD::NOTIFY_ALL_AT_THREAD_EXIT 非成員函式

當目前執行緒退出時,喚醒所有等待特定 std::condition_variable 的執行緒。

宣告

```
void notify_all_at_thread_exit(
    condition_variable& cv,unique_lock<mutex> lk);
```

前置條件

lk.owns_lock() 為 true,且呼叫的執行緒擁有上鎖。lk.mutex() 應該回傳與從併發等待的執行緒提供給 cv 上的 wait()、wait_for() 或 wait_until() 任何上鎖物件相同的值。

效果

將 lk 持有上鎖的所有權轉移到內部儲存中,並安排在呼叫的執行緒退出時通知 cv。如同

```
lk.unlock();
cv.notify_all();
```

拋出

如果不能達到效果,則拋出 std::system_error 例外。

注意　上鎖會保持到執行緒退出,所以必須小心避免僵局。建議呼叫的執行緒應該盡快退出,不要阻擋這執行緒要執行的操作。

使用者應該確保,等待的執行緒在被喚醒時不會錯誤地假設執行緒已經退出,尤其是在可能有虛假喚醒的情形下。這可以利用測試等待執行緒上的謂詞來實現,它只有在互斥鎖保護下,以及呼叫 notify_all_at_thread_exit.std::condition_variable_any 類別之前未釋放互斥鎖上鎖下,才會被通知的執行緒改為 true。

465

D.2.2　std::condition_variable_any 類別

std::condition_variable_any 類別允許執行緒等待一個條件變為 true。std::condition_variable 只能與 std::unique_lock<std::mutex> 一起使用，而 std::condition_variable_any 可以與符合 Lockable 要求的任何型態一起使用。

std::condition_variable_any 的實體不是 CopyAssignable、Copy-Constructible、MoveAssignable 或 MoveConstructible。

類別定義

```cpp
class condition_variable_any
{
public:
    condition_variable_any();
    ~condition_variable_any();

    condition_variable_any(
        condition_variable_any const& ) = delete;

    condition_variable_any& operator=(
        condition_variable_any const& ) = delete;

    void notify_one() noexcept;
    void notify_all() noexcept;

    template<typename Lockable>
    void wait(Lockable& lock);

    template <typename Lockable, typename Predicate>
    void wait(Lockable& lock, Predicate pred);

    template <typename Lockable, typename Clock,typename Duration>
    std::cv_status wait_until(
        Lockable& lock,
        const std::chrono::time_point<Clock, Duration>& absolute_time);

    template <
        typename Lockable, typename Clock,
        typename Duration, typename Predicate>
    bool wait_until(
        Lockable& lock,
        const std::chrono::time_point<Clock, Duration>& absolute_time,
        Predicate pred);

    template <typename Lockable, typename Rep, typename Period>
    std::cv_status wait_for(
        Lockable& lock,
        const std::chrono::duration<Rep, Period>& relative_time);
```

```
template <
    typename Lockable, typename Rep,
    typename Period, typename Predicate>
bool wait_for(
    Lockable& lock,
    const std::chrono::duration<Rep, Period>& relative_time,
    Predicate pred);
};
```

STD::CONDITION_VARIABLE_ANY 預設建構函式

建構 std::condition_variable_any 物件。

宣告
```
condition_variable_any();
```

效果
建構新的 std::condition_variable_any 實體。

拋出
如果不能建構條件變數,則拋出 std::system_error 型態的例外。

STD::CONDITION_VARIABLE_ANY 解構函式

銷毀 std::condition_variable_any 物件。

宣告
```
~condition_variable_any();
```

前置條件
在呼叫 wait()、wait_for() 或 wait_until() 中,沒有執行緒在 *this
上被阻擋。

效果
銷毀 *this。

拋出
沒有。

STD::CONDITION_VARIABLE_ANY::NOTIFY_ONE 成員函式

喚醒目前等待指定 std::condition_variable_any 的執行緒中的一個。

宣告
```
void notify_one() noexcept;
```

467

效果

在呼叫的點上喚醒等待 *this 的執行緒中的一個；如果沒有執行緒在等待，則呼叫無效。

拋出

如果無法達到效果，則拋出 std::system_error 例外。

同步

在 單 一 std::condition_variable_any 實 體 上 對 notify_one()、notify_all()、wait()、wait_for() 及 wait_until() 的呼叫會被序列化。對 notify_one() 或 notify_all() 的呼叫將只會喚醒在這呼叫之前已經開始等待的執行緒。

STD::CONDITION_VARIABLE_ANY::NOTIFY_ALL 成員函式

喚醒目前等待指定 std::condition_variable_any 的所有執行緒。

宣告

```
void notify_all() noexcept;
```

效果

在呼叫的點上喚醒等待 *this 的所有執行緒；如果沒有執行緒在等待，則呼叫無效。

拋出

如果無法達到效果，則拋出 std::system_error 例外。

同步

在 單 一 std::condition_variable_any 實 體 上 對 notify_one()、notify_all()、wait()、wait_for() 及 wait_until() 的呼叫會被序列化。對 notify_one() 或 notify_all() 的呼叫將只會喚醒在這呼叫之前已經開始等待的執行緒。

STD::CONDITION_VARIABLE_ANY::WAIT 成員函式

一 直 等 到 std::condition_variable_any 被 對 notify_one()、notify_all() 的呼叫或虛假喚醒為止。

宣告

```
template<typename Lockable>
void wait(Lockable& lock);
```

前置條件
Lockable 符合 Lockable 的要求，且 lock 擁有一個上鎖。

效果
原子化地解鎖所提供的 lock 物件，並阻擋到執行緒被另一個執行緒呼叫 notify_one() 或 notify_all() 所喚醒，或被虛假喚醒為止。在對 wait() 的呼叫回傳之前，lock 物件會被再次上鎖。

拋出
如果無法達到效果，則拋出 std::system_error 例外。如果在呼叫 wait() 期間 lock 物件解鎖，它會在退出時再次上鎖，就算函式是因例外而退出也是如此。

注意 虛假喚醒表示即使沒有執行緒曾經呼叫過 notify_one() 或 notify_all()，呼叫 wait() 的執行緒也可能會被喚醒。因此，建議在可能的情況下優先使用有謂詞的 wait() 多載；否則，建議在測試與條件變數相關聯的謂詞迴圈中呼叫 wait()。

同步
在單一 std::condition_variable_any 實體上對 notify_one()、notify_all()、wait()、wait_for() 及 wait_until() 的呼叫會被序列化。對 notify_one() 或 notify_all() 的呼叫將只會喚醒在這呼叫之前已經開始等待的執行緒。

STD::CONDITION_VARIABLE_ANY::WAIT 採用謂詞多載的成員函式
等待到 std::condition_variable_any 被呼叫 notify_one() 或 notify_all() 所喚醒且謂詞為 true 為止。

宣告
```
template<typename Lockable,typename Predicate>
void wait(Lockable& lock,Predicate pred);
```

前置條件
表示式 pred() 應該有效並回傳可以轉換成 bool 的值。Lockable 符合 Lockable 的要求，且 lock 擁有一個上鎖。

效果
如同

```
while(!pred())
{
```

469

```
        wait(lock);
}
```

拋出
對 pred 的呼叫可以拋出任何的例外；或如果無法達到效果，則拋出 std::system_error 例外。

注意　虛假喚醒的可能性表示未指定 pred 將被呼叫多少次。pred 將始終用上鎖的 lock 參照的互斥鎖調用，且如果（也只是如果）對 (bool) pred() 的評估回傳 true 時，這函式應該回傳。

同步
在 單 一 std::condition_variable_any 實 體 上 對 notify_one()、notify_all()、wait()、wait_for() 及 wait_until() 的呼叫會被序列化。對 notify_one() 或 notify_all() 的呼叫將只會喚醒在這呼叫之前已經開始等待的執行緒。

STD::CONDITION_VARIABLE_ANY::WAIT_FOR 成員函式
等待直到 std::condition_variable_any 被對 notify_one() 或 notify_all() 的呼叫通知，或指定的時間期間已經超過或執行緒被虛假喚醒為止。

宣告
```
template<typename Lockable,typename Rep,typename Period>
std::cv_status wait_for(
    Lockable& lock,
    std::chrono::duration<Rep,Period> const& relative_time);
```

前置條件
Lockable 符合 Lockable 的要求，且 lock 擁有一個上鎖。

效果
原子化地解鎖所提供的 lock 物件，並阻擋到執行緒被另一個執行緒呼叫 notify_one() 或 notify_all() 所喚醒，或由 relative_time 指定的時間期間已經過了，或被虛假喚醒為止。在對 wait_for() 的呼叫回傳之前，lock 物件會被再次上鎖。

回傳
如果執行緒被對 notify_one()、notify_all() 的呼叫或虛假的喚醒所喚醒，則回傳 std::cv_status::no_timeout，否則回傳 std::cv_status::timeout。

拋出

如果無法達到效果，則拋出 std::system_error 例外。如果在呼叫 wait_for() 期間 lock 物件解鎖，它會在退出時再次上鎖，就算函式是因例外而退出也是如此。

注意 虛假喚醒表示即使沒有執行緒曾經呼叫過 notify_one() 或 notify_all()，呼叫 wait_for() 的執行緒也可能會被喚醒。因此，建議在可能的情況下優先使用有謂詞的 wait_for() 多載；否則，建議在測試與條件變數相關聯的謂詞迴圈中呼叫 wait_for()。當這樣做時必須小心地確認超時仍然有效；在許多情況下也許 wait_until() 更合適。執行緒可能被阻擋超過指定的期間長度。在可能的情況下，所經過的時間是由一個穩定的時鐘確定。

同步

在 單 一 std::condition_variable_any 實 體 上 對 notify_one()、notify_all()、wait()、wait_for() 及 wait_until() 的呼叫會被序列化。對 notify_one() 或 notify_all() 的呼叫將只會喚醒在這呼叫之前已經開始等待的執行緒。

STD::CONDITION_VARIABLE_ANY::WAIT_FOR 採用謂詞多載的成員函式

等待到 std::condition_variable_any 被呼叫 notify_one() 或 notify_all() 所喚醒且謂詞為 true，或是已經超過指定的時間期間為止。

宣告

```
template<typename Lockable,typename Rep,
    typename Period, typename Predicate>
bool wait_for(
    Lockable& lock,
    std::chrono::duration<Rep,Period> const& relative_time,
    Predicate pred);
```

前置條件

表示式 pred() 應該有效並回傳可以轉換成 bool 的值。Lockable 符合 Lockable 的要求，且 lock 擁有一個上鎖。

效果

如同

```
internal_clock::time_point end=internal_clock::now()+relative_time;
while(!pred())
```

471

```
{
    std::chrono::duration<Rep,Period> remaining_time=
        end-internal_clock::now();
    if(wait_for(lock,remaining_time)==std::cv_status::timeout)
        return pred();
}
return true;
```

回傳
如果最近對 pred() 的呼叫回傳 true，則回傳 true；如果由 relative
_time 指定的時間期間已經超過且 pred() 回傳 false，則回傳 false。

注意　虛假喚醒的可能性表示未指定 pred 將被呼叫多少次。pred 將始
終用上鎖的 lock 參照的互斥鎖調用，且如果（也只是如果）對 (bool)
pred() 的評估回傳 true 時，或已經過了由 relative_time 指定的時間
期間，這函式就應該回傳。執行緒可能被阻擋超過指定的期間長度。在
可能的情況下，所經過的時間是由一個穩定的時鐘確定。

拋出
對 pred 的呼叫可以拋出任何的例外；如果無法達到效果，則拋出
std::system_error 例外。

同步
在 單 一 std::condition_variable_any 實 體 上 對 notify_one()、
notify_all()、wait()、wait_for() 及 wait_until() 的呼叫會被序
列化。對 notify_one() 或 notify_all() 的呼叫將只會喚醒在這呼叫
之前已經開始等待的執行緒。

STD::CONDITION_VARIABLE_ANY::WAIT_UNTIL 成員函式

等待直到 std::condition_variable_any 被對 notify_one() 或 notify_
all() 的呼叫通知，或已經達到指定的時間，或執行緒被虛假喚醒為止。

宣告
```
template<typename Lockable,typename Clock,typename Duration>
std::cv_status wait_until(
    Lockable& lock,
    std::chrono::time_point<Clock,Duration> const& absolute_time);
```

前置條件
Lockable 符合 Lockable 的要求，且 lock 擁有一個上鎖。

效果

原子化地解鎖所提供的 lock 物件，並阻擋到執行緒被另一個執行緒呼叫 notify_one() 或 notify_all() 所喚醒、Clock::now() 回傳的時間等於或晚於 absolute_time、或被虛假喚醒為止。在對 wait_until() 的呼叫回傳之前，lock 物件會被再次上鎖。

回傳

如果執行緒被對 notify_one()、notify_all() 的呼叫或虛假的喚醒所喚醒，則回傳 std::cv_status::no_timeout，否則回傳 std::cv_status::timeout。

拋出

如果無法達到效果，則拋出 std::system_error 例外。如果在呼叫 wait_until() 期間 lock 物件解鎖，它會在退出時再次上鎖，就算函式是因例外而退出也是如此。

注意 虛假喚醒表示即使沒有執行緒曾經呼叫過 notify_one() 或 notify_all()，呼叫 wait_until() 的執行緒也可能會被喚醒。因此，建議在可能的情況下優先使用有謂詞的 wait_until() 多載；否則，建議在測試與條件變數相關聯的謂詞迴圈中呼叫 wait_until()。無法保證呼叫的執行緒會被阻擋多久，只有當函式回傳 false 時，Clock::now() 回傳等於或晚於執行緒變成非阻擋時間點時 absolute_time 的時間。

同步

在單一 std::condition_variable_any 實體上對 notify_one()、notify_all()、wait()、wait_for() 及 wait_until() 的呼叫會被序列化。對 notify_one() 或 notify_all() 的呼叫將只會喚醒在這呼叫之前已經開始等待的執行緒。

STD::CONDITION_VARIABLE_ANY::WAIT_UNTIL 採用謂詞多載的成員函式

等待到 std::condition_variable_any 被呼叫 notify_one() 或 notify_all() 所喚醒且謂詞為 true，或已經達到指定的時間為止。

宣告

```
template<typename Lockable,typename Clock,
    typename Duration, typename Predicate>
bool wait_until(
    Lockable& lock,
    std::chrono::time_point<Clock,Duration> const& absolute_time,
```

```
    Predicate pred);
```

前置條件
表示式 pred() 應該有效並回傳可以轉換成 bool 的值。Lockable 符合 Lockable 的要求，且 lock 擁有一個上鎖。

效果
如同

```
while(!pred())
{
    if(wait_until(lock,absolute_time)==std::cv_status::timeout)
        return pred();
}
return true;
```

回傳
如果最近對 pred() 的呼叫回傳 true，則回傳 true；如果呼叫 Clock::now() 回傳的時間等於或晚於 absolute_time 指定時間，且 pred() 回傳 false，則回傳 false。

注意　虛假喚醒的可能性表示未指定 pred 將被呼叫多少次。pred 將始終用上鎖的 lock 參照的互斥鎖調用，且如果（也只是如果）對 (bool) pred() 的評估回傳 true 時，或 Clock::now() 回傳的時間等於或晚於 absolute_time，這函式應該回傳。無法保證呼叫的執行緒會被阻擋多久，只有當函式回傳 false 時，Clock::now() 回傳等於或晚於執行緒變成非阻擋時間點時 absolute_time 的時間。

拋出
對 pred 的呼叫可以拋出任何的例外；如果無法達到效果，則拋出 std::system_error 例外。

同步
在單一 std::condition_variable_any 實體上對 notify_one()、notify_all()、wait()、wait_for() 及 wait_until() 的呼叫會被序列化。對 notify_one() 或 notify_all() 的呼叫將只會喚醒在這呼叫**之前**已經開始等待的執行緒。

D.3　<atomic> 標頭

<atomic> 標頭提供了一組基本原子型態和在這些型態上的操作，以及用於建構符合某些標準使用者定義型態原子版本的一個類別樣板。

標頭內容

```
#define ATOMIC_BOOL_LOCK_FREE 參閱說明
#define ATOMIC_CHAR_LOCK_FREE 參閱說明
#define ATOMIC_SHORT_LOCK_FREE 參閱說明
#define ATOMIC_INT_LOCK_FREE 參閱說明
#define ATOMIC_LONG_LOCK_FREE 參閱說明
#define ATOMIC_LLONG_LOCK_FREE 參閱說明
#define ATOMIC_CHAR16_T_LOCK_FREE 參閱說明
#define ATOMIC_CHAR32_T_LOCK_FREE 參閱說明
#define ATOMIC_WCHAR_T_LOCK_FREE 參閱說明
#define ATOMIC_POINTER_LOCK_FREE 參閱說明

#define ATOMIC_VAR_INIT(value) 參閱說明

namespace std
{
    enum memory_order;

    struct atomic_flag;
    typedef 參閱說明 atomic_bool;
    typedef 參閱說明 atomic_char;
    typedef 參閱說明 atomic_char16_t;
    typedef 參閱說明 atomic_char32_t;
    typedef 參閱說明 atomic_schar;
    typedef 參閱說明 atomic_uchar;
    typedef 參閱說明 atomic_short;
    typedef 參閱說明 atomic_ushort;
    typedef 參閱說明 atomic_int;
    typedef 參閱說明 atomic_uint;
    typedef 參閱說明 atomic_long;
    typedef 參閱說明 atomic_ulong;
    typedef 參閱說明 atomic_llong;
    typedef 參閱說明 atomic_ullong;
    typedef 參閱說明 atomic_wchar_t;

    typedef 參閱說明 atomic_int_least8_t;
    typedef 參閱說明 atomic_uint_least8_t;
    typedef 參閱說明 atomic_int_least16_t;
    typedef 參閱說明 atomic_uint_least16_t;
    typedef 參閱說明 atomic_int_least32_t;
    typedef 參閱說明 atomic_uint_least32_t;
    typedef 參閱說明 atomic_int_least64_t;
    typedef 參閱說明 atomic_uint_least64_t;
    typedef 參閱說明 atomic_int_fast8_t;
```

```
typedef 參閱說明 atomic_uint_fast8_t;
typedef 參閱說明 atomic_int_fast16_t;
typedef 參閱說明 atomic_uint_fast16_t;
typedef 參閱說明 atomic_int_fast32_t;
typedef 參閱說明 atomic_uint_fast32_t;
typedef 參閱說明 atomic_int_fast64_t;
typedef 參閱說明 atomic_uint_fast64_t;
typedef 參閱說明 atomic_int8_t;
typedef 參閱說明 atomic_uint8_t;
typedef 參閱說明 atomic_int16_t;
typedef 參閱說明 atomic_uint16_t;
typedef 參閱說明 atomic_int32_t;
typedef 參閱說明 atomic_uint32_t;
typedef 參閱說明 atomic_int64_t;
typedef 參閱說明 atomic_uint64_t;
typedef 參閱說明 atomic_intptr_t;
typedef 參閱說明 atomic_uintptr_t;
typedef 參閱說明 atomic_size_t;
typedef 參閱說明 atomic_ssize_t;
typedef 參閱說明 atomic_ptrdiff_t;
typedef 參閱說明 atomic_intmax_t;
typedef 參閱說明 atomic_uintmax_t;

template<typename T>
struct atomic;

extern "C" void atomic_thread_fence(memory_order order);
extern "C" void atomic_signal_fence(memory_order order);

template<typename T>
T kill_dependency(T);
}
```

D.3.1　std::atomic_xxx typedefs

為了與即將發佈的 C 標準相容，提供了原子整數型態的 typedef。對於 C++17，這些必須是對應 std::atomic<T> 特殊化的 typedef；對於以前的 C++ 標準，它們可以是具有相同介面的這個特殊化的基礎類別。

表 D.1　原子 typedef 及它們對應 `std::atomic<>` 的特殊化

`std::atomic_itype`	`std::atomic<>` 特殊化
std::atomic_char	std::atomic<char>
std::atomic_schar	std::atomic<signed char>
std::atomic_uchar	std::atomic<unsigned char>

std::atomic_itype	std::atomic<> 特殊化
std::atomic_short	std::atomic<short>
std::atomic_ushort	std::atomic<unsigned short>
std::atomic_int	std::atomic<int>
std::atomic_uint	std::atomic<unsigned int>
std::atomic_long	std::atomic<long>
std::atomic_ulong	std::atomic<unsigned long>
std::atomic_llong	std::atomic<long long>
std::atomic_ullong	std::atomic<unsigned long long>
std::atomic_wchar_t	std::atomic<wchar_t>
std::atomic_char16_t	std::atomic<char16_t>
std::atomic_char32_t	std::atomic<char32_t>

D.3.2 ATOMIC_xxx_LOCK_FREE 巨集

這些巨集指定對應於特定內建型態的原子型態是否是無鎖的。

巨集宣告

```
#define ATOMIC_BOOL_LOCK_FREE 參閱說明
#define ATOMIC_CHAR_LOCK_FREE 參閱說明
#define ATOMIC_SHORT_LOCK_FREE 參閱說明
#define ATOMIC_INT_LOCK_FREE 參閱說明
#define ATOMIC_LONG_LOCK_FREE 參閱說明
#define ATOMIC_LLONG_LOCK_FREE 參閱說明
#define ATOMIC_CHAR16_T_LOCK_FREE 參閱說明
#define ATOMIC_CHAR32_T_LOCK_FREE 參閱說明
#define ATOMIC_WCHAR_T_LOCK_FREE 參閱說明
#define ATOMIC_POINTER_LOCK_FREE 參閱說明
```

ATOMIC_xxx_LOCK_FREE 的值是 0、1 或 2。0 值表示與命名型態對應的有號和無號原子型態的操作永遠不會是無鎖的；1 值表示對於這些型態特定實體的操作可能是無鎖的，而對其他的則不是；2 值表示操作總是無鎖的。例如，如果 ATOMIC_INT_LOCK_FREE 為 2，則在 std::atomic<int> 和 std::atomic<unsigned> 實體上的操作總是無鎖的。

ATOMIC_POINTER_LOCK_FREE 巨集描述了在原子指標特殊化 std::atomic<T*> 上操作的無鎖屬性。

D.3.3　ATOMIC_VAR_INIT 巨集

`ATOMIC_VAR_INIT` 巨集提供了將原子變數初始化為特定值的一種方法。

宣告

```
#define ATOMIC_VAR_INIT(value) 參閱說明
```

這巨集擴展成一個可用於以下形式的表示式中，用指定的值初始化一個標準原子型態的標記序列：

```
std::atomic<type> x = ATOMIC_VAR_INIT(val);
```

指定的值必須與這原子變數相對應的非原子型態相容；例如：

```
std::atomic<int> i = ATOMIC_VAR_INIT(42);
std::string s;
std::atomic<std::string*> p = ATOMIC_VAR_INIT(&s);
```

這初始化並非原子的，而且另一個執行緒對這要被初始化變數的任何存取，如果是在初始化未發生之前，那存取將是資料競爭，因此是未定義的行為。

D.3.4　std::memory_order 列舉

`std::memory_order` 列舉用於指定原子操作的排序約束。

宣告

```
typedef enum memory_order
{
    memory_order_relaxed,memory_order_consume,
    memory_order_acquire,memory_order_release,
    memory_order_acq_rel,memory_order_seq_cst
} memory_order;
```

用各種記憶體排序值標記的操作行為如下（有關排序約束的詳細說明，請參閱第 5 章）。

STD::MEMORY_ORDER_RELAXED

這操作不提供任何額外的排序約束。

STD::MEMORY_ORDER_RELEASE

這操作是在指定記憶體位置上的釋放操作。因此，與在相同記憶體位置上讀取儲存值的獲取操作同步。

STD::MEMORY_ORDER_ACQUIRE

這操作是在指定記憶體位置上的獲取操作。如果儲存的值是由釋放操作寫入的，則儲存與這操作同步。

STD::MEMORY_ORDER_ACQ_REL

這操作必須是讀取 - 修改 - 寫入操作，而且它在指定位置的行為如同 `std::memory_order_acquire` 和 `std::memory_order_release`。

STD::MEMORY_ORDER_SEQ_CST

這操作構成了順序一致操作的單一全域總排序的一部分。另外，如果它是一個儲存，它的行為就會像 `std::memory_order_release` 操作；如果是加載，它的行為就會像 `std::memory_order_acquire` 操作；如果是讀取 - 修改 - 寫入操作，那它的行為就會像 `std::memory_order_acquire` 和 `std::memory_order_release`。這是所有操作的預設值。

STD::MEMORY_ORDER_CONSUME

這操作是在指定記憶體位置上的消耗操作。C++17 標準聲明不應該使用這種記憶體排序。

D.3.5　std::atomic_thread_fence() 函式

`std::atomic_thread_fence()` 函式在程式中插入「記憶體屏障」或「柵欄」，以強制操作之間的記憶體排序約束。

宣告
```
extern "C" void atomic_thread_fence(std::memory_order order);
```

效果
插入有所需要的記憶體排序約束的柵欄。

順序為 `std::memory_order_release`、`std::memory_order_acq_rel` 或 `std::memory_order_seq_cst` 的柵欄，如果同一個記憶體位置上的獲取操作讀取了與這柵欄同執行緒的原子操作在柵欄之後儲存的值，則柵欄與這獲取操作同步。

如果一個釋放操作儲存的值被與這柵欄同執行緒的原子操作在柵欄之前讀取，則順序為 `std::memory_order_acquire`、`std::memory_order_acq_rel` 或 `std::memory_order_seq_cst` 的柵欄與這釋放操作同步。

拋出

無。

D.3.6　std::atomic_signal_fence（）函式

std::atomic_signal_fence() 函式在程式中插入記憶體屏障或柵欄，以強制在執行緒上的操作和這執行緒上信號控制碼中的操作之間進行記憶體排序約束。

宣告

```
extern "C" void atomic_signal_fence(std::memory_order order);
```

效果

插入有所需要的記憶體排序約束的柵欄。除了約束只應用於執行緒及相同執行緒上信號控制碼之間以外，這等同於 std::atomic_thread_fence(order)。

拋出

無。

D.3.7　std::atomic_flag 類別

std::atomic_flag 類別提供了一個最簡單、基本的原子標誌。它是唯一被 C++11 標準保證無鎖的資料型態（雖然許多原子型態在大多數實作中都是無鎖的）。

std::atomic_flag 的實體是處於被設定或被清除狀態。

類別定義

```
struct atomic_flag
{
    atomic_flag() noexcept = default;
    atomic_flag(const atomic_flag&) = delete;
    atomic_flag& operator=(const atomic_flag&) = delete;
    atomic_flag& operator=(const atomic_flag&) volatile = delete;

    bool test_and_set(memory_order = memory_order_seq_cst) volatile
     noexcept;
    bool test_and_set(memory_order = memory_order_seq_cst) noexcept;
    void clear(memory_order = memory_order_seq_cst) volatile noexcept;
    void clear(memory_order = memory_order_seq_cst) noexcept;
};
bool atomic_flag_test_and_set(volatile atomic_flag*) noexcept;
bool atomic_flag_test_and_set(atomic_flag*) noexcept;
```

```
bool atomic_flag_test_and_set_explicit(
    volatile atomic_flag*, memory_order) noexcept;
bool atomic_flag_test_and_set_explicit(
    atomic_flag*, memory_order) noexcept;
void atomic_flag_clear(volatile atomic_flag*) noexcept;
void atomic_flag_clear(atomic_flag*) noexcept;
void atomic_flag_clear_explicit(
    volatile atomic_flag*, memory_order) noexcept;
void atomic_flag_clear_explicit(
    atomic_flag*, memory_order) noexcept;

#define ATOMIC_FLAG_INIT 未指定
```

STD::ATOMIC_FLAG 預設建構函式

未指定 `std::atomic_flag` 預設建構的實體是清除或是設定狀態。對於靜態儲存期間的物件，初始化應該是靜態的初始化。

宣告
```
std::atomic_flag() noexcept = default;
```

效果
建構一個未指定狀態的新 `std::atomic_flag` 物件。

拋出
無。

用 ATOMIC_FLAG_INIT 初始化 STD::ATOMIC_FLAG

`std::atomic_flag` 的實體可以用 `ATOMIC_FLAG_INIT` 巨集初始化，在這種情況下，它會初始化為**清除狀態**。對靜態儲存期間的物件，初始化應該是靜態的初始化。

宣告
```
#define ATOMIC_FLAG_INIT 未指定
```

用法
```
std::atomic_flag flag=ATOMIC_FLAG_INIT;
```

效果
建構新清除狀態下的 `std::atomic_flag` 物件。

拋出
無。

STD::ATOMIC_FLAG::TEST_AND_SET 成員函式

原子化地設定標誌並檢查它是否已經被設定。

宣告

```
bool test_and_set(memory_order order = memory_order_seq_cst) volatile
    noexcept;
bool test_and_set(memory_order order = memory_order_seq_cst) noexcept;
```

效果

原子化地設定標誌。

回傳

如果在呼叫時設定了標誌，則回傳 true；如果標誌被清除，則回傳
false。

拋出

無。

注意　這是對包含 *this 記憶體位置原子的讀取 - 修改 - 寫入操作。

STD::ATOMIC_FLAG_TEST_AND_SET 非成員函式

原子化地設定標誌並檢查它是否已經被設定。

宣告

```
bool atomic_flag_test_and_set(volatile atomic_flag* flag) noexcept;
bool atomic_flag_test_and_set(atomic_flag* flag) noexcept;
```

效果

```
return flag->test_and_set();
```

STD::ATOMIC_FLAG_TEST_AND_SET_EXPLICIT 非成員函式

原子化地設定標誌並檢查它是否已經被設定。

宣告

```
bool atomic_flag_test_and_set_explicit(
    volatile atomic_flag* flag, memory_order order) noexcept;
bool atomic_flag_test_and_set_explicit(
    atomic_flag* flag, memory_order order) noexcept;
```

效果

```
return flag->test_and_set(order);
```

STD::ATOMIC_FLAG::CLEAR 成員函式

原子化地清除標誌。

宣告

```
void clear(memory_order order = memory_order_seq_cst) volatile
noexcept;
void clear(memory_order order = memory_order_seq_cst) noexcept;
```

前置條件

提供的 order 必須是 std::memory_order_relaxed、std::memory_order_release 或 std::memory_order_seq_cst 中的一個。

效果

原子化地清除標誌。

拋出

無。

注意 這是對包含 *this 記憶體位置原子的儲存操作。

STD::ATOMIC_FLAG_CLEAR 非成員函式

原子化地清除標誌。

宣告

```
void atomic_flag_clear(volatile atomic_flag* flag) noexcept;
void atomic_flag_clear(atomic_flag* flag) noexcept;
```

效果

```
flag->clear();
```

STD::ATOMIC_FLAG_CLEAR_EXPLICIT 非成員函式

原子化地清除標誌。

宣告

```
void atomic_flag_clear_explicit(
    volatile atomic_flag* flag, memory_order order) noexcept;
void atomic_flag_clear_explicit(
    atomic_flag* flag, memory_order order) noexcept;
```

效果

```
return flag->clear(order);
```

D.3.8　std::atomic 類別樣板

std::atomic 類別為任何滿足以下要求的型態提供具有原子操作的包裝器。

BaseType 樣板參數必須符合

- 有一個平凡的預設建構函式
- 有一個平凡的複製指定運算子
- 有一個平凡的解構函式
- 是位元相等可比較的

這 表 示 std::atomic<some-built-in-type> 很 好，std::atomic<some-simple-struct> 也很好，但像 std::atomic<std::string> 這就不行了。

除了主要的樣板以外，還有對內建整數型態和指標的特殊化，以提供像是 x++ 額外的操作。

因為這些操作不能作為單一原子操作執行，所以 std::atomic 的實體不是 CopyConstructible 或 CopyAssignable。

類別定義

```
template<typename BaseType>
struct atomic
{
    using value_type = T;
    static constexpr bool is_always_lock_free = implementation-defined ;
    atomic() noexcept = default;
    constexpr atomic(BaseType) noexcept;
    BaseType operator=(BaseType) volatile noexcept;
    BaseType operator=(BaseType) noexcept;

    atomic(const atomic&) = delete;
    atomic& operator=(const atomic&) = delete;
    atomic& operator=(const atomic&) volatile = delete;
    bool is_lock_free() const volatile noexcept;
    bool is_lock_free() const noexcept;
    void store(BaseType,memory_order = memory_order_seq_cst)
        volatile noexcept;
    void store(BaseType,memory_order = memory_order_seq_cst) noexcept;
    BaseType load(memory_order = memory_order_seq_cst)
        const volatile noexcept;
    BaseType load(memory_order = memory_order_seq_cst) const noexcept;
    BaseType exchange(BaseType,memory_order = memory_order_seq_cst)
        volatile noexcept;
```

```
    BaseType exchange(BaseType,memory_order = memory_order_seq_cst)
        noexcept;

    bool compare_exchange_strong(
        BaseType & old_value, BaseType new_value,
        memory_order order = memory_order_seq_cst) volatile noexcept;
    bool compare_exchange_strong(
        BaseType & old_value, BaseType new_value,
        memory_order order = memory_order_seq_cst) noexcept;
    bool compare_exchange_strong(
        BaseType & old_value, BaseType new_value,
        memory_order success_order,
        memory_order failure_order) volatile noexcept;
    bool compare_exchange_strong(
        BaseType & old_value, BaseType new_value,
        memory_order success_order,
        memory_order failure_order) noexcept;
    bool compare_exchange_weak(
        BaseType & old_value, BaseType new_value,
        memory_order order = memory_order_seq_cst)
        volatile noexcept;
    bool compare_exchange_weak(
        BaseType & old_value, BaseType new_value,
        memory_order order = memory_order_seq_cst) noexcept;
    bool compare_exchange_weak(
        BaseType & old_value, BaseType new_value,
        memory_order success_order,
        memory_order failure_order) volatile noexcept;
    bool compare_exchange_weak(
        BaseType & old_value, BaseType new_value,
        memory_order success_order,
        memory_order failure_order) noexcept;

    operator BaseType () const volatile noexcept;
    operator BaseType () const noexcept;
};

template<typename BaseType>
bool atomic_is_lock_free(volatile const atomic<BaseType>*) noexcept;
template<typename BaseType>
bool atomic_is_lock_free(const atomic<BaseType>*) noexcept;
template<typename BaseType>
void atomic_init(volatile atomic<BaseType>*, void*) noexcept;
template<typename BaseType>
void atomic_init(atomic<BaseType>*, void*) noexcept;
template<typename BaseType>
BaseType atomic_exchange(volatile atomic<BaseType>*, memory_order)
    noexcept;
template<typename BaseType>
```

```
BaseType atomic_exchange(atomic<BaseType>*, memory_order) noexcept;
template<typename BaseType>
BaseType atomic_exchange_explicit(
    volatile atomic<BaseType>*, memory_order) noexcept;
template<typename BaseType>
BaseType atomic_exchange_explicit(
    atomic<BaseType>*, memory_order) noexcept;
template<typename BaseType>
void atomic_store(volatile atomic<BaseType>*, BaseType) noexcept;
template<typename BaseType>
void atomic_store(atomic<BaseType>*, BaseType) noexcept;
template<typename BaseType>
void atomic_store_explicit(
    volatile atomic<BaseType>*, BaseType, memory_order) noexcept;
template<typename BaseType>
void atomic_store_explicit(
    atomic<BaseType>*, BaseType, memory_order) noexcept;
template<typename BaseType>
BaseType atomic_load(volatile const atomic<BaseType>*) noexcept;
template<typename BaseType>
BaseType atomic_load(const atomic<BaseType>*) noexcept;
template<typename BaseType>
BaseType atomic_load_explicit(
    volatile const atomic<BaseType>*, memory_order) noexcept;
template<typename BaseType>
BaseType atomic_load_explicit(
    const atomic<BaseType>*, memory_order) noexcept;
template<typename BaseType>
bool atomic_compare_exchange_strong(
    volatile atomic<BaseType>*,BaseType * old_value,
    BaseType new_value) noexcept;
template<typename BaseType>
bool atomic_compare_exchange_strong(
    atomic<BaseType>*,BaseType * old_value,
    BaseType new_value) noexcept;
template<typename BaseType>
bool atomic_compare_exchange_strong_explicit(
    volatile atomic<BaseType>*,BaseType * old_value,
    BaseType new_value, memory_order success_order,
    memory_order failure_order) noexcept;
template<typename BaseType>
bool atomic_compare_exchange_strong_explicit(
    atomic<BaseType>*,BaseType * old_value,
    BaseType new_value, memory_order success_order,
    memory_order failure_order) noexcept;
template<typename BaseType>
bool atomic_compare_exchange_weak(
```

```
    volatile atomic<BaseType>*,BaseType * old_value,BaseType new_value)
noexcept;
template<typename BaseType>
bool atomic_compare_exchange_weak(
    atomic<BaseType>*,BaseType * old_value,BaseType new_value) noexcept;
template<typename BaseType>
bool atomic_compare_exchange_weak_explicit(
    volatile atomic<BaseType>*,BaseType * old_value,
    BaseType new_value, memory_order success_order,
    memory_order failure_order) noexcept;
template<typename BaseType>
bool atomic_compare_exchange_weak_explicit(
    atomic<BaseType>*,BaseType * old_value,
    BaseType new_value, memory_order success_order,
    memory_order failure_order) noexcept;
```

注意 雖然非成員函式被指定為樣板,但它們可以作為一組多載的函式來提供,且不應該用樣板引數明確地指定。

STD::ATOMIC 預設建構函式

建構有預設初始化值的 std::atomic 實體。

宣告
```
atomic() noexcept;
```

效果
建構有預設初始化值的新 std::atomic 物件;對於具有靜態儲存期間的物件,這是靜態的初始化。

注意 不能依賴於使用預設建構函式初始化的有非靜態儲存期間的 std::atomic 實體具有可預測的值。

拋出
無。

STD::ATOMIC_INIT 非成員函式

非原子地將提供的值儲存在 std::atomic<BaseType> 實體中。

宣告
```
template<typename BaseType>
void atomic_init(atomic<BaseType> volatile* p, BaseType v) noexcept;
template<typename BaseType>
void atomic_init(atomic<BaseType>* p, BaseType v) noexcept;
```

效果

非原子地將 v 值存儲在 *p 中。在還沒有被預設建構的 atomic \<BaseType> 實體上調用 atomic_init()，或在建構後已經對它執行過任何的操作，都是未定義的行為。

注意　因為這個儲存是非原子的，所以從另一個執行緒對 p 所指向物件的任何併發存取（即使是原子操作），都會構成資料競爭。

拋出

無。

STD::ATOMIC 轉換建構函式

用提供的 BaseType 值建構 std::atomic 實體。

宣告

```
constexpr atomic(BaseType b) noexcept;
```

效果

用 b 的值建構一個新 std::atomic 物件；對於具有靜態儲存期間的物件，這是靜態的初始化。

拋出

無。

STD::ATOMIC 轉換指定運算子

在 *this 中存儲一個新的值。

宣告

```
BaseType operator=(BaseType b) volatile noexcept;
BaseType operator=(BaseType b) noexcept;
```

效果

```
return this->store(b);
```

STD::ATOMIC::IS_LOCK_FREE 成員函式

決定在 *this 上的操作是否是無鎖的。

宣告

```
bool is_lock_free() const volatile noexcept;
bool is_lock_free() const noexcept;
```

回傳

如果在 *this 上的操作是無鎖的，則回傳 true，否則回傳 false。

拋出

無。

STD::ATOMIC_IS_LOCK_FREE 非成員函式

決定在 *this 上的操作是否是無鎖的。

宣告
```
template<typename BaseType>
bool atomic_is_lock_free(volatile const atomic<BaseType>* p) noexcept;
template<typename BaseType>
bool atomic_is_lock_free(const atomic<BaseType>* p) noexcept;
```

效果
```
return p->is_lock_free();
```

STD::ATOMIC::IS_ALWAYS_LOCK_FREE 靜態資料成員

決定在這型態上所有物件的操作是否是無鎖的。

宣告
```
static constexpr bool is_always_lock_free() = implementation-defined;
```

值
如果在這型態上所有物件的操作一定是無鎖的，回傳 true，否則回傳 false。

STD::ATOMIC::LOAD 成員函式

原子地加載 std::atomic 實體目前的值。

宣告
```
BaseType load(memory_order order = memory_order_seq_cst)
    const volatile noexcept;
BaseType load(memory_order order = memory_order_seq_cst) const noexcept;
```

前置條件
提供的 order 必須是 std::memory_order_relaxed、std::memory_order_acquire、std::memory_order_consume 或 std::memory_order_seq_cst 中的一個。

效果

原子地加載儲存在 *this 中的值。

回傳

在呼叫時儲存在 *this 中的值。

拋出

無。

注意　這是對包含 *this 記憶體位置原子的加載操作。

STD::ATOMIC_LOAD 非成員函式

原子地加載 std::atomic 實體目前的值。

宣告

```
template<typename BaseType>
BaseType atomic_load(volatile const atomic<BaseType>* p) noexcept;
template<typename BaseType>
BaseType atomic_load(const atomic<BaseType>* p) noexcept;
```

效果

```
return p->load();
```

STD::ATOMIC_LOAD_EXPLICIT 非成員函式

原子地加載 std::atomic 實體目前的值。

宣告

```
template<typename BaseType>
BaseType atomic_load_explicit(
    volatile const atomic<BaseType>* p, memory_order order) noexcept;
template<typename BaseType>
BaseType atomic_load_explicit(
    const atomic<BaseType>* p, memory_order order) noexcept;
```

效果

```
return p->load(order);
```

STD::ATOMIC::OPERATOR 基本型態轉換運算子

加載儲存在 *this 中的值。

宣告

```
operator BaseType() const volatile noexcept;
operator BaseType() const noexcept;
```

效果
```
return this->load();
```

STD::ATOMIC::STORE 成員函式

原子地將新值儲存在 atomic<BaseType> 的實體中。

宣告
```
void store(BaseType new_value,memory_order order = memory_order_seq_cst)
    volatile noexcept;
void store(BaseType new_value,memory_order order = memory_order_seq_cst)
    noexcept;
```

前置條件
提供的 order 必須是 std::memory_order_relaxed、std::memory_
order_release 或 std::memory_order_seq_cst 中的一個。

效果
原子地將 new_value 儲存在 *this 中。

拋出
無。

注意　這是對包含 *this 記憶體位置原子的儲存操作。

STD::ATOMIC_STORE 非成員函式

原子地將新值儲存在 atomic<BaseType> 的實體中。

宣告
```
template<typename BaseType>
void atomic_store(volatile atomic<BaseType>* p, BaseType new_value)
    noexcept;
template<typename BaseType>
void atomic_store(atomic<BaseType>* p, BaseType new_value) noexcept;
```

效果
```
p->store(new_value);
```

STD::ATOMIC_STORE_EXPLICIT 非成員函式

原子地將新值儲存在 atomic<BaseType> 的實體中。

宣告

```
template<typename BaseType>
void atomic_store_explicit(
    volatile atomic<BaseType>* p, BaseType new_value, memory_order order)
    noexcept;
template<typename BaseType>
void atomic_store_explicit(
    atomic<BaseType>* p, BaseType new_value, memory_order order) noexcept;
```

效果

```
p->store(new_value,order);
```

STD::ATOMIC::EXCHANGE 成員函式

原子地儲存一個新值並讀取舊值。

宣告

```
BaseType exchange(
    BaseType new_value,
    memory_order order = memory_order_seq_cst)
    volatile noexcept;
```

效果

原子地將 new_value 儲存在 *this，並取得 *this 現有的值。

回傳

緊接在儲存之前 *this 現有的值。

拋出

無。

注意　這是對包含 *this 記憶體位置原子的讀取 - 修改 - 寫入操作。

STD::ATOMIC_EXCHANGE 非成員函式

原子地將新值儲存在 atomic<BaseType> 的實體中，並讀取先前的值。

宣告

```
template<typename BaseType>
BaseType atomic_exchange(volatile atomic<BaseType>* p, BaseType new_value)
    noexcept;
template<typename BaseType>
BaseType atomic_exchange(atomic<BaseType>* p, BaseType new_value) noexcept;
```

效果

```
return p->exchange(new_value);
```

STD::ATOMIC_EXCHANGE_EXPLICIT 非成員函式

原子地將新值儲存在 atomic<BaseType> 的實體中，並讀取先前的值。

宣告

```
template<typename BaseType>
BaseType atomic_exchange_explicit(
    volatile atomic<BaseType>* p, BaseType new_value, memory_order order)
    noexcept;
template<typename BaseType>
BaseType atomic_exchange_explicit(
    atomic<BaseType>* p, BaseType new_value, memory_order order) noexcept;
```

效果

```
return p->exchange(new_value,order);
```

STD::ATOMIC::COMPARE_EXCHANGE_STRONG 成員函式

原子地將值與預期值比較。如果二個值相等，則儲存一個新值；如果不相等，則用讀取的值更新這預期值。

宣告

```
bool compare_exchange_strong(
    BaseType& expected,BaseType new_value,
    memory_order order = std::memory_order_seq_cst) volatile noexcept;
bool compare_exchange_strong(
    BaseType& expected,BaseType new_value,
    memory_order order = std::memory_order_seq_cst) noexcept;
bool compare_exchange_strong(
    BaseType& expected,BaseType new_value,
    memory_order success_order,memory_order failure_order)
    volatile noexcept;
bool compare_exchange_strong(
    BaseType& expected,BaseType new_value,
    memory_order success_order,memory_order failure_order) noexcept;
```

前置條件

failure_order 不 應 該 是 std::memory_order_release 或 std::memory_order_acq_rel。

效果

用位元比較的方式將 expected 與儲存在 *this 中的值進行原子比較，如果相等，則將 new_value 儲存到 *this；否則以讀取的值更新 expected。

回傳
如果 *this 現有的值等於 expected，則回傳 true，否則回傳 false。

拋出
無。

注意　三個參數的多載等同於具有 success_order==order 及 failure_order==order 的四個參數的多載，只是如果 order 是 std::memory_order_acq_rel 的話，那 failure_order 就是 std::memory_order_acquire，而且如果 order 是 std::memory_order_release，那 failure_order 就是 std::memory_order_relaxed。

注意　如果結果為 true，這是以 success_order 為記憶體排序，對包含 *this 記憶體位置原子的讀取-修改-寫入操作；否則，它是以 failure_order 為記憶體排序，對包含 *this 記憶體位置原子的加載操作。

STD::ATOMIC_COMPARE_EXCHANGE_STRONG 非成員函式

原子地將值與預期值比較。如果二個值相等，則儲存一個新值；如果不相等，則用讀取的值更新這預期值。

宣告
```
template<typename BaseType>
bool atomic_compare_exchange_strong(
    volatile atomic<BaseType>* p,BaseType * old_value,BaseType new_value)
    noexcept;
template<typename BaseType>
bool atomic_compare_exchange_strong(
    atomic<BaseType>* p,BaseType * old_value,BaseType new_value) noexcept;
```

效果
```
return p->compare_exchange_strong(*old_value,new_value);
```

STD::ATOMIC_COMPARE_EXCHANGE_STRONG_EXPLICIT 非成員函式

原子地將值與預期值比較。如果二個值相等，則儲存一個新值；如果不相等，則用讀取的值更新這預期值。

宣告

```
template<typename BaseType>
bool atomic_compare_exchange_strong_explicit(
    volatile atomic<BaseType>* p,BaseType * old_value,
    BaseType new_value, memory_order success_order,
    memory_order failure_order) noexcept;
template<typename BaseType>
bool atomic_compare_exchange_strong_explicit(
    atomic<BaseType>* p,BaseType * old_value,
    BaseType new_value, memory_order success_order,
    memory_order failure_order) noexcept;
```

效果

```
return p->compare_exchange_strong(
    *old_value,new_value,success_order,failure_order) noexcept;
```

STD::ATOMIC::COMPARE_EXCHANGE_WEAK 成員函式

原子地將值與預期值比較。如果二個值相等且可以原子化地完成更新，則儲存一個新值；如果不相等或更新不能原子化地完成，則用讀取的值更新這預期值。

宣告

```
bool compare_exchange_weak(
    BaseType& expected,BaseType new_value,
    memory_order order = std::memory_order_seq_cst) volatile noexcept;
bool compare_exchange_weak(
    BaseType& expected,BaseType new_value,
    memory_order order = std::memory_order_seq_cst) noexcept;
bool compare_exchange_weak(
    BaseType& expected,BaseType new_value,
    memory_order success_order,memory_order failure_order)
    volatile noexcept;
bool compare_exchange_weak(
    BaseType& expected,BaseType new_value,
    memory_order success_order,memory_order failure_order) noexcept;
```

前置條件

failure_order 不 應 該 是 std::memory_order_release 或 std:: memory_order_acq_rel。

效果

用位元比較的方式將 expected 與儲存在 *this 中的值進行原子比較，如果相等，則將 new_value 儲存到 *this。如果不相等或更新不能原子化地完成，則以讀取的值更新 expected。

回傳
如果 *this 現有的值等於 expected 且 new_value 成功存儲在 *this，則回傳 true，否則回傳 false。

拋出
無。

注意 三個參數的多載等同於具有 success_order==order 及 failure_order==order 四個參數的多載，只是如果 order 是 std::memory_order_acq_rel 的話，那 failure_order 就是 std::memory_order_acquire，而且如果 order 是 std::memory_order_release，那 failure_order 就是 std::memory_order_relaxed。

注意 如果結果為 true，這是以 success_order 為記憶體排序，對包含 *this 記憶體位置原子的讀取-修改-寫入操作；否則，它是以 failure_order 為記憶體排序，對包含 *this 記憶體位置原子的加載操作。

STD::ATOMIC_COMPARE_EXCHANGE_WEAK 非成員函式

原子地將值與預期值比較。如果二個值相等且可以原子化地完成更新，則儲存一個新值；如果不相等或更新不能原子化地完成，則用讀取的值更新這預期值。

宣告
```
template<typename BaseType>
bool atomic_compare_exchange_weak(
    volatile atomic<BaseType>* p,BaseType * old_value,BaseType new_value)
    noexcept;
template<typename BaseType>
bool atomic_compare_exchange_weak(
    atomic<BaseType>* p,BaseType * old_value,BaseType new_value) noexcept;
```

效果
```
return p->compare_exchange_weak(*old_value,new_value);
```

STD::ATOMIC_COMPARE_EXCHANGE_WEAK_EXPLICIT 非成員函式

原子地將值與預期值比較。如果二個值相等且可以原子化地完成更新，則儲存一個新值；如果不相等或更新不能原子化地完成，則用讀取的值更新這預期值。

宣告

```
template<typename BaseType>
bool atomic_compare_exchange_weak_explicit(
    volatile atomic<BaseType>* p,BaseType * old_value,
    BaseType new_value, memory_order success_order,
    memory_order failure_order) noexcept;
template<typename BaseType>
bool atomic_compare_exchange_weak_explicit(
    atomic<BaseType>* p,BaseType * old_value,
    BaseType new_value, memory_order success_order,
    memory_order failure_order) noexcept;
```

效果

```
return p->compare_exchange_weak(
    *old_value,new_value,success_order,failure_order);
```

D.3.9 std::atomic 樣板的特殊化

std::atomic 類別樣板的特殊化是為了支援整數型態和指標型態。對於整數型態，除了主要樣板提供的運算以外，這些特殊化還提供了原子加法、減法和位元運算。對於指標型態，除了主要樣板提供的運算以外，特殊化還提供了原子指標的算術運算。

為以下整數型態提供的特殊化：

```
std::atomic<bool>
std::atomic<char>
std::atomic<signed char>
std::atomic<unsigned char>
std::atomic<short>
std::atomic<unsigned short>
std::atomic<int>
std::atomic<unsigned>
std::atomic<long>
std::atomic<unsigned long>
std::atomic<long long>
std::atomic<unsigned long long>
std::atomic<wchar_t>
std::atomic<char16_t>
std::atomic<char32_t>
```

以及為所有 T 型態的 std::atomic<T*>。

D.3.10 std::atomic<integral-type> 特殊化

std::atomic 類別樣板的 std::atomic<integral-type> 特殊化為每種基本整數型態提供了擁有一組完整操作的原子整數資料型態。

以下描述適用於 std::atomic<> 類別樣板的這些特殊化：

```
std::atomic<char>
std::atomic<signed char>
std::atomic<unsigned char>
std::atomic<short>
std::atomic<unsigned short>
std::atomic<int>
std::atomic<unsigned>
std::atomic<long>
std::atomic<unsigned long>
std::atomic<long long>
std::atomic<unsigned long long>
std::atomic<wchar_t>
std::atomic<char16_t>
std::atomic<char32_t>
```

因為這些操作不能當成單一原子操作執行，所以這些特殊化的實體不是 CopyConstructible 或 CopyAssignable。

類別定義

```
template<>
struct atomic<integral-type>
{
    atomic() noexcept = default;
    constexpr atomic(integral-type) noexcept;
    bool operator=(integral-type) volatile noexcept;

    atomic(const atomic&) = delete;
    atomic& operator=(const atomic&) = delete;
    atomic& operator=(const atomic&) volatile = delete;

    bool is_lock_free() const volatile noexcept;
    bool is_lock_free() const noexcept;

    void store(integral-type,memory_order = memory_order_seq_cst)
        volatile noexcept;
    void store(integral-type,memory_order = memory_order_seq_cst)
noexcept;
    integral-type load(memory_order = memory_order_seq_cst)
        const volatile noexcept;
    integral-type load(memory_order = memory_order_seq_cst) const
noexcept;
```

```
integral-type exchange(
    integral-type,memory_order = memory_order_seq_cst)
    volatile noexcept;
integral-type exchange(
    integral-type,memory_order = memory_order_seq_cst) noexcept;

bool compare_exchange_strong(
    integral-type & old_value,integral-type new_value,
    memory_order order = memory_order_seq_cst) volatile noexcept;
bool compare_exchange_strong(
    integral-type & old_value,integral-type new_value,
    memory_order order = memory_order_seq_cst) noexcept;
bool compare_exchange_strong(
    integral-type & old_value,integral-type new_value,
    memory_order success_order,memory_order failure_order)
    volatile noexcept;
bool compare_exchange_strong(
    integral-type & old_value,integral-type new_value,
    memory_order success_order,memory_order failure_order) noexcept;
bool compare_exchange_weak(
    integral-type & old_value,integral-type new_value,
    memory_order order = memory_order_seq_cst) volatile noexcept;
bool compare_exchange_weak(
    integral-type & old_value,integral-type new_value,
    memory_order order = memory_order_seq_cst) noexcept;
bool compare_exchange_weak(
    integral-type & old_value,integral-type new_value,
    memory_order success_order,memory_order failure_order)
    volatile noexcept;
bool compare_exchange_weak(
    integral-type & old_value,integral-type new_value,
    memory_order success_order,memory_order failure_order) noexcept;

operator integral-type() const volatile noexcept;
operator integral-type() const noexcept;

integral-type fetch_add(
    integral-type,memory_order = memory_order_seq_cst)
    volatile noexcept;
integral-type fetch_add(
    integral-type,memory_order = memory_order_seq_cst) noexcept;
integral-type fetch_sub(
    integral-type,memory_order = memory_order_seq_cst)
    volatile noexcept;
integral-type fetch_sub(
    integral-type,memory_order = memory_order_seq_cst) noexcept;
integral-type fetch_and(
    integral-type,memory_order = memory_order_seq_cst)
    volatile noexcept;
```

```
        integral-type fetch_and(
            integral-type,memory_order = memory_order_seq_cst) noexcept;
        integral-type fetch_or(
            integral-type,memory_order = memory_order_seq_cst)
            volatile noexcept;
        integral-type fetch_or(
            integral-type,memory_order = memory_order_seq_cst) noexcept;
        integral-type fetch_xor(
            integral-type,memory_order = memory_order_seq_cst)
            volatile noexcept;
        integral-type fetch_xor(
            integral-type,memory_order = memory_order_seq_cst) noexcept;

        integral-type operator++() volatile noexcept;
        integral-type operator++() noexcept;
        integral-type operator++(int) volatile noexcept;
        integral-type operator++(int) noexcept;
        integral-type operator--() volatile noexcept;
        integral-type operator--() noexcept;
        integral-type operator--(int) volatile noexcept;
        integral-type operator--(int) noexcept;

        integral-type operator+=(integral-type) volatile noexcept;
        integral-type operator+=(integral-type) noexcept;
        integral-type operator-=(integral-type) volatile noexcept;
        integral-type operator-=(integral-type) noexcept;
        integral-type operator&=(integral-type) volatile noexcept;
        integral-type operator&=(integral-type) noexcept;
        integral-type operator|=(integral-type) volatile noexcept;
        integral-type operator|=(integral-type) noexcept;
        integral-type operator^=(integral-type) volatile noexcept;
        integral-type operator^=(integral-type) noexcept;
};
bool atomic_is_lock_free(volatile const atomic<integral-type>*) noexcept;
bool atomic_is_lock_free(const atomic<integral-type>*) noexcept;
void atomic_init(volatile atomic<integral-type>*,integral-type) noexcept;
void atomic_init(atomic<integral-type>*,integral-type) noexcept;
integral-type atomic_exchange(
    volatile atomic<integral-type>*,integral-type) noexcept;
integral-type atomic_exchange(
    atomic<integral-type>*,integral-type) noexcept;
integral-type atomic_exchange_explicit(
    volatile atomic<integral-type>*,integral-type, memory_order) noexcept;
integral-type atomic_exchange_explicit(
    atomic<integral-type>*,integral-type, memory_order) noexcept;
void atomic_store(volatile atomic<integral-type>*,integral-type) noexcept;
void atomic_store(atomic<integral-type>*,integral-type) noexcept;
void atomic_store_explicit(
```

```
        volatile atomic<integral-type>*,integral-type, memory_order) noexcept;
void atomic_store_explicit(
        atomic<integral-type>*,integral-type, memory_order) noexcept;
integral-type atomic_load(volatile const atomic<integral-type>*) noexcept;
integral-type atomic_load(const atomic<integral-type>*) noexcept;
integral-type atomic_load_explicit(
        volatile const atomic<integral-type>*,memory_order) noexcept;
integral-type atomic_load_explicit(
        const atomic<integral-type>*,memory_order) noexcept;
bool atomic_compare_exchange_strong(
        volatile atomic<integral-type>*,
        integral-type * old_value,integral-type new_value) noexcept;
bool atomic_compare_exchange_strong(
        atomic<integral-type>*,
        integral-type * old_value,integral-type new_value) noexcept;
bool atomic_compare_exchange_strong_explicit(
        volatile atomic<integral-type>*,
        integral-type * old_value,integral-type new_value,
        memory_order success_order,memory_order failure_order) noexcept;
bool atomic_compare_exchange_strong_explicit(
        atomic<integral-type>*,
        integral-type * old_value,integral-type new_value,
        memory_order success_order,memory_order failure_order) noexcept;
bool atomic_compare_exchange_weak(
        volatile atomic<integral-type>*,
        integral-type * old_value,integral-type new_value) noexcept;
bool atomic_compare_exchange_weak(
        atomic<integral-type>*,
        integral-type * old_value,integral-type new_value) noexcept;
bool atomic_compare_exchange_weak_explicit(
        volatile atomic<integral-type>*,
        integral-type * old_value,integral-type new_value,
        memory_order success_order,memory_order failure_order) noexcept;
bool atomic_compare_exchange_weak_explicit(
        atomic<integral-type>*,
        integral-type * old_value,integral-type new_value,
        memory_order success_order,memory_order failure_order) noexcept;

integral-type atomic_fetch_add(
        volatile atomic<integral-type>*,integral-type) noexcept;
integral-type atomic_fetch_add(
        atomic<integral-type>*,integral-type) noexcept;
integral-type atomic_fetch_add_explicit(
        volatile atomic<integral-type>*,integral-type, memory_order) noexcept;
integral-type atomic_fetch_add_explicit(
        atomic<integral-type>*,integral-type, memory_order) noexcept;
integral-type atomic_fetch_sub(
        volatile atomic<integral-type>*,integral-type) noexcept;
```

```
integral-type atomic_fetch_sub(
    atomic<integral-type>*,integral-type) noexcept;
integral-type atomic_fetch_sub_explicit(
    volatile atomic<integral-type>*,integral-type, memory_order) noexcept;
integral-type atomic_fetch_sub_explicit(
    atomic<integral-type>*,integral-type, memory_order) noexcept;
integral-type atomic_fetch_and(
    volatile atomic<integral-type>*,integral-type) noexcept;
integral-type atomic_fetch_and(
    atomic<integral-type>*,integral-type) noexcept;
integral-type atomic_fetch_and_explicit(
    volatile atomic<integral-type>*,integral-type, memory_order) noexcept;
integral-type atomic_fetch_and_explicit(
    atomic<integral-type>*,integral-type, memory_order) noexcept;
integral-type atomic_fetch_or(
    volatile atomic<integral-type>*,integral-type) noexcept;
integral-type atomic_fetch_or(
    atomic<integral-type>*,integral-type) noexcept;
integral-type atomic_fetch_or_explicit(
    volatile atomic<integral-type>*,integral-type, memory_order) noexcept;
integral-type atomic_fetch_or_explicit(
    atomic<integral-type>*,integral-type, memory_order) noexcept;
integral-type atomic_fetch_xor(
    volatile atomic<integral-type>*,integral-type) noexcept;
integral-type atomic_fetch_xor(
    atomic<integral-type>*,integral-type) noexcept;
integral-type atomic_fetch_xor_explicit(
    volatile atomic<integral-type>*,integral-type, memory_order) noexcept;
integral-type atomic_fetch_xor_explicit(
    atomic<integral-type>*,integral-type, memory_order) noexcept;
```

那些主要樣板也提供的操作（請參閱第 D.3.8 節）具有相同的語意。

STD::ATOMIC<INTEGRAL-TYPE>::FETCH_ADD 成員函式

原子地加載一個值並用它和提供值 i 的和取代它。

宣告

```
integral-type fetch_add(
    integral-type i,memory_order order = memory_order_seq_cst)
    volatile noexcept;
integral-type fetch_add(
    integral-type i,memory_order order = memory_order_seq_cst) noexcept;
```

效果

原子地取得 *this 現有值並將這個舊值 +i 後存在 *this。

回傳

緊接在儲存之前的 *this 值。

拋出

無。

注意 這是對包含 *this 記憶體位置原子的讀取 - 修改 - 寫入操作。

STD::ATOMIC_FETCH_ADD 非成員函式

原子地從 atomic<*integral-type*> 實體讀取值並用它和提供值 i 的和取代它。

宣告

```
integral-type atomic_fetch_add(
    volatile atomic<integral-type>* p, integral-type i) noexcept;
integral-type atomic_fetch_add(
    atomic<integral-type>* p, integral-type i) noexcept;
```

效果

```
return p->fetch_add(i);
```

STD::ATOMIC_FETCH_ADD_EXPLICIT 非成員函式

原子地從 atomic<*integral-type*> 實體讀取值並用它和提供值 i 的和取代它。

宣告

```
integral-type atomic_fetch_add_explicit(
    volatile atomic<integral-type>* p, integral-type i,
    memory_order order) noexcept;
integral-type atomic_fetch_add_explicit(
    atomic<integral-type>* p, integral-type i, memory_order order)
    noexcept;
```

效果

```
return p->fetch_add(i,order);
```

STD::ATOMIC<INTEGRAL-TYPE>::FETCH_SUB 成員函式

原子地加載一個值並用它減掉提供值 i 後的值取代它。

503

宣告

```
integral-type fetch_sub(
    integral-type i,memory_order order = memory_order_seq_cst)
    volatile noexcept;
integral-type fetch_sub(
    integral-type i,memory_order order = memory_order_seq_cst) noexcept;
```

效果

原子地取得 *this 現有值並將這個**舊值** -i 後存在 *this。

回傳

緊接在儲存之前的 *this 值。

拋出

無。

注意　這是對包含 *this 記憶體位置原子的讀取 - 修改 - 寫入操作。

STD::ATOMIC_FETCH_SUB 非成員函式

原子地從 atomic<*integral-type*> 實體讀取值並用它減掉提供值 i 後的值取代它。

宣告

```
integral-type atomic_fetch_sub(
    volatile atomic<integral-type>* p, integral-type i) noexcept;
integral-type atomic_fetch_sub(
    atomic<integral-type>* p, integral-type i) noexcept;
```

效果

```
return p->fetch_sub(i);
```

STD::ATOMIC_FETCH_SUB_EXPLICIT 非成員函式

原子地從 atomic<*integral-type*> 實體讀取值並用它減掉提供值 i 後的值取代它。

宣告

```
integral-type atomic_fetch_sub_explicit(
    volatile atomic<integral-type>* p, integral-type i,
    memory_order order) noexcept;
integral-type atomic_fetch_sub_explicit(
    atomic<integral-type>* p, integral-type i, memory_order order)
    noexcept;
```

效果
```
return p->fetch_sub(i,order);
```

STD::ATOMIC<INTEGRAL-TYPE>::FETCH_AND 成員函式

原子地加載一個值並用它和提供值 i 執行位元 - 且運算後的結果取代它。

宣告
```
integral-type fetch_and(
    integral-type i,memory_order order = memory_order_seq_cst)
    volatile noexcept;
integral-type fetch_and(
    integral-type i,memory_order order = memory_order_seq_cst) noexcept;
```

效果
原子地取得 *this 現有值並將這個舊值 &i 後的結果存在 *this。

回傳
緊接在儲存之前的 *this 值。

拋出
無。

注意　這是對包含 *this 記憶體位置原子的讀取 - 修改 - 寫入操作。

STD::ATOMIC_FETCH_AND 非成員函式

原子地從 atomic\<integral-type\> 實體讀取值並用它和提供值 i 執行位元 - 且運算後的結果取代它。

宣告
```
integral-type atomic_fetch_and(
    volatile atomic<integral-type>* p, integral-type i) noexcept;
integral-type atomic_fetch_and(
    atomic<integral-type>* p, integral-type i) noexcept;
```

效果
```
return p->fetch_and(i);
```

STD::ATOMIC_FETCH_AND_EXPLICIT 非成員函式

原子地從 atomic\<integral-type\> 實體讀取值並用它和提供值 i 執行位元 - 且運算後的結果取代它。

宣告

```
integral-type atomic_fetch_and_explicit(
    volatile atomic<integral-type>* p, integral-type i,
    memory_order order) noexcept;
integral-type atomic_fetch_and_explicit(
    atomic<integral-type>* p, integral-type i, memory_order order)
    noexcept;
```

效果

```
return p->fetch_and(i,order);
```

STD::ATOMIC<INTEGRAL-TYPE>::FETCH_OR 成員函式

原子地加載一個值並用它和提供值 i 執行位元 - 或運算後的結果取代它。

宣告

```
integral-type fetch_or(
    integral-type i,memory_order order = memory_order_seq_cst)
    volatile noexcept;
integral-type fetch_or(
    integral-type i,memory_order order = memory_order_seq_cst) noexcept;
```

效果

原子地取得 *this 現有值並將這個**舊值** | i 後的結果存在 *this。

回傳

緊接在儲存之前的 *this 值。

拋出

無。

注意　這是對包含 *this 記憶體位置原子的讀取 - 修改 - 寫入操作。

STD::ATOMIC_FETCH_OR 非成員函式

原子地從 atomic<integral-type> 實體讀取值並用它和提供值 i 執行位元 - 或運算後的結果取代它。

宣告

```
integral-type atomic_fetch_or(
    volatile atomic<integral-type>* p, integral-type i) noexcept;
integral-type atomic_fetch_or(
    atomic<integral-type>* p, integral-type i) noexcept;
```

效果

```
return p->fetch_or(i);
```

STD::ATOMIC_FETCH_OR_EXPLICIT 非成員函式

原子地從 atomic<*integral-type*> 實體讀取值並用它和提供值 i 執行位元 - 或運算後的結果取代它。

宣告

```
integral-type atomic_fetch_or_explicit(
    volatile atomic<integral-type>* p, integral-type i,
    memory_order order) noexcept;
integral-type atomic_fetch_or_explicit(
    atomic<integral-type>* p, integral-type i, memory_order order)
    noexcept;
```

效果

```
return p->fetch_or(i,order);
```

STD::ATOMIC<INTEGRAL-TYPE>::FETCH_XOR 成員函式

原子地加載一個值並用它和提供值 i 執行位元 - 互斥或運算後的結果取代它。

宣告

```
integral-type fetch_xor(
    integral-type i,memory_order order = memory_order_seq_cst)
    volatile noexcept;
integral-type fetch_xor(
    integral-type i,memory_order order = memory_order_seq_cst) noexcept;
```

效果

原子地取得 *this 現有值並將這個舊值 ^ i 後的結果存在 *this。

回傳

緊接在儲存之前的 *this 值。

拋出

無。

注意 這是對包含 *this 記憶體位置原子的讀取 - 修改 - 寫入操作。

STD::ATOMIC_FETCH_XOR 非成員函式

原子地從 atomic<*integral-type*> 實體讀取值並用它和提供值 i 執行位元 - 互斥或運算後的結果取代它。

宣告
```
integral-type atomic_fetch_xor(
    volatile atomic<integral-type>* p, integral-type i) noexcept;
integral-type atomic_fetch_xor(
    atomic<integral-type>* p, integral-type i) noexcept;
```

效果
```
return p->fetch_xor(i);
```

STD::ATOMIC_FETCH_XOR_EXPLICIT 非成員函式

原子地從 atomic<integral-type> 實體讀取值並用它和提供值 i 執行位元 - 互斥或運算後的結果取代它。

宣告
```
integral-type atomic_fetch_xor_explicit(
    volatile atomic<integral-type>* p, integral-type i,
    memory_order order) noexcept;
integral-type atomic_fetch_xor_explicit(
    atomic<integral-type>* p, integral-type i, memory_order order)
    noexcept;
```

效果
```
return p->fetch_xor(i,order);
```

STD::ATOMIC<INTEGRAL-TYPE>::OPERATOR++ 前置遞增運算子

原子地遞增儲存在 *this 的值並回傳遞增後的值。

宣告
```
integral-type operator++() volatile noexcept;
integral-type operator++() noexcept;
```

效果
```
return this->fetch_add(1) + 1;
```

STD::ATOMIC<INTEGRAL-TYPE>::OPERATOR++ 後置遞增運算子

原子地遞增儲存在 *this 的值並回傳遞增前的值。

宣告
```
integral-type operator++(int) volatile noexcept;
integral-type operator++(int) noexcept;
```

效果
```
return this->fetch_add(1);
```

STD::ATOMIC\<INTEGRAL-TYPE\>::OPERATOR-- 前置遞減運算子

原子地遞減儲存在 *this 的值並回傳遞減後的值。

宣告

```
integral-type operator--() volatile noexcept;
integral-type operator--() noexcept;
```

效果

```
return this->fetch_sub(1) - 1;
```

STD::ATOMIC\<INTEGRAL-TYPE\>::OPERATOR-- 後置遞減運算子

原子地遞減儲存在 *this 的值並回傳遞減前的值。

宣告

```
integral-type operator--(int) volatile noexcept;
integral-type operator--(int) noexcept;
```

效果

```
return this->fetch_sub(1);
```

STD::ATOMIC\<INTEGRAL-TYPE\>::OPERATOR+= 複合指定運算子

原子地將提供值加到儲存在 *this 的值上，並回傳新值。

宣告

```
integral-type operator+=(integral-type i) volatile noexcept;
integral-type operator+=(integral-type i) noexcept;
```

效果

```
return this->fetch_add(i) + i;
```

STD::ATOMIC\<INTEGRAL-TYPE\>::OPERATOR-= 複合指定運算子

原子地從存在 *this 的值減掉提供值，並回傳新值。

宣告

```
integral-type operator-=(integral-type i) volatile noexcept;
integral-type operator-=(integral-type i) noexcept;
```

效果

```
return this->fetch_sub(i,std::memory_order_seq_cst) - i;
```

STD::ATOMIC<INTEGRAL-TYPE>::OPERATOR&= 複合指定運算子

原子地用提供值和儲存在 *this 的值執行位元 - 且運算，用結果取代儲存在 *this 的值並回傳新值。

宣告
```
integral-type operator&=(integral-type i) volatile noexcept;
integral-type operator&=(integral-type i) noexcept;
```

效果
```
return this->fetch_and(i) & i;
```

STD::ATOMIC<INTEGRAL-TYPE>::OPERATOR|= 複合指定運算子

原子地用提供值和儲存在 *this 的值執行位元 - 或運算，用結果取代儲存在 *this 的值並回傳新值。

宣告
```
integral-type operator|=(integral-type i) volatile noexcept;
integral-type operator|=(integral-type i) noexcept;
```

效果
```
return this->fetch_or(i,std::memory_order_seq_cst) | i;
```

STD::ATOMIC<INTEGRAL-TYPE>::OPERATOR^= 複合指定運算子

原子地用提供值和儲存在 *this 的值執行位元 - 互斥或運算，用結果取代儲存在 *this 的值並回傳新值。

宣告
```
integral-type operator^=(integral-type i) volatile noexcept;
integral-type operator^=(integral-type i) noexcept;
```

效果
```
return this->fetch_xor(i,std::memory_order_seq_cst) ^ i;
```

STD::ATOMIC<T*> 部分特殊化

std::atomic 類別樣板的 std::atomic<T*> 部分特化為每種指標型態提供了擁有一組完整操作的原子資料型態。

因為這些操作不能當成單一原子操作執行，所以 std::atomic<T*> 的實體不是 CopyConstructible 或 CopyAssignable。

類別定義

```
template<typename T>
struct atomic<T*>
{
    atomic() noexcept = default;
    constexpr atomic(T*) noexcept;
    bool operator=(T*) volatile;
    bool operator=(T*);

    atomic(const atomic&) = delete;
    atomic& operator=(const atomic&) = delete;
    atomic& operator=(const atomic&) volatile = delete;

    bool is_lock_free() const volatile noexcept;
    bool is_lock_free() const noexcept;
    void store(T*,memory_order = memory_order_seq_cst) volatile noexcept;
    void store(T*,memory_order = memory_order_seq_cst) noexcept;
    T* load(memory_order = memory_order_seq_cst) const volatile noexcept;
    T* load(memory_order = memory_order_seq_cst) const noexcept;
    T* exchange(T*,memory_order = memory_order_seq_cst) volatile noexcept;
    T* exchange(T*,memory_order = memory_order_seq_cst) noexcept;

    bool compare_exchange_strong(
        T* & old_value, T* new_value,
        memory_order order = memory_order_seq_cst) volatile noexcept;
    bool compare_exchange_strong(
        T* & old_value, T* new_value,
        memory_order order = memory_order_seq_cst) noexcept;
    bool compare_exchange_strong(
        T* & old_value, T* new_value,
        memory_order success_order,memory_order failure_order)
        volatile noexcept;
    bool compare_exchange_strong(
        T* & old_value, T* new_value,
        memory_order success_order,memory_order failure_order) noexcept;
    bool compare_exchange_weak(
        T* & old_value, T* new_value,
        memory_order order = memory_order_seq_cst) volatile noexcept;
    bool compare_exchange_weak(
        T* & old_value, T* new_value,
        memory_order order = memory_order_seq_cst) noexcept;
    bool compare_exchange_weak(
        T* & old_value, T* new_value,
        memory_order success_order,memory_order failure_order)
        volatile noexcept;
    bool compare_exchange_weak(
        T* & old_value, T* new_value,
        memory_order success_order,memory_order failure_order) noexcept;
```

```
            operator T*() const volatile noexcept;
            operator T*() const noexcept;

            T* fetch_add(
                ptrdiff_t,memory_order = memory_order_seq_cst) volatile noexcept;
            T* fetch_add(
                ptrdiff_t,memory_order = memory_order_seq_cst) noexcept;
            T* fetch_sub(
                ptrdiff_t,memory_order = memory_order_seq_cst) volatile noexcept;
            T* fetch_sub(
                ptrdiff_t,memory_order = memory_order_seq_cst) noexcept;

            T* operator++() volatile noexcept;
            T* operator++() noexcept;
            T* operator++(int) volatile noexcept;
            T* operator++(int) noexcept;
            T* operator--() volatile noexcept;
            T* operator--() noexcept;
            T* operator--(int) volatile noexcept;
            T* operator--(int) noexcept;

            T* operator+=(ptrdiff_t) volatile noexcept;
            T* operator+=(ptrdiff_t) noexcept;
            T* operator-=(ptrdiff_t) volatile noexcept;
            T* operator-=(ptrdiff_t) noexcept;
        };

    bool atomic_is_lock_free(volatile const atomic<T*>*) noexcept;
    bool atomic_is_lock_free(const atomic<T*>*) noexcept;
    void atomic_init(volatile atomic<T*>*, T*) noexcept;
    void atomic_init(atomic<T*>*, T*) noexcept;
    T* atomic_exchange(volatile atomic<T*>*, T*) noexcept;
    T* atomic_exchange(atomic<T*>*, T*) noexcept;
    T* atomic_exchange_explicit(volatile atomic<T*>*, T*, memory_order)
        noexcept;
    T* atomic_exchange_explicit(atomic<T*>*, T*, memory_order) noexcept;
    void atomic_store(volatile atomic<T*>*, T*) noexcept;
    void atomic_store(atomic<T*>*, T*) noexcept;
    void atomic_store_explicit(volatile atomic<T*>*, T*, memory_order)
        noexcept;
    void atomic_store_explicit(atomic<T*>*, T*, memory_order) noexcept;
    T* atomic_load(volatile const atomic<T*>*) noexcept;
    T* atomic_load(const atomic<T*>*) noexcept;
    T* atomic_load_explicit(volatile const atomic<T*>*, memory_order) noexcept;
    T* atomic_load_explicit(const atomic<T*>*, memory_order) noexcept;
    bool atomic_compare_exchange_strong(
        volatile atomic<T*>*,T* * old_value,T* new_value) noexcept;
    bool atomic_compare_exchange_strong(
        volatile atomic<T*>*,T* * old_value,T* new_value) noexcept;
```

```
bool atomic_compare_exchange_strong_explicit(
    atomic<T*>*,T* * old_value,T* new_value,
    memory_order success_order,memory_order failure_order) noexcept;
bool atomic_compare_exchange_strong_explicit(
    atomic<T*>*,T* * old_value,T* new_value,
    memory_order success_order,memory_order failure_order) noexcept;
bool atomic_compare_exchange_weak(
    volatile atomic<T*>*,T* * old_value,T* new_value) noexcept;
bool atomic_compare_exchange_weak(
    atomic<T*>*,T* * old_value,T* new_value) noexccpt;
bool atomic_compare_exchange_weak_explicit(
    volatile atomic<T*>*,T* * old_value, T* new_value,
    memory_order success_order,memory_order failure_order) noexcept;
bool atomic_compare_exchange_weak_explicit(
    atomic<T*>*,T* * old_value, T* new_value,
    memory_order success_order,memory_order failure_order) noexcept;

T* atomic_fetch_add(volatile atomic<T*>*, ptrdiff_t) noexcept;
T* atomic_fetch_add(atomic<T*>*, ptrdiff_t) noexcept;
T* atomic_fetch_add_explicit(
    volatile atomic<T*>*, ptrdiff_t, memory_order) noexcept;
T* atomic_fetch_add_explicit(
    atomic<T*>*, ptrdiff_t, memory_order) noexcept;
T* atomic_fetch_sub(volatile atomic<T*>*, ptrdiff_t) noexcept;
T* atomic_fetch_sub(atomic<T*>*, ptrdiff_t) noexcept;
T* atomic_fetch_sub_explicit(
    volatile atomic<T*>*, ptrdiff_t, memory_order) noexcept;
T* atomic_fetch_sub_explicit(
    atomic<T*>*, ptrdiff_t, memory_order) noexcept;
```

那些主要樣板也提供的操作（請參閱第 11.3.8 節）具有相同的語意。

STD::ATOMIC<T*>::FETCH_ADD 成員函式

原子地加載一個值並使用標準指標算術規則，以它和提供值 i 的和取代它並回傳原來的值。

宣告

```
T* fetch_add(
    ptrdiff_t i,memory_order order = memory_order_seq_cst)
    volatile noexcept;
T* fetch_add(
    ptrdiff_t i,memory_order order = memory_order_seq_cst) noexcept;
```

效果

原子地取得 *this 現有值並將這個舊值 +i 後存在 *this。

回傳

緊接在儲存之前的 *this 值。

拋出

無。

注意　這是對包含 *this 記憶體位置原子的讀取 - 修改 - 寫入操作。

STD::ATOMIC_FETCH_ADD 非成員函式

原子地從 atomic<T*> 實體讀取值，並使用標準指標算術規則以它加上提供值 i 來取代它。

宣告

```
T* atomic_fetch_add(volatile atomic<T*>* p, ptrdiff_t i) noexcept;
T* atomic_fetch_add(atomic<T*>* p, ptrdiff_t i) noexcept;
```

效果

```
return p->fetch_add(i);
```

STD::ATOMIC_FETCH_ADD_EXPLICIT 非成員函式

原子地從 atomic<T*> 實體讀取值，並使用標準指標算術規則以它加上提供值 i 來取代它。

宣告

```
T* atomic_fetch_add_explicit(
    volatile atomic<T*>* p, ptrdiff_t i,memory_order order) noexcept;
T* atomic_fetch_add_explicit(
    atomic<T*>* p, ptrdiff_t i, memory_order order) noexcept;
```

效果

```
return p->fetch_add(i,order);
```

STD::ATOMIC<T*>::FETCH_SUB 成員函式

原子地加載一個值，並使用標準指標算術規則以它減掉提供值 i 後的值取代它，並回傳原來的值。

宣告

```
T* fetch_sub(
    ptrdiff_t i,memory_order order = memory_order_seq_cst)
    volatile noexcept;
T* fetch_sub(
    ptrdiff_t i,memory_order order = memory_order_seq_cst) noexcept;
```

效果

原子地取得 *this 現有值並將這個**舊值** - i 後存在 *this。

回傳

緊接在儲存之前的 *this 值。

拋出

無。

注意　這是對包含 *this 記憶體位置原子的讀取 - 修改 - 寫入操作。

STD::ATOMIC_FETCH_SUB 非成員函式

原子地從 atomic<T*> 實體讀取值,並使用標準指標算術規則以它減掉提供值 i 來取代它。

宣告

```
T* atomic_fetch_sub(volatile atomic<T*>* p, ptrdiff_t i) noexcept;
T* atomic_fetch_sub(atomic<T*>* p, ptrdiff_t i) noexcept;
```

效果

```
return p->fetch_sub(i);
```

STD::ATOMIC_FETCH_SUB_EXPLICIT 非成員函式

原子地從 atomic<T*> 實體讀取值,並使用標準指標算術規則以它減掉提供值 i 來取代它。

宣告

```
T* atomic_fetch_sub_explicit(
    volatile atomic<T*>* p, ptrdiff_t i,memory_order order) noexcept;
T* atomic_fetch_sub_explicit(
    atomic<T*>* p, ptrdiff_t i, mcmory_order order) noexcept;
```

效果

```
return p->fetch_sub(i,order);
```

STD::ATOMIC<T*>::OPERATOR++ 前置遞增運算子

使用標準指標算術規則原子地遞增儲存在 *this 的值,並回傳遞增後的值。

宣告

```
T* operator++() volatile noexcept;
T* operator++() noexcept;
```

效果

```
return this->fetch_add(1) + 1;
```

STD::ATOMIC<T*>::OPERATOR++ 後置遞增運算子

原子地遞增儲存在 *this 的值並回傳遞增前的值。

宣告

```
T* operator++(int) volatile noexcept;
T* operator++(int) noexcept;
```

效果

```
return this->fetch_add(1);
```

STD::ATOMIC<T*>::OPERATOR-- 前置遞減運算子

使用標準指標算術規則原子地遞減儲存在 *this 的值,並回傳遞減後的值。

宣告

```
T* operator--() volatile noexcept;
T* operator--() noexcept;
```

效果

```
return this->fetch_sub(1) - 1;
```

STD::ATOMIC<T*>::OPERATOR-- 後置遞減運算子

使用標準指標算術規則原子地遞減儲存在 *this 的值,並回傳遞減前的值。

宣告

```
T* operator--(int) volatile noexcept;
T* operator--(int) noexcept;
```

效果

```
return this->fetch_sub(1);
```

STD::ATOMIC<T*>::OPERATOR+= 複合指定運算子

使用標準指標算術規則原子地將提供值加到儲存在 *this 的值上,並回傳新值。

宣告

```
T* operator+=(ptrdiff_t i) volatile noexcept;
T* operator+=(ptrdiff_t i) noexcept;
```

效果

```
return this->fetch_add(i) + i;
```

STD::ATOMIC<T*>::OPERATOR-= 複合指定運算子

使用標準指標算術規則原子地從存在 *this 的值減掉提供值，並回傳新值。

宣告

```
T* operator -=(ptrdiff_t i) volatile noexcept;
T* operator-=(ptrdiff_t i) noexcept;
```

效果

```
return this->fetch_sub(i) - i;
```

D.4 <future> 標頭

<future> 標頭提供了處理可能在另一個執行緒執行操作的非同步結果的工具。

標頭內容

```
namespace std
{
    enum class future_status {
        ready, timeout, deferred };
    enum class future_errc
    {
        broken_promise,
        future_already_retrieved,
        promise_already_satisfied,
        no_state
    };

    class future_error;

    const error_category& future_category();
    error_code make_error_code(future_errc e);
    error_condition make_error_condition(future_errc e);

    template<typename ResultType>
    class future;

    template<typename ResultType>
    class shared_future;

    template<typename ResultType>
    class promise;

    template<typename FunctionSignature>
```

```
class packaged_task; // 沒有提供定義

template<typename ResultType,typename ... Args>
class packaged_task<ResultType (Args...)>;

enum class launch {
    async, deferred
};

template<typename FunctionType,typename ... Args>
future<result_of<FunctionType(Args...)>::type>
async(FunctionType&& func,Args&& ... args);

template<typename FunctionType,typename ... Args>
future<result_of<FunctionType(Args...)>::type>
async(std::launch policy,FunctionType&& func,Args&& ... args);
}
```

D.4.1　std::future 類別樣板

std::future 類別樣板提供了等待來自另一個執行緒非同步結果的一種方法，與 std::promise 和 std::packaged_task 類別樣板，以及 std::async 函式樣板結合，可用於提供那個非同步結果。任何時候都只有一個 std::future 實體可以參照到所指定的非同步結果。

std::future 的實體是 MoveConstructible 及 MoveAssignable，但不是 CopyConstructible 或 CopyAssignable。

類別定義

```
template<typename ResultType>
class future
{
public:
    future() noexcept;
    future(future&&) noexcept;
    future& operator=(future&&) noexcept;
    ~future();

    future(future const&) = delete;
    future& operator=(future const&) = delete;

    shared_future<ResultType> share();

    bool valid() const noexcept;

    參閱說明 get();
```

```
        void wait();

        template<typename Rep,typename Period>
        future_status wait_for(
            std::chrono::duration<Rep,Period> const& relative_time);

        template<typename Clock,typename Duration>
        future_status wait_until(
            std::chrono::time_point<Clock,Duration> const& absolute_time);
    };
```

STD::FUTURE 預設建構函式

建構一個沒有相關聯非同步結果的 std::future 物件。

宣告
future() noexcept;

效果
建構一個新的 std::future 實體。

後置條件
valid() 回傳 false。

拋出
無。

STD::FUTURE 移動建構函式

從另一個物件建構 std::future 物件，並將與另一個 std::future 物件相
關聯的非同步結果所有權轉移給新建構的實體。

宣告
future(future&& other) noexcept;

效果
從其他實體移動 - 建構一個新的 std::future 實體。

後置條件
在調用建構函式之前與 other 相關聯的非同步結果會與新建構的
std::future 物件建立關聯；other 不再有關聯的非同步結果。this->
valid() 回傳與調用此建構函式之前 other.valid() 回傳相同的值；而
other.valid() 回傳 false。

抛出

無。

STD::FUTURE 移動指定運算子

將與一個 std::future 物件關聯的非同步結果所有權轉移給另一個。

宣告
```
future(future&& other) noexcept;
```

效果

將非同步狀態的所有權在 std::future 實體之間轉移。

後置條件

在調用建構函式之前與 other 相關聯的非同步結果會與 *this 建立關聯；other 不再有關聯的非同步結果。在呼叫之前與 *this 關聯的非同步狀態（如果有的話）所有權會被釋放，而且如果這是最後的一個參照，那狀態會被銷毀。this->valid() 回傳與調用此建構函式之前 other.valid() 回傳相同的值；而 other.valid() 回傳 false。

抛出

無。

STD::FUTURE 解構函式

銷毀一個 std::future 物件。

宣告
```
~future();
```

效果

銷毀 *this。如果這是對與 *this 關聯的非同步結果的最後一個參照（如果有的話），則銷毀這非同步結果。

抛出

無。

STD::FUTURE::SHARE 成員函式

建構一個新的 std::shared_future 實體，並將與 *this 關聯的非同步結果所有權轉移給這新建構的 std::shared_future 實體。

宣告
```
shared_future<ResultType> share();
```

效果
如同 shared_future<ResultType>(std::move(*this))。

後置條件
在呼叫 share() 之前與 *this 關聯的非同步結果（如果有的話），會
與 新 建 構 的 std::shared_future 實 體 關 聯。this->valid() 回 傳
false。

拋出
無。

STD::FUTURE::VALID 成員函式
檢查 std::future 實體是否與非同步結果相關聯。

宣告
```
bool valid() const noexcept;
```

回傳
如果 *this 有關聯的非同步結果，則回傳 true，否則回傳 false。

拋出
無。

STD::FUTURE::WAIT 成員函式
如果與 *this 關聯的狀態包含延遲函式，則呼叫這個延遲函式。否則，等待
到與 std::future 實體相關聯的非同步結果準備就緒。

宣告
```
void wait();
```

前置條件
this->valid() 將回傳 true。

效果
如果關聯的狀態包含延遲函式，則呼叫延遲函式並將儲存回傳值或拋出
例外當成非同步結果；否則，阻擋到與 *this 關聯的非同步結果準備就
緒為止。

拋出
無。

STD::FUTURE::WAIT_FOR 成員函式

等到與 std::future 實體相關聯的非同步結果準備就緒，或指定的時間期間已經過了為止。

宣告

```
template<typename Rep,typename Period>
future_status wait_for(
    std::chrono::duration<Rep,Period> const& relative_time);
```

前置條件

this->valid() 將回傳 true。

效果

如果與 *this 關聯的非同步結果包含從呼叫 std::async 產生的尚未開始執行的延遲函式，則會不阻擋的立即回傳。否則的話，阻擋到與 *this 關聯的非同步結果準備就緒，或由 relative_time 指定的時間期間已經過了為止。

回傳

如果與 *this 關聯的非同步結果包含從呼叫 std::async 產生的尚未開始執行的延遲函式，則回傳 std::future_status::deferred；如果與 *this 關聯的非同步結果已經準備就緒，則回傳 std::future_status::ready；如果由 relative_time 指定的時間期間已經過了，則回傳 std::future_status::timeout。

注意　執行緒被阻擋的時間可能會超過指定的期間。在可能的情況下，經歷的時間由穩定的時鐘確定。

拋出

無。

STD::FUTURE::WAIT_UNTIL 成員函式

等到與 std::future 實體相關聯的非同步結果準備就緒，或指定的時間期間已經過了為止。

宣告

```
template<typename Clock,typename Duration>
future_status wait_until(
    std::chrono::time_point<Clock,Duration> const& absolute_time);
```

前置條件

this->valid() 將回傳 true。

效果

如果與 *this 關聯的非同步結果包含從呼叫 std::async 產生的尚未
開始執行的延遲函式,則會不阻擋的立即回傳。否則的話,阻擋到與
*this 關聯的非同步結果準備就緒,或 Clock::now() 回傳等於或晚於
absolute_time 的時間。

回傳

如果與 *this 關聯的非同步結果包含從呼叫 std::async 產生的尚未
開始執行的延遲函式,則回傳 std::future_status::deferred;如
果與 *this 關聯的非同步結果已經準備就緒,則回傳 std::future_
status::ready;如果 Clock::now() 回傳等於或晚於 absolute_time
的時間,則回傳 std::future_status::timeout。

注意　無法保證呼叫的執行緒會被阻擋多久,只是如果函式回傳
std::future_status::timeout,則 Clock::now() 會回傳等於或晚於
absolute_time 的時間,在這個時間點執行緒才會被解除阻擋。

拋出

無。

STD::FUTURE::GET 成員函式

如果關聯的狀態包含來自呼叫 std::async 的延遲函式,則呼叫這函式並回
傳結果;否則,等待到與 std::future 實體關聯的非同步結果準備就緒,然
後回傳儲存的值或拋出儲存的例外。

宣告

```
void future<void>::get();
R& future<R&>::get();
R future<R>::get();
```

前置條件

this->valid() 將回傳 true。

效果

如果與 *this 關聯的狀態包含延遲函式,則呼叫這個延遲函式並回傳結
果或傳播任何拋出的例外。

否則的話，阻擋到與 *this 關聯的非同步結果準備就緒。如果結果是儲存的例外，則拋出這個例外；否則，回傳儲存的值。

回傳

如果關聯的狀態包含延遲函式，則回傳函式呼叫的結果。如果 ResultType 為 void，則呼叫將正常回傳；如果 ResultType 是某種型態 R 的 R&，則回傳儲存的參照。否則的話，回傳儲存的值。

拋出

如果有例外的話，由延遲的例外拋出或是儲存在非同步結果中。

後置條件

this->valid()==false

D.4.2　std::shared_future 類別樣板

std::shared_future 類別樣板提供了等待來自另一個執行緒非同步結果的一種方法，與 std::promise 和 std::packaged_task 類別樣板，以及 std::async 函式樣板結合，可用於提供那個非同步結果。多個 std::shared_future 實體可以參照同一個非同步結果。

std::shared_future 的實體是 CopyConstructible 及 CopyAssignable。你也可以從有相同 ResultType 的 std::future 移動建構 std::shared_future。

對 std::shared_future 指定實體的存取不是同步的，因此在沒有外部同步的情況下，多個執行緒存取同一個 std::shared_future 實體是不安全的。但是對關聯狀態的存取是同步的，因此多個執行緒對於共享相同關聯狀態不同 std::shared_future 實體的個別存取是安全的，且不需要外部同步。

類別定義

```
template<typename ResultType>
class shared_future
{
public:
    shared_future() noexcept;
    shared_future(future<ResultType>&&) noexcept;
    shared_future(shared_future&&) noexcept;
    shared_future(shared_future const&);
    shared_future& operator=(shared_future const&);
    shared_future& operator=(shared_future&&) noexcept;
```

```
    ~shared_future();

    bool valid() const noexcept;

參閱說明 get() const;

    void wait() const;

    template<typename Rep,typename Period>
    future_status wait_for(
        std::chrono::duration<Rep,Period> const& relative_time)
const;

    template<typename Clock,typename Duration>
    future_status wait_until(
        std::chrono::time_point<Clock,Duration> const& absolute_
time) const;
};
```

STD::SHARED_FUTURE 預設建構函式

建構一個沒有相關聯非同步結果的 std::shared_future 物件。

宣告

```
shared_future() noexcept;
```

效果

建構一個新的 std::shared_future 實體。

後置條件

valid() 對新建構的實體回傳 false。

拋出

無。

STD::SHARED_FUTURE 移動建構函式

從另一個物件建構 std::shared_future 物件,將與另一個 std::shared_
future 物件相關聯的非同步結果所有權轉移給新建構的實體。

宣告

```
shared_future(shared_future&& other) noexcept;
```

效果

建構一個新的 std::shared_future 實體。

後置條件
在調用建構函式之前與 other 相關聯的非同步結果會與新建構的 std::
shared_future 物件建立關聯；other 不再有關聯的非同步結果。

拋出
無。

STD::SHARED_FUTURE 從 STD::FUTURE 移動建構函式

從 std::future 建構 std::shared_future 物件，將與另一個 std::
future 物件相關聯的非同步結果所有權轉移給新建構的 std::shared_
future 實體。

宣告
```
shared_future(std::future<ResultType>&& other) noexcept;
```

效果
建構一個新的 std::shared_future 實體。

後置條件
在調用建構函式之前與 other 相關聯的非同步結果會與新建構的 std::
shared_future 物件建立關聯；other 不再有關聯的非同步結果。

拋出
無。

STD::SHARED_FUTURE 複製建構函式

從另一個物件建構一個 std::shared_future 物件，所以如果有與原 std::
shared_future 物件關聯的非同步結果的話，則原物件和複製的物件都會參
照到這結果。

宣告
```
shared_future(shared_future const& other);
```

效果
建構一個新的 std::shared_future 實體。

後置條件
在調用建構函式之前與 other 相關聯的非同步結果會與新建構的 std::
shared_future 物件及 other 建立關聯。

拋出

無。

STD::SHARED_FUTURE 解構函式

銷毀一個 std::shared_future 物件。

宣告
```
~shared_future();
```

效果
銷毀 *this。如果與非同步結果關聯的 std::promise 或 std::packaged_task 實體不再與 *this 相關聯,且這是與該非同步結果關聯的最後一個 std::shared_future 實體,則銷毀該非同步結果。

拋出
無。

STD::SHARED_FUTURE::VALID 成員函式

檢查 std::shared_future 實體是否與非同步結果相關聯。

宣告
```
bool valid() const noexcept;
```

回傳
如果 *this 有關聯的非同步結果,則回傳 true,否則回傳 false。

拋出
無。

STD::SHARED_FUTURE::WAIT 成員函式

如果與 *this 關聯的狀態包含延遲函式,則呼叫這個延遲函式。否則,等待到與 std::shared_future 實體相關聯的非同步結果準備就緒。

宣告
```
void wait() const;
```

前置條件
this->valid() 將回傳 true。

效果

從共享相同關聯狀態的 std::shared_future 實體上的多個執行緒對 get() 和 wait() 的呼叫會被序列化。如果關聯狀態包含延遲函式,則第一次呼叫 get() 或 wait() 時會調用延遲函式,並將回傳值或拋出的例外當成非同步結果儲存。

阻擋到與 *this 關聯的非同步結果準備就緒為止。

拋出

無。

STD::SHARED_FUTURE::WAIT_FOR 成員函式

等到與 std::shared_future 實體相關聯的非同步結果準備就緒,或指定的時間期間已經過了為止。

宣告
```
template<typename Rep,typename Period>
future_status wait_for(
    std::chrono::duration<Rep,Period> const& relative_time) const;
```

前置條件

this->valid() 將回傳 true。

效果

如果與 *this 關聯的非同步結果包含從呼叫 std::async 產生的尚未開始執行的延遲函式,則會不阻擋的立即回傳。否則的話,阻擋到與 *this 關聯的非同步結果準備就緒,或由 relative_time 指定的時間期間已經過了為止。

回傳

如果與 *this 關聯的非同步結果包含從呼叫 std::async 產生的尚未開始執行的延遲函式,則回傳 std::future_status::deferred;如果與 *this 關聯的非同步結果已經準備就緒,則回傳 std::future_status::ready;如果由 relative_time 指定的時間期間已經過了,則回傳 std::future_status::timeout。

注意　執行緒被阻擋的時間可能會超過指定的期間。在可能的情況下,經歷時間由穩定的時鐘確定。

拋出

無。

STD::SHARED_FUTURE::WAIT_UNTIL 成員函式

等到與 std::shared_future 實體相關聯的非同步結果準備就緒，或指定的時間期間已經過了為止。

宣告

```
template<typename Clock,typename Duration>
bool wait_until(
    std::chrono::time_point<Clock,Duration> const& absolute_time) const;
```

前置條件

this->valid() 將回傳 true。

效果

如果與 *this 關聯的非同步結果包含從呼叫 std::async 產生的尚未開始執行的延遲函式，則會不阻擋的立即回傳。否則的話，阻擋到與 *this 關聯的非同步結果準備就緒，或 Clock::now() 回傳等於或晚於 absolute_time 的時間。

回傳

如果與 *this 關聯的非同步結果包含從呼叫 std::async 產生的尚未開始執行的延遲函式，則回傳 std::future_status::deferred；如果與 *this 關聯的非同步結果已經準備就緒，則回傳 std::future_status ::ready；如果 Clock::now() 回傳等於或晚於 absolute_time 的時間，則回傳 std::future_status::timeout。

注意 無法保證呼叫的執行緒會被阻擋多久，只是如果函式回傳 std:: future_status::timeout，則 Clock::now() 會回傳等於或晚於 absolute_time 的時間，在這個時間點執行緒才會被解除阻擋。

拋出

無。

STD::SHARED_FUTURE::GET 成員函式

如果關聯的狀態包含來自呼叫 std::async 的延遲函式，則呼叫這函式並回傳結果；否則，等待到與 std::shared_future 實體關聯的非同步結果準備就緒，然後回傳儲存的值或拋出儲存的例外。

宣告

```
void shared_future<void>::get() const;
R& shared_future<R&>::get() const;
R const& shared_future<R>::get() const;
```

前置條件

this->valid() 將回傳 true。

效果

從共享相同關聯狀態的 std::shared_future 實體上的多個執行緒對 get() 和 wait() 的呼叫會被序列化。如果關聯狀態包含延遲函式,則第一次呼叫 get() 或 wait() 時會調用延遲函式,並將回傳值或拋出的例外當成非同步結果儲存。

阻擋到與 *this 關聯的非同步結果準備就緒。如果非同步結果是一個儲存的例外,則拋出該例外;否則,回傳儲存的值。

回傳

如果關聯的狀態包含延遲函式,則回傳函式呼叫的結果。如果 ResultType 為 void,則正常回傳;如果 ResultType 是某種型態 R 的 R&,則回傳儲存的參照。否則的話,回傳對儲存值的 const 參照。

拋出

如果有的話,拋出儲存的例外。

D.4.3　std::packaged_task 類別樣板

std::packaged_task 類別樣板封包了一個函式或其他可呼叫物件,因此當透過 std::packaged_task 實體呼叫這函式時,函式執行的結果會以非同步的結果儲存,以便可以透過 std::future 實體取得。

std::packaged_task 的實體是 MoveConstructible 和 MoveAssignable,但不是 CopyConstructible 或 CopyAssignable。

類別定義

```
template<typename FunctionType>
class packaged_task; // 未定義

template<typename ResultType,typename... ArgTypes>
class packaged_task<ResultType(ArgTypes...)>
{
public:
    packaged_task() noexcept;
    packaged_task(packaged_task&&) noexcept;
    ~packaged_task();

    packaged_task& operator=(packaged_task&&) noexcept;

    packaged_task(packaged_task const&) = delete;
```

```
    packaged_task& operator=(packaged_task const&) = delete;

    void swap(packaged_task&) noexcept;
    template<typename Callable>
    explicit packaged_task(Callable&& func);

    template<typename Callable,typename Allocator>
    packaged_task(std::allocator_arg_t, const Allocator&,Callable&&);

    bool valid() const noexcept;
    std::future<ResultType> get_future();
    void operator()(ArgTypes...);
    void make_ready_at_thread_exit(ArgTypes...);
    void reset();
};
```

STD::PACKAGED_TASK 預設建構函式

建構一個 std::packaged_task 物件。

宣告
```
packaged_task() noexcept;
```

效果
建構一個沒有相關聯工作或非同步結果的 std::packaged_task 實體。

拋出
無。

從可呼叫物件建構 STD::PACKAGED_TASK

用相關聯的工作和非同步結果建構 std::packaged_task 物件。

宣告
```
template<typename Callable>
packaged_task(Callable&& func);
```

前置條件
func(args...) 表示式應有效，其中在 args... 中的每個元素 args-i
應該是 ArgTypes... 中對應型態 ArgTypes-i 的值。回傳值應該可以轉
換成 ResultType。

效果
用型態為 ResultType、尚未準備好的相關聯非同步結果，和型態為
Callable、複製 func 的工作，建構 std::packaged_task 實體。

拋出

如果建構函式無法為非同步結果配置記憶體，則拋出 std::bad_alloc 型態的例外。Callable 的複製或移動建構函式可能拋出任何例外。

從有分配器的可呼叫物件建構 STD::PACKAGED_TASK

用相關聯的工作及非同步結果建構 std::packaged_task 物件，使用提供的分配器為相關聯的非同步結果和工作配置記憶體。

宣告
```
template<typename Allocator,typename Callable>
packaged_task(
    std::allocator_arg_t, Allocator const& alloc,Callable&& func);
```

前置條件

func(args...) 表示式應有效，其中在 args... 中的每個元素 args-i 應該是 ArgTypes... 中對應型態 ArgTypes-i 的值。回傳值應該可以轉換成 ResultType。

效果

用型態為 ResultType、尚未準備好的相關聯非同步結果，和型態為 Callable、複製 func 的工作，建構 std::packaged_task 實體。非同步結果和工作的記憶體是經由 alloc 分配器或它的複製所配置。

拋出

當分配器嘗試為非同步結果或工作配置記憶體時可能拋出任何的例外；Callable 的複製或移動建構函式也可能拋出任何的例外。

STD::PACKAGED_TASK 移動建構函式

從另一個物件建構 std::packaged_task 物件，將與另一個 std::packaged_task 物件相關聯的非同步結果，以及工作的所有權轉移給新建構的實體。

宣告
```
packaged_task(packaged_task&& other) noexcept;
```

效果

建構一個新的 std::packaged_task 實體。

後置條件

在調用建構函式之前與 other 相關聯的非同步結果及工作會與新建構的 std::packaged_task 物件建立關聯；other 不再有關聯的非同步結果。

拋出

無。

STD::PACKAGED_TASK 移動 - 指定運算子

將與一個 std::packaged_task 物件關聯的非同步結果的所有權轉移給另一個。

宣告
```
packaged_task& operator=(packaged_task&& other) noexcept;
```

效果
如同 std::packaged_task(other).swap(*this) 般，將與 other 關聯的非同步結果及工作的所有權轉移給 *this，並放棄任何先前的非同步結果。

後置條件
在調用移動 - 指定運算子之前與 other 相關聯的非同步結果及工作會與 *this 建立關聯；other 不再有關聯的非同步結果。

回傳
*this

拋出
無。

STD::PACKAGED_TASK::SWAP 成員函式

交換兩個 std::packaged_task 物件相關聯非同步結果的所有權。

宣告
```
void swap(packaged_task& other) noexcept;
```

效果
交換 other 和 *this 相關聯非同步結果和工作的所有權。

後置條件

在呼叫 swap 之前與 other 相關聯的非同步結果和工作（如果有的話），會與 *this 關聯。在呼叫 swap 之前與 *this 相關聯的非同步結果和工作（如果有的話），會與 other 關聯。

拋出

無。

STD::PACKAGED_TASK 解構函式

銷毀一個 std::packaged_task 物件。

宣告

```
~packaged_task();
```

效果

銷毀 *this。如果 *this 有相關聯的非同步結果，而且這結果沒有儲存的工作或例外，則這結果將準備就緒，但出現錯誤代碼為 std::future_errc::broken_promise 的 std::future_error 例外。

拋出

無。

STD::PACKAGED_TASK::GET_FUTURE 成員函式

取得與 *this 相關聯非同步結果的 std::future 實體。

宣告

```
std::future<ResultType> get_future();
```

前置條件

*this 有相關聯的非同步結果。

回傳

與 *this 關聯非同步結果的 std::future 實體。

拋出

如果透過先前呼叫 get_future() 已經獲得這非同步結果的 std::future，則拋出錯誤代碼為 std::future_errc::future_already_retrieved、型態為 std::future_error 的例外。

STD::PACKAGED_TASK::RESET 成員函式

用相同工作新的非同步結果與 std::packaged_task 實體關聯。

宣告
```
void reset();
```

前置條件
*this 有相關聯的非同步工作。

效果
如同 *this=packaged_task(std::move(f)))，其中 f 是與 *this 關聯的儲存工作。

拋出
如果無法為新的非同步結果配置記憶體，則拋出型態為 std::bad_alloc 的例外。

STD::PACKAGED_TASK::VALID 成員函式

檢查 *this 是否有相關聯的工作及非同步結果。

宣告
```
bool valid() const noexcept;
```

回傳
如果 *this 有關聯的工作與非同步結果，則回傳 true，否則回傳 false。

拋出
無。

STD::PACKAGED_TASK::OPERATOR ( ) 函式呼叫運算子

調用與 std::packaged_task 實體相關聯的工作，並在相關聯的非同步結果中儲存回傳值或例外。

宣告
```
void operator()(ArgTypes... args);
```

前置條件
*this 有一個相關聯的工作。

效果

如同 INVOKE(func,args...) 般調用相關聯的工作 func。如果調用正常回傳，則將回傳值儲存在與 *this 關聯的非同步結果中。如果調用回傳一個例外，則將此例外儲存在與 *this 關聯的非同步結果中。

後置條件

與 *this 關聯的非同步結果已經用儲存值或例外準備就緒。任何因等待這非同步結果而被阻擋的執行緒都被解除阻擋。

拋出

如果非同步結果早已經有儲存值或例外，則拋出錯誤代碼為 std::future_errc::promise_already_satisfied、型態為 std::future_error 的例外。

同步

對函式呼叫運算子成功的呼叫，與取得儲存值或例外的呼叫 std::future<ResultType>::get() 或 std::shared_future<ResultType>::get() 同步。

STD::PACKAGED_TASK::MAKE_READY_AT_THREAD_EXIT 成員函式

調用與 std::packaged_task 實體相關聯的工作，並在相關聯的非同步結果中儲存回傳值或例外，直到執行緒退出前都不會使相關聯的非同步結果準備就緒。

宣告

```
void make_ready_at_thread_exit(ArgTypes... args);
```

前置條件

*this 有相關聯的工作。

效果

如同 INVOKE(func,args...) 般調用相關聯的工作 func。如果調用正常回傳，則將回傳值儲存在與 *this 關聯的非同步結果中。如果調用回傳一個例外，則將此例外儲存在與 *this 關聯的非同步結果中。將關聯的非同步狀態排程在當目前執行緒退出時準備就緒。

後置條件

與 *this 關聯的非同步結果具有儲存值或例外，但直到目前執行緒退出前都未準備就緒。等待非同步結果而被阻擋的執行緒會在目前執行緒退出時解除阻擋。

拋出

如果非同步結果早已經有儲存值或例外，則拋出錯誤代碼為 std::future_errc::promise_already_satisfied、型態為 std::future_error 的例外。如果 *this 沒有相關聯的非同步狀態，則拋出錯誤代碼為 std::future_errc::no_state、型態為 std::future_error 的例外。

同步

成功呼叫 make_ready_at_thread_exit() 執行緒的完成，與取得儲存值或例外的呼叫 std::future<ResultType>::get() 或 std::shared_future<ResultType>::get() 同步。

D.4.4　std::promise 類別樣板

std::promise 類別樣板提供了一種設定非同步結果的方法，這結果可以透過 std::future 的實體從另一個執行緒取得。

ResultType 樣板參數是可以儲存在非同步結果中值的型態。

與特定 std::promise 實體的非同步結果相關聯的 std::future，可以藉由呼叫 get_future() 成員函式獲得。非同步結果可以用 set_value() 成員函式設定為 ResultType 型態的值，或是用 set_exception() 成員函式設定成例外。

std::promise 的實體是 MoveConstructible 和 MoveAssignable，但不是 CopyConstructible 或 CopyAssignable。

類別定義
```cpp
template<typename ResultType>
class promise
{
public:
    promise();
    promise(promise&&) noexcept;
    ~promise();
    promise& operator=(promise&&) noexcept;

    template<typename Allocator>
    promise(std::allocator_arg_t, Allocator const&);

    promise(promise const&) = delete;
    promise& operator=(promise const&) = delete;

    void swap(promise& ) noexcept;
```

```
        std::future<ResultType> get_future();

        void set_value( 參閱說明 );
        void set_exception(std::exception_ptr p);
};
```

STD::PROMISE 預設建構函式

建構一個 std::promise 物件。

宣告
```
promise();
```

效果
建構一個有尚未準備就緒 ResultType 型態關聯非同步結果的 std::promise 實體。

拋出
如果建構函式無法為非同步結果配置記憶體，則拋出型態為 std::bad_alloc 的例外。

STD::PROMISE 分配器建構函式

建構一個 std::promise 物件，並用提供的分配器為關聯的非同步結果配置記憶體。

宣告
```
template<typename Allocator>
promise(std::allocator_arg_t, Allocator const& alloc);
```

效果
建構一個有尚未準備就緒 ResultType 型態關聯非同步結果的 std::promise 實體。非同步結果的記憶體是透過 alloc 分配器配置。

拋出
當分配器嘗試為非同步結果或工作配置記憶體時可能拋出任何例外。

STD::PROMISE 移動建構函式

從另一個物件建構 std::promise 物件，將與另一個 std::promise 物件相關聯的非同步結果所有權轉移給新建構的實體。

宣告
```
promise(promise&& other) noexcept;
```

效果
建構一個新的 std::promise 實體。

後置條件
在調用建構函式之前與 other 相關聯的非同步結果會與新建構的 std:: promise 物件建立關聯；other 不再有關聯的非同步結果。

拋出
無。

STD::PROMISE 移動 - 指定運算子

將與一個 std::promise 物件關聯的非同步結果所有權轉移給另一個。

宣告
```
promise& operator=(promise&& other) noexcept;
```

效果
將與 other 關聯的非同步結果所有權轉移給 *this。如果 *this 早已經有相關聯的非同步結果，這非同步結果會用型態為 std::future_error 且錯誤碼為 std::future_errc::broken_promise 的例外準備就緒。

後置條件
在調用移動 - 指定運算子之前與 other 相關聯的非同步結果會與 *this 建立關聯；other 不再有關聯的非同步結果。

回傳
```
*this
```

拋出
無。

STD::PROMISE::SWAP 成員函式

交換兩個 std::promise 物件相關聯非同步結果的所有權。

宣告
```
void swap(promise& other);
```

效果
交換 other 和 *this 相關聯非同步結果的所有權。

後置條件

在呼叫 swap 之前與 other 相關聯的非同步結果（如果有的話），會與 *this 關聯。在呼叫 swap 之前與 *this 相關聯的非同步結果（如果有的話），會與 other 關聯。

拋出

無。

STD::PROMISE 解構函式

銷毀一個 std::promise 物件。

宣告

```
~promise();
```

效果

銷毀 *this。如果 *this 有相關聯的非同步結果，而且這結果沒有儲存的值或例外，則這結果將準備就緒，但出現錯誤代碼為 std::future_errc::broken_promise 的 std::future_error 例外。

拋出

無。

STD::PROMISE::GET_FUTURE 成員函式

取得與 *this 相關聯非同步結果的 std::future 實體。

宣告

```
std::future<ResultType> get_future();
```

前置條件

*this 有相關聯的非同步結果。

回傳

與 *this 相關聯非同步結果的 std::future 實體。

拋出

如果透過先前呼叫 get_future() 已經獲得這非同步結果的 std::future，則拋出錯誤代碼為 std::future_errc::future_already_retrieved、型態為 std::future_error 的例外。

STD::PROMISE::SET_VALUE 成員函式

在與 *this 相關聯的非同步結果中儲存一個值。

宣告

```
void promise<void>::set_value();
void promise<R&>::set_value(R& r);
void promise<R>::set_value(R const& r);
void promise<R>::set_value(R&& r);
```

前置條件

*this 有相關聯的非同步結果。

效果

如果 ResultType 不是 void，則將 r 儲存在與 *this 關聯的非同步結果。

後置條件

與 *this 關聯的非同步結果用儲存的值準備就緒。任何因等待非同步結果而被阻擋的執行緒都會被解除阻擋。

拋出

如果非同步結果早已經有儲存的值或例外，則拋出錯誤碼為 std::future_errc::promise_already_satisfied、型態為 std::future_error 的例外；r 的複製或移動建構函式可能拋出任何例外。

同步

對 set_value()、set_value_at_thread_exit()、set_exception() 和 set_exception_at_thread_exit() 的多個併發呼叫會被序列化。對 set_value() 成功的呼叫，發生在取得儲存值的對 std::future<ResultType>::get() 或 std::shared_future<ResultType>::get() 呼叫之前。

STD::PROMISE::SET_VALUE_AT_THREAD_EXIT 成員函式

在與 *this 相關聯的非同步結果中儲存值，在執行緒退出前都不會使這結果準備就緒。

宣告

```
void promise<void>::set_value_at_thread_exit();
void promise<R&>::set_value_at_thread_exit(R& r);
void promise<R>::set_value_at_thread_exit(R const& r);
void promise<R>::set_value_at_thread_exit(R&& r);
```

前置條件
*this 有相關聯的非同步結果。

效果
如果 ResultType 不是 void，則將 r 儲存在與 *this 關聯的非同步結果；將非同步結果標記為已有儲存值。將關聯的非同步狀態排程在當目前執行緒退出時準備就緒。

後置條件
與 *this 關聯的非同步結果具有儲存值，但直到目前執行緒退出前都未準備就緒。等待非同步結果而被阻擋的執行緒會在目前執行緒退出時解除阻擋。

拋出
如果非同步結果早已經有儲存的值或例外，則拋出錯誤碼為 std::future_errc::promise_already_satisfied、型態為 std::future_error 的例外；r 的複製或移動建構函式可能拋出任何例外。

同步
對 set_value()、set_value_at_thread_exit()、set_exception() 和 set_exception_at_thread_exit() 的多個併發呼叫會被序列化。成功呼叫 set_value_at_thread_exit() 的執行緒完成，發生在取得儲存例外的對 std::future<ResultType>::get() 或 std::shared_future<ResultType>::get() 呼叫之前。

STD::PROMISE::SET_EXCEPTION 成員函式
在與 *this 相關聯的非同步結果中儲存一個例外。

宣告
```
void set_exception(std::exception_ptr e);
```

前置條件
*this 有相關聯的非同步結果。(bool)e 為 true。

效果
將 e 儲存在與 *this 關聯的非同步結果。

後置條件
與 *this 關聯的非同步結果用一儲存的例外準備就緒。任何因等待非同步結果而被阻擋的執行緒都會被解除阻擋。

拋出

如果非同步結果早已經有儲存的值或例外，則拋出錯誤碼為 std::
future_errc::promise_already_satisfied、 型 態 為 std::future_
error 的例外。

同步

對 set_value() 及 set_exception() 的多個併發呼叫會被序列化。對
set_exception() 成功的呼叫，發生在取得儲存例外的對 std::future
<ResultType>::get() 或 std::shared_future<ResultType>::
get() 呼叫之前。

STD::PROMISE::SET_EXCEPTION_AT_THREAD_EXIT 成員函式

在與 *this 相關聯的非同步結果中儲存例外，在執行緒退出前都不會使這結
果準備就緒。

宣告

```
void set_exception_at_thread_exit(std::exception_ptr e);
```

前置條件

*this 有相關聯的非同步結果。 (bool)e 為 true。

效果

將 e 儲存在與 *this 關聯的非同步結果。將關聯的非同步狀態排程在當
目前執行緒退出時準備就緒。

後置條件

與 *this 關聯的非同步結果具有儲存的例外，但直到目前執行緒退出前
都未準備就緒。等待非同步結果而被阻擋的執行緒會在目前執行緒退出
時解除阻擋。

拋出

如果非同步結果早已經有儲存的值或例外，則拋出錯誤碼為 std::
future_errc::promise_already_satisfied、 型 態 為 std::future_
error 的例外。

同步

對 set_value()、set_value_at_thread_exit()、set_exception()
和 set_exception_at_thread_exit() 的多個併發呼叫會被序列化。成
功呼叫 set_exception_at_thread_exit() 的執行緒完成，發生在取
得儲存例外的對 std::future<ResultType>::get() 或 std::shared_
future<ResultType>::get() 呼叫之前。

D.4.5　std::async 函式樣板

std::async 是一種利用可用的硬體併發性，執行獨立的非同步工作的簡單方法。呼叫 std::async 會回傳含有工作結果的 std::future。依據啟動策略，工作可以在它自己的執行緒上非同步執行，或是在期約上呼叫 wait() 或 get() 成員函式的任何執行緒上同步執行。

宣告

```
enum class launch
{
    async,deferred
};

template<typename Callable,typename ... Args>
future<result_of<Callable(Args...)>::type>
async(Callable&& func,Args&& ... args);

template<typename Callable,typename ... Args>
future<result_of<Callable(Args...)>::type>
async(launch policy,Callable&& func,Args&& ... args);
```

前置條件

INVOKE(func,args) 表示式對提供的 func 和 args 值有效。Callable 及 Args 的每個成員都是 MoveConstructible。

效果

在內部儲存區中建構 func 和 args... 的複製（分別用 fff 和 xyz... 表示）。

如果 policy 是 std::launch::async，則在 INVOKE(fff,xyz...) 自己的執行緒上執行它。當這執行緒完成時，回傳的 std::future 將變為準備就緒，並將持有回傳值或由函式呼叫所拋出的例外。與回傳 std::future 非同步狀態相關聯的最後一個期約物件的解構函式，會阻擋到期約準備就緒。

如果 policy 是 std::launch::deferred，則 fff 和 xyz... 會當成延遲函式呼叫儲存在回傳的 std::future。在共享相同關聯狀態期約上第一次呼叫 wait() 或 get() 成員函式，將在呼叫 wait() 或 get() 的執行緒上同步執行 INVOKE (fff,xyz...)。

執行 INVOKE(fff, xyz...) 回傳的值或拋出的例外將從在 std::future 上對 get() 的呼叫回傳。

如 果 policy 是 std::launch::async | std::launch::deferred
或 policy 引數被省略，那行為就如同 std::launch::async 或
std::launch::deferred 已經被指定。為了能利用可用的硬體併發性而
不會超額認購，實作將在逐個呼叫的基礎上選擇它的行為。

在所有情況下，std::async 的呼叫都會立即回傳。

同步

函式呼叫的完成，發生在與 std::async 呼叫回傳的 std::future 物
件，所參照相同關聯狀態的任何 std::future 或 std::shared_future
實體上，呼叫 wait()、get()、wait_for() 或 wait_until() 成功回傳
之前。

拋出

如果無法配置所需的內部存儲區，則拋出 std::bad_alloc；否則，當無
法達到效果時拋出 std::future_error，或在建構 fff 或 xyz... 期間
拋出任何例外。

D.5　<mutex> 標頭

<mutex> 標頭提供了確保相互排斥的工具：互斥鎖型態、上鎖型態和函式，
以及確保一個操作只執行一次的機制。

標頭內容

```
namespace std
{
    class mutex;
    class recursive_mutex;
    class timed_mutex;
    class recursive_timed_mutex;
    class shared_mutex;
    class shared_timed_mutex;

    struct adopt_lock_t;
    struct defer_lock_t;
    struct try_to_lock_t;

    constexpr adopt_lock_t adopt_lock{};
    constexpr defer_lock_t defer_lock{};
    constexpr try_to_lock_t try_to_lock{};

    template<typename LockableType>
    class lock_guard;

    template<typename LockableType>
```

```
class unique_lock;

template<typename LockableType>
class shared_lock;

template<typename ... LockableTypes>
class scoped_lock;

template<typename LockableType1,typename... LockableType2>
void lock(LockableType1& m1,LockableType2& m2...);

template<typename LockableType1,typename... LockableType2>
int try_lock(LockableType1& m1,LockableType2& m2...);

struct once_flag;

template<typename Callable,typename... Args>
void call_once(once_flag& flag,Callable func,Args args...);
}
```

D.5.1　std::mutex 類別

std::mutex 類別為執行緒提供可用於保護共享資料的基本互斥和同步工具。在存取受互斥鎖保護的資料之前，互斥鎖必須透過呼叫 lock() 或 try_lock() 上鎖。一次只能有一個執行緒可以持有上鎖，所以如果另一個執行緒也嘗試上鎖互斥鎖，它將失敗（try_lock()）或被適當的阻擋（lock()）。一旦一個執行緒完成共享資料的存取，它必須呼叫 unlock() 釋放上鎖並允許其他執行緒獲取它。

std::mutex 符合 Lockable 要求。

類別定義

```
class mutex
{
public:
    mutex(mutex const&)=delete;
    mutex& operator=(mutex const&)=delete;

    constexpr mutex() noexcept;
    ~mutex();

    void lock();
    void unlock();
    bool try_lock();
};
```

STD::MUTEX 預設建構函式

建構一個 std::mutex 物件。

宣告
```
constexpr mutex() noexcept;
```

效果
建構一個 std::mutex 實體。

後置條件
新建構的 std::mutex 物件最初是解鎖的。

拋出
無。

STD::MUTEX 解構函式

銷毀一個 std::mutex 物件。

宣告
```
~mutex();
```

前置條件
*this 不能被上鎖。

效果
銷毀 *this。

拋出
無。

STD::MUTEX::LOCK 成員函式

為目前執行緒獲取 std::mutex 物件的上鎖。

宣告
```
void lock();
```

前置條件
呼叫的執行緒不能在 *this 上持有上鎖。

效果
阻擋目前執行緒,直到可以獲得 *this 的上鎖。

後置條件
*this 被呼叫的執行緒上鎖。

拋出

如果發生錯誤，則拋出型態為 `std::system_error` 的例外。

STD::MUTEX::TRY_LOCK 成員函式

嘗試為目前執行緒獲取 `std::mutex` 物件的上鎖。

宣告
```
bool try_lock();
```

前置條件

呼叫的執行緒不能在 `*this` 上持有上鎖。

效果

嘗試在不阻擋下為目前執行緒獲取 `*this` 物件的上鎖。

回傳

如果呼叫的執行緒獲得了鎖，則回傳 `true`，否則回傳 `false`。

後置條件

如果函式回傳 `true`，則 `*this` 被呼叫的執行緒上鎖。

拋出

無。

注意　即使沒有其他執行緒持有 `*this` 的上鎖，這函式也可能無法獲得上鎖（並回傳 `false`）。

STD::MUTEX::UNLOCK 成員函式

釋放目前執行緒持有的 `std::mutex` 物件的上鎖。

宣告
```
void unlock();
```

前置條件

呼叫的執行緒必須持有 `*this` 的上鎖。

效果

釋放目前執行緒持有 `*this` 的上鎖。如果任何執行緒因等待獲得 `*this` 的上鎖而被阻擋，則解除它們其中之一的阻擋。

後置條件

呼叫的執行緒沒有上鎖 `*this`。

拋出

無。

D.5.2 std::recursive_mutex 類別

std::recursive_mutex 類別為執行緒提供可用於保護共享資料的基本互斥和同步工具。在存取受互斥鎖保護的資料之前，互斥鎖必須透過呼叫 lock() 或 try_lock() 上鎖。一次只能有一個執行緒可以持有上鎖，所以如果另一個執行緒也嘗試上鎖互斥鎖，它將失敗（try_lock()）或被適當的阻擋（lock()）。一旦一個執行緒完成共享資料的存取，它必須呼叫 unlock() 釋放上鎖並允許其他執行緒獲取它。

這互斥鎖是遞迴的，因此在特定 std::recursive_mutex 實體上持有上鎖的執行緒可能會進一步呼叫 lock() 或 try_lock() 以增加上鎖的計數。互斥鎖不能被另一個執行緒上鎖，直到獲得上鎖的執行緒在每次成功呼叫 lock() 或 try_lock() 後都呼叫了 unlock 一次。

std::recursive_mutex 符合 Lockable 要求。

類別定義

```
class recursive_mutex
{
public:
    recursive_mutex(recursive_mutex const&)=delete;
    recursive_mutex& operator=(recursive_mutex const&)=delete;

    recursive_mutex() noexcept;
    ~recursive_mutex();

    void lock();
    void unlock();
    bool try_lock() noexcept;
};
```

STD::RECURSIVE_MUTEX 預設建構函式

建構一個 std::recursive_mutex 物件。

宣告

```
recursive_mutex() noexcept;
```

效果

建構一個 std::recursive_mutex 實體。

後置條件
新建構的 `std::recursive_mutex` 物件最初是解鎖的。

拋出
如果無法建立新的 `std::recursive_mutex` 實體，則拋出型態為 `std::system_error` 的例外。

STD::RECURSIVE_MUTEX 解構函式
銷毀一個 `std::recursive_mutex` 物件。

宣告
```
~recursive_mutex();
```

前置條件
`*this` 不能被上鎖。

效果
銷毀 `*this`。

拋出
無。

STD::RECURSIVE_MUTEX::LOCK 成員函式
為目前執行緒獲取 `std::recursive_mutex` 物件的上鎖。

宣告
```
void lock();
```

效果
阻擋目前執行緒，直到可以獲得 `*this` 的上鎖。

後置條件
`*this` 被呼叫的執行緒上鎖。如果呼叫的執行緒早已經持有 `*this` 的上鎖，上鎖的計數會加一。

拋出
如果發生錯誤，則拋出型態為 `std::system_error` 的例外。

STD::RECURSIVE_MUTEX::TRY_LOCK 成員函式
嘗試為目前執行緒獲取 `std::recursive_mutex` 物件的上鎖。

宣告

```
bool try_lock() noexcept;
```

效果

嘗試在不阻擋下為目前執行緒獲取 *this 物件的上鎖。

回傳

如果呼叫的執行緒獲得了上鎖，則回傳 true，否則回傳 false。

後置條件

如果函式回傳 true，則呼叫的執行緒會在 *this 上獲得新的上鎖。

拋出

無。

注意 如果呼叫的執行緒早已經持有 *this 的上鎖，這函式會回傳 true，且呼叫的執行緒所持有 *this 的上鎖計數會加一。如果目前執行緒還沒持有 *this 的上鎖，即使沒有其他執行緒持有 *this 的上鎖，這函式也可能無法獲得上鎖（並回傳 false）。

STD::RECURSIVE_MUTEX::UNLOCK 成員函式

釋放目前執行緒持有的 std::recursive_mutex 物件的上鎖。

宣告

```
void unlock();
```

前置條件

呼叫的執行緒必須持有 *this 的上鎖。

效果

釋放目前執行緒持有 *this 的上鎖。如果這是呼叫的執行緒持有 *this 最後一個的上鎖，則解除任何因等待獲得 *this 上鎖而被阻擋的執行緒中的一個。

後置條件

呼叫的執行緒持有 *this 的上鎖數減一。

拋出

無。

D.5.3　std::timed_mutex 類別

std::timed_mutex 類別在 std::mutex 提供的基本相互排斥和同步工具上，提供對超時上鎖的支援。在存取被互斥鎖保護的資料之前，互斥鎖必須透過呼叫 lock()、try_lock()、try_lock_for() 或 try_lock_until() 上鎖。如果另一個執行緒已經持有上鎖，則獲得上鎖的嘗試將失敗（try_lock()）、阻擋到可以獲得上鎖（lock()）、或阻擋到可以獲得上鎖或上鎖的嘗試超時（try_lock_for() 或 try_lock_until()）。一旦獲得了上鎖（無論是使用哪個函式獲得），在另一個執行緒可以獲得這互斥鎖的上鎖之前，必須先透過呼叫 unlock() 釋放它。

std::timed_mutex 符合 TimedLockable 要求。

類別定義
```
class timed_mutex
{
public:
    timed_mutex(timed_mutex const&)=delete;
    timed_mutex& operator=(timed_mutex const&)=delete;

    timed_mutex();
    ~timed_mutex();

    void lock();
    void unlock();
    bool try_lock();

    template<typename Rep,typename Period>
    bool try_lock_for(
        std::chrono::duration<Rep,Period> const& relative_time);

    template<typename Clock,typename Duration>
    bool try_lock_until(
        std::chrono::time_point<Clock,Duration> const& absolute_time);
};
```

STD::TIMED_MUTEX 預設建構函式

建構一個 std::timed_mutex 物件。

宣告
```
timed_mutex();
```

效果
建構一個 std::timed_mutex 實體。

後置條件
新建構的 std::timed_mutex 物件最初是解鎖的。

拋出
如果無法建立新的 std::timed_mutex 實體，則拋出型態為 std:: system_error 的例外。

STD::TIMED_MUTEX 解構函式

銷毀一個 std::timed_mutex 物件。

宣告
~timed_mutex();

前置條件
*this 不能被上鎖。

效果
銷毀 *this。

拋出
無。

STD::TIMED_MUTEX::LOCK 成員函式

為目前執行緒獲取 std::timed_mutex 物件的上鎖。

宣告
void lock();

前置條件
呼叫的執行緒不能在 *this 上持有上鎖。

效果
阻擋目前執行緒，直到可以獲得 *this 的上鎖。

後置條件
*this 被呼叫的執行緒上鎖。

拋出
如果發生錯誤，則拋出型態為 std::system_error 的例外。

STD::TIMED_MUTEX::TRY_LOCK 成員函式

嘗試為目前執行緒獲取 std::timed_mutex 物件的上鎖。

宣告
```
bool try_lock();
```

前置條件
呼叫的執行緒不能在 *this 上持有上鎖。

效果
嘗試在不阻擋下為目前執行緒獲取 *this 物件的上鎖。

回傳
如果呼叫的執行緒獲得了鎖,則回傳 true,否則回傳 false。

後置條件
如果函式回傳 true,則 *this 被呼叫的執行緒上鎖。

拋出
無。

注意 即使沒有其他執行緒持有 *this 的上鎖,這函式也可能無法獲得上鎖(並回傳 false)。

STD::TIMED_MUTEX::TRY_LOCK_FOR 成員函式

嘗試為目前執行緒獲取 std::timed_mutex 物件的上鎖。

宣告
```
template<typename Rep,typename Period>
bool try_lock_for(
    std::chrono::duration<Rep,Period> const& relative_time);
```

前置條件
呼叫的執行緒不能在 *this 上持有上鎖。

效果
呼叫的執行緒嘗試在 relative_time 指定的時間內獲得 *this 的上鎖。如果 relative_time.count() 為零或負數,則呼叫將立即回傳,就好像它是呼叫 try_lock() 一般。否則,呼叫將被阻擋到獲得上鎖,或 relative_time 指定的時間期間已經過了。

回傳
如果呼叫的執行緒獲得了鎖,則回傳 true,否則回傳 false。

後置條件
如果函式回傳 true，則 *this 被呼叫的執行緒上鎖。

拋出
無。

注意 即使沒有其他執行緒持有 *this 的上鎖，這函式也可能無法獲得上鎖（並回傳 false）。執行緒可能被阻擋超過指定期間的長度。在可能的情況下，所經過的時間是由 個穩定的時鐘確定。

STD::TIMED_MUTEX::TRY_LOCK_UNTIL 成員函式

嘗試為目前執行緒獲取 std::timed_mutex 物件的上鎖。

宣告
```
template<typename Clock,typename Duration>
bool try_lock_until(
    std::chrono::time_point<Clock,Duration> const& absolute_time);
```

前置條件
呼叫的執行緒不能在 *this 上持有上鎖。

效果
呼叫的執行緒嘗試在 absolute_time 指定的時間之前獲得 *this 的上鎖。如果在進入點 absolute_time<=Clock::now()，則呼叫將立即回傳，就好像它是呼叫 try_lock() 一般。否則，呼叫將被阻擋到獲得上鎖，或 Clock::now() 回傳等於或晚於 absolute_time 的時間。

回傳
如果呼叫的執行緒獲得了鎖，則回傳 true，否則回傳 false。

後置條件
如果函式回傳 true，則 *this 被呼叫的執行緒上鎖。

拋出
無。

注意 即使沒有其他執行緒持有 *this 的上鎖，這函式也可能無法獲得上鎖（並回傳 false）。無法保證呼叫的執行緒會被阻擋多久，只有當函式回傳 false 時，Clock::now() 回傳等於或晚於執行緒變成非阻擋時間點時 absolute_time 的時間。

STD::TIMED_MUTEX::UNLOCK 成員函式

釋放目前執行緒持有 `std::timed_mutex` 物件的上鎖。

> **宣告**
> ```
> void unlock();
> ```
>
> **前置條件**
> 呼叫的執行緒必須持有 *this 的上鎖。
>
> **效果**
> 釋放目前執行緒持有 *this 的上鎖。如果任何執行緒因等待獲得 *this 的上鎖而被阻擋，則解除它們其中之一的阻擋。
>
> **後置條件**
> 呼叫的執行緒沒有上鎖 *this。
>
> **拋出**
> 無。

D.5.4　std::recursive_timed_mutex 類別

`std::recursive_timed_mutex` 類別在 `std::recursive_mutex` 提供的基本相互排斥和同步工具上，提供對超時上鎖的支援。在存取被互斥鎖保護的資料之前，互斥鎖必須透過呼叫 `lock()`、`try_lock()`、`try_lock_for()` 或 `try_lock_until()` 上鎖。如果另一個執行緒已經持有上鎖，則獲得上鎖的嘗試將失敗（`try_lock()`）、阻擋到可以獲得上鎖（`lock()`）、或阻擋到可以獲得上鎖或上鎖的嘗試超時（`try_lock_for()` 或 `try_lock_until()`）。一旦獲得了上鎖（無論是使用哪個函式獲得），在另一個執行緒可以獲得這互斥鎖的上鎖之前，必須先透過呼叫 `unlock()` 釋放它。

這互斥鎖是遞迴的，因此在特定 `std::recursive_timed_mutex` 實體上持有上鎖的執行緒，可以透過任何上鎖函式在這實體上獲得額外的上鎖。在另一個執行緒可以在這實體上獲得上鎖之前，所有這些上鎖都必須透過對應的呼叫 `unlock()` 來釋放。

`std::recursive_timed_mutex` 符合 TimedLockable 要求。

> **類別定義**
> ```
> class recursive_timed_mutex
> {
> public:
> ```

```
recursive_timed_mutex(recursive_timed_mutex const&)=delete;
recursive_timed_mutex& operator=(recursive_timed_mutex const&)=delete;

recursive_timed_mutex();
~recursive_timed_mutex();

void lock();
void unlock();
bool try_lock() noexcept;

template<typename Rep,typename Period>
bool try_lock_for(
    std::chrono::duration<Rep,Period> const& relative_time);

template<typename Clock,typename Duration>
bool try_lock_until(
    std::chrono::time_point<Clock,Duration> const& absolute_time);
};
```

STD::RECURSIVE_TIMED_MUTEX 預設建構函式

建構一個 std::recursive_timed_mutex 物件。

宣告
```
recursive_timed_mutex();
```

效果
建構一個 std::recursive_timed_mutex 實體。

後置條件
新建構的 std::recursive_timed_mutex 物件最初是解鎖的。

拋出
如果無法建立新的 std::recursive_timed_mutex 實體,則拋出型態為 std::system_error 的例外。

STD::RECURSIVE_TIMED_MUTEX 解構函式

銷毀一個 std::recursive_timed_mutex 物件。

宣告
```
~recursive_timed_mutex();
```

前置條件
*this 不能被上鎖。

效果
銷毀 *this。

拋出

無。

STD::RECURSIVE_TIMED_MUTEX::LOCK 成員函式

為目前執行緒獲取 std::recursive_timed_mutex 物件的上鎖。

宣告
```
void lock();
```

前置條件

呼叫的執行緒不能在 *this 上持有上鎖。

效果

阻擋目前執行緒，直到可以獲得 *this 的上鎖。

後置條件

*this 被呼叫的執行緒上鎖。如果呼叫的執行緒早已經持有 *this 的上鎖，上鎖的計數會加一。

拋出

如果發生錯誤，則拋出型態為 std::system_error 的例外。

STD::RECURSIVE_TIMED_MUTEX::TRY_LOCK 成員函式

嘗試為目前執行緒獲取 std::recursive_timed_mutex 物件的上鎖。

宣告
```
bool try_lock() noexcept;
```

效果

嘗試在不阻擋下為目前執行緒獲取 *this 物件的上鎖。

回傳

如果呼叫的執行緒獲得了鎖，則回傳 true，否則回傳 false。

後置條件

如果函式回傳 true，則 *this 被呼叫的執行緒上鎖。

拋出

無。

注意　如果呼叫的執行緒早已經持有 *this 的上鎖，這函式會回傳 true，且呼叫的執行緒所持有 *this 的上鎖計數會加一。如果目前執行

緒還沒持有 *this 的上鎖，即使沒有其他執行緒持有 *this 的上鎖，這函式也可能無法獲得上鎖（並回傳 false）。

STD::RECURSIVE_TIMED_MUTEX::TRY_LOCK_FOR 成員函式

嘗試為目前執行緒獲取 std::recursive_timed_mutex 物件的上鎖。

宣告

```
template<typename Rep,typename Period>
bool try_lock_for(
    std::chrono::duration<Rep,Period> const& relative_time);
```

效果

呼叫的執行緒嘗試在 relative_time 指定的時間內獲得 *this 的上鎖。如果 relative_time.count() 為零或負數，則呼叫將立即回傳，就好像它是呼叫 try_lock() 一般。否則，呼叫將被阻擋到獲得上鎖，或relative_time 指定的時間期間已經過了。

回傳

如果呼叫的執行緒獲得了上鎖，則回傳 true，否則回傳 false。

後置條件

如果函式回傳 true，則 *this 被呼叫的執行緒上鎖。

拋出

無。

注意　如果呼叫的執行緒早已經持有 *this 的上鎖，這函式會回傳true，且呼叫的執行緒所持有 *this 的上鎖計數會加一。如果目前執行緒還沒持有 *this 的上鎖，即使沒有其他執行緒持有 *this 的上鎖，這函式也可能無法獲得上鎖（並回傳 false）。執行緒可能被阻擋超過指定期間的長度。在可能的情況下，所經過的時間是由一個穩定的時鐘確定。

STD::RECURSIVE_TIMED_MUTEX::TRY_LOCK_UNTIL 成員函式

嘗試為目前執行緒獲取 std::recursive_timed_mutex 物件的上鎖。

宣告

```
template<typename Clock,typename Duration>
bool try_lock_until(
    std::chrono::time_point<Clock,Duration> const& absolute_time);
```

效果

呼叫的執行緒嘗試在 absolute_time 指定的時間之前獲得 *this 的上鎖。如果在進入點 absolute_time<=Clock::now()，則呼叫將立即回傳，就好像它是呼叫 try_lock() 一般。否則，呼叫將被阻擋到獲得上鎖，或 Clock::now() 回傳等於或晚於 absolute_time 的時間。

回傳

如果呼叫的執行緒獲得了鎖，則回傳 true，否則回傳 false。

後置條件

如果函式回傳 true，則 *this 被呼叫的執行緒上鎖。

拋出

無。

注意　如果呼叫的執行緒早已經持有 *this 的上鎖，這函式會回傳 true，且呼叫的執行緒所持有 *this 的上鎖計數會加一。如果目前執行緒還沒持有 *this 的上鎖，即使沒有其他執行緒持有 *this 的上鎖，這函式也可能無法獲得上鎖（並回傳 false）。無法保證呼叫的執行緒會被阻擋多久，只有當函式回傳 false 時，Clock::now() 回傳等於或晚於執行緒變成非阻擋時間點時 absolute_time 的時間。

STD::RECURSIVE_TIMED_MUTEX::UNLOCK 成員函式

釋放目前執行緒持有的 std::recursive_timed_mutex 物件的上鎖。

宣告

```
void unlock();
```

前置條件

呼叫的執行緒必須持有 *this 的上鎖。

效果

釋放目前執行緒持有的 *this 的上鎖。如果這是呼叫的執行緒持有 *this 最後一個的上鎖，則解除任何因等待獲得 *this 上鎖而被阻擋的執行緒中的一個。

後置條件

呼叫的執行緒持有 *this 的上鎖數減一。

拋出

無。

D.5.5　std::shared_mutex 類別

std::shared_mutex 類別為執行緒提供了互相排斥和同步的工具，可用以保護會經常讀取但很少修改的共享資料。它允許一個執行緒持有一個獨佔的鎖，或者一個以上的執行緒持有一個共享的鎖。在修改受互斥鎖保護的資料之前，互斥鎖必須透過呼叫 lock() 或 try_lock() 用獨佔的鎖上鎖。一次只能有一個執行緒持有獨佔的鎖，所以如果有另一個執行緒也嘗試上鎖互斥鎖，它將失敗（try_lock()）或被適當的阻擋（lock()）。一旦執行緒完成修改共享資料，它必須呼叫 unlock() 釋放上鎖並允許其他執行緒獲得它。只讀取受保護資料的執行緒可以透過呼叫 lock_shared() 或 try_lock_shared() 獲得共享的鎖。多個執行緒可以同時持有一個共享的鎖，所以如果有一個執行緒持有一個共享的鎖，那麼其他的執行緒仍然可以獲得共享的鎖。如果一個執行緒嘗試獲得獨佔的鎖，那它將需要等待。一旦獲得共享鎖的執行緒完成保護資料的存取後，它必須呼叫 unlock_shared() 釋放這共享的鎖。

std::shared_mutex 符合 Lockable 要求。

類別定義
```
class shared_mutex
{
public:
    shared_mutex(shared_mutex const&)=delete;
    shared_mutex& operator=(shared_mutex const&)=delete;

    shared_mutex() noexcept;
    ~shared_mutex();

    void lock();
    void unlock();
    bool try_lock();

    void lock_shared();
    void unlock_shared();
    bool try_lock_shared();
};
```

STD::SHARED_MUTEX 預設建構函式

建構一個 std::shared_mutex 物件。

宣告
```
shared_mutex() noexcept;
```

561

效果

建構一個 std::shared_mutex 實體。

後置條件

新建構的 std::shared_mutex 物件最初是解鎖的。

拋出

無。

STD::SHARED_MUTEX 解構函式

銷毀一個 std::shared_mutex 物件。

宣告
```
~shared_mutex();
```

前置條件

*this 不能被上鎖。

效果

銷毀 *this。

拋出

無。

STD::SHARED_MUTEX::LOCK 成員函式

為目前執行緒獲取 std::shared_mutex 物件上獨佔的鎖。

宣告
```
void lock();
```

前置條件

呼叫的執行緒不能在 *this 上持有上鎖。

效果

阻擋目前執行緒，直到可以獲得 *this 獨佔的鎖。

後置條件

*this 被擁有獨佔鎖的呼叫執行緒上鎖。

拋出

如果發生錯誤，則拋出例外。

STD::SHARED_MUTEX::TRY_LOCK 成員函式

嘗試為目前執行緒獲取 std::shared_mutex 物件上獨佔的鎖。

宣告

```
bool try_lock();
```

前置條件

呼叫的執行緒不能在 *this 上持有上鎖。

效果

嘗試在不阻擋下為目前執行緒獲取 *this 物件上獨佔的鎖。

回傳

如果呼叫的執行緒獲得了鎖，則回傳 true，否則回傳 false。

後置條件

如果函式回傳 true，則 *this 被擁有獨佔鎖的呼叫執行緒上鎖。

拋出

無。

注意 即使沒有其他執行緒持有 *this 的上鎖，這函式也可能無法獲得上鎖（並回傳 false）。

STD::SHARED_MUTEX::UNLOCK 成員函式

釋放目前執行緒持有 std::shared_mutex 物件上獨佔的鎖。

宣告

```
void unlock();
```

前置條件

呼叫的執行緒必須持有 *this 上獨佔的鎖。

效果

釋放目前執行緒持有 *this 上獨佔的鎖。如果任何執行緒因等待獲得 *this 的上鎖而被阻擋，則解除等待獨佔鎖的一個執行緒或等待共享鎖的一些執行緒的阻擋。

後置條件

呼叫的執行緒沒有上鎖 *this。

拋出

無。

STD::SHARED_MUTEX::LOCK_SHARED 成員函式

為目前執行緒獲取 `std::shared_mutex` 物件上共享的鎖。

宣告
```
void lock_shared();
```

前置條件
呼叫的執行緒不能在 `*this` 上持有上鎖。

效果
阻擋目前執行緒，直到可以獲得 `*this` 共享的鎖。

後置條件
`*this` 被擁有共享鎖的呼叫執行緒上鎖。

拋出
如果發生錯誤，則拋出例外。

STD::SHARED_MUTEX::TRY_LOCK_SHARED 成員函式

嘗試為目前執行緒獲取 `std::shared_mutex` 物件上共享的鎖。

宣告
```
bool try_lock_shared();
```

前置條件
呼叫的執行緒不能在 `*this` 上持有上鎖。

效果
嘗試在不阻擋下為目前執行緒獲取 `*this` 物件上共享的鎖。

回傳
如果呼叫的執行緒獲得了鎖，則回傳 `true`，否則回傳 `false`。

後置條件
如果函式回傳 `true`，則 `*this` 被擁有共享鎖的呼叫執行緒上鎖。

拋出
無。

注意　即使沒有其他執行緒持有 `*this` 的上鎖，這函式也可能無法獲得上鎖（並回傳 `false`）。

STD::SHARED_MUTEX::UNLOCK_SHARED 成員函式

釋放目前執行緒持有的 std::shared_mutex 物件上共享的鎖。

宣告
```
void unlock_shared();
```

前置條件
呼叫的執行緒必須持有 *this 的上鎖。

效果
釋放目前執行緒持有的 *this 上共享的鎖。如果這是 *this 上最後共享的鎖,且有任何執行緒因等待獲得 *this 的上鎖而被阻擋,則解除等待獨佔鎖的一個執行緒或等待共享鎖的一些執行緒的阻擋。

後置條件
呼叫的執行緒沒有上鎖 *this。

拋出
無。

D.5.6　std::shared_timed_mutex 類別

std::shared_timed_mutex 類別為執行緒提供了互相排斥和同步的工具,可用以保護會經常讀取但很少修改的共享資料。它允許一個執行緒持有一個獨佔的鎖,或者一個以上的執行緒持有一個共享的鎖。在修改受互斥鎖保護的資料之前,互斥鎖必須透過呼叫 lock() 或 try_lock() 用獨佔的鎖上鎖。一次只能有一個執行緒持有獨占的鎖,所以如果有另一個執行緒也嘗試上鎖互斥鎖,它將失敗(try_lock())或被適當的阻擋(lock())。一旦執行緒完成修改共享資料,它必須呼叫 unlock() 釋放上鎖並允許其他執行緒獲得它。只讀取受保護資料的執行緒可以透過呼叫 lock_shared() 或 try_lock_shared() 獲得共享的鎖。多個執行緒可以同時持有一個共享的鎖,所以如果有一個執行緒持有一個共享的鎖,那麼其他的執行緒仍然可以獲得共享的鎖。如果一個執行緒嘗試獲得獨佔的鎖,那它將需要等待。一旦獲得共享鎖的執行緒完成保護資料的存取後,它必須呼叫 unlock_shared() 釋放這共享的鎖。

std::shared_timed_mutex 符合 Lockable 要求。

類別定義

```
class shared_timed_mutex
{
public:
    shared_timed_mutex(shared_timed_mutex const&)=delete;
    shared_timed_mutex& operator=(shared_timed_mutex const&)=delete;

    shared_timed_mutex() noexcept;
    ~shared_timed_mutex();

    void lock();
    void unlock();
    bool try_lock();

    template<typename Rep,typename Period>
    bool try_lock_for(
        std::chrono::duration<Rep,Period> const& relative_time);

    template<typename Clock,typename Duration>
    bool try_lock_until(
        std::chrono::time_point<Clock,Duration> const& absolute_time);

    void lock_shared();
    void unlock_shared();
    bool try_lock_shared();

    template<typename Rep,typename Period>
    bool try_lock_shared_for(
        std::chrono::duration<Rep,Period> const& relative_time);

    template<typename Clock,typename Duration>
    bool try_lock_shared_until(
        std::chrono::time_point<Clock,Duration> const& absolute_time);
};
```

STD::SHARED_TIMED_MUTEX 預設建構函式

建構一個 std::shared_timed_mutex 物件。

宣告

```
shared_timed_mutex() noexcept;
```

效果

建構一個 std::shared_timed_mutex 實體。

後置條件

新建構的 std::shared_timed_mutex 物件最初是解鎖的。

拋出

無。

STD::SHARED_TIMED_MUTEX 解構函式

銷毀一個 std::shared_timed_mutex 物件。

宣告
```
~shared_timed_mutex();
```

前置條件
*this 不能被上鎖。

效果
銷毀 *this。

拋出
無。

STD::SHARED_TIMED_MUTEX::LOCK 成員函式

為目前執行緒獲取 std::shared_timed_mutex 物件上獨佔的鎖。

宣告
```
void lock();
```

前置條件
呼叫的執行緒不能在 *this 上持有上鎖。

效果
阻擋目前執行緒,直到可以獲得 *this 獨佔的鎖。

後置條件
*this 被擁有獨佔鎖的呼叫執行緒上鎖。

拋出
如果發生錯誤,則拋出型態為 std::system_error 的例外。

STD::SHARED_TIMED_MUTEX::TRY_LOCK 成員函式

嘗試為目前執行緒獲取 std::shared_timed_mutex 物件上獨佔的鎖。

宣告
```
bool try_lock();
```

前置條件

呼叫的執行緒不能在 *this 上持有上鎖。

效果

嘗試在不阻擋下為目前執行緒獲取 *this 物件上獨佔的鎖。

回傳

如果呼叫的執行緒獲得了鎖，則回傳 true，否則回傳 false。

後置條件

如果函式回傳 true，則 *this 被擁有獨佔鎖的呼叫執行緒上鎖。

拋出

無。

注意　即使沒有其他執行緒持有 *this 的上鎖，這函式也可能無法獲得上鎖（並回傳 false）。

STD::SHARED_TIMED_MUTEX::TRY_LOCK_FOR 成員函式

嘗試為目前執行緒獲取 std::shared_timed_mutex 物件上獨佔的鎖。

宣告

```
template<typename Rep,typename Period>
bool try_lock_for(
    std::chrono::duration<Rep,Period> const& relative_time);
```

前置條件

呼叫的執行緒不能在 *this 上持有上鎖。

效果

呼叫的執行緒嘗試在 relative_time 指定的時間內獲得 *this 上的獨佔鎖。如果 relative_time.count() 為零或負數，則呼叫將立即回傳，就好像它是呼叫 try_lock() 一般。否則，呼叫將被阻擋到獲得上鎖，或 relative_time 指定的時間期間已經過了。

回傳

如果呼叫的執行緒獲得了鎖，則回傳 true，否則回傳 false。

後置條件

如果函式回傳 true，則 *this 被呼叫的執行緒上鎖。

拋出

無。

注意 即使沒有其他執行緒持有 *this 的上鎖，這函式也可能無法獲得上鎖（並回傳 false）。執行緒可能被阻擋超過指定期間的長度。在可能的情況下，所經過的時間是由一個穩定的時鐘確定。

STD::SHARED_TIMED_MUTEX::TRY_LOCK_UNTIL 成員函式

嘗試為目前執行緒獲取 std::shared_timed_mutex 物件上獨佔的鎖。

宣告
```
template<typename Clock,typename Duration>
bool try_lock_until(
    std::chrono::time_point<Clock,Duration> const& absolute_time);
```

前置條件
呼叫的執行緒不能在 *this 上持有上鎖。

效果
呼叫的執行緒嘗試在 absolute_time 指定的時間之前獲得 *this 上獨佔的鎖。如果在進入點 absolute_time<=Clock::now()，則呼叫將立即回傳，就好像它是呼叫 try_lock() 一般。否則，呼叫將被阻擋到獲得上鎖，或 Clock::now() 回傳等於或晚於 absolute_time 的時間。

回傳
如果呼叫的執行緒獲得了鎖，則回傳 true，否則回傳 false。

後置條件
如果函式回傳 true，則 *this 被呼叫的執行緒上鎖。

拋出
無。

注意 即使沒有其他執行緒持有 *this 的上鎖，這函式也可能無法獲得上鎖（並回傳 false）。無法保證呼叫的執行緒會被阻擋多久，只有當函式回傳 false 時，Clock::now() 回傳等於或晚於執行緒變成非阻擋時間點時 absolute_time 的時間。

STD::SHARED_TIMED_MUTEX::UNLOCK 成員函式

釋放目前執行緒持有的 std::shared_timed_mutex 物件上獨佔的鎖。

宣告
```
void unlock();
```

前置條件
呼叫的執行緒必須持有 *this 上獨佔的鎖。

效果
釋放目前執行緒持有的 *this 上獨佔的鎖。如果任何執行緒因等待獲得 *this 的上鎖而被阻擋,則解除等待獨佔鎖的一個執行緒或等待共享鎖的一些執行緒的阻擋。

後置條件
呼叫的執行緒沒有上鎖 *this。

拋出
無。

STD::SHARED_TIMED_MUTEX::LOCK_SHARED 成員函式

為目前執行緒獲取 std::shared_timed_mutex 物件上共享的鎖。

宣告
```
void lock_shared();
```

前置條件
呼叫的執行緒不能在 *this 上持有上鎖。

效果
阻擋目前執行緒,直到可以獲得 *this 共享的鎖。

後置條件
*this 被擁有共享鎖的呼叫執行緒上鎖。

拋出
如果發生錯誤,則拋出型態為 std::system_error 的例外。

STD::SHARED_TIMED_MUTEX::TRY_LOCK_SHARED 成員函式

嘗試為目前執行緒獲取 std::shared_timed_mutex 物件上共享的鎖。

宣告
```
bool try_lock_shared();
```

前置條件
呼叫的執行緒不能在 *this 上持有上鎖。

效果
嘗試在不阻擋下為目前執行緒獲取 *this 物件上共享的鎖。

回傳

如果呼叫的執行緒獲得了鎖，則回傳 true，否則回傳 false。

後置條件

如果函式回傳 true，則 *this 被擁有共享鎖的呼叫執行緒上鎖。

拋出

無。

注意 即使沒有其他執行緒持有 *this 的上鎖，這函式也可能無法獲得上鎖（並回傳 false）。

STD::SHARED_TIMED_MUTEX::TRY_LOCK_SHARED_FOR 成員函式

嘗試為目前執行緒獲取 std::shared_timed_mutex 物件上共享的鎖。

宣告

```
template<typename Rep,typename Period>
bool try_lock_for(
    std::chrono::duration<Rep,Period> const& relative_time);
```

前置條件

呼叫的執行緒不能在 *this 上持有上鎖。

效果

呼叫的執行緒嘗試在 relative_time 指定的時間內獲得 *this 上的共享鎖。如果 relative_time.count() 為零或負數，則呼叫將立即回傳，就好像它是呼叫 try_lock() 一般。否則，呼叫將被阻擋到獲得上鎖，或 relative_time 指定的時間期間已經過了。

回傳

如果呼叫的執行緒獲得了鎖，則回傳 true，否則回傳 false。

後置條件

如果函式回傳 true，則 *this 被呼叫的執行緒上鎖。

拋出

無。

注意 即使沒有其他執行緒持有 *this 的上鎖，這函式也可能無法獲得上鎖（並回傳 false）。執行緒可能被阻擋超過指定期間的長度。在可能的情況下，所經過的時間是由一個穩定的時鐘確定。

STD::SHARED_TIMED_MUTEX::TRY_LOCK_UNTIL 成員函式

嘗試為目前執行緒獲取 std::shared_timed_mutex 物件上共享的鎖。

宣告

```
template<typename Clock,typename Duration>
bool try_lock_until(
    std::chrono::time_point<Clock,Duration> const& absolute_time);
```

前置條件

呼叫的執行緒不能在 *this 上持有上鎖。

效果

呼叫的執行緒嘗試在 absolute_time 指定的時間之前獲得 *this 上共享的鎖。如果在進入點 absolute_time<=Clock::now()，則呼叫將立即回傳，就好像它是呼叫 try_lock() 一般。否則，呼叫將被阻擋到獲得上鎖，或 Clock::now() 回傳等於或晚於 absolute_time 的時間。

回傳

如果呼叫的執行緒獲得了鎖，則回傳 true，否則回傳 false。

後置條件

如果函式回傳 true，則 *this 被呼叫的執行緒上鎖。

拋出

無。

注意　即使沒有其他執行緒持有 *this 的上鎖，這函式也可能無法獲得上鎖（並回傳 false）。無法保證呼叫的執行緒會被阻擋多久，只有當函式回傳 false 時，Clock::now() 回傳等於或晚於執行緒變成非阻擋時間點時 absolute_time 的時間。

STD::SHARED_TIMED_MUTEX::UNLOCK_SHARED 成員函式

釋放目前執行緒持有 std::shared_timed_mutex 物件上共享的鎖。

宣告

```
void unlock_shared();
```

前置條件

呼叫的執行緒必須持有 *this 上共享的鎖。

效果

釋放目前執行緒持有的 *this 上共享的鎖。如果這是 *this 上最後共享的鎖,且有任何執行緒因等待獲得 *this 的上鎖而被阻擋,則解除等待獨佔鎖的一個執行緒或等待共享鎖的一些執行緒的阻擋。

後置條件

呼叫的執行緒沒有上鎖 *this。

拋出

無。

D.5.7 std::lock_guard 類別樣板

std::lock_guard 類別樣板提供了一個基本的上鎖所有權包裝器。樣板參數 Mutex 指定了被上鎖互斥鎖的型態,而且必須符合 Lockable 的要求。指定的互斥鎖在建構函式中上鎖,在解構函式中解鎖。這提供為一個程式碼區塊上鎖互斥鎖的簡單的方法,並確保無論是透過結束執行、或使用類似 break 或 return 之類的控制流程敘述、又或是拋出例外等方式,離開這個區塊時互斥鎖會被解鎖。

std::lock_guard 的實體不是 MoveConstructible、CopyConstructible 或 CopyAssignable。

類別定義
```
template <class Mutex>
class lock_guard
{
public:
    typedef Mutex mutex_type;

    explicit lock_guard(mutex_type& m);
    lock_guard(mutex_type& m, adopt_lock_t);
    ~lock_guard();

    lock_guard(lock_guard const& ) = delete;
    lock_guard& operator=(lock_guard const& ) = delete;
};
```

STD::LOCK_GUARD 上鎖建構函式

建構將提供的互斥鎖上鎖的 std::lock_guard 實體。

宣告
```
explicit lock_guard(mutex_type& m);
```

效果

建構一個參照所提供互斥鎖的 `std::lock_guard` 實體。呼叫 `m.lock()`。

拋出

`m.lock()` 拋出的任何例外。

後置條件

`*this` 擁有 `m` 的上鎖。

STD::LOCK_GUARD 採用上鎖建構函式

建構擁有所提供互斥鎖上鎖的 `std::lock_guard` 實體。

宣告

```
lock_guard(mutex_type& m,std::adopt_lock_t);
```

前置條件

呼叫的執行緒必須擁有 `m` 的上鎖。

效果

建構一個參照所提供互斥鎖的 `std::lock_guard` 實體，並取得呼叫執行緒所持有 `m` 的上鎖所有權。

拋出

無。

後置條件

`*this` 擁有呼叫執行緒所持有的 `m` 的上鎖。

STD::LOCK_GUARD 解構函式

銷毀一個 `std::lock_guard` 實體並解鎖對應的互斥鎖。

宣告

```
~lock_guard();
```

效果

為建構 `*this` 時所提供的互斥鎖實體 `m` 呼叫 `m.unlock()`。

拋出

無。

D.5.8 std::scoped_lock 類別樣板

std::scoped_lock 類別樣板提供了一個基本的一次多個互斥鎖上鎖所有權包裝器。樣板參數包 Mutexes 指定了被上鎖互斥鎖的型態,而且每一個都必須符合 Lockable 的要求。指定的互斥鎖在建構函式中上鎖,在解構函式中解鎖。這提供為一個程式碼區塊上鎖一組互斥鎖的簡單的方法,並確保無論是透過結束執行、或使用類似 break 或 return 之類的控制流程敘述、又或是拋出例外等方式,離開這個區塊時互斥鎖會被解鎖。

std::scoped_lock 的實體不是 MoveConstructible、CopyConstructible或 CopyAssignable。

類別定義
```
template <class ... Mutexes>
class scoped_lock
{
public:
    explicit scoped_lock(Mutexes& ... m);
    scoped_lock(Mutexes& ... m, adopt_lock_t);
    ~scoped_lock();

    scoped_lock(scoped_lock const& ) = delete;
    scoped_lock& operator=(scoped_lock const& ) = delete;
};
```

STD::SCOPED_LOCK 上鎖建構函式
建構將所提供互斥鎖上鎖的 std::scoped_lock 實體。

宣告
```
explicit scoped_lock(Mutexes& ... m);
```

效果
建構一個參照所提供互斥鎖的 std::scoped_lock 實體。在每一個互斥鎖上,使用對 m.lock()、m.try_lock() 及 m.unlock() 組合的呼叫,為了避免僵局,使用與 std::lock() 自由格式函式相同的演算法。

拋出
由 m.lock() 及 m.try_lock() 呼叫所拋出的任何例外。

後置條件
*this 擁有所提供互斥鎖的上鎖。

STD::SCOPED_LOCK 採用上鎖建構函式

建構擁有所提供互斥鎖上鎖的 std::scoped_lock 實體，這些互斥鎖必須早已經被呼叫的執行緒上鎖。

宣告

```
scoped_lock(Mutexes& ... m,std::adopt_lock_t);
```

前置條件

呼叫的執行緒必須擁有在 m 中互斥鎖的上鎖。

效果

建構一個參照所提供互斥鎖的 std::scoped_lock 實體，並取得呼叫執行緒所持有在 m 中互斥鎖的上鎖所有權。

拋出

無。

後置條件

*this 擁有呼叫執行緒所持有提供的互斥鎖的上鎖。

STD::SCOPED_LOCK 解構函式

銷毀一個 std::scoped_lock 實體並解鎖對應的互斥鎖。

宣告

```
~scoped_lock();
```

效果

為建構 *this 時所提供的每一個互斥鎖實體 m 呼叫 m.unlock()。

拋出

無。

D.5.9　std::unique_lock 類別樣板

std::unique_lock 類別樣板提供了一個比 std::lock_guard 更通用的上鎖所有權包裝器。樣板參數 Mutex 指定了被上鎖互斥鎖的型態，它必須符合 BasicLockable 的要求。雖然提供了額外的建構函式和成員函式以允許其他可能性，但一般而言，指定的互斥鎖在建構函式中上鎖，在解構函式中解鎖。這提供為一個程式碼區塊上鎖互斥鎖的簡單的方法，並確保無論是透過結束執行、或使用類似 break 或 return 之類的控制流程敘述、又或是拋出例外等方式，離開這個區塊時互斥鎖會被解鎖。std::condition_ variable 的等待函式需要 std::unique_lock<std::mutex> 的實體，而且所有 std::unique_lock 的實體都適合與 std::condition_variable_any 等待函式的 Lockable 參數一起使用。

如 果 提 供 的 Mutex 型 態 符 合 Lockable 要 求， 那 std::unique_lock<Mutex> 也 會 符 合 Lockable 要 求。另外，如果提供的 Mutex 型態符 合 TimedLockable 要 求， 那 std::unique_lock<Mutex> 也 會 符 合 TimedLockable 要求。

std::unique_lock 的實體是 MoveConstructible 及 MoveAssignable，但不是 CopyConstructible 或 CopyAssignable。

類別定義

```
template <class Mutex>
class unique lock
{
public:
    typedef Mutex mutex_type;

    unique_lock() noexcept;
    explicit unique_lock(mutex_type& m);
    unique_lock(mutex_type& m, adopt_lock_t);
    unique_lock(mutex_type& m, defer_lock_t) noexcept;
    unique_lock(mutex_type& m, try_to_lock_t);

    template<typename Clock,typename Duration>
    unique_lock(
        mutex_type& m,
        std::chrono::time_point<Clock,Duration> const& absolute_time);

    template<typename Rep,typename Period>
    unique_lock(
        mutex_type& m,
        std::chrono::duration<Rep,Period> const& relative_time);

    ~unique_lock();

    unique_lock(unique_lock const& ) = delete;
    unique_lock& operator=(unique_lock const& ) = delete;

    unique_lock(unique_lock&& );
    unique_lock& operator=(unique_lock&& );

    void swap(unique_lock& other) noexcept;

    void lock();
    bool try_lock();
    template<typename Rep, typename Period>
    bool try_lock_for(
```

```
        std::chrono::duration<Rep,Period> const& relative_time);
    template<typename Clock, typename Duration>
    bool try_lock_until(
        std::chrono::time_point<Clock,Duration> const& absolute_time);
    void unlock();

    explicit operator bool() const noexcept;
    bool owns_lock() const noexcept;
    Mutex* mutex() const noexcept;
    Mutex* release() noexcept;
};
```

STD::UNIQUE_LOCK 預設建構函式

建構一個沒有關聯互斥鎖的 std::unique_lock 實體。

宣告
```
unique_lock() noexcept;
```

效果
建構一個沒有關聯互斥鎖的 std::unique_lock 實體。

後置條件
this->mutex()==NULL，this->owns_lock()==false。

STD::UNIQUE_LOCK 上鎖建構函式

建構將所提供互斥鎖上鎖的 std::unique_lock 實體。

宣告
```
explicit unique_lock(mutex_type& m);
```

效果
建 構 一 個 參 照 所 提 供 互 斥 鎖 的 std::unique_lock 實體。 呼 叫
m.lock()。

拋出
m.lock() 拋出的任何例外。

後置條件
this->owns_lock()==true，this->mutex()==&m。

STD::UNIQUE_LOCK 採用上鎖建構函式

建構擁有所提供互斥鎖上鎖的 std::unique_lock 實體。

宣告
```
unique_lock(mutex_type& m,std::adopt_lock_t);
```

前置條件
呼叫的執行緒必須擁有 m 的上鎖。

效果
建構一個參照所提供互斥鎖的 std::unique_lock 實體，並取得呼叫執行緒所持有 m 的上鎖所有權。

拋出
無。

後置條件
```
this->owns_lock()==true，this->mutex()==&m。
```

STD::UNIQUE_LOCK 延遲上鎖建構函式

建構未擁有所提供互斥鎖上鎖的 std::unique_lock 實體。

宣告
```
unique_lock(mutex_type& m,std::defer_lock_t) noexcept;
```

效果
建構一個參照所提供互斥鎖的 std::unique_lock 實體。

拋出
無。

後置條件
```
this->owns_lock()==false，this->mutex()==&m。
```

STD::UNIQUE_LOCK 嘗試上鎖建構函式

建構與所提供互斥鎖關聯的 std::unique_lock 實體，並嘗試獲得這互斥鎖的上鎖。

宣告
```
unique_lock(mutex_type& m,std::try_to_lock_t);
```

前置條件
用於 std::unique_lock 實體的互斥鎖的型態必須符合 Lockable 要求。

效果

建構一個參照所提供互斥鎖的 std::unique_lock 實體。呼叫 m.try_lock()。

拋出

無。

後置條件

this->owns_lock() 回傳 m.try_lock() 呼叫的結果，this->mutex()==&m。

STD::UNIQUE_LOCK 有 DURATION 超時的嘗試上鎖建構函式

建構與所提供互斥鎖關聯的 std::unique_lock 實體，並嘗試獲得這互斥鎖的上鎖。

宣告

```
template<typename Rep,typename Period>
unique_lock(
    mutex_type& m,
    std::chrono::duration<Rep,Period> const& relative_time);
```

前置條件

用於 std::unique_lock 實體的互斥鎖的型態必須符合 TimedLockable 要求。

效果

建構一個參照所提供互斥鎖的 std::unique_lock 實體。呼叫 m.try_lock_for(relative_time)。

拋出

無。

後置條件

this->owns_lock() 回傳 m.try_lock_for() 呼叫的結果，this->mutex()==&m。

STD::UNIQUE_LOCK 有 TIME_POINT 超時的嘗試上鎖建構函式

建構與所提供互斥鎖關聯的 std::unique_lock 實體，並嘗試獲得這互斥鎖的上鎖。

宣告

```
template<typename Clock,typename Duration>
unique_lock(
    mutex_type& m,
    std::chrono::time_point<Clock,Duration> const& absolute_time);
```

前置條件

用於 std::unique_lock 實體的互斥鎖的型態必須符合 TimedLockable 要求。

效果

建構一個參照所提供互斥鎖的 std::unique_lock 實體。呼叫 m.try_lock_until(absolute_time)。

拋出

無。

後置條件

this->owns_lock() 回傳 m.try_lock_until() 呼叫的結果，this->mutex()==&m。

STD::UNIQUE_LOCK 移動 - 建構函式

將上鎖的所有權從一個 std::unique_lock 物件轉移給新建構的 std::unique_lock 物件。

宣告

```
unique_lock(unique_lock&& other) noexcept;
```

效果

建構 std::unique_lock 實體。如果 other 在調用建構函式之前擁有互斥鎖的上鎖，則這個上鎖現在改由新建立的 std::unique_lock 物件擁有。

後置條件

對新建構的 std::unique_lock 物件 x，x.mutex() 等於調用建構函式之前 other.mutex() 的值，而 x.owns_lock() 等於調用建構函式之前 other.owns_lock() 的值。other.mutex()==NULL，other.owns_lock()==false。

拋出

無。

注意　std::unique_lock 不是 CopyConstructible，所以只有移動建構函式，沒有複製建構函式。

STD::UNIQUE_LOCK 移動 - 指定運算子

將上鎖的所有權從一個 std::unique_lock 物件轉移給另一個 std::unique_lock 物件。

宣告
```
unique_lock& operator=(unique_lock&& other) noexcept;
```

效果
如果 this->owns_lock() 在呼叫之前回傳 true，則呼叫 this->unlock()。如果 other 在指定之前擁有互斥鎖的上鎖，那這上鎖現在改由 *this 擁有。

後置條件
this->mutex() 等於在指定之前 other.mutex() 的值，而 this->owns_lock() 等於在指定之前 other.owns_lock() 的值。other.mutex()==NULL，other.owns_lock()==false。

拋出
無。

注意　std::unique_lock 不是 CopyAssignable，所以只有移動 - 指定運算子，沒有複製 - 指定運算子。

STD::UNIQUE_LOCK 解構函式

銷毀 std::unique_lock 實體，如果被銷毀的實體擁有對應的互斥鎖則解鎖它。

宣告
```
~unique_lock();
```

效果
如果 this->owns_lock() 回傳 true，則呼叫 this->mutex()->unlock()。

拋出
無。

STD::UNIQUE_LOCK::SWAP 成員函式

在兩個 std::unique_lock 物件之間交換它們執行相關聯 unique_locks 的所有權。

宣告

```
void swap(unique_lock& other) noexcept;
```

效果

如果 other 在呼叫之前擁有互斥鎖的上鎖,則這個上鎖現在改由 *this 擁有;如果 *this 在呼叫之前擁有互斥鎖的上鎖,則這個上鎖現在改由 other 擁有。

後置條件

this->mutex() 等於呼叫之前 other.mutex() 的值;other.mutex() 等於呼叫之前 this->mutex() 的值;this->owns_lock() 等於呼叫之前 other.owns_lock() 的值;other.owns_lock() 等於呼叫之前 this->owns_lock() 的值。

拋出

無。

STD::UNIQUE_LOCK 的 SWAP 非成員函式

在兩個 std::unique_lock 物件之間交換它們相關聯互斥鎖上鎖的所有權。

宣告

```
void swap(unique_lock& lhs,unique_lock& rhs) noexcept;
```

效果

```
lhs.swap(rhs)
```

拋出

無。

STD::UNIQUE_LOCK::LOCK 成員函式

獲得與 *this 相關聯互斥鎖的上鎖。

宣告

```
void lock();
```

前置條件

this->mutex()!=NULL,this->owns_lock()==false。

效果
呼叫 `this->mutex()->lock()`。

拋出
`this->mutex()->lock()` 可 拋 出 任 何 例 外。 如 果 `this->mutex()` `==NULL`，則 拋 出 錯 誤 碼 為 `std::errc::operation_not_permitted` 的 `std::system_error`。如果在進入點 `this->owns_lock()==true`，則 拋 出 錯 誤 碼 為 `std::errc::resource_deadlock_would_occur` 的 `std::system_error`。

後置條件
`this->owns_lock()==true`。

STD::UNIQUE_LOCK::TRY_LOCK 成員函式
嘗試獲得與 `*this` 相關聯互斥鎖的上鎖。

宣告
```
bool try_lock();
```

前置條件
用於 `std::unique_lock` 實體的 Mutex 型態必須符合 Lockable 要求。`this->mutex()!=NULL`，`this->owns_lock()==false`。

效果
呼叫 `this->mutex()->try_lock()`。

回傳
如果呼叫 `this->mutex()->try_lock()` 回傳 true，則為 true，否則為 false。

拋出
`this->mutex()->try_lock()` 可拋出任何例外。如果 `this->mutex()` `==NULL`，則 拋 出 錯 誤 碼 為 `std::errc::operation_not_permitted` 的 `std::system_error`。如果在進入點 `this->owns_lock()==true`，則 拋 出 錯 誤 碼 為 `std::errc::resource_deadlock_would_occur` 的 `std::system_error`。

後置條件
如 果 函 式 回 傳 true，則 `this->owns_lock()==true`，否 則 `this->owns_lock()==false`。

STD::UNIQUE_LOCK::UNLOCK 成員函式

釋放與 *this 相關聯互斥鎖的上鎖。

宣告
```
void unlock();
```

前置條件
this->mutex()!=NULL，this->owns_lock()==true。

效果
呼叫 this->mutex()->unlock()。

拋出
this->mutex()->unlock() 可拋出任何例外。如果在進入點 this->owns_lock()==false，則拋出錯誤碼為 std::errc::operation_not_permitted 的 std::system_error。

後置條件
this->owns_lock()==false。

STD::UNIQUE_LOCK::TRY_LOCK_FOR 成員函式

嘗試在指定時間內獲得與 *this 相關聯互斥鎖的上鎖。

宣告
```
template<typename Rep, typename Period>
bool try_lock_for(
    std::chrono::duration<Rep,Period> const& relative_time);
```

前置條件
用於 std::unique_lock 實體的 Mutex 型態必須符合 TimedLockable 要求。this->mutex()!=NULL，this->owns_lock()==false。

效果
呼叫 this->mutex()->try_lock_for(relative_time)。

回傳
如果呼叫 this->mutex()->try_lock_for() 回傳 true，則為 true，否則為 false。

拋出
this->mutex()->try_lock_for() 可 拋 出 任 何 例 外。 如 果 this->
mutex()==NULL， 則 拋 出 錯 誤 碼 為 std::errc::operation_not_
permitted 的 std::system_error。 如 果 在 進 入 點 this->owns_
lock()==true， 則 拋 出 錯 誤 碼 為 std::errc::resource_deadlock_
would_occur 的 std::system_error。

後置條件
如 果 函 式 回 傳 true， 則 this->owns_lock()==true， 否 則 this->
owns_lock()==false。

STD::UNIQUE_LOCK::TRY_LOCK_UNTIL 成員函式
嘗試在指定時間內獲得與 *this 相關聯互斥鎖的上鎖。

宣告
```
template<typename Clock, typename Duration>
bool try_lock_until(
    std::chrono::time_point<Clock,Duration> const& absolute_time);
```

前置條件
用於 std::unique_lock 實體的 Mutex 型態必須符合 TimedLockable 要
求。this->mutex()!=NULL，this->owns_lock()==false。

效果
呼叫 this->mutex()->try_lock_until(absolute_time)。

回傳
如果呼叫 this->mutex()->try_lock_until() 回傳 true，則為 true，
否則為 false。

拋出
this->mutex()->try_lock_until() 可 拋 出 任 何 例 外。 如 果 this->
mutex()==NULL， 則 拋 出 錯 誤 碼 為 std::errc::operation_not_
permitted 的 std::system_error。 如 果 在 進 入 點 this->owns_
lock()==true， 則 拋 出 錯 誤 碼 為 std::errc::resource_deadlock_
would_occur 的 std::system_error。

後置條件
如 果 函 式 回 傳 true， 則 this->owns_lock()==true， 否 則 this->
owns_lock()==false。

STD::UNIQUE_LOCK::OPERATOR BOOL 成員函式

檢查 *this 是否擁有互斥鎖的上鎖。

宣告
```
explicit operator bool() const noexcept;
```

回傳
this->owns_lock()。

拋出
無。

注意 這是一個明確的轉換運算子,因此它只在結果被用作布林值的文意中被隱含呼叫,而不會在結果被當成 0 或 1 的整數對待情況下呼叫。

STD::UNIQUE_LOCK::OWNS_LOCK 成員函式

檢查 *this 是否擁有互斥鎖的上鎖。

宣告
```
bool owns_lock() const noexcept;
```

回傳
如果 *this 擁有互斥鎖的上鎖,則回傳 true;否則,回傳 false。

拋出
無。

STD::UNIQUE_LOCK::MUTEX 成員函式

如果有的話,回傳與 *this 相關聯的互斥鎖。

宣告
```
mutex_type* mutex() const noexcept;
```

回傳
如果有的話,回傳指向與 *this 相關聯互斥鎖的指標,否則回傳 NULL。

拋出
無。

STD::UNIQUE_LOCK::RELEASE 成員函式

如果有的話，回傳與 *this 相關聯的互斥鎖，並解除這關聯。

宣告

```
mutex_type* release() noexcept;
```

效果

打破互斥鎖與 *this 的關聯，但不解鎖任何持有的上鎖。

回傳

如果有的話，回傳指向在呼叫之前與 *this 相關聯互斥鎖的指標，否則回傳 NULL。

後置條件

this->mutex()==NULL，this->owns_lock()==false。

拋出

無。

注意　如果在呼叫之前 this->owns_lock() 已經回傳 true，則呼叫者現在將負責互斥鎖的解鎖。

D.5.10 std::shared_lock 類別樣板

std::shared_lock 類別樣板除了是獲得共享鎖而不是獨佔鎖以外，它提供與 std::unique_lock 相等的作用。要被上鎖的互斥鎖型態由樣板參數 Mutex 指定，必須符合 SharedLockable 要求。雖然還提供了額外的建構函式和成員函式以允許其他可能性，但一般而言，指定的互斥鎖在建構函式中上鎖、在解構函式中解鎖。這提供為一個程式碼區塊上鎖互斥鎖的簡單的方法，並確保無論是透過結束執行、或使用類似 break 或 return 之類的控制流程敘述、又或是拋出例外等方式，離開這個區塊時互斥鎖會被解鎖。所有 std::shared_lock 的實體都適合與 std::condition_variable_any 等待函式的 Lockable 參數一起使用。

每個 std::shared_lock<Mutex> 都符合 Lockable 要求。另外，如果所提供的 Mutex 型態符合 SharedTimedLockable 要求，則 std::shared_lock<Mutex> 也會符合 TimedLockable 要求。

std::shared_lock 實體為 MoveConstructible 及 MoveAssignable，但不是 CopyConstructible 或 CopyAssignable。

類別定義

```cpp
template <class Mutex>
class shared_lock
{
public:
    typedef Mutex mutex_type;

    shared_lock() noexcept;
    explicit shared_lock(mutex_type& m);
    shared_lock(mutex_type& m, adopt_lock_t);
    shared_lock(mutex_type& m, defer_lock_t) noexcept;
    shared_lock(mutex_type& m, try_to_lock_t);

    template<typename Clock,typename Duration>
    shared_lock(
        mutex_type& m,
        std::chrono::time_point<Clock,Duration> const& absolute_time);

    template<typename Rep,typename Period>
    shared_lock(
        mutex_type& m,
        std::chrono::duration<Rep,Period> const& relative_time);

    ~shared_lock();

    shared_lock(shared_lock const& ) = delete;
    shared_lock& operator=(shared_lock const& ) = delete;

    shared_lock(shared_lock&& );
    shared_lock& operator=(shared_lock&& );

    void swap(shared_lock& other) noexcept;

    void lock();
    bool try_lock();
    template<typename Rep, typename Period>
    bool try_lock_for(
        std::chrono::duration<Rep,Period> const& relative_time);
    template<typename Clock, typename Duration>
    bool try_lock_until(
        std::chrono::time_point<Clock,Duration> const& absolute_time);
    void unlock();

    explicit operator bool() const noexcept;
    bool owns_lock() const noexcept;
    Mutex* mutex() const noexcept;
    Mutex* release() noexcept;
};
```

STD::SHARED_LOCK 預設建構函式

建構一個沒有關聯互斥鎖的 std::shared_lock 實體。

宣告
```
shared_lock() noexcept;
```

效果
建構一個沒有關聯互斥鎖的 std::shared_lock 實體。

後置條件
this->mutex()==NULL，this->owns_lock()==false。

STD::SHARED_LOCK 上鎖建構函式

建構 std::shared_lock 實體，以獲得在所提供互斥鎖上的共享鎖。

宣告
```
explicit shared_lock(mutex_type& m);
```

效果
建構一個參照所提供互斥鎖的 std::shared_lock 實體。呼叫 m.lock_shared()。

拋出
m.lock_shared() 拋出的任何例外。

後置條件
this->owns_lock()==true，this->mutex()==&m。

STD::SHARED_LOCK 採用上鎖建構函式

建構擁有所提供互斥鎖上鎖的 std::shared_lock 實體。

宣告
```
shared_lock(mutex_type& m,std::adopt_lock_t);
```

前置條件
呼叫的執行緒必須擁有 m 上的共享鎖。

效果
建構一個參照所提供互斥鎖的 std::shared_lock 實體，並取得呼叫執行緒所持有 m 上共享鎖的所有權。

拋出

無。

後置條件

`this->owns_lock()==true`，`this->mutex()==&m`。

STD::SHARED_LOCK 延遲上鎖建構函式

建構未擁有所提供互斥鎖上鎖的 `std::shared_lock` 實體。

宣告

```
shared_lock(mutex_type& m,std::defer_lock_t) noexcept;
```

效果

建構一個參照所提供互斥鎖的 `std::shared_lock` 實體。

拋出

無。

後置條件

`this->owns_lock()==false`，`this->mutex()==&m`。

STD::SHARED_LOCK 嘗試上鎖建構函式

建構與所提供互斥鎖關聯的 `std::shared_lock` 實體，並嘗試獲得這互斥鎖上的共享鎖。

宣告

```
shared_lock(mutex_type& m,std::try_to_lock_t);
```

前置條件

用於 `std::shared_lock` 實體的互斥鎖的型態必須符合 Lockable 要求。

效果

建構一個參照所提供互斥鎖的 `std::shared_lock` 實體。呼叫 `m.try_lock_shared()`。

拋出

無。

後置條件

`this->owns_lock()` 回傳 `m.try_lock_shared()` 呼叫的結果，`this->mutex()==&m`。

STD::SHARED_LOCK 有 DURATION 超時的嘗試上鎖建構函式

建構與所提供互斥鎖關聯的 std::shared_lock 實體，並嘗試獲得這互斥鎖上的共享鎖。

宣告
```
template<typename Rep,typename Period>
shared_lock(
    mutex_type& m,
    std::chrono::duration<Rep,Period> const& relative_time);
```

前置條件
用於 std::shared_lock 實體的互斥鎖的型態必須符合 Shared TimedLockable 要求。

效果
建構一個參照所提供的互斥鎖的 std::shared_lock 實體。呼叫 m.try_lock_shared_for(relative_time)。

拋出
無。

後置條件
this->owns_lock() 回傳 m.try_lock_shared_for() 呼叫的結果，this->mutex()==&m。

STD::SHARED_LOCK 有 TIME_POINT 超時的嘗試上鎖建構函式

建構與所提供互斥鎖關聯的 std::shared_lock 實體，並嘗試獲得這互斥鎖上的共享鎖。

宣告
```
template<typename Clock,typename Duration>
shared_lock(
    mutex_type& m,
    std::chrono::time_point<Clock,Duration> const& absolute_time);
```

前置條件
用於 std::shared_lock 實體的互斥鎖的型態必須符合 Shared TimedLockable 要求。

效果
建構一個參照所提供互斥鎖的 std::shared_lock 實體。呼叫 m.try_lock_shared_until(absolute_time)。

拋出

無。

後置條件

this->owns_lock() 回傳 m.try_lock_shared_until() 呼叫的結果，
this->mutex()==&m。

STD::SHARED_LOCK 移動 - 建構函式

將共享鎖的所有權從一個 std::shared_lock 物件轉移給新建構的 std::shared_lock 物件。

宣告

```
shared_lock(shared_lock&& other) noexcept;
```

效果

建構 std::shared_lock 實體。如果 other 在調用建構函式之前擁有
互斥鎖的上鎖，則這個上鎖現在改由新建立的 std::shared_lock 物件
擁有。

後置條件

對新建構的 std::shared_lock 物件 x，x.mutex() 等於調用建構函式
之前 other.mutex() 的值，而 x.owns_lock() 等於調用建構函式之
前 other.owns_lock() 的 值。other.mutex()==NULL，other.owns_
lock()==false。

拋出

無。

注意　std::shared_lock 不是 CopyConstructible，所以只有移動建
構函式，沒有複製建構函式。

STD::SHARED_LOCK 移動 - 指定運算子

將共享鎖的所有權從一個 std::shared_lock 物件轉移給另一個
std::shared_lock 物件。

宣告

```
shared_lock& operator=(shared_lock&& other) noexcept;
```

效果

如果 this->owns_lock() 在呼叫之前回傳 true，則呼叫 this->unlock()。如果 other 在指定之前擁有互斥鎖上的共享鎖，那這上鎖現在改由 *this 擁有。

後置條件

this->mutex() 等於在指定之前 other.mutex() 的值，而 this->owns_lock() 等於在指定之前 other.owns_lock() 的值。other.mutex()==NULL，other.owns_lock()==false。

拋出

無。

注意　std::shared_lock 不是 CopyAssignable，所以只有移動 - 指定運算子，沒有複製 - 指定運算子。

STD::SHARED_LOCK 解構函式

銷毀 std::shared_lock 實體，如果被銷毀的實體擁有對應的互斥鎖則解鎖它。

宣告

```
~shared_lock();
```

效果

如果 this->owns_lock() 回傳 true，則呼叫 this->mutex()->unlock_shared()。

拋出

無。

STD::SHARED_LOCK::SWAP 成員函式

在兩個 std::shared_lock 物件之間交換它們執行相關聯 shared_locks 的所有權。

宣告

```
void swap(shared_lock& other) noexcept;
```

效果

如果 other 在呼叫之前擁有互斥鎖上的鎖，則這個上鎖現在改由 *this 擁有；如果 *this 在呼叫之前擁有互斥鎖上的鎖，則這個上鎖現在改由 other 擁有。

後置條件

this->mutex() 等 於 呼 叫 之 前 other.mutex() 的 值；other.mutex()
等於呼叫之前 this->mutex() 的值；this->owns_lock() 等於呼叫之
前 other.owns_lock() 的值；other.owns_lock() 等於呼叫之前 this-
>owns_lock() 的值。

拋出

無。

STD::SHARED_LOCK 的 SWAP 非成員函式

在兩個 std::shared_lock 物件之間交換它們相關聯互斥鎖上鎖的所有權。

宣告

```
void swap(shared_lock& lhs,shared_lock& rhs) noexcept;
```

效果

```
lhs.swap(rhs)
```

拋出

無。

STD::SHARED_LOCK::LOCK 成員函式

獲得與 *this 相關聯互斥鎖上的共享鎖。

宣告

```
void lock();
```

前置條件

this->mutex()!=NULL，this->owns_lock()==false。

效果

呼叫 this->mutex()->lock_shared()。

拋出

this->mutex()->lock_shared() 可 拋 出 任 何 例 外。 如 果 this->
mutex()==NULL， 則 拋 出 錯 誤 碼 為 std::errc::operation_not_
permitted 的 std::system_error。 如 果 在 進 入 點 this->owns_
lock()==true，則 拋 出 錯 誤 碼 為 std::errc::resource_deadlock_
would_occur 的 std::system_error。

後置條件
`this->owns_lock()==true`。

STD::SHARED_LOCK::TRY_LOCK 成員函式
嘗試獲得與 `*this` 相關聯互斥鎖上的共享鎖。

宣告
```
bool try_lock();
```

前置條件
用於 `std::shared_lock` 實體的 Mutex 型態必須符合 Lockable 要求。
`this->mutex()!=NULL`，`this->owns_lock()==false`。

效果
呼叫 `this->mutex()->try_lock_shared()`。

回傳
如果呼叫 `this->mutex()->try_lock_shared()` 回傳 true，則為 true，否則為 false。

拋出
`this->mutex()->try_lock_shared()` 可拋出任何例外。如果 `this->mutex()==NULL`，則拋出錯誤碼為 `std::errc::operation_not_permitted` 的 `std::system_error`。如果在進入點 `this->owns_lock()==true`，則拋出錯誤碼為 `std::errc::resource_deadlock_would_occur` 的 `std::system_error`。

後置條件
如果函式回傳 true，則 `this->owns_lock()==true`，否則 `this->owns_lock()==false`。

STD::SHARED_LOCK::UNLOCK 成員函式
釋放與 `*this` 相關聯互斥鎖上的共享鎖。

宣告
```
void unlock();
```

前置條件
`this->mutex()!=NULL`，`this->owns_lock()==true`。

效果

呼叫 this->mutex()->unlock_shared()。

拋出

this->mutex()->unlock_shared() 可拋出任何例外。如果在進入點 this->owns_lock()==false，則拋出錯誤碼為 std::errc:: operation_not_permitted 的 std::system_error。

後置條件

this->owns_lock()==false。

STD::SHARED_LOCK::TRY_LOCK_FOR 成員函式

嘗試在指定時間內獲得與 *this 相關聯互斥鎖上的共享鎖。

宣告
```
template<typename Rep, typename Period>
bool try_lock_for(
    std::chrono::duration<Rep,Period> const& relative_time);
```

前置條件

用於 std::shared_lock 實體的 Mutex 型態必須符合 SharedTimedLockable 要求。this->mutex()!=NULL，this->owns_ lock()==false。

效果

呼叫 this->mutex()->try_lock_shared_for(relative_time)。

回傳

如果呼叫 this->mutex()->try_lock_shared_for() 回傳 true，則為 true，否則為 false。

拋出

this->mutex()->try_lock_shared_for() 可拋出任何例外。如果 this->mutex()==NULL，則拋出錯誤碼為 std::errc::operation_ not_permitted 的 std::system_error。如果在進入點 this->owns_ lock()==true，則拋出錯誤碼為 std::errc::resource_deadlock_ would_occur 的 std::system_error。

後置條件

如果函式回傳 true，則 this->owns_lock()==true，否則 this->owns _lock()==false。

STD::SHARED_LOCK::TRY_LOCK_UNTIL 成員函式

嘗試在指定時間內獲得與 *this 相關聯互斥鎖上的共享鎖。

宣告

```
template<typename Clock, typename Duration>
bool try_lock_until(
    std::chrono::time_point<Clock,Duration> const& absolute_time);
```

前置條件

用 於 std::shared_lock 實 體 的 Mutex 型 態 必 須 符 合
SharedTimedLockable 要 求。this->mutex()!=NULL，this->owns_
lock()==false。

效果

呼叫 this->mutex()->try_lock_shared_until(absolute_time)。

回傳

如果呼叫 this->mutex()->try_lock_shared_until() 回傳 true，則
為 true，否則為 false。

拋出

this->mutex()->try_lock_shared_until() 可 拋 出 任 何 例 外。 如
果 this->mutex()==NULL，則拋出錯誤碼為 std::errc::operation_
not_permitted 的 std::system_error。如 果 在 進 入 點 this->owns_
lock()==true， 則 拋 出 錯 誤 碼 為 std::errc::resource_deadlock_
would_occur 的 std::system_error。

後置條件

如果函式回傳 true，則 this->owns_lock()==true，否則 this->owns
_lock()==false。

STD::SHARED_LOCK::OPERATOR BOOL 成員函式

檢查 *this 是否擁有互斥鎖上的共享鎖。

宣告

```
explicit operator bool() const noexcept;
```

回傳

this->owns_lock()。

拋出

無。

注意　這是一個明確的轉換運算子，因此它只在結果被用作布林值的文意中被隱含呼叫，而不會在結果被當成 0 或 1 的整數對待情況下呼叫。

STD::SHARED_LOCK::OWNS_LOCK 成員函式

檢查 *this 是否擁有互斥鎖上的共享鎖。

宣告

```
bool owns_lock() const noexcept;
```

回傳

如果 *this 擁有互斥鎖上的共享鎖，則回傳 true；否則，回傳 false。

拋出

無。

STD::SHARED_LOCK::MUTEX 成員函式

如果有的話，回傳與 *this 相關聯的互斥鎖。

宣告

```
mutex_type* mutex() const noexcept;
```

回傳

如果有的話，回傳指向與 *this 相關聯互斥鎖的指標，否則回傳 NULL。

拋出

無。

STD::SHARED_LOCK::RELEASE 成員函式

如果有的話，回傳與 *this 相關聯的互斥鎖，並解除這關聯。

宣告

```
mutex_type* release() noexcept;
```

效果

打破互斥鎖與 *this 的關聯，但不解鎖任何持有的上鎖。

回傳

如果有的話，回傳指向在呼叫之前與 *this 相關聯互斥鎖的指標，否則回傳 NULL。

後置條件

this->mutex()==NULL，this->owns_lock()==false。

拋出

無。

注意　如果在呼叫之前 this->owns_lock() 已經回傳 true，則呼叫者現在將負責互斥鎖的解鎖。

D.5.11 std::lock 函式樣板

std::lock 函式樣板提供同時上鎖多個互斥鎖的方法，且不會因為上鎖順序不一致而有產生僵局的風險。

宣告
```
template<typename LockableType1,typename... LockableType2>
void lock(LockableType1& m1,LockableType2& m2...);
```

前置條件

所提供可上鎖物件的型態，如 LockableType1、LockableType2…等，應該符合 Lockable 的要求。

效果

透過不指定順序的呼叫所提供可上鎖物件 m1、m2…等 lock()、try_lock() 和 unlock() 成員，獲得每個物件的上鎖並避免僵局。

後置條件

目前執行緒擁有在每個提供的可上鎖物件的上鎖。

拋出

呼叫 lock()、try_lock() 和 unlock() 可拋出的任何例外。

注意　如果例外從呼叫 std::lock 傳播出去，則對於透過呼叫 lock() 或 try_lock() 在函式上已經獲得上鎖的任何物件 m1、m2…等，應該已經呼叫過 unlock()。

D.5.12 std::try_lock 函式樣板

std::try_lock 函式樣板允許你嘗試一次上鎖一組可上鎖的物件,因此它們不是全部都上鎖,就是沒有一個上鎖。

宣告

```
template<typename LockableType1,typename... LockableType2>
int try_lock(LockableType1& m1,LockableType2& m2...);
```

前置條件

所提供的可上鎖物件的型態,如 LockableType1、LockableType2…等,應該符合 Lockable 的要求。

效果

嘗試透過依序在所提供的可上鎖物件 m1、m2…等呼叫 try_lock(),以獲得它們每一個的上鎖。如果呼叫 try_lock() 回傳 false 或拋出例外,則藉由在對應的可上鎖物件上呼叫 unlock() 來釋放已經獲得的上鎖。

回傳

如果獲得了所有上鎖(對 try_lock() 的每一個呼叫都回傳 true),則回傳 -1;否則,以 0 開始索引的物件對 try_lock() 的呼叫會回傳 false。

後置條件

如果函式回傳 -1,則目前執行緒在所提供的每個可上鎖物件上擁有上鎖。否則,這呼叫獲得的任何上鎖都已經被釋放。

拋出

呼叫 try_lock() 可拋出任何的例外。

注意 如果例外從呼叫 std::try_lock 傳播出去,則對於透過呼叫 try_lock() 在函式上已經獲得上鎖的任何物件 m1、m2…等,應該已經呼叫過 unlock()。

D.5.13 std::once_flag 類別

std::once_flag 的實體與 std::call_once 一起使用,可以確保縱使有多個執行緒併發調用對特定函式的呼叫,這函式也只會被呼叫一次。

std::once_flag 的實體不是 CopyConstructible、CopyAssignable、MoveConstructible 或 MoveAssignable。

類別定義
```
struct once_flag
{
    constexpr once_flag() noexcept;

    once_flag(once_flag const& ) = delete;
    once_flag& operator=(once_flag const& ) = delete;
};
```

STD::ONCE_FLAG 預設建構函式
std::once_flag 預設建構函式會在表示相關聯的函式還沒有被呼叫的狀態下，建立一個新的 std::once_flag 實體。

宣告
```
constexpr once_flag() noexcept;
```

效果
在表示相關聯的函式還沒有被呼叫的狀態下，建立一個新的 std::once_flag 實體。因為這是一個 constexpr 建構函式，一個具有靜態儲存期間的實體被建構為靜態初始化階段的一部分，這能避免競爭條件和初始化排序的問題。

D.5.14 std::call_once 函式樣板
std::call_once 與 std::once_flag 的實體一起使用，可以確保縱使有多個執行緒併發調用對特定函式的呼叫，這函式也只會被呼叫一次。

宣告
```
template<typename Callable,typename... Args>
void call_once(std::once_flag& flag,Callable func,Args args...);
```

前置條件
表示式 INVOKE(func,args) 對於提供的 func 和 args 值是有效的。Callable 及 Args 的每個成員都是 MoveConstructible。

效果
在相同 std::once_flag 物件上的 std::call_once 呼叫會被序列化。如果在相同 std::once_flag 物件上之前沒有有效的 std::call_once 呼叫，則引數 func（或它的複製）如同被 INVOKE(func,args) 呼叫，而且只有在 func 呼叫的回傳沒有拋出例外下，std::call_once 的呼叫才有效；如果拋出例外，這例外將傳播給呼叫者。如果在相同

std::once_flag 物件上之前有有效的 std::call_once，則 std::call_once 的呼叫會回傳而不調用 func。

同步
在 std::once_flag 物件完成有效的 std::call_once 呼叫，會發生在相同 std::once_flag 物件上所有後續的 std::call_once 呼叫之前。

拋出
當效果無法實現或任何從 func 的調用傳播出任何例外時，拋出 std::system_error。

D.6 <ratio> 標頭

<ratio> 標頭提供對編譯期有理數運算的支援。

標頭內容
```
namespace std
{
    template<intmax_t N,intmax_t D=1>
    class ratio;

    // 有理數運算
    template <class R1, class R2>
    using ratio_add = 參閱說明 ;

    template <class R1, class R2>
    using ratio_subtract = 參閱說明 ;

    template <class R1, class R2>
    using ratio_multiply = 參閱說明 ;

    template <class R1, class R2>
    using ratio_divide = 參閱說明 ;

    // 有理數比較
    template <class R1, class R2>
    struct ratio_equal;

    template <class R1, class R2>
    struct ratio_not_equal;

    template <class R1, class R2>
    struct ratio_less;

    template <class R1, class R2>
    struct ratio_less_equal;

    template <class R1, class R2>
    struct ratio_greater;
```

```
template <class R1, class R2>
struct ratio_greater_equal;

typedef ratio<1, 1000000000000000000> atto;
typedef ratio<1, 1000000000000000> femto;
typedef ratio<1, 1000000000000> pico;
typedef ratio<1, 1000000000> nano;
typedef ratio<1, 1000000> micro;
typedef ratio<1, 1000> milli;
typedef ratio<1, 100> centi;
typedef ratio<1, 10> deci;
typedef ratio<10, 1> deca;
typedef ratio<100, 1> hecto;
typedef ratio<1000, 1> kilo;
typedef ratio<1000000, 1> mega;
typedef ratio<1000000000, 1> giga;
typedef ratio<1000000000000, 1> tera;
typedef ratio<1000000000000000, 1> peta;
typedef ratio<1000000000000000000, 1> exa;
}
```

D.6.1　std::ratio 類別樣板

std::ratio 類別樣板為包括類似二分之一（std::ratio<1,2>）、三分之二（std::ratio<2,3>）或四十三分之十五（std::ratio<15,43>）等有理數編譯期的運算提供了一種機制。它在 C++ 標準函式庫中用於 std::chrono::duration 類別樣板實體化指定的期間。

類別定義

```
template <intmax_t N, intmax_t D = 1>
class ratio
{
public:
    typedef ratio<num, den> type;
    static constexpr intmax_t num= 參閱下面 ;
    static constexpr intmax_t den= 參閱下面 ;
};
```

要求

D 不是 0。

說明

num 和 den 是分數 N/D 最簡化後的分子和分母；其中 den 總是正的。如果 N 和 D 符號相同，則 num 也是正的；否則 num 為負值。

範例
```
ratio<4,6>::num == 2
ratio<4,6>::den == 3
ratio<4,-6>::num == -2
ratio<4,-6>::den == 3
```

D.6.2　std::ratio_add 樣板別名

std::ratio_add 樣板別名提供在編譯期用有理數運算相加兩個 std::ratio 值的機制。

定義
```
template <class R1, class R2>
using ratio_add = std::ratio< 參閱下面 >;
```

前置條件
R1 和 R2 必須是 std::ratio 類別樣板的實體。

效果
ratio_add<R1,R2> 被定義為 std::ratio 實體的別名，如果計算的和不會溢位，那它表示 R1 和 R2 所代表分數的和。如果計算的結果發生溢位，那程式就有瑕疵。在沒有運算溢位的情形下，std::ratio_add <R1,R2> 應　該　與 std::ratio<R1::num * R2::den + R2::num * R1::den, R1::den * R2::den> 有相同的 num 和 den 值。

範例
```
std::ratio_add<std::ratio<1,3>, std::ratio<2,5> >::num == 11
std::ratio_add<std::ratio<1,3>, std::ratio<2,5> >::den == 15

std::ratio_add<std::ratio<1,3>, std::ratio<7,6> >::num == 3
std::ratio_add<std::ratio<1,3>, std::ratio<7,6> >::den == 2
```

D.6.3　std::ratio_subtract 樣板別名

std::ratio_subtract 樣板別名提供在編譯期用有理數運算相減兩個 std::ratio 值的機制。

定義
```
template <class R1, class R2>
using ratio_subtract = std::ratio< 參閱下面 >;
```

前置條件
R1 和 R2 必須是 std::ratio 類別樣板的實體。

效果

ratio_subtract<R1,R2> 被定義為 std::ratio 實體的別名，如果計算的差值不會溢位，那它表示 R1 和 R2 所代表分數的差。如果計算的結果發生溢位，那程式就有瑕疵。在沒有運算溢位的情形下，std::ratio_subtract<R1,R2> 應該與 std::ratio<R1::num * R2::den - R2::num * R1::den, R1::den * R2::den> 有相同的 num 和 den 值。

範例

```
std::ratio_subtract<std::ratio<1,3>, std::ratio<1,5> >::num == 2
std::ratio_subtract<std::ratio<1,3>, std::ratio<1,5> >::den == 15

std::ratio_subtract<std::ratio<1,3>, std::ratio<7,6> >::num == -5
std::ratio_subtract<std::ratio<1,3>, std::ratio<7,6> >::den == 6
```

D.6.4　std::ratio_multiply 樣板別名

std::ratio_multiply 樣板別名提供在編譯期用有理數運算相乘兩個 std::ratio 值的機制。

定義

```
template <class R1, class R2>
using ratio_multiply = std::ratio< 參閱下面 >;
```

前置條件

R1 和 R2 必須是 std::ratio 類別樣板的實體。

效果

ratio_multiply<R1,R2> 被定義為 std::ratio 實體的別名，如果計算的乘積值不會溢位，那它表示 R1 和 R2 所代表分數的乘積。如果計算的結果發生溢位，那程式就有瑕疵。在沒有運算溢位的情形下，std::ratio_multiply<R1,R2> 應該與 std::ratio<R1::num * R2::num,R1::den * R2::den> 有相同的 num 和 den 值。

範例

```
std::ratio_multiply<std::ratio<1,3>, std::ratio<2,5> >::num == 2
std::ratio_multiply<std::ratio<1,3>, std::ratio<2,5> >::den == 15

std::ratio_multiply<std::ratio<1,3>, std::ratio<15,7> >::num == 5
std::ratio_multiply<std::ratio<1,3>, std::ratio<15,7> >::den == 7
```

D.6.5　std::ratio_divide 樣板別名

std::ratio_divide 樣板別名提供在編譯期用有理數運算將兩個 std::ratio 值相除的機制。

定義
```
template <class R1, class R2>
using ratio_divide = std::ratio< 參閱下面 >;
```

前置條件
R1 和 R2 必須是 std::ratio 類別樣板的實體。

效果
ratio_divide<R1,R2> 被定義為 std::ratio 實體的別名，如果除法計算的結果不會溢位，那它表示 R1 和 R2 所代表分數相除的結果。如果計算的結果發生溢位，那程式就有瑕疵。在沒有運算溢位的情形下，std::ratio_divide<R1,R2> 應該與 std::ratio<R1::num * R2::den, R1::den * R2::num> 有相同的 num 和 den 值。

範例
```
std::ratio_divide<std::ratio<1,3>, std::ratio<2,5> >::num == 5
std::ratio_divide<std::ratio<1,3>, std::ratio<2,5> >::den == 6

std::ratio_divide<std::ratio<1,3>, std::ratio<15,7> >::num == 7
std::ratio_divide<std::ratio<1,3>, std::ratio<15,7> >::den == 45
```

D.6.6　std::ratio_equal 類別樣板

std::ratio_equal 類別樣板提供在編譯期用有理數運算比較兩個 std::ratio 值相等的機制。

類別定義
```
template <class R1, class R2>
class ratio_equal:
    public std::integral_constant<
        bool,(R1::num == R2::num) && (R1::den == R2::den)>
{};
```

前置條件
R1 和 R2 必須是 std::ratio 類別樣板的實體。

範例
```
std::ratio_equal<std::ratio<1,3>, std::ratio<2,6> >::value == true
std::ratio_equal<std::ratio<1,3>, std::ratio<1,6> >::value == false
```

```
std::ratio_equal<std::ratio<1,3>, std::ratio<2,3> >::value == false
std::ratio_equal<std::ratio<1,3>, std::ratio<1,3> >::value == true
```

D.6.7　std::ratio_not_equal 類別樣板

std::ratio_not_equal 類別樣板提供在編譯期用有理數運算比較兩個
std::ratio 值不相等的機制。

類別定義
```
template <class R1, class R2>
class ratio_not_equal:
    public std::integral_constant<bool,!ratio_equal<R1,R2>::value>
{};
```

前置條件
R1 和 R2 必須是 std::ratio 類別樣板的實體。

範例
```
std::ratio_not_equal<std::ratio<1,3>, std::ratio<2,6> >::value == false
std::ratio_not_equal<std::ratio<1,3>, std::ratio<1,6> >::value == true
std::ratio_not_equal<std::ratio<1,3>, std::ratio<2,3> >::value == true
std::ratio_not_equal<std::ratio<1,3>, std::ratio<1,3> >::value == false
```

D.6.8　std::ratio_less 類別樣板

std::ratio_less 類別樣板提供在編譯期用有理數運算比較兩個
std::ratio 值的機制。

類別定義
```
template <class R1, class R2>
class ratio_less:
    public std::integral_constant<bool, 參閱下面 >
{};
```

前置條件
R1 和 R2 必須是 std::ratio 類別樣板的實體。

效果
std::ratio_less<R1,R2> 衍生自 std::integral_constant<bool,
value>，其中 value 是 (R1::num * R2::den) < (R2::num * R1::den)。
在可能的情況下，實作應該使用能避免計算結果溢位的方法。如果發生
溢位，那表示程式有瑕疵。

範例

```
std::ratio_less<std::ratio<1,3>, std::ratio<2,6> >::value == false
std::ratio_less<std::ratio<1,6>, std::ratio<1,3> >::value == true
std::ratio_less<
    std::ratio<999999999,1000000000>,
    std::ratio<1000000001,1000000000> >::value == true
std::ratio_less<
    std::ratio<1000000001,1000000000>,
    std::ratio<999999999,1000000000> >::value == false
```

D.6.9 std::ratio_greater 類別樣板

std::ratio_greater 類別樣板提供在編譯期用有理數運算比較兩個 std::ratio 值的機制。

類別定義

```
template <class R1, class R2>
class ratio_greater:
    public std::integral_constant<bool,ratio_less<R2,R1>::value>
{};
```

前置條件

R1 和 R2 必須是 std::ratio 類別樣板的實體。

D.6.10 std::ratio_less_equal 類別樣板

std::ratio_less_equal 類別樣板提供在編譯期用有理數運算比較兩個 std::ratio 值的機制。

類別定義

```
template <class R1, class R2>
class ratio_less_equal:
    public std::integral_constant<bool,!ratio_less<R2,R1>::value>
{};
```

前置條件

R1 和 R2 必須是 std::ratio 類別樣板的實體。

D.6.11 std::ratio_greater_equal 類別樣板

std::ratio_greater_equal 類別樣板提供在編譯期用有理數運算比較兩個 std::ratio 值的機制。

類別定義

```
template <class R1, class R2>
class ratio_greater_equal:
    public std::integral_constant<bool,!ratio_less<R1,R2>::value>
{};
```

前置條件

R1 和 R2 必須是 std::ratio 類別樣板的實體。

D.7　<thread> 標頭

<thread> 標頭提供管理及識別執行緒的工具，並提供使目前執行緒休止的
函式。

標頭內容

```
namespace std
{
    class thread;

    namespace this_thread
    {
        thread::id get_id() noexcept;

        void yield() noexcept;

        template<typename Rep,typename Period>
        void sleep_for(
            std::chrono::duration<Rep,Period> sleep_duration);

        template<typename Clock,typename Duration>
        void sleep_until(
            std::chrono::time_point<Clock,Duration> wake_time);
    }
}
```

D.7.1　std::thread 類別

std::thread 類別用於管理執行的執行緒。它提供了啟動新執行緒執行並等
待執行緒完成執行的方法。它也提供了執行緒識別的方法，並提供其他用於
管理執行緒執行的函式。

類別定義

```
class thread
{
public:
    // 型態
```

```
    class id;
    typedef implementation-defined native_handle_type; // 可選的

    // 建構及解構
    thread() noexcept;

    ~thread();

    template<typename Callable,typename Args...>
    explicit thread(Callable&& func,Args&&... args);

    // 複製及移動
    thread(thread const& other) = delete;
    thread(thread&& other) noexcept;

    thread& operator=(thread const& other) = delete;
    thread& operator=(thread&& other) noexcept;

    void swap(thread& other) noexcept;

    void join();
    void detach();
    bool joinable() const noexcept;

    id get_id() const noexcept;

    native_handle_type native_handle();

    static unsigned hardware_concurrency() noexcept;
};
void swap(thread& lhs,thread& rhs);
```

STD::THREAD::ID 類別

std::thread::id 實體識別了一個特定的執行中執行緒。

類別定義

```
class thread::id
{
public:
    id() noexcept;
};
bool operator==(thread::id x, thread::id y) noexcept;
bool operator!=(thread::id x, thread::id y) noexcept;
bool operator<(thread::id x, thread::id y) noexcept;
bool operator<=(thread::id x, thread::id y) noexcept;
bool operator>(thread::id x, thread::id y) noexcept;
bool operator>=(thread::id x, thread::id y) noexcept;

template<typename charT, typename traits>
basic_ostream<charT, traits>&
operator<< (basic_ostream<charT, traits>&& out, thread::id id);
```

注意

識別一個特定執行中執行緒的 std::thread::id 值，應該與預設建構的 std::thread::id 實體的值，以及表示另一個執行中執行緒的任何值都不同。

特定執行緒的 std::thread::id 值是不可預測的，而且在同一個程式執行之間可能會不一樣。

std::thread::id 為 CopyConstructible 和 CopyAssignable， 因 此 std::thread::id 的實體可以自由地複製和指定。

STD::THREAD::ID 預設建構函式

建構一個不代表任何執行中執行緒 std::thread::id 物件。

宣告

```
id() noexcept;
```

效果

建構一個有奇異值而不是任何執行緒值的 std::thread::id 實體。

拋出

無。

注意　所有預設建構的 std::thread::id 實體儲存相同的值。

STD::THREAD::ID 相等比較運算子

比較兩個 std::thread::id 實體以檢視它們是否表示相同的執行中執行緒。

宣告

```
bool operator==(std::thread::id lhs,std::thread::id rhs) noexcept;
```

回傳

如果 lhs 和 rhs 表示相同的執行中執行緒，或兩個都有奇異值而不是任何執行緒值，則回傳 true。如果 lhs 和 rhs 表示不同的執行中執行緒，或一個表示執行中執行緒而另一個有奇異值而不是任何執行緒值，則回傳 false。

拋出

無。

STD::THREAD::ID 不相等比較運算子

比較兩個 std::thread::id 實體以檢視它們是否表示不同的執行中執行緒。

宣告
```
bool operator!=(std::thread::id lhs,std::thread::id rhs) noexcept;
```

回傳
```
!(lhs==rhs)
```

拋出
無。

STD::THREAD::ID 小於比較運算子

比較兩個 std::thread::id 實體以檢視在執行緒 ID 值整體排序中一個是否位於另一個之前。

宣告
```
bool operator<(std::thread::id lhs,std::thread::id rhs) noexcept;
```

回傳
如果在執行緒 ID 值整體排序中 lhs 的值在 rhs 值之前,則回傳 true。如果 lhs!=rhs,則 lhs<rhs 或 rhs<lhs 中一個回傳 true,另一個回傳 false;如果 lhs==rhs,則 lhs<rhs 及 rhs<lhs 都回傳 false。

拋出
無。

注意 由預設建構 std::thread::id 的實體所持有的奇異值而不是任何執行緒值,小於任何表示執行中執行緒的 std::thread::id 實體。如果兩個 std::thread::id 的實體相等,則任何一個都不小於另一個。任何構成整體排序的一組不同 std::thread::id 值,在程式的整個執行過程中是一致的。這個排序在相同程式的執行之間可能會不同。

STD::THREAD::ID 小於或等於比較運算子

比較兩個 std::thread::id 實體以檢視在執行緒 ID 值整體排序中,一個是否位於另一個之前或相等。

宣告
```
bool operator<=(std::thread::id lhs,std::thread::id rhs) noexcept;
```

回傳

`!(rhs<lhs)`

拋出

無。

STD::THREAD::ID 大於比較運算子

比較兩個 `std::thread::id` 實體以檢視在執行緒 ID 值整體排序中一個是否
位於另一個之後。

宣告

```
bool operator>(std::thread::id lhs,std::thread::id rhs) noexcept;
```

回傳

`rhs<lhs`

拋出

無。

STD::THREAD::ID 大於或等於比較運算子

比較兩個 `std::thread::id` 實體以檢視在執行緒 ID 值整體排序中，一個是
否位於另一個之後或相等。

宣告

```
bool operator>=(std::thread::id lhs,std::thread::id rhs) noexcept;
```

回傳

`!(lhs<rhs)`

拋出

無。

STD::THREAD::ID 串流插入運算子

將表示 `std::thread::id` 值的字串寫入指定的串流。

宣告

```
template<typename charT, typename traits>
basic_ostream<charT, traits>&
operator<< (basic_ostream<charT, traits>&& out, thread::id id);
```

效果

將表示 `std::thread::id` 值的字串插入指定的串流。

回傳

out

拋出

無。

注意　未指定字串表示的格式。比較相等的 std::thread::id 實體有相同的表示法，而不相等的實體有不同的表示法。

STD::THREAD::NATIVE_HANDLE_TYPE TYPEDEF

native_handle_type 是可以用於特定平台 API 型態的 typedef。

宣告

```
typedef implementation-defined native_handle_type;
```

注意　這個 typedef 是可選的。如果存在，那實作應該提供適合用於本機特定平台 API 的型態。

STD::THREAD::NATIVE_HANDLE 成員函式

回傳型態為 native_handle_type，表示與 *this 關聯的執行中執行緒的值。

宣告

```
native_handle_type native_handle();
```

注意　這個函式是可選的。如果存在，那回傳的值應該適合用於本機特定平台的 API。

STD::THREAD 預設建構函式

建構一個沒有相關聯執行中執行緒的 std::thread 物件。

宣告

```
thread() noexcept;
```

效果

建構一個沒有相關聯執行中執行緒的 std::thread 實體。

後置條件

對新建構的 std::thread 物件 x，x.get_id()==id()。

拋出

無。

STD::THREAD 建構函式

建構一個與新執行中執行緒相關聯的 std::thread 物件。

宣告

```
template<typename Callable,typename Args...>
explicit thread(Callable&& func,Args&&... args);
```

前置條件

func 及 args 的每一個元素都必須是 MoveConstructible。

效果

建構一個 std::thread 實體，並將它與新建立的執行中執行緒相關聯。將 func 和 args 的每一個元素，複製或移動到新執行中執行緒生命週期內一直存在的內部儲存區中。在新執行中執行緒上執行 INVOKE(copy-of-func,copy-of-args)。

後置條件

對新建構的 std::thread 物件 x，x.get_id()!=id()。

拋出

如果無法啟動新執行緒，則拋出型態為 std::system_error 的例外。將 func 和 args 複製到內部儲存區可以拋出任何例外。

同步

建構函式的呼叫發生在新建立執行的執行緒上所提供的函式執行之前。

STD::THREAD 移動 - 建構函式

從一個 std::thread 物件，將執行中執行緒的所有權轉移給另一個新建立的 std::thread 物件。

宣告

```
thread(thread&& other) noexcept;
```

效果

建構一個 std::thread 實體。如果 other 在建構函式呼叫之前有相關聯的執行中執行緒，則這個執行中執行緒現在會與新建立的 std::thread 物件相關聯。否則，新建立的 std::thread 物件沒有關聯的執行中執行緒。

後置條件

對於新建構的 std::thread 物件 x，x.get_id() 等於建構函式呼叫之前 other.get_id() 的值。other.get_id()==id()。

拋出

無。

注意 std::thread 物件不是 CopyConstructible，所以沒有複製建構函式，只有這個移動建構函式。

STD::THREAD 解構函式

銷毀一個 std::thread 物件。

宣告

```
~thread();
```

效果

銷毀 *this。如果 *this 有關聯的執行中執行緒（this->joinable() 將回傳 true），則呼叫 std::terminate() 中止程式。

拋出

無。

STD::THREAD 移動 - 指定運算子

將執行中執行緒的所有權從一個 std::thread 物件轉移給另一個 std::thread 物件。

宣告

```
thread& operator=(thread&& other) noexcept;
```

效果

如果 this->joinable() 在呼叫前回傳 true，則呼叫 std::terminate() 中止程式。如果 other 在指定之前已經有關聯的執行中執行緒，那這個執行中的執行緒現在會與 *this 關聯；否則 *this 將沒有關聯的執行中執行緒。

後置條件

this->get_id() 等於呼叫前 other.get_id() 的值。other.get_id()==id()。

拋出

無。

注意　std::thread 物件不是 CopyAssignable，所以沒有複製 - 指定運算子，只有這個移動 - 指定運算子。

STD::THREAD::SWAP 成員函式

在兩個 std::thread 物件之間交換它們相關聯的執行中執行緒的所有權。

宣告

```
void swap(thread& other) noexcept;
```

效果

如果 other 在呼叫之前已經有相關聯的執行中執行緒，則這個執行中的執行緒現在會與 *this 相關聯，否則 *this 沒有相關聯的執行中執行緒。如果 *this 在呼叫之前已經有相關聯的執行中執行緒，則這個執行中的執行緒現在會與 other 相關聯，否則 other 沒有相關聯的執行中執行緒。

後置條件

this->get_id() 等於呼叫前 other.get_id() 的值；other.get_id() 等於呼叫前 this->get_id() 的值。

拋出

無。

STD::THREADS 的 SWAP 非成員函式

在兩個 std::thread 物件之間交換它們相關聯的執行中執行緒的所有權。

宣告

```
void swap(thread& lhs,thread& rhs) noexcept;
```

效果

```
lhs.swap(rhs)
```

拋出

無。

STD::THREAD::JOINABLE 成員函式

查詢 *this 是否有相關聯的執行中執行緒。

宣告
```
bool joinable() const noexcept;
```

回傳
如果 *this 有相關聯的執行中執行緒，則回傳 true；否則回傳 false。

拋出
無。

STD::THREAD::JOIN 成員函式

等待與 *this 相關聯的執行中執行緒結束。

宣告
```
void join();
```

前置條件
this->joinable() 將回傳 true。

效果
阻擋目前的執行緒，直到與 *this 相關聯的執行中執行緒結束。

後置條件
this->get_id()==id()。在呼叫前與 *this 相關聯的執行中執行緒已經結束。

同步
在呼叫前與 *this 相關聯的執行中執行緒，在對 join() 的呼叫回傳之前完成。

拋出
如果效果無法達到或 this->joinable() 回傳 false，則拋出 std::system_error 例外。

STD::THREAD::DETACH 成員函式

分離與 *this 相關聯的執行中執行緒以結束。

宣告
```
void detach();
```

前置條件
this->joinable() 回傳 true。

效果

分離與 *this 相關聯的執行中執行緒。

後置條件

this->get_id()==id()，this->joinable()==false。

在呼叫之前與 *this 相關聯的執行中執行緒被分離，並且不再有相關聯的 std::thread 物件。

拋出

如果效果無法達到或呼叫 this->joinable() 時回傳 false，則拋出 std::system_error 例外。

STD::THREAD::GET_ID 成員函式

回傳一個 std::thread::id 型態，用以識別與 *this 相關聯的執行中執行緒的值。

宣告

```
thread::id get_id() const noexcept;
```

回傳

如果 *this 有相關聯的執行中執行緒，則回傳用以識別這執行緒的 std::thread::id 實體；否則回傳預設建構的 std::thread::id。

拋出

無。

STD::THREAD::HARDWARE_CONCURRENCY 靜態成員函式

回傳可以在目前硬體上併發執行的執行緒數目的提示。

宣告

```
unsigned hardware_concurrency() noexcept;
```

回傳

可以在目前硬體上併發執行的執行緒數目；例如，這可能是系統中處理器的數目。如果無法提供這個資訊或沒有明確的定義，則這個函式回傳 0。

拋出

無。

D.7.2 this_thread 命名空間

std::this_thread 命名空間中的函式在呼叫的執行緒上操作。

STD::THIS_THREAD::GET_ID 非成員函式

回傳一個 std::thread::id 型態，用以識別目前執行中執行緒的值。

宣告
```
thread::id get_id() noexcept;
```

回傳
用以識別目前執行緒的 std::thread::id 實體。

拋出
無。

STD::THIS_THREAD::YIELD 非成員函式

用於通知函式庫呼叫函式的執行緒不需要在呼叫的點上執行；這經常用於緊密的迴圈，以避免過度消耗 CPU 時間。

宣告
```
void yield() noexcept;
```

效果
為函式庫提供一個安排其他事情來代替目前執行緒的機會。

拋出
無。

STD::THIS_THREAD::SLEEP_FOR 非成員函式

在指定的期間暫停目前執行緒的執行。

宣告
```
template<typename Rep,typename Period>
void sleep_for(std::chrono::duration<Rep,Period> const& relative_
time);
```

效果
阻擋目前的執行緒，直到超過指定的 relative_time。

注意 執行緒也許會被阻擋超過指定的期間。在可能的情況下，經過的時間由一個穩定的時鐘確定。

621

拋出

無。

STD::THIS_THREAD::SLEEP_UNTIL 非成員函式

暫停執行目前的執行緒，直到達到指定的時間點。

宣告

```
template<typename Clock,typename Duration>
void sleep_until(
    std::chrono::time_point<Clock,Duration> const& absolute_time);
```

效果

阻擋目前的執行緒，直到達到由指定的 Clock 所指定的 absolute_time。

注意　無法保證呼叫的執行緒會被阻擋多久，只能保證 Clock::now() 在執行緒解除阻擋時，回傳的時間等於或晚於 absolute_time。

拋出

無。

索引

提醒您：由於翻譯書排版的關係，部份索引名詞的對應頁碼會和實際頁碼有一頁之差。

X

C++併發處理實戰 第二版

作　　者：Anthony Williams

譯　　者：劉超群

企劃編輯：蔡彤孟

文字編輯：王雅雯

設計裝幀：張寶莉

發 行 人：廖文良

發 行 所：碁峰資訊股份有限公司

地　　址：台北市南港區三重路 66 號 7 樓之 6

電　　話：(02)2788-2408

傳　　真：(02)8192-4433

網　　站：www.gotop.com.tw

書　　號：ACL059800

版　　次：2021 年 12 月初版

建議售價：NT$780

國家圖書館出版品預行編目資料

C++併發處理實戰 / Anthony Williams 原著；劉超群譯. -- 初版.
-- 臺北市：碁峰資訊, 2021.12
　　面；　　公分
譯自：C++ concurrency in action, 2nd ed.
ISBN 978-626-324-003-2(平裝)

1.C++(電腦程式語言)

312.32C　　　　　　　　　　　　　　　　100017973

讀者服務

● 感謝您購買碁峰圖書，如果您對本書的內容或表達上有不清楚的地方或其他建議，請至碁峰網站：「聯絡我們」\「圖書問題」留下您所購買之書籍及問題。(請註明購買書籍之書號及書名，以及問題頁數，以便能儘快為您處理)
http://www.gotop.com.tw

● 售後服務僅限書籍本身內容，若是軟、硬體問題，請您直接與軟體廠商聯絡。

● 若於購買書籍後發現有破損、缺頁、裝訂錯誤之問題，請直接將書寄回更換，並註明您的姓名、連絡電話及地址，將有專人與您連絡補寄商品。